新工科电子信息学科基础课程丛书

信号与系统

（第3版）

余成波 杨凡 黄杰 张云翔 主编

清华大学出版社

北京

内 容 简 介

本书共 7 章，即信号与系统的基本概念、连续时间系统的时域分析、连续时间信号与系统的频域分析、连续时间信号与系统的复频域分析、离散时间系统的时域与频域分析、离散系统的 Z 域分析、系统分析的状态变量法。

本书着重讲述连续时间与离散时间信号与系统的表示与分析方法、两类信号与系统的相似关系以及它们之间的内在联系或转换，侧重介绍信号处理中较完善的基本方法和基本理论；引入 MATLAB 作为信号与系统分析的工具，将课程中的重点、难点用 MATLAB 进行形象、直观的计算机模拟与仿真实现，从而加深对信号与系统基本原理、方法及应用的理解。书中配有大量的例题、习题和实验题，使读者能较好地从基本理论过渡到实际应用。

本书可作为高等工科院校电子信息工程、通信工程、自动化、电子科学与技术、计算科学与技术、生物医学工程等专业的教材，还可供有关科技人员学习参考。

版权所有，侵权必究。举报: 010-62782989, beiqinquan@tup.tsinghua.edu.cn。

图书在版编目（CIP）数据

信号与系统 / 余成波等主编. -- 3 版. -- 北京：清华大学出版社，2024.8. --（新工科电子信息学科基础课程丛书）. -- ISBN 978-7-302-67085-8

Ⅰ. TN911.6

中国国家版本馆 CIP 数据核字第 20244QS781 号

责任编辑：赵　凯
封面设计：刘　键
责任校对：郝美丽
责任印制：沈　露

出版发行：清华大学出版社
网　　址：https://www.tup.com.cn, https://www.wqxuetang.com
地　　址：北京清华大学学研大厦 A 座
邮　　编：100084
社 总 机：010-83470000
邮　　购：010-62786544
投稿与读者服务：010-62776969, c-service@tup.tsinghua.edu.cn
质量反馈：010-62772015, zhiliang@tup.tsinghua.edu.cn
课件下载：https://www.tup.com.cn, 010-83470236

印 装 者：三河市人民印务有限公司
经　　销：全国新华书店
开　　本：185mm×260mm　　印　张：25.75　　字　数：626 千字
版　　次：2004 年 10 月第 1 版　　2024 年 8 月第 3 版　　印　次：2024 年 8 月第 1 次印刷
印　　数：1~1500
定　　价：69.00 元

产品编号：104023-01

第3版前言

"信号与系统"是电子信息类、电气类及相关专业的学科重要技术基础课程之一,它主要研究信号与系统分析的基本理论和方法,是数字信号处理、通信原理、数字通信、数字图像处理、自动控制原理等相关课程的基础,在教学计划中起着承前启后的作用。

为适应新时期高等教育人才培养的需要,根据我国当前本学科领域课程设置与教学改革的实际情况,以及电子信息类、电气类及相关专业培养目标和培养要求,编者结合教学实践,在前两版的基础上进行了修订,在保持前两版框架体系、主要内容及基本特色的基础上,认真修订了错误和疏漏,本次再版主要进行了如下修改和补充:

(1) 注意前后章节的一致性,在第5章的离散时域分析中增加了单位序列响应求解。

(2) 在保持原有内容完整性的前提下,在第2章和第5章均增加了算子转移方法。

(3) 为了加强学生对基本概念的理解以及在通信、信号处理等领域中的实际应用,适当地增加了各章例题的数量,使学生能够通过例题的学习做到举一反三。

第3版仍由7章组成。本书由余成波、杨凡、黄杰、张云翔主编。王文涛、左立昕参加了书中部分图形的绘制工作。

第3版是在前两版的基础上改写的,并利用了前两版的部分材料,同时得到了重庆市教育委员会资助(重庆市(省级)精品资源共享课)、重庆理工大学(一流本科课程建设项目0107239675,高等教育教学改革研究一般项目0107230159)资助,而且在使用过程中得到了社会各界使用者的信息反馈。在此向相关同志表示衷心感谢!

本书难免存在错误或不足之处,敬请广大同行与读者给予批评与指正。

编 者
2024年6月

第2版前言

近年来，随着信息科学与技术的迅速发展，新的信号处理和分析技术不断涌现。信息科学与技术研究的核心内容主要是信息的获取、传输、处理、识别及综合等，信号是信息的载体，系统是信息处理的手段。因此，作为研究信号与系统基本理论和方法的信号与系统课程，必须与信息科学技术的发展趋势相一致。为此，作者结合多年教学改革与实践成果，收集和整理国内外最新教材，对这部教科书进行了适时的修订再版。

与初版书相比，再版书的内容有大量改动，着重讲述了连续时间与离散时间信号与系统的表示与分析方法、两类信号与系统之间的相似关系、内在联系和转换，侧重介绍信号处理中较完善的基本方法和基本理论；引入MATLAB作为信号与系统分析的工具，将课程中的重点、难点用MATLAB进行形象、直观的计算机模拟与仿真实现，从而加深对信号与系统基本原理、方法及应用的理解。书中配有大量的例题、习题和实验题，使读者能较好地从基本理论过渡到实际应用。

本书第2版仍由7章组成。但各章的顺序与初版书有所不同，全书由余成波教授统稿。参加编写的有重庆工学院余成波、陶红艳（第1~4章），重庆工学院陈学军（第5章、第6章），重庆大学张睿（第7章）。翟峰、高云等同志参加了本书审核与编排工作。

再版书是在初版书的基础上改写的，并利用了初版书的部分材料。

全书的错误和缺点由全体编者共同负责，欢迎广大的同行与读者提出宝贵意见。

编　者

2007年6月

第1版前言

"信号与系统"是高等工科院校电子信息工程、通信工程、自动化、电子科学与技术、计算科学与技术、生物医学工程等专业的一门重要的技术基础课程,其应用领域非常广泛,几乎遍及电类及非电类的各个工程技术学科。随着科学的进步,特别是近年来高集成度与高速数字技术的飞跃发展,新材料、新工艺和新器件的不断出现,使各技术学科领域和现代化工业的面貌发生了巨大的变化。当今科技革命的特征是以信息技术为核心,促使社会由电气化时代进入信息时代,并以知识密集产业作为主体产业。

在人类面临21世纪的新问题、新技术和新机遇的挑战所进行的教育改革中,加强素质培养,淡化专业,拓宽基础,促进各学科与专业的交叉与渗透已成为不可逆转的世界潮流。为了适应我国社会主义现代化建设和以信息技术为核心的高新技术迅猛发展的需要,贯彻我国西部地区发展战略和当今的教学规律,依据我国当前电气工程学科课程设置与教学改革的实际情况,把传统的"信息与系统"课程的教学内容与"数字信号处理"课程的内容及体系进行适当选择和裁剪组合,形成该《信号与系统》教材,突出了信号与系统课程最重要的概念与基本的理论和方法,可适应较少学时的教学要求,为信号处理理论与技术日益广泛应用于电气工程领域的发展奠定必备的基础理论知识,并直接与数字信号处理的基本理论和方法相衔接。使读者有可能在最短的时间内获得最大的信息量,培养工作能力,这样既有利于教学(提高质量),又有利于科技人员(学以致用)。

全书共分7章。内容包括信号与系统的基本概念、连续时间系统的时域分析、连续时间信号与系统的频域分析、连续时间信号与系统的复频域分析、离散时间系统的时域与频域分析、离散系统的Z域分析、系统分析的状态变量法。建议课堂教学54学时,不同的读者可根据各自的实际情况要求进行补充与删减。

全书由余成波教授统稿。参加编写的有余成波(第1~4章),张莲(第5、6章),邓力(第7章),陶红艳、刘东、刘江生等同志参加了本书的审核与编排工作。

本书在编写过程中得到了学院领导自始至终的大力支持和帮助。许多兄弟院校的同行为本书的编写提出了许多宝贵意见并提供了帮助。在此,一并表示衷心的感谢。

本书作为高等工科院校电子信息工程、通信工程、自动化、电子科学与技术、计算科学与技术等专业的教材,也可供自学考试及成人教育有关专业选用,还可供有关科技人员学习参考。

由于编者的水平有限,书中难免有错误或不足之处,敬请广大的同行与读者给予批评指正。

编　者

2004 年 2 月

目 录

第 1 章 信号与系统的基本概念 ································· 1
  1.1 信号的定义与分类 ·· 1
    1.1.1 信号的定义 ·· 1
    1.1.2 信号的分类 ·· 2
  1.2 基本的连续时间和离散时间信号 ····························· 6
    1.2.1 单位阶跃信号与单位冲激信号 ······················· 6
    1.2.2 正弦型信号与正弦型序列 ······························ 12
    1.2.3 指数型信号与指数型序列 ······························ 14
    1.2.4 单位门信号 ·· 16
    1.2.5 符号信号 ·· 17
    1.2.6 单位斜坡信号 ··· 17
    1.2.7 抽样信号 ·· 18
  1.3 信号的基本运算与波形变换 ·································· 18
    1.3.1 信号的基本运算 ··· 18
    1.3.2 自变量变换导致的信号变换 ·························· 23
    1.3.3 信号的分解 ·· 30
  1.4 系统的描述及其分类 ··· 34
    1.4.1 系统的概念 ·· 34
    1.4.2 系统模型 ·· 35
    1.4.3 系统的基本连接方式 ··································· 37
    1.4.4 系统模拟 ·· 39
    1.4.5 系统的分类 ·· 42
  1.5 线性时不变系统的性质 ······································· 47
    1.5.1 齐次性 ··· 47
    1.5.2 叠加性 ··· 48
    1.5.3 线性性 ··· 48
    1.5.4 时不变性 ·· 48

　　　　1.5.5　微分性(或差分性) ·············· 48
　　　　1.5.6　积分性(或累加和性) ·············· 49
　1.6　信号与系统分析概述 ·············· 49
　　　　1.6.1　信号分析方法 ·············· 50
　　　　1.6.2　系统分析方法 ·············· 50
　1.7　信号及其运算的 MATLAB 实现 ·············· 51
　　　　1.7.1　连续时间信号的 MATLAB 实现 ·············· 51
　　　　1.7.2　离散时间信号的 MATLAB 实现 ·············· 58
　　　　1.7.3　连续时间信号的基本运算与波形变换的 MATLAB 实现 ·············· 62
　　　　1.7.4　离散序列的基本运算与波形变换的 MATLAB 实现 ·············· 66
　　　　1.7.5　信号的分解 MATLAB 实现 ·············· 69
　习题 ·············· 70
　MATLAB 实验 ·············· 75

第 2 章　连续时间系统的时域分析 ·············· 76

　2.1　线性连续系统的描述及其响应 ·············· 76
　　　　2.1.1　LTI 系统的微分方程描述 ·············· 76
　　　　2.1.2　经典时域分析方法 ·············· 79
　　　　2.1.3　零输入响应与零状态响应 ·············· 82
　　　　2.1.4　关于初始状态的讨论 ·············· 85
　2.2　冲激响应和阶跃响应 ·············· 86
　　　　2.2.1　冲激响应 ·············· 86
　　　　2.2.2　阶跃响应 ·············· 90
　2.3　卷积积分及其应用 ·············· 92
　　　　2.3.1　卷积积分的定义 ·············· 93
　　　　2.3.2　任意信号的冲激表示 ·············· 93
　　　　2.3.3　用卷积积分计算线性时不变系统的零状态响应 ·············· 93
　　　　2.3.4　卷积的计算——图形扫描法 ·············· 94
　　　　2.3.5　卷积积分的性质 ·············· 96
　2.4　利用 MATLAB 进行 LTI 连续系统的时域分析 ·············· 101
　　　　2.4.1　利用 MATLAB 求 LTI 连续系统的响应 ·············· 101
　　　　2.4.2　利用 MATLAB 求 LTI 连续系统的冲激响应和阶跃响应 ·············· 102
　　　　2.4.3　利用 MATLAB 实现连续时间信号的卷积 ·············· 103
　习题 ·············· 105
　MATLAB 实验 ·············· 108

第 3 章　连续时间信号与系统的频域分析 ·············· 109

　3.1　信号分解为正交函数 ·············· 109
　　　　3.1.1　正交函数集 ·············· 109

  3.1.2 信号的正交分解与最小均方误差 …………………………… 110
3.2 周期信号的傅里叶级数及基本性质 ………………………………… 111
  3.2.1 傅里叶级数的三角函数形式 …………………………………… 112
  3.2.2 傅里叶级数的指数形式 ………………………………………… 113
  3.2.3 函数的对称性与傅里叶系数的关系 …………………………… 115
  3.2.4 傅里叶级数的基本性质 ………………………………………… 118
3.3 周期信号的频谱 ……………………………………………………… 121
  3.3.1 周期信号频谱的特点 …………………………………………… 121
  3.3.2 周期矩形脉冲的频谱 …………………………………………… 123
  3.3.3 周期信号的功率谱 ……………………………………………… 127
3.4 非周期信号的频谱 …………………………………………………… 127
3.5 常用非周期信号的傅里叶变换 ……………………………………… 131
  3.5.1 单位冲激 ………………………………………………………… 131
  3.5.2 冲激函数导数 …………………………………………………… 132
  3.5.3 单位直流信号 …………………………………………………… 132
  3.5.4 单位阶跃信号 …………………………………………………… 133
  3.5.5 符号函数 ………………………………………………………… 134
  3.5.6 矩形脉冲信号 …………………………………………………… 135
  3.5.7 虚指数函数 ……………………………………………………… 135
  3.5.8 周期信号 ………………………………………………………… 135
  3.5.9 高斯函数信号 …………………………………………………… 136
3.6 傅里叶变换的性质 …………………………………………………… 137
  3.6.1 线性性质 ………………………………………………………… 137
  3.6.2 奇偶特性 ………………………………………………………… 138
  3.6.3 正反变换的对称性 ……………………………………………… 139
  3.6.4 尺度变换(展缩性质或波形的缩放特性) ……………………… 140
  3.6.5 时移特性 ………………………………………………………… 140
  3.6.6 频移特性 ………………………………………………………… 141
  3.6.7 卷积定理 ………………………………………………………… 143
  3.6.8 时域微分和积分性质 …………………………………………… 145
  3.6.9 频域微分和频域积分 …………………………………………… 148
  3.6.10 能量谱和功率谱 ………………………………………………… 148
3.7 傅里叶反变换 ………………………………………………………… 151
  3.7.1 利用傅里叶变换对称特性 ……………………………………… 151
  3.7.2 部分分式展开 …………………………………………………… 151
  3.7.3 利用傅里叶变换性质和常见信号的傅里叶变换对 …………… 153
3.8 LTI系统的频域分析 ………………………………………………… 153
  3.8.1 频率响应 ………………………………………………………… 153
  3.8.2 信号无失真传输 ………………………………………………… 157

3.8.3　理想低通滤波器的响应 ……………………………………… 158
　3.9　希尔伯特变换 ………………………………………………………… 161
　　　3.9.1　因果时间函数的傅里叶变换的实部或虚部自满性 …………… 161
　　　3.9.2　连续时间解析信号的希尔伯特变换表示法 …………………… 162
　　　3.9.3　希尔伯特变换的性质 …………………………………………… 163
　3.10　调制与解调 …………………………………………………………… 165
　　　3.10.1　正弦幅度调制和解调 ………………………………………… 165
　　　3.10.2　脉冲幅度调制 ………………………………………………… 172
　3.11　连续时间信号的抽样 ………………………………………………… 173
　　　3.11.1　周期抽样 ……………………………………………………… 173
　　　3.11.2　抽样的时域表示 ……………………………………………… 174
　　　3.11.3　时域抽样定理 ………………………………………………… 176
　　　3.11.4　连续时间信号的重建 ………………………………………… 177
　　　3.11.5　信号的频域抽样 ……………………………………………… 181
　3.12　用 MATLAB 进行连续时间信号与系统的频域分析 ……………… 182
　　　3.12.1　周期信号的傅里叶级数 MATLAB 实现 …………………… 182
　　　3.12.2　周期信号频谱分析 MATLAB 实现 ………………………… 185
　　　3.12.3　非周期信号频谱分析 MATLAB 实现 ……………………… 197
　　　3.12.4　傅里叶变换性质 MATLAB 实现 …………………………… 200
　　　3.12.5　系统的频率特性的 MATLAB 实现 ………………………… 206
　　　3.12.6　连续信号的抽样及重构 MATLAB 实现 …………………… 208
　　　3.12.7　利用 MATLAB 实现连续时间信号的相关分析 …………… 211
　习题 ……………………………………………………………………………… 216
　MATLAB 实验 ………………………………………………………………… 221

第 4 章　连续时间信号与系统的复频域分析 ……………………………… 223

　4.1　拉普拉斯变换 …………………………………………………………… 223
　　　4.1.1　拉普拉斯变换的定义 …………………………………………… 223
　　　4.1.2　拉普拉斯变换的收敛域 ………………………………………… 226
　　　4.1.3　常用信号的拉普拉斯变换 ……………………………………… 228
　4.2　拉普拉斯变换的性质 …………………………………………………… 231
　　　4.2.1　线性性质 ………………………………………………………… 231
　　　4.2.2　时移(延时)特性 ………………………………………………… 232
　　　4.2.3　尺度变换(展缩性质) …………………………………………… 234
　　　4.2.4　频移特性 ………………………………………………………… 235
　　　4.2.5　时域微分定理 …………………………………………………… 235
　　　4.2.6　时域积分定理 …………………………………………………… 237
　　　4.2.7　S 域微分定理 …………………………………………………… 239
　　　4.2.8　S 域积分定理 …………………………………………………… 240

4.2.9　初值定理 …………………………………………………………… 240
　　　4.2.10　终值定理 ………………………………………………………… 241
　　　4.2.11　时域卷积定理 …………………………………………………… 241
　4.3　拉普拉斯反变换 …………………………………………………………………… 242
　　　4.3.1　逆变换表法 ………………………………………………………… 242
　　　4.3.2　部分分式展开法(海维塞展开法) …………………………………… 243
　　　4.3.3　围线积分法(留数法) ……………………………………………… 247
　　　4.3.4　应用拉普拉斯变换的性质求反变换 ………………………………… 248
　4.4　LTI系统的复频域分析 ……………………………………………………………… 249
　　　4.4.1　微分方程的拉普拉斯变换解法 …………………………………… 249
　　　4.4.2　拉普拉斯变换法分析电路、S域元件模型 ………………………… 251
　4.5　系统函数 $H(s)$ ……………………………………………………………………… 255
　　　4.5.1　$H(s)$ 的定义与性质 ………………………………………………… 255
　　　4.5.2　利用系统函数 $H(s)$ 求解连续时间LTI系统的响应 ……………… 257
　　　4.5.3　系统的方框图表示与模拟 …………………………………………… 259
　　　4.5.4　系统函数的零、极点与系统特性的关系 …………………………… 264
　4.6　系统的稳定性 ……………………………………………………………………… 269
　　　4.6.1　系统稳定的概念 …………………………………………………… 269
　　　4.6.2　稳定性判据 ………………………………………………………… 270
　4.7　用MATLAB进行连续时间信号与系统的复频域分析 ………………………… 272
　　　4.7.1　用MATLAB绘制拉普拉斯变换的曲面图 ………………………… 272
　　　4.7.2　用MATLAB实现拉普拉斯变换零、极点分布对曲面图的影响 …… 273
　　　4.7.3　利用MATLAB绘制连续系统零、极点图 ………………………… 274
　　　4.7.4　利用MATLAB实现拉普拉斯反变换 ……………………………… 275
　　　4.7.5　利用MATLAB实现连续系统零、极点分布与系统冲激响应
　　　　　　时域特性关系 ……………………………………………………… 275
　　　4.7.6　利用MATLAB实现几何向量法分析连续系统频率响应 ………… 278
　习题 ……………………………………………………………………………………… 281
　MATLAB实验 ………………………………………………………………………… 286

第5章　离散时间系统的时域与频域分析 …………………………………………… 287

　5.1　离散时间系统 ……………………………………………………………………… 287
　　　5.1.1　离散时间系统的基本概念 …………………………………………… 287
　　　5.1.2　离散时间系统的描述 ………………………………………………… 287
　　　5.1.3　差分方程算子表示形式 ……………………………………………… 289
　5.2　离散时间系统的时域分析 ………………………………………………………… 289
　　　5.2.1　迭代法 ………………………………………………………………… 289
　　　5.2.2　经典解法 ……………………………………………………………… 290
　　　5.2.3　零输入响应和零状态响应 …………………………………………… 292

5.2.4　用卷积和求零状态响应 …………………………………………………… 294
　5.3　离散时间信号与系统的频域响应 ……………………………………………………… 300
　　　5.3.1　周期离散时间信号的离散傅里叶级数表示 …………………………………… 300
　　　5.3.2　非周期离散时间信号的离散时间傅里叶变换 ………………………………… 305
　　　5.3.3　周期序列的离散时间傅里叶变换 ……………………………………………… 307
　　　5.3.4　离散时间傅里叶变换的性质 …………………………………………………… 308
　　　5.3.5　离散时间 LTI 系统的频域分析 ………………………………………………… 312
　5.4　用 MATLAB 进行离散时间系统的时域与频域分析 ………………………………… 316
　　　5.4.1　用 MATLAB 实现离散时间序列卷积 ………………………………………… 316
　　　5.4.2　用 MATLAB 实现离散时间系统的单位响应 ………………………………… 318
　　　5.4.3　用 MATLAB 求 LTI 离散系统的响应 ………………………………………… 319
　　　5.4.4　用 MATLAB 求离散信号的频谱分析 ………………………………………… 322
　习题 ……………………………………………………………………………………………… 325
　MATLAB 实验 ………………………………………………………………………………… 329

第 6 章　离散系统的 Z 域分析 …………………………………………………………… 330

　6.1　Z 变换 …………………………………………………………………………………… 330
　　　6.1.1　Z 变换的定义及其收敛域 ……………………………………………………… 330
　　　6.1.2　典型序列的 Z 变换及其与收敛域的对应关系 ………………………………… 332
　　　6.1.3　Z 变换与拉普拉斯变换的关系 ………………………………………………… 335
　6.2　Z 变换的性质 …………………………………………………………………………… 336
　　　6.2.1　线性性质 ………………………………………………………………………… 336
　　　6.2.2　移位特性 ………………………………………………………………………… 337
　　　6.2.3　尺度变换 ………………………………………………………………………… 339
　　　6.2.4　初值定理 ………………………………………………………………………… 340
　　　6.2.5　终值定理 ………………………………………………………………………… 340
　　　6.2.6　卷积定理 ………………………………………………………………………… 340
　6.3　Z 反变换 ………………………………………………………………………………… 342
　　　6.3.1　幂级数展开法(长除法) ………………………………………………………… 342
　　　6.3.2　部分分式展开法 ………………………………………………………………… 343
　　　6.3.3　围线积分法(留数法) …………………………………………………………… 347
　6.4　离散时间系统的 Z 域分析 ……………………………………………………………… 348
　　　6.4.1　利用 Z 变换求解差分方程 ……………………………………………………… 348
　　　6.4.2　离散系统函数 …………………………………………………………………… 350
　　　6.4.3　离散系统的稳定性 ……………………………………………………………… 355
　6.5　离散时间系统的 Z 域模拟图 …………………………………………………………… 356
　　　6.5.1　离散时间系统的连接 …………………………………………………………… 356
　　　6.5.2　离散时间系统的 Z 域模拟图 …………………………………………………… 357
　6.6　用 MATLAB 进行离散系统的 Z 域分析 ……………………………………………… 359

6.6.1　利用MATLAB绘制离散系统的零、极点图 ·············· 359
　　　6.6.2　利用MATLAB分析离散系统的零、极点图分布与系统单位响应
　　　　　　时域特性的关系 ····························· 361
　　　6.6.3　利用系统函数求解离散系统差分方程的MATLAB ·········· 363
　　　6.6.4　利用MATLAB实现Z域的部分分式展开式 ·············· 364
　　　6.6.5　利用MATLAB实现Z变换和Z反变换 ················· 364
　习题 ··· 366
　MATLAB实验 ··· 368

第7章　系统分析的状态变量法 ······························· 370

　7.1　状态方程 ··· 371
　　　7.1.1　状态变量和状态方程 ··························· 371
　　　7.1.2　状态方程的一般形式 ··························· 374
　7.2　连续系统状态方程的解 ····························· 376
　　　7.2.1　状态方程的时域求解 ··························· 376
　　　7.2.2　状态方程的复频域求解 ························· 378
　7.3　离散系统的状态变量分析 ··························· 380
　　　7.3.1　离散系统状态方程的建立 ······················· 380
　　　7.3.2　状态方程的时域解 ····························· 381
　　　7.3.3　状态方程的Z变换解 ··························· 384
　7.4　MATLAB在系统状态变量分析中的应用 ················ 386
　　　7.4.1　MATLAB实现系统微分方程到状态方程的转换 ········ 386
　　　7.4.2　MATLAB实现由系统状态方程计算系统函数矩阵 ······ 387
　　　7.4.3　用MATLAB求解连续时间系统的状态方程 ··········· 387
　　　7.4.4　用MATLAB求解离散时间系统的状态方程 ··········· 389
　习题 ··· 390
　MATLAB实验 ··· 392

参考文献 ··· 393

第 1 章

信号与系统的基本概念

内 容 提 要

本章讲述信号与系统的基本概念、信号的定义与分类、基本的连续时间信号和离散时间序列,详细阐述冲激信号性质。在此基础上,介绍连续时间信号与离散时间序列的基本运算、时域变换及时域分解、系统的定义与分类、线性时不变系统的性质、线性系统分析概论。最后介绍利用 MATLAB 表示信号、实现信号的基本运算。

1.1 信号的定义与分类

1.1.1 信号的定义

"信号"一词在人们的日常生活与社会活动中有着广泛的含义。例如,机械振动产生力信号、位移信号及噪声信号;雷电过程产生声、光信号;大脑、心脏运动分别产生脑电信号和心电信号;电气系统随参数变化产生电磁信号等。在通信技术中,通常将语言、文字、图像、数据、符号等统称为消息,在消息中通常包含有大量的信息。通信就是从一方向向另一方传送消息,给对方以信息。信息反映了人们得到的"消息"(即原来不知道的知识),是人类认识客观世界和改造客观世界的知识源泉。获取信息、传输信息和交换信息,自古至今一直是人类基本的社会活动。但是,信息一般都不能直接传送,必须借助于一定形式的信号(光信号、声信号、电信号等),才能远距离快速传输和进行各种处理。因此,广义地说,信号是带有信息的随时间变化的物理量或物理现象;严格地说,信号是指消息的表现形式与传送载体,而消息则是信号的具体内容。

若信号表现为电压、电流、电荷、磁通,则称为电信号。电信号是现代科学技术中应用最广泛的信号,电易于产生与控制,传送速度快,也容易实现与其他能量的相互转换。因此,本课程只讨论电信号。电信号通常是随时间变化的电压或电流。由于信号是随时间变化的,因此在数学上常用时间 t 的函数 $f(t)$ 表示信号。信号随时间变量 t 变化的函数曲线称为信号的波形。

值得注意的是,信号与函数在概念的内涵与外延上是有区别的。信号一般是时间变量 t 的函数,但函数并不一定都是信号;信号是实际的物理量或物理现象,而函数则可能只是一种抽象的数学定义。本书对信号与函数两个概念混用,不予区分。

信号的特性可以从时间特性和频率特性两方面来描述。信号的时域特性指的是信号的波形、出现时间的先后、持续时间的长短、随时间变化的快慢和大小、重复周期的大小等。信号时域特性的这些表现,反映了信号中所包含的信息内容。信号频域特性的内涵,将在第3章阐述。

1.1.2 信号的分类

信号的分类方法很多,可以从不同角度对信号进行分类。在信号与系统分析中,根据信号与自变量的特性,信号可分为以下几种类型。

1. 确定信号与随机信号

按时间函数的确定性划分,信号可分为确定信号与随机信号。

确定信号(determinate signal)是指能够以确定的时间函数表述的信号。对任一确定时刻,信号有确定的函数值。也就是预先可以知道它的变化规律,即该信号在其定义域内的任意时刻都有确定的函数值,如正弦信号、周期脉冲信号等。

随机信号(random signal)也称为不确定信号,它不是时间的确定函数,即不能用数学关系式描述。其幅值、相位变化是不可预知的,通常只能通过大量的试验测出它在某些确定时刻上取某些值的可能性的分布(概率分布),如噪声信号、汽车行驶时所产生的振动信号等。但是在一段时间内,由于它的变化规律比较确定,可以近似为确定信号。为了分析方便,首先研究确定信号,在此基础上可以根据随机信号的统计规律再研究随机信号。本书只研究确定信号。

图 1.1 给出了几种简单信号的波形,其中图 1.1(a)~(e)所示各信号均是确定信号,而图 1.1(f)所示信号是随机信号,无法写出其函数表达式。

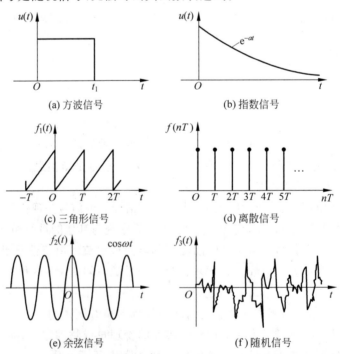

图 1.1 简单信号的波形

2. 周期信号与非周期信号

对于确定信号，按照时间函数的周期性划分，信号可以分为周期信号、非周期信号与准周期信号。

周期信号(periodic signal)是指按某一固定时间重复出现的信号。连续周期信号与离散周期信号的数学表达式分别为

$$f(t) = f(t+T), \quad -\infty < t < \infty \tag{1.1}$$

$$f[k] = f[k+N], \quad -\infty < k < \infty, k \text{ 取整数} \tag{1.2}$$

满足上述关系式的最小 T、N 值称为周期信号的基波周期(fundamental period)。这种信号，只要给出任一周期内的变化规律，即可确定它在所有其他时间内的规律性，如图 1.1(c) 所示。周期信号有 3 个特点：

(1) 周期信号必须在时间上是无始无终的，即自变量时间 t 的定义域为 $-\infty < t < \infty$。

(2) 随时间变化的规律必须具有周期性，其周期为 T 或 N。

(3) 在各周期内信号的波形完全一样。

非周期信号(aperiodic signal)在时间上不具有周而复始的特性，往往具有瞬变性，也可以看作周期 T 趋于无穷大时的周期信号，如图 1.1(a)、(b)和(e)所示。

准周期信号是周期与非周期的边缘情况，由有限个周期信号合成，但各周期信号的频率相互间不是公倍数关系，其合成信号不满足周期条件。这种信号往往出现在通信领域。如信号

$$f(t) = \cos t + \cos(\sqrt{2} t) \tag{1.3}$$

【例 1-1】 判断离散余弦信号 $f[k] = \cos\Omega_0 k$ 是否为周期信号。

解 根据周期信号的定义，如果 $\cos\Omega_0(k+N) = \cos\Omega_0 k$，则 $f[k]$ 是周期信号。因为若

$$\cos\Omega_0(k+N) = \cos(\Omega_0 k + \Omega_0 N)$$

为周期信号，则应满足

$$\Omega_0 N = m 2\pi, \quad m \text{ 为正整数}$$

或

$$\frac{\Omega_0}{2\pi} = \frac{m}{N}, \quad m/N \text{ 为有理数}$$

所以，只有在 $\Omega_0/2\pi$ 为有理数时，$f[k] = \cos\Omega_0 k$ 才是一个周期信号。

3. 连续时间信号与离散时间信号

不论周期信号还是非周期信号，按照信号自变量的取值是否连续划分，信号可分为连续时间信号与离散时间信号，简称连续信号与离散信号。

连续信号(continuous signal)是指在信号的定义域内，除若干个第一类间断点外，对于任意时刻值都有确定的函数值的信号。此类信号称为连续信号或模拟信号，通常用 $f(t)$ 表示，如图 1.2 所示。

离散信号(discrete signal)是指在信号的定义域内，只在某些不连续规定的时刻给出函数值，而在其他时刻没有给出函数的信号，通常用 $f(t_k)$ 或 $f(kT)$（简

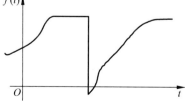

图 1.2 连续时间信号

写为 $f[k]$)表示,由于它是由一组按时间顺序的观测值所组成,所以也称为时间序列或简称序列,如图 1.3 所示。说到离散信号,有必要说明数字信号的概念。通常将模拟信号变换为离散值称为离散化。离散化包括对变量的离散化和对数值的离散化。将变量在某一区间的值用一个数值来表示的离散化称为取样。对测定值的离散化称为量化。时间变量和测定幅值均被离散化的信号统称为数字信号(digital signal)。从模拟信号转换为数字信号称为 A/D 转换。模拟信号转换为数字信号的过程如图 1.4 所示。

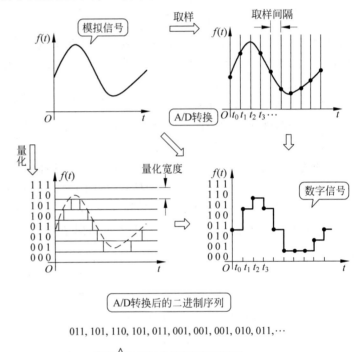

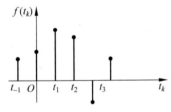

图 1.3 离散时间信号

图 1.4 模拟信号转换为数字信号的过程

4. 能量信号与功率信号

信号按时间函数的可积性可分为能量信号、功率信号和非功率非能量信号。

信号可以看作随时间变化的电压或电流,信号平方的无穷积分总值加到 1Ω 电阻上的能量,简称为信号能量 E,即

$$E = \lim_{T \to \infty} \int_{-T}^{T} f^2(t) \, dt \tag{1.4}$$

其平均功率定义为

$$P = \lim_{T \to \infty} \frac{1}{2T} \int_{-T}^{T} f^2(t) \, dt \tag{1.5}$$

对于离散时间信号 $f[k]$,其信号能量 E 与平均功率 P 的定义分别为

$$E = \lim_{N \to \infty} \sum_{k=-N}^{N} |f[k]|^2 \tag{1.6}$$

$$P = \lim_{N \to \infty} \frac{1}{2N+1} \sum_{k=-N}^{N} |f[k]|^2 \tag{1.7}$$

若信号的能量有界,即 $0<E<\infty$,此时 $P=0$,则称此信号为能量有限信号,简称为能量信号(energy signal)。

若信号的功率有界,即 $0<P<\infty$,此时 $E=\infty$,则称此信号为功率有限信号,简称为功率信号(power signal)。

值得注意的是,一个信号不可能同时既是功率信号,又是能量信号;但可以是一个非功率非能量信号,如单位斜坡信号。一般来说,直流信号与周期信号都是功率信号;非周期信号则可能出现3种情况:能量信号、功率信号、非功率非能量信号。如持续时间有限的非周期信号为能量信号,如图1.5(a)所示;持续时间无限、幅度有限的非周期信号为功率信号,如图1.5(b)所示;持续时间、幅度均无限的非周期信号为非功率非能量信号,如图1.5(c)所示。

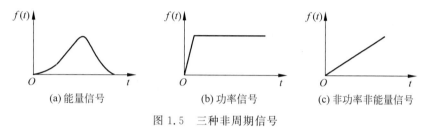

图 1.5　三种非周期信号

【**例 1-2**】　如图 1.6 所示信号,判断其是否为能量信号与功率信号。

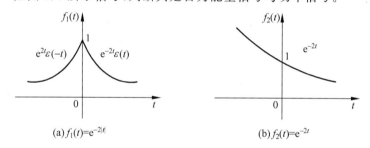

图 1.6　例 1-2 题图

解　图 1.6(a)的信号 $f_1(t)=\mathrm{e}^{-2|t|}$。

$$E=\lim_{T\to\infty}\int_{-T}^{T}(\mathrm{e}^{-2|t|})^2\mathrm{d}t=\int_{-\infty}^{0}\mathrm{e}^{4t}\mathrm{d}t+\int_{0}^{\infty}\mathrm{e}^{-4t}\mathrm{d}t=2\int_{0}^{\infty}\mathrm{e}^{-4t}\mathrm{d}t=\frac{1}{2}$$

$$P=0$$

所以该信号为能量信号。对于图 1.6(b)所示信号 $f_2(t)=\mathrm{e}^{-2t}$,则有

$$E=\lim_{T\to\infty}\int_{-T}^{T}(\mathrm{e}^{-2t})^2\mathrm{d}t=\lim_{T\to\infty}\left[-\frac{\mathrm{e}^{-4T}-\mathrm{e}^{4T}}{4}\right]=\infty$$

$$P=\lim_{T\to\infty}\frac{E}{2T}=\lim_{T\to\infty}\frac{\mathrm{e}^{4T}-\mathrm{e}^{-4T}}{8T}=\lim_{T\to\infty}\frac{\mathrm{e}^{4T}}{8T}=\lim_{T\to\infty}\frac{\mathrm{e}^{4T}}{2}=\infty$$

所以该信号既非能量信号又非功率信号。

由此可见,按能量信号与功率信号进行分类时,从理论上讲尚未包括所有的信号。

5. 时限与频限信号

时域有限信号是在有限区间 (t_1,t_2) 内定义,而此区间外恒等于零,如矩形脉冲、三角脉冲、余弦脉冲等为时域有限信号;周期信号、指数衰减信号、随机过程等称为时域无限信号。

频域有限信号是指信号经过傅里叶变换，在频域内占据一定带宽(f_1, f_2)，其外恒等于零，如正弦信号、限带白噪声等为时域无限频域有限信号；函数、白噪声、理想抽样信号等，则为频域无限信号。

时域有限信号的频谱，在频率轴上可以延伸至无限远。由时频域对称性可推论，一个具有有限带宽的信号，必然在时间轴上延伸至无限远处。显然，一个信号不能在时域和频域都是有限的。

6. 物理可实现信号

物理可实现信号是指满足条件 $t<0$ 时，$f(t)=0$，即在时刻小于零的一侧全为零，信号完全由时刻大于零的一侧确定，故又称为单边信号。在实际中出现的信号，大量的是物理可实现信号，因为这种信号反映了物理上的因果律。实际中所能测得的信号，许多都是由一个激发脉冲作用于一个物理系统之后所输出的信号。所谓物理系统是指当激发脉冲作用于系统之前，系统是不会有响应的。换言之，在零时刻之前，没有输入脉冲，则输出为零。

1.2 基本的连续时间和离散时间信号

本节介绍几种特别重要的连续时间和离散时间信号。主要原因有二：一是因为这些信号经常遇到；二是实际中复杂的信号可以由这些基本信号组合而成，并且这些信号对线性系统产生的响应对分析系统和了解系统的性质起着主导作用，具有普遍意义。

1.2.1 单位阶跃信号与单位冲激信号

1. 连续时间单位阶跃信号和离散时间单位阶跃序列

连续时间单位阶跃信号(unit step function)和离散时间单位阶跃序列分别用 $\varepsilon(t)$、$\varepsilon[n]$ 表示，其定义为

$$\varepsilon(t) = \begin{cases} 1, & t>0 \\ 0, & t<0 \end{cases}$$
$$\varepsilon[n] = \begin{cases} 1, & n \geqslant 0 \\ 0, & n<0 \end{cases} \tag{1.8}$$

其波形分别如图 1.7(a)和(b)所示。对于 $\varepsilon(t)$，该信号在 $t=0$ 处发生跃变，数值 1 为阶跃的幅度；若阶跃幅度为 A，则可记为 $A\varepsilon(t)$；若单位阶跃信号跃变点在 $t=t_0$ 处，则称为延迟单位阶跃信号，可表示为

$$\varepsilon(t-t_0) = \begin{cases} 1, & t>t_0 \\ 0, & t<t_0 \end{cases} \tag{1.9}$$

其波形如图 1.8(a)所示。

对于单位阶跃序列 $\varepsilon[n]$，且有

$$\begin{cases} \varepsilon[n-k] = \begin{cases} 1, & n \geqslant k \\ 0, & n<k \end{cases} \\ f[n]\varepsilon[n-k] = \begin{cases} f[n], & n \geqslant k \\ 0, & n<k \end{cases} \end{cases} \tag{1.10}$$

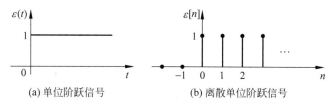

(a) 单位阶跃信号 (b) 离散单位阶跃信号

图 1.7　连续时间和离散时间单位阶跃信号的波形

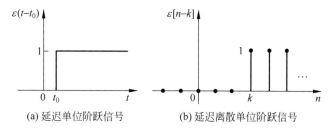

(a) 延迟单位阶跃信号 (b) 延迟离散单位阶跃信号

图 1.8　连续时间和离散时间延迟单位阶跃信号的波形

$\varepsilon[n-k]$ 的波形如图 1.8(b)所示，同时具有截取特性，这种特性常用来表示分段描述的序列。单位阶跃序列 $\varepsilon[n]$ 与连续信号 $\varepsilon(t)$ 的形状相似，但 $\varepsilon(t)$ 在 $t=0$ 发生跃变，其数值通常不予定义或定义为 $[\varepsilon(0^-)+\varepsilon(0^+)]/2=1/2$；而 $\varepsilon[n]$ 在 $n=0$ 处的值明确定义为 1。

应用阶跃信号与延迟阶跃信号，可以表示任意的矩形波脉冲信号。例如，图 1.9(a)所示的矩形波信号可由图 1.9(b)表示，即 $f(t)=\varepsilon(t-T)-\varepsilon(t-3T)$。

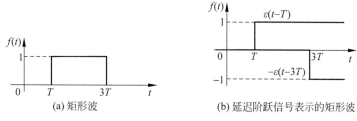

(a) 矩形波 (b) 延迟阶跃信号表示的矩形波

图 1.9　矩形波信号

2. 连续时间单位冲激信号和离散时间单位冲激序列

比单位阶跃信号或序列更为重要的基本信号是单位冲激信号或序列，连续时间单位冲激信号（unit impulse function）和离散时间单位冲激序列分别用 $\delta(t)$ 和 $\delta[n]$ 表示。连续时间单位冲激信号 $\delta(t)$ 是 1930 年英国物理学家狄拉克（P. A. M. Dirac）首先提出的，故又称狄拉克函数或 δ 函数，它不能用普通的函数来定义，其工程定义为

$$\begin{cases} \delta(t)=\begin{cases} 0, & t\neq 0 \\ \infty, & t=0 \end{cases} \\ \int_{-\infty}^{\infty}\delta(t)\mathrm{d}t=1 \end{cases} \tag{1.11}$$

上述定义表明，$\delta(t)$ 是在 $t=0$ 瞬间出现又立即消失的信号，且幅值为无限大；在 $t\neq 0$ 处，它始终为零，并且具有单位面积（常称为 $\delta(t)$ 的强度）。

直观地看，这一函数可以设想为一列窄脉冲的极限。图 1.10(a)是一矩形脉冲，宽度为 τ，高度为 $1/\tau$，面积为 1，若此脉冲宽度继续缩小至极限情况，即当 $\tau\to 0$，$1/\tau\to\infty$，这时高度无限增大,但面积始终保持为1。单位冲激信号波形难以用普通方式表达,通常用一个带有箭头的单位长度线表示,如图1.10(b)所示。若强度不为1,而为A的冲激信号记为$A\delta(t)$,在用图形表示时,可将强度A标注在箭头旁,如图1.11(a)所示。延迟t_0出现的冲激信号可记为$\delta(t-t_0)$,其波形如图1.11(b)所示,它的定义为

$$\begin{cases} \delta(t-t_0) = \begin{cases} 0, & t \neq t_0 \\ \infty, & t = t_0 \end{cases} \\ \int_{-\infty}^{\infty} \delta(t-t_0)\mathrm{d}t = 1 \end{cases} \tag{1.12}$$

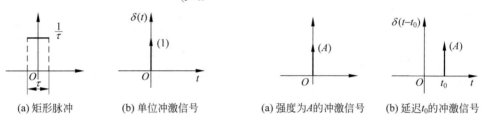

(a) 矩形脉冲　　(b) 单位冲激信号　　(a) 强度为A的冲激信号　　(b) 延迟t_0的冲激信号

图1.10　连续时间单位冲激信号　　　图1.11　强度为A与延迟连续时间单位冲激信号

相比起来,离散时间单位冲激序列$\delta[n]$(又称单位函数),其定义式为

$$\delta[n] = \begin{cases} 1, & n = 0 \\ 0, & n \neq 0 \end{cases} \tag{1.13}$$

且有

$$\begin{cases} \delta[n-k] = \begin{cases} 1, & n = k \\ 0, & n \neq k \end{cases} & (k > 0) \\ \delta[n+k] = \begin{cases} 1, & n = -k \\ 0, & n \neq -k \end{cases} & (k > 0) \end{cases} \tag{1.14}$$

其波形如图1.12所示,该信号也称为单位脉冲序列或单位样本序列。值得注意的是,单位冲激序列$\delta[n]$与冲激函数$\delta(t)$有本质的不同,$\delta[n]$在$n=0$处有确定幅度值为1,而不像$\delta(t)$在$t=0$时的幅度值为∞。

任意序列可以利用单位脉冲序列及位移单位脉冲序列的线性加权和表示,如图1.13所示的离散序列可以表示为

$$f[n] = 3\delta[n+1] + \delta[n] + 2\delta[n-1] + 2\delta[n-2]$$

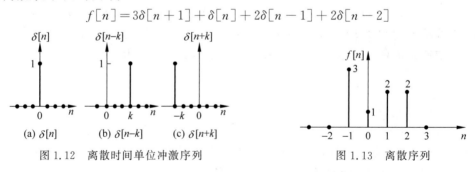

(a) $\delta[n]$　　(b) $\delta[n-k]$　　(c) $\delta[n+k]$

图1.12　离散时间单位冲激序列　　　图1.13　离散序列

3. 冲激函数的性质

作为广义函数,冲激函数具有许多特性。下面讨论其几个运算特性,不失一般性,设强度为1。

1) 加权特性(筛选特性)

若 $f(t)$ 是一个在 $t=t_0$ 时连续的普通函数,则有

$$f(t)\delta(t-t_0)=f(t_0)\delta(t-t_0) \tag{1.15}$$

式(1.15)表明连续时间信号 $f(t)$ 与冲激信号 $\delta(t-t_0)$ 相乘,"筛选出"信号 $f(t)$ 在 $t=t_0$ 时的函数值 $f(t_0)$。由于冲激信号 $\delta(t-t_0)$ 在 $t\neq t_0$ 处的值都为 0,故 $f(t)$ 与冲激信号 $\delta(t-t_0)$ 相乘,$f(t)$ 只有在 $t=t_0$ 时的函数值 $f(t_0)$ 对冲激信号 $\delta(t-t_0)$ 有影响,如图 1.14 所示。

式(1.15)中,若 $t_0=0$,则有

$$f(t)\delta(t)=f(0)\delta(t) \tag{1.16}$$

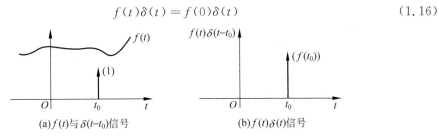

图 1.14 冲激信号的筛选特性

例如:

$$\sin\pi t\,\delta(t)=\sin\pi t\,|_{t=0}\delta(t)=0$$

$$2\sin\pi t\,\delta\left(t-\frac{1}{2}\right)=2\sin\pi t\,|_{t=\frac{1}{2}}\delta\left(t-\frac{1}{2}\right)=2\delta\left(t-\frac{1}{2}\right)$$

2) 取样特性

如果信号 $f(t)$ 是一个在 $t=t_0$ 处连续的普通函数,则有

$$\int_{-\infty}^{\infty}f(t)\delta(t-t_0)\mathrm{d}t=f(t_0) \tag{1.17}$$

式(1.17)表明冲激信号 $\delta(t-t_0)$ 与一个连续时间信号 $f(t)$ 相乘,并在 $(-\infty,+\infty)$ 时间域上积分,其结果为 $f(t)$ 在 $t=t_0$ 时的函数值 $f(t_0)$。

证明 利用筛选特性,有

$$\int_{-\infty}^{\infty}f(t)\delta(t-t_0)\mathrm{d}t=\int_{-\infty}^{\infty}f(t_0)\delta(t-t_0)\mathrm{d}t=f(t_0)\int_{-\infty}^{\infty}\delta(t-t_0)\mathrm{d}t$$

由于

$$\int_{-\infty}^{\infty}\delta(t-t_0)\mathrm{d}t=1$$

故有

$$\int_{-\infty}^{\infty}f(t)\delta(t-t_0)\mathrm{d}t=f(t_0)$$

当 $t_0=0$ 时,上式变为

$$\int_{-\infty}^{\infty}f(t)\delta(t)\mathrm{d}t=f(0) \tag{1.18}$$

例如:

$$\int_{-\infty}^{\infty}\sin\pi t\,\delta(t)\mathrm{d}t=\sin\pi t\,|_{t=0}=0$$

$$\int_{-\infty}^{\infty}2\sin\pi t\,\delta\left(t-\frac{1}{2}\right)\mathrm{d}t=2\sin\pi t\,|_{t=\frac{1}{2}}=2$$

3) 单位冲激函数为偶函数
$$\delta(-t) = \delta(t) \tag{1.19}$$

证明 由于 $\varphi(t)$ 在 $t_0 = 0$ 时连续，且
$$\int_{-\infty}^{\infty} \varphi(t)\delta(-t)\mathrm{d}t = \int_{\infty}^{-\infty} \varphi(-\tau)\delta(\tau)(-\mathrm{d}\tau)$$
$$= \int_{-\infty}^{\infty} \varphi(-\tau)\delta(\tau)\mathrm{d}\tau = \varphi(0)$$

故
$$\delta(-t) = \delta(t)$$

4) 展缩特性（尺度变换）
$$\delta(at) = \frac{1}{|a|}\delta(t)$$
$$\delta(at - t_0) = \frac{1}{|a|}\delta\left(t - \frac{t_0}{a}\right) \tag{1.20}$$

式中，a，t_0 均为常数，且 $a \neq 0$。

证明 令 $at = x$，当 $a > 0$ 时，有
$$\int_{-\infty}^{\infty} \varphi(t)\delta(at)\mathrm{d}t = \int_{-\infty}^{\infty} \frac{1}{a}\varphi\left(\frac{x}{a}\right)\delta(x)\mathrm{d}x = \frac{1}{a}\varphi(0)$$

当 $a < 0$ 时，有
$$\int_{-\infty}^{\infty} \varphi(t)\delta(at)\mathrm{d}t = \int_{\infty}^{-\infty} \frac{1}{a}\varphi\left(\frac{x}{a}\right)\delta(x)\mathrm{d}x$$
$$= -\int_{-\infty}^{\infty} \frac{1}{a}\varphi\left(\frac{x}{a}\right)\delta(x)\mathrm{d}x$$
$$= -\frac{1}{a}\varphi(0) = \frac{1}{|a|}\varphi(0)$$

又因为
$$\int_{-\infty}^{\infty} \varphi(t)\frac{1}{|a|}\delta(t)\mathrm{d}t = \frac{1}{|a|}\varphi(0)$$

故
$$\delta(at) = \frac{1}{|a|}\delta(t)$$

同理可证
$$\delta(at - t_0) = \frac{1}{|a|}\delta\left(t - \frac{t_0}{a}\right)$$

5) 单位冲激函数 $\delta(t)$ 的导数及其性质

单位冲激函数 $\delta(t)$ 的一阶导数用 $\delta'(t)$ 表示，即 $\delta'(t) = \dfrac{\mathrm{d}\delta(t)}{\mathrm{d}t}$，称为单位二次冲激（unit doublet）函数或冲激偶函数，其图形符号如图 1.15 所示。可以用类似的方法证明，它具有以下性质：

$$\delta'(t) = -\delta'(-t)$$

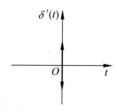

图 1.15 单位二次冲激函数

$$\delta^{(n)}(t) = (-1)^n \delta^{(n)}(-t)$$

$$\delta'(t-t_0) = -\delta'[-(t-t_0)]$$

$$f(t)\delta'(t) = f(0)\delta'(t) - f'(0)\delta(t)$$

$$f(t)\delta'(t-t_0) = f(t_0)\delta'(t-t_0) - f'(t_0)\delta(t-t_0)$$

$$\int_{-\infty}^{\infty} f(t)\delta'(t)\mathrm{d}t = -f'(0)$$

$$\int_{-\infty}^{\infty} f(t)\delta^{(n)}(t)\mathrm{d}t = (-1)^n f^{(n)}(0)$$

$$\int_{-\infty}^{\infty} f(t)\delta'(t-t_0)\mathrm{d}t = -f'(t_0)$$

$$\int_{-\infty}^{\infty} f(t)\delta^{(n)}(t-t_0)\mathrm{d}t = (-1)^n f^{(n)}(t_0)$$

除上述性质外，单位冲激函数还具有检零性质，当单位冲激函数应用于非线性函数时，具有检测其过零点，并反映过零点处导数的性质，具体描述为

$$\delta[f(t)] = \sum_{i=1}^{n} \frac{1}{|f'(t_i)|} \delta(t-t_i)$$

其中，函数在其零点 $t_i, i=1,2,\cdots,n$ 处有 $f(t_i)=0$。这表明，对信号进行冲激变换时，在信号的零点处出现冲激，冲激强度反比于信号的导数模值。

相比起来，单位脉冲序列也有类似的主要性质：

$$\sum_{n=-\infty}^{\infty} f[n]\delta[n-k] = f[n]$$

$$f[n]\delta[n-k] = f[k]\delta[n-k]$$

由此可知，任意离散信号均可表示为一系列位移单位脉冲序列的线性加权和，即

$$f[n] = \cdots f[-2]\delta[n+2] + f[-1]\delta[n+1] + f[0]\delta[n] + $$
$$f[1]\delta[n-1] + f[2]\delta[n-2] + \cdots$$
$$= \sum_{k=-\infty}^{\infty} f[k]\delta[n-k]$$

4. 单位冲激和单位阶跃之间的关系

首先看一下连续时间中 $\delta(t)$ 和 $\varepsilon(t)$ 的关系。由单位冲激信号 $\delta(t)$ 的定义可得

$$\int_{-\infty}^{\infty} \delta(t)\mathrm{d}t = \int_{-\infty}^{0^-} \delta(t)\mathrm{d}t + \int_{0^-}^{0^+} \delta(t)\mathrm{d}t + \int_{0^+}^{\infty} \delta(t)\mathrm{d}t = \int_{0^-}^{0^+} \delta(t)\mathrm{d}t = 1$$

故有

$$\int_{-\infty}^{t} \delta(\tau)\mathrm{d}\tau = \begin{cases} 1, & t > 0 \\ 0, & t < 0 \end{cases}$$

根据单位阶跃信号 $\varepsilon(t)$ 的定义，可得

$$\varepsilon(t) = \int_{-\infty}^{t} \delta(\tau)\mathrm{d}\tau \tag{1.21}$$

式(1.21)表明：单位冲激信号的积分为单位阶跃信号；反之，单位阶跃信号的导数应为单位冲激信号。即

$$\delta(t) = \frac{\mathrm{d}\varepsilon(t)}{\mathrm{d}t} \tag{1.22}$$

相比起来,在离散域 $\delta[n]$ 与 $\varepsilon[n]$ 之间存在类似的差分与累加的关系,即

$$\begin{cases} \delta[n] = \varepsilon[n] - \varepsilon[n-1] \\ \varepsilon[n] = \delta[n] + \delta[n-1] + \cdots + \delta[n-m] + \cdots = \sum_{m=0}^{\infty} \delta[n-m] \end{cases} \quad (1.23)$$

令 $k = n - m$,则

$$\varepsilon[n] = \sum_{k=-\infty}^{n} \delta[k] \quad (1.24)$$

式(1.24)的成立是很明显的,这在于 $\delta[k]$ 仅在 $k=0$ 时为 1,在 $k \neq 0$ 时为 0,所以当 $n<0$ 时,求和式为 0,而当 $n \geqslant 0$ 时,求和式为 1。

【例 1-3】 试画出下列函数的波形。

(1) $f(t) = \varepsilon(\sin \pi t)$

(2) $f(t) = \delta(\sin \pi t)$, $t \geqslant 0$

解 (1) $f(t) = \varepsilon(\sin \pi t) = \begin{cases} 1, & \sin \pi t > 0 \\ 0, & \sin \pi t < 0 \end{cases}$

$f(t) = \varepsilon(\sin \pi t)$ 的波形如图 1.16 所示。可见,该函数为周期信号,其周期 $T=2$。

(2) $f(t) = \delta(\sin \pi t)(t \geqslant 0)$ 的波形如图 1.17 所示。

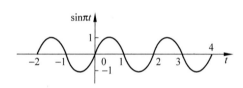

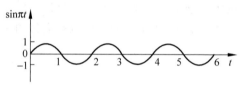

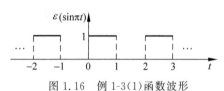

图 1.16 例 1-3(1)函数波形

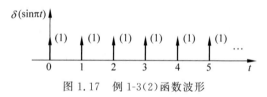

图 1.17 例 1-3(2)函数波形

【例 1-4】 求下列计算式。

(1) $\int_{-\infty}^{t} e^{-\tau} \delta'(\tau) d\tau$ \qquad (2) $\delta(t^2 - 1)$

解 根据单位冲激信号的性质,可得

(1) $\int_{-\infty}^{t} e^{-\tau} \delta'(\tau) d\tau = \int_{-\infty}^{t} [e^{-0} \delta'(\tau) + e^{-0} \delta(\tau)] d\tau = \delta(t) + \varepsilon(t)$

(2) $\delta(t^2 - 1) = \frac{1}{|(2t)|_{t=1}} \delta(t-1) + \frac{1}{|(2t)|_{t=-1}} \delta(t+1) = \frac{1}{2} \delta(t-1) + \frac{1}{2} \delta(t+1)$

1.2.2 正弦型信号与正弦型序列

1. 连续时间正弦型信号

一个正弦信号(sine signal)可描述为

$$f(t) = A\sin(\omega_0 t + \varphi) = A\cos\left(\omega_0 t + \varphi - \frac{\pi}{2}\right) \quad (1.25)$$

式中，A 为振幅，ω_0 为角频率（单位：rad/s），φ 为初始角（单位：rad），如图 1.18 所示。正弦信号是周期信号，周期为 T（$T=2\pi/\omega_0$）。因为余弦信号与正弦信号只是在相位上相差 $\pi/2$，所以将它们统称为正弦型信号。

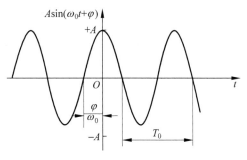

图 1.18　正弦信号波形图

正弦型信号具有非常实用的性质：

(1) 两个频率相同的正弦型信号相加，即使其振幅与相位各不相同，但相加后结果仍然是原频率的正弦型信号，如图 1.19(a)所示。

(2) 若一个正弦型信号的频率是另一个正弦型信号频率的整数倍，则合成信号是一个非正弦周期信号，其周期等于基波的周期，如图 1.19(b)所示。

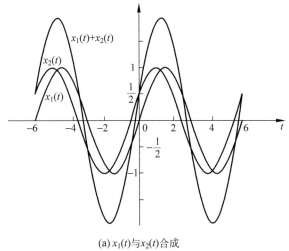

(a) $x_1(t)$ 与 $x_2(t)$ 合成

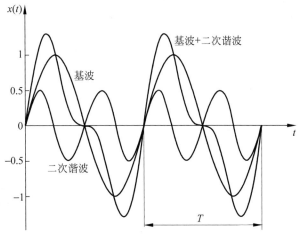

(b) 基波与二次谐波

图 1.19　两个正弦型信号的合成

(3) 正弦型信号对时间的微分或积分仍然是同频率的正弦信号。

2. 正弦型序列

通常正弦型序列(sine time sequence)是从正弦时间函数或余弦时间函数经取样后得来的。正弦序列的表达式为

$$f[n]=A\sin(\Omega_0 n+\varphi) \tag{1.26}$$

其中,幅值 A、初相 φ 的含义与模拟正弦信号相同,但正弦序列的数字角频率 Ω_0 的含义与一般模拟信号角频率 ω_0 的概念不同。由于离散信号定义的时间为 nT,因此 $\Omega_0=\omega_0 T$,单位为弧度(rad),它表示相邻两个样值间弧度的变化量。

对于周期序列其定义为 $f[n+N]=f[n]$,其中 N 为序列的周期,只能为任意整数。与模拟正弦信号不同,离散正弦序列是否为周期信号主要取决于 $2\pi/\Omega_0$ 是正整数、有理数还是无理数。若比值 $2\pi/\Omega_0$ 是正整数,则正弦序列为周期序列,其周期为 N,这是因为它符合 $f[n+N]=f[n]$ 所给出的定义,即

$$A\sin[\Omega_0(n+N)+\varphi]=A\sin\left[\Omega_0\left(n+\frac{2\pi}{\Omega_0}\right)+\varphi\right]$$
$$=A\sin(\Omega_0 n+2\pi+\varphi)=A\sin(\Omega_0 n+\varphi) \tag{1.27}$$

若比值 $2\pi/\Omega_0$ 不是正整数而是有理数,即 $2\pi/\Omega_0=N/m$,则正弦序列仍为周期序列,其周期为 $N=m(2\pi/\Omega_0)$。若比值 $2\pi/\Omega_0$ 为无理数,则正弦序列不是周期序列,但其包络仍为正弦函数。对于余弦序列与上述正弦序列相类似。

1.2.3 指数型信号与指数型序列

1. 连续时间实指数型信号和离散时间实指数型序列

连续时间实指数型信号(real exponential signal)可表示为

$$f(t)=Ae^{at} \tag{1.28}$$

式中,A,a 均为实常数。若 $a<0$,则 $f(t)$ 随着时间 t 的增加按指数衰减;若 $a>0$,则 $f(t)$ 随着时间 t 的增加按指数增长;若 $a=0$,则 $f(t)$ 为直流信号(见图 1.20)。

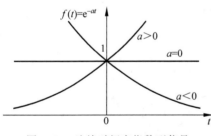

图 1.20 连续时间实指数型信号

离散时间实指数型序列为

$$f[n]=a^n, \quad a\in\mathbf{R} \tag{1.29}$$

图 1.21 中画出了当实数取不同值时,几种不同的实指数型序列。如果限于 $a>0$,则它呈现出单调增长的实指数型序列($a>1$)、常数序列($a=1$)和单调衰减的实指数型序列($a<1$)分别如图 1.21(a)~(c)所示,并分别对应着连续时间实指数型信号的 3 种形式;而当 $a<0$ 时,$a=|-a|$,它在增长或衰减的同时,还交替地改变序列值的符号,分别如图 1.21(d)~(f)所示。严格地说,这是一种振荡的特性,在连续时间实指数型信号中不出现此现象。

2. 连续时间复指数型信号和离散时间复指数型序列

通常连续时间复指数型信号(complex exponential signal)表示为

$$f(t)=Ae^{st}, \quad s=\alpha+j\omega \tag{1.30}$$

s 称为复频率。根据欧拉公式可得

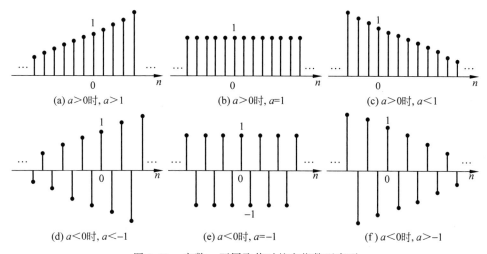

图 1.21 实数 a 不同取值时的实指数型序列

$$e^{st} = e^{at}\cos\omega t + je^{at}\sin\omega t \qquad (1.31)$$

所以,通常复指数型信号为

$$f(t) = Ae^{at}\cos\omega t + jAe^{at}\sin\omega t = \text{Re}[x(t)] + j\text{Im}[x(t)] \qquad (1.32)$$

由此可见,复指数型信号可分解为实部和虚部两部分,它们分别代表余弦和正弦振荡信号,且其波形是随 s 的不同而异。当 $s=0$ 时,信号为直流信号;当 $\omega=0$ 时,信号变成为一个单调增长或衰减的实指数型信号,如图 1.22 所示;当 $a=0$ 时,信号实部是一个等幅余弦信号,虚部是一个等幅正弦信号。在通常情况下,复指数型信号的实部是一个增幅($a>0$)或减幅($a<0$)的余弦信号,虚部是一个增幅($a>0$)或减幅($a<0$)的正弦信号,如图 1.23 所示。由于复指数型信号能概括多种情况,所以可利用它来描述多种基本信号,故它是信号与系统分析中经常遇到的重要信号。

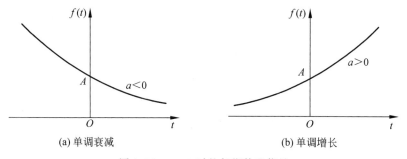

图 1.22 $\omega=0$ 时的复指数型信号

离散时间复指数型序列是信号分析中最常用的基本序列,可表示为

$$f[n] = e^{j\omega_0 t}\big|_{t=nT_0} = e^{j\omega_0 nT_0} = e^{j\Omega_0 n}, \quad \Omega_0 = \omega_0 T_0 \qquad (1.33)$$

如同正弦型序列,若复指数型序列是一个以 N 为周期的周期序列,则有 $e^{j\Omega_0 n} = e^{j\Omega_0(n+N)}$,所以 $\Omega_0 N = 2\pi m$,m 为整数,即 $2\pi/\Omega_0 = N/m$,为有理数,其周期为 $N = m(2\pi/\Omega_0)$。

比较正弦型信号、复指数型信号与正弦型序列、复指数型序列的表达式可见,虽然它们都是周期信号,但对连续时间信号来说,ω 取值可以在 $-\infty<\omega<\infty$,而且任意选择 ω_0 都具有周期性,其周期为 $T_0 = 2\pi/\omega_0$。而对离散时间信号来说,由于 $e^{j\Omega_0 n} = e^{j(\Omega_0 \pm k2\pi)n}$,$k$ 为正整数,表示

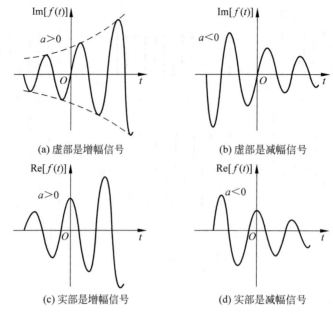

图 1.23 通常情况下的复指数型信号的波形图

在数字频率上相差 2π 整数倍的所有离散时间复指数型序列(正弦型序列)都是一样的。也就是说,离散域的频率 Ω 的有效取值是在 $0 \leqslant \Omega \leqslant 2\pi$ 或 $-\pi \leqslant \Omega \leqslant \pi$ 的任一间隔为 2π 的范围。

由此可知,将正弦型信号与复指数型信号从连续域变换到离散域,相当于把无限的频率范围映射到有限的频率范围。这一基本区别在今后进行数字信号与数字系统的频率特性分析时非常有意义,即数字频率 Ω 仅在 $0 \leqslant \Omega \leqslant 2\pi$ 或 $-\pi \leqslant \Omega \leqslant \pi$ 内取值,而且意味着 $\Omega = \pm \pi$ (或 π 的奇数倍)是序列在频率域的最高频率;$\Omega = 0$ 及 2π (或 π 的偶数倍)是序列在频率域的最低频率。

表 1.1 中给出了连续时间信号 $e^{j\omega_0 t}$ 和离散时间序列 $e^{j\Omega_0 n}$ 之间的一些不同点。

表 1.1 连续时间信号 $e^{j\omega_0 t}$ 和离散时间序列 $e^{j\Omega_0 n}$ 的比较

$e^{j\omega_0 t}$	$e^{j\Omega_0 n}$
ω_0 不同,信号不同	频率相差 2π 的整倍数,信号相同
对任何 ω_0 值都是周期的	仅当 $\Omega_0 = 2\pi m/N$ 时才是周期的,这里 N 和 m 均为整数,且 $N>0$
基波频率为 ω_0	基波频率为 Ω_0/m(这里假设 N 和 m 无任何公因子)
基波周期: $\begin{cases} \omega_0 = 0 \text{ 时无定义} \\ \omega_0 \neq 0 \text{ 时为 } 2\pi/\omega_0 \end{cases}$	基波周期: $\begin{cases} \Omega_0 = 0 \text{ 时无定义} \\ \Omega_0 \neq 0 \text{ 时为 } m\dfrac{2\pi}{\Omega_0} \end{cases}$

1.2.4 单位门信号

门宽为 τ,门高为 1 的单位门信号常用符号 $G_\tau(t)$ 表示,其函数定义式为

$$G_\tau(t) = \begin{cases} 1, & -\dfrac{\tau}{2} < t < \dfrac{\tau}{2} \\ 0, & t > \dfrac{\tau}{2}, t < -\dfrac{\tau}{2} \end{cases} \tag{1.34}$$

其波形如图 1.24 所示。

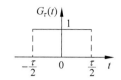

图 1.24 单位门信号波形图

1.2.5 符号信号

符号信号用 sgn(t) 表示，其函数定义式为

$$\text{sgn}(t) = \begin{cases} 1, & t > 0 \\ -1, & t < 0 \end{cases} \tag{1.35}$$

其波形如图 1.25 所示。

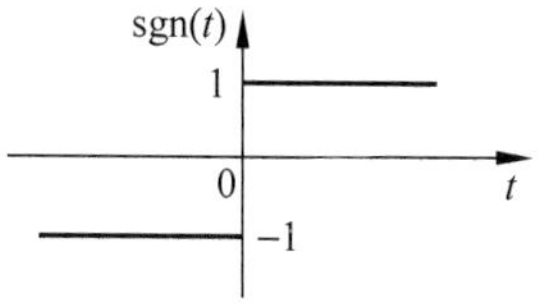

【例 1-5】 试画出函数 $f(t) = \text{sgn}\left(\cos\frac{\pi}{2}t\right)$ 的波形。

解 $f(t) = \text{sgn}\left(\cos\frac{\pi}{2}t\right) = \begin{cases} 1, & \cos\frac{\pi}{2}t > 0 \\ -1, & \cos\frac{\pi}{2}t < 0 \end{cases}$

图 1.25 符号信号波形图

$\cos\frac{\pi}{2}t$ 与 $f(t)$ 的波形如图 1.26 所示。

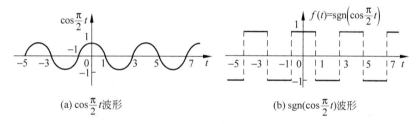

(a) $\cos\frac{\pi}{2}t$ 波形   (b) $\text{sgn}\left(\cos\frac{\pi}{2}t\right)$ 波形

图 1.26 例 1-5 函数波形

1.2.6 单位斜坡信号

单位斜坡信号用 $r(t)$ 表示，其函数定义式为

$$r(t) = t\varepsilon(t) = \begin{cases} 0, & t < 0 \\ t, & t \geqslant 0 \end{cases} \tag{1.36}$$

其波形如图 1.27 所示。

单位斜坡信号 $r(t)$ 与单位阶跃信号 $\varepsilon(t)$、单位冲激信号 $\delta(t)$ 有如下关系：

$$r(t) = \int_{-\infty}^{t} \varepsilon(\tau)d\tau, \quad \frac{dr(t)}{dt} = \varepsilon(t)$$

$$r(t) = \int_{-\infty}^{t}\int_{-\infty}^{t} \delta(\tau)d\tau d\tau, \quad \frac{d^2 r(t)}{dt^2} = \delta(t)$$

应用斜坡信号与阶跃信号，可以表示任意的三角脉冲信号。如图 1.28 所示的三角脉冲，可以表示为

$$f_b(t) = \Lambda(t) = (t+1)\varepsilon(t+1) - 2t\varepsilon(t) + (t-1)\varepsilon(t-1)$$

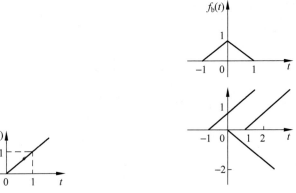

图1.27 斜坡信号　　　　图1.28 两种三角脉冲信号

1.2.7 抽样信号

抽样信号用 Sa(t) 表示,其函数的定义式为

$$\text{Sa}(t) = \frac{\sin t}{t}, \quad t \in \mathbf{R} \tag{1.37}$$

其波形如图1.29所示。抽样信号具有以下性质:

(1) 偶函数,即有 Sa($-t$) = Sa(t)。

(2) $\text{Sa}(0) = \lim\limits_{t \to 0} \text{Sa}(t) = \lim\limits_{t \to 0} \frac{\sin t}{t} = 1$。

(3) 当 $t = k\pi (k = \pm 1, \pm 2, \cdots)$ 时,Sa(t) = 0,即 $t = k\pi$ 为 Sa(t) 出现零值点的时刻。

(4) $\int_{-\infty}^{\infty} \text{Sa}(t) \mathrm{d}t = \int_{-\infty}^{\infty} \frac{\sin t}{t} \mathrm{d}t = \pi$。

(5) $\lim\limits_{t \to \pm \infty} \text{Sa}(t) = 0$。

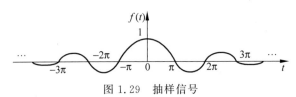

图1.29 抽样信号

1.3 信号的基本运算与波形变换

众所周知,信号经过任何一种运算和变换都将产生不同于原信号的新信号。而且在信号与系统中经常要对信号进行运算和波形变换,研究信号通过系统各部件后的变形变化。例如,通过加法器、乘法器、放大器、延时器、积分器和微分器等部件后的波形。因此,掌握信号的各种基本运算及其对应波形是非常必要的,下面分别讨论信号的几种基本运算和波形变换。

1.3.1 信号的基本运算

和数学中函数运算一样,对信号也可以进行各种运算。描述与分析信号的基本运算,对强化基本概念和简化运算有着重要的理论意义和实际意义。最基本的信号运算有以下几种。

1. 信号的相加与相乘

(1) 两个连续时间信号相加(相乘)的信号运算,称为信号的相加(相乘)运算。它在任意时刻的瞬时值等于两个信号在该瞬时值的代数和(积)。信号相加与相乘运算可通过信号的波形(或其表达式)进行。连续时间信号相加(相乘)运算可分别表示为

$$y(t) = f_1(t) + f_2(t) \tag{1.38}$$
$$y(t) = f_1(t) \cdot f_2(t) \tag{1.39}$$

(2) 两个(或多个)离散时间信号(序列)相加(或相减)所构成的新信号(序列),即序列中同序号的数值逐项对应相加(或相减),也就是在任意一离散时刻(nT)的值等于两个(多个)序列在同一时刻取值的代数和。两个(或多个)离散时间信号(序列)相乘(或相除)所构成的新信号(序列),在任意一时刻(nT)的值等于两个(多个)序列在同一时刻取值的乘积。其运算分别表示为

$$y[n] = f_1[n] + f_2[n]$$
$$y[n] = f_1[n] \cdot f_2[n] \tag{1.40}$$

【例 1-6】 信号 $f_1(t)$ 和 $f_2(t)$ 的波形分别如图 1.30(a)和(b)所示,试求 $f_1(t) + f_2(t)$ 和 $f_1(t) \cdot f_2(t)$ 的波形,并写出其表达式。

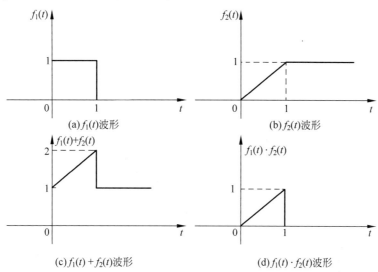

图 1.30 信号的相加与相乘

解 信号 $f_1(t)$ 和 $f_2(t)$ 的表达式为

$$f_1(t) = \begin{cases} 0, & t < 0 \\ 1, & 0 \leqslant t \leqslant 1 \\ 0, & t > 1 \end{cases}$$

$$f_2(t) = \begin{cases} 0, & t < 0 \\ t, & 0 \leqslant t \leqslant 1 \\ 1, & t > 1 \end{cases}$$

$f_1(t) + f_2(t)$ 的表达式为

$$f_1(t)+f_2(t)=\begin{cases}0, & t<0\\ 1+t, & 0\leq t\leq 1\\ 1, & t>1\end{cases}$$

$f_1(t)\cdot f_2(t)$ 的表达式为

$$f_1(t)\cdot f_2(t)=\begin{cases}0, & t<0\\ t, & 0\leq t\leq 1\\ 0, & t>1\end{cases}$$

它们的波形分别如图 1.30(c)和(d)所示。

【例 1-7】 已知序列 $f_1[n]=\begin{cases}2^n, & n<0\\ n+1, & n\geq 0\end{cases}$ 和 $f_2[n]=\begin{cases}0, & n<-2\\ 2^{-n}, & n\geq -2\end{cases}$，试求 $f_1[n]+f_2[n]$ 与 $f_1[n]\cdot f_2[n]$。

解

$$f_1[n]+f_2[n]=\begin{cases}2^n, & n<-2\\ 2^n+2^{-n}, & n=-1,-2\\ n+1+2^{-n}, & n\geq 0\end{cases}$$

$$f_1[n]\cdot f_2[n]=\begin{cases}2^n\times 0, & n<-2\\ 2^n\times 2^{-n}, & n=-1,-2\\ (n+1)\times 2^{-n}, & n\geq 0\end{cases}=\begin{cases}0, & n<-2\\ 1, & n=-1,-2\\ n2^{-n}+2^{-n}, & n\geq 0\end{cases}$$

2. 连续时间信号微分和离散时间序列差分运算

连续时间信号是 t 的连续函数，故可对它进行微分运算，信号 $f(t)$ 的微分是指 $\dfrac{\mathrm{d}f(t)}{\mathrm{d}t}$ 或记作 $f'(t)$，它表示信号随时间变化的变化率。当 $f(t)$ 包含有不连续点时，则 $f(t)$ 在这些点上仍有导数，即出现冲激，其强度为信号在该处的跳变量。

由于离散时间序列变量 n 是整数，显然，对离散时间序列没有微分运算，但存在着差分运算，离散时间序列 $f[n]$ 的一阶差分运算定义为

$$y[n]=\Delta f[n]=f[n]-f[n-1] \tag{1.41}$$

由式(1.41)可知：差分信号 $\Delta f[n]$ 在 n 时刻的值等于 $f[n]$ 在 n 时刻的值减去其前一时刻($n-1$ 时刻)的值，也意味着 $f[n]$ 在该时刻的变化率。因此，可把离散时间差分运算看成连续时间微分运算的对偶运算。

此外，还可定义 $f(t)$ 的高阶微分和 $f[n]$ 的高阶差分运算，$f(t)$ 的 k 阶微分或 $f[n]$ 的 k 阶差分为

$$y(t)=f^{(k)}(t)=\dfrac{\mathrm{d}^k f(t)}{\mathrm{d}t^k}$$

$$y[n]=\Delta^k f[n]=\Delta^{k-1}f[n]-\Delta^{k-1}f[n-1],\quad k\geq 1 \tag{1.42}$$

注意：上面定义的差分运算叫作后向差分，还有另一种叫作前向差分的运算，用"∇"符号表示一阶前向差分运算，即

$$y[n]=\nabla f[n]=f[n]-f[n+1] \tag{1.43}$$

在实际中经常遇到的是后向差分，在本书后面的内容中，如不加说明，凡提及一阶差分

或差分,均指后向差分。

3. 连续时间信号积分和离散时间序列累加运算

信号 $f(t)$ 的积分是指 $\int_{-\infty}^{t} f(\tau) \mathrm{d}\tau$ 或记作 $f^{(-1)}(t)$,它在任意时刻 t 的值为从 $-\infty$ 到 t 区间, $f(t)$ 与时间轴所包围的面积。这个积分运算通常称为滑动积分(running integral)。

对于离散时间序列与连续时间信号积分运算相对偶的运算是序列的累加, $f[n]$ 的一次累加运算定义为

$$y[n] = \sum_{n=-\infty}^{n} f[n] \tag{1.44}$$

式(1.44)表明:一次累加后产生的序列 $f[n]$ 在 n 时刻的序列值等于原序列在该时刻及以前所有时刻序列值之和。换言之,它等于在 $(-\infty, n)$ 内原序列图形下的"面积",它与连续时间积分运算有同样的含义。

典型的累加和公式有

$$\sum_{i=-\infty}^{n} \delta[i] = \varepsilon[n]$$

$$\sum_{i=-\infty}^{n} \varepsilon[i] = (n+1)\varepsilon[n]$$

$$\sum_{i=-\infty}^{n} i\varepsilon[i] = \frac{1}{2}n(n+1)\varepsilon[n]$$

$$\sum_{i=-\infty}^{n} a^{i}\varepsilon[i] = \frac{1-a^{n+1}}{1-a}\varepsilon[n] \quad a \neq 1$$

有限等比序列求和公式为 $\sum_{i=1}^{n} a_i = \dfrac{a_1 - q a_n}{1-q}$,式中, a_1 为首项, a_n 为末项, q 为等比。

无穷收敛等比序列求和公式为 $\sum_{i=1}^{\infty} a_i = \dfrac{a_1}{1-q}$。

【例 1-8】 $f(t)$ 的波形如图 1.31(a)所示,画出它的导数和积分的波形。

解 $f(t)$ 在 $t=0$ 和 1 处有不连续点,故在 $t=0$ 和 1,它的导数出现冲激。在 $t=0$ 处, $f(t)$ 的跳变值为 1,所以冲激强度为 1;在 $t=1$ 处, $f(t)$ 的跳变值为 -1,所以冲激强度为 1 的负冲激。信号的导数和积分的波形如图 1.31(b)和(c)所示。

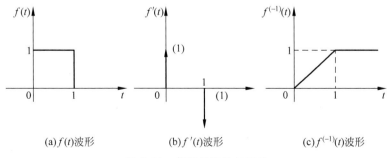

(a) $f(t)$ 波形　　(b) $f'(t)$ 波形　　(c) $f^{(-1)}(t)$ 波形

图 1.31　信号的导数与积分

【例 1-9】 已知图 1.32(a)所示半波正弦信号 $f(t)$。求:

(1) $f''(t)$ 并画出其波形;

(2) $\int_{-\infty}^{t} f(\tau) d\tau$。

解 (1) 因

$$f(t) = \sin t [\varepsilon(t) - \varepsilon(t-\pi)]$$

故

$$f'(t) = \cos t [\varepsilon(t) - \varepsilon(t-\pi)]$$

$$f''(t) = \delta(t) - \sin t [\varepsilon(t) - \varepsilon(t-\pi)] + \delta(t-\pi)$$

$f''(t)$ 的波形如图 1.32(c) 所示。

(2) 当 $t < 0$ 时,$f(t) = 0$,故

$$\int_{-\infty}^{t} f(\tau) d\tau = \int_{-\infty}^{t} 0 d\tau = 0$$

当 $0 \leqslant t < \pi$ 时,$f(t) = \sin t$,故

$$\int_{-\infty}^{t} f(\tau) d\tau = \int_{-\infty}^{0} f(\tau) d\tau + \int_{0}^{t} f(\tau) d\tau = \int_{-\infty}^{0} 0 d\tau + \int_{0}^{t} \sin \tau d\tau = 0 + [-\cos \tau]_{0}^{t} = 1 - \cos t$$

当 $t \geqslant \pi$ 时,$f(t) = 0$,故

$$\int_{-\infty}^{t} f(\tau) d\tau = \int_{-\infty}^{0} 0 d\tau + \int_{0}^{\pi} \sin \tau d\tau + \int_{\pi}^{t} 0 d\tau = 0 + [-\cos \tau]_{0}^{\pi} + 0 = 2$$

故

$$\int_{-\infty}^{t} f(\tau) d\tau = \begin{cases} 0, & t < 0 \\ 1 - \cos t, & 0 \leqslant t < \pi \\ 2, & t \geqslant \pi \end{cases}$$

其波形如图 1.32(d) 所示。

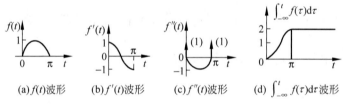

图 1.32 例 1-9 的图形

【例 1-10】 求离散信号 $f(n) = n^2 - 2n + 3$ 的一阶、二阶后向差分。

解 一阶后向差分为

$$\nabla f(n) = f(n) - f(n-1) = n^2 - 2n + 3 - [(n-1)^2 - 2(n-1) + 3] = 2n - 3$$

二阶后向差分为

$$\nabla^2 f(n) = \nabla[\nabla f(n)] = \nabla[f(n) - f(n-1)] = \nabla f(n) - \nabla f(n-1)$$
$$= 2n - 3 - [2(n-1) - 3] = 2$$

4. 取模(或取绝对值)运算

将一个复信号或复序列所有信号的值的模(幅度)作为一个新信号值的过程称为取模运算。对一个实信号进行上述取模运算,就称为取绝对值运算。显然,任何信号取模或取绝对值运算后所产生的信号,必定是一个非负的实信号,对连续时间或离散时间信号的取模运算可表示为

$$\begin{cases} y(t) = |f(t)| = \sqrt{f(t)f^*(t)} \\ y[n] = |f[n]| = \sqrt{f[n]f^*[n]} \end{cases} \quad (1.45)$$

其中,上标"*"表示取共轭运算。

另外,还有一些有用的信号运算,如平方运算、取实部和取虚部运算等。由于本书的篇幅有限,欲了解详情者请参考其他有关文献。

1.3.2 自变量变换导致的信号变换

在信号与系统分析中,往往需要对自变量进行变换。另外,在信号处理中,有时会涉及自变量变换的一些信号变换或操作。常用的自变量变换有时间的时移、折叠和尺度变换。

1. 信号的时移

对于连续时间信号,将信号 $f(t)$ 沿时间 t 轴上平移 $\pm t_0$ (t_0 为大于 0 的常数),则得时移信号 $f(t\pm t_0)$,即将 $f(t)$ 表达式中的所有自变量 t 用 $t\pm t_0$ 替代。但值得注意的是,$f(t)$ 的时间范围定义域中的 t 也要被替代。$f(t-t_0)$ 表示在 $t=t_0$ 的值等于原信号在 $t=0$ 的值,所以是原信号的延时,在时间上滞后 t_0,即右移信号(波形向右移动 t_0)。

同理,$f(t+t_0)$ 表示超前原信号,在时间上超前 t_0,即左移信号(波形向左移动 t_0)。其波形变化如图 1.33(a)所示。

相对于连续时间信号,对于离散时间信号(序列)$f[n]$,若整常数 $m>0$,时移信号 $f[n-m]$ 是将原序列沿正 n 轴方向(右)移动 m 个单位,而 $f[n+m]$ 是将原序列向负 n 轴方向(左)移动 m 个单位。其波形如图 1.33(b)所示。

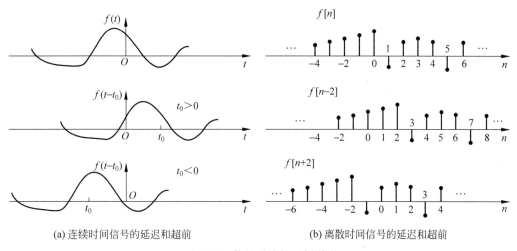

(a) 连续时间信号的延迟和超前　　　　(b) 离散时间信号的延迟和超前

图 1.33　信号时移的图例说明

由图 1.33 可知,一个信号和它时移后的新信号,在波形上完全相同,仅在时间轴上有一个水平移动,故这种信号变换又称为移位。

2. 信号的折叠

信号的折叠也称为反转,对于连续时间或离散时间信号就是将信号 $f(t)$ 或 $f[n]$ 以纵坐标轴为轴反转 180°(折叠),即得折叠信号 $f(-t)$ 或 $f[-n]$,也就是将信号的表达式及其定义域中的所有自变量 t(或 n)用 $-t$(或 $-n$)替代。从波形看,$f(-t)$ 和 $f[-n]$ 的波形分

别是 $f(t)$ 和 $f[n]$ 的波形相对于纵轴的镜像,如图 1.34 所示。

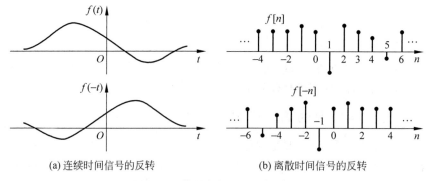

(a) 连续时间信号的反转　　(b) 离散时间信号的反转

图 1.34　信号的折叠的图例说明

若信号既折叠又时移,就是将折叠信号 $f(-t)$(或 $f[-n]$)的表达式及定义域中的自变量 t 用 $t\pm t_0$ 或 $n\pm m$ 替代,成为 $f[-(t\pm t_0)]=f(-t\mp t_0)$ 或 $f[-(n\pm m)]=f[-n\mp m]$。从波形看,$f[-(t+t_0)]=f(-t-t_0)$(或 $f[-n-m]$)的波形是将 $f(-t)$(或 $f[-n]$)的波形向左移动;$f[-(t-t_0)]=f(-t+t_0)$(或 $f[-n+m]$)的波形是将 $f(-t)$(或 $f[-n]$)的波形向右移动,如图 1.35 所示。

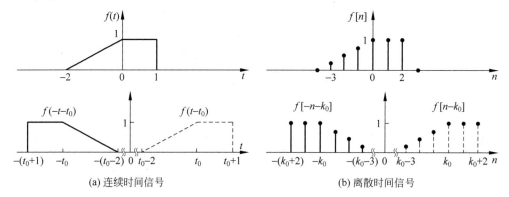

(a) 连续时间信号　　(b) 离散时间信号

图 1.35　信号的时移并折叠 $(\tau=t_0, m=k_0)$

由此可见,为画出这类信号的图形,需要注意,必须先时移,即将原信号 $f(t)$(或 $f[n]$)时移为 $f(t\pm t_0)$(或 $f[n\pm m]$),再折叠,即将变量 t(或 n)相应地换为 $-t$(或 $-n$)。

若信号 $f(t)$(或 $f[n]$)以横坐标轴 t 轴(或 n)为轴反转 $180°$,则称信号倒相(反相),用 $-f(t)$(或 $-f[n]$)表示。

【例 1-11】　信号 $f(t)$ 的波形如图 1.36(a)所示,求 $f(t+1), f(t-1), f(-t), f[-(t+1)]$ 及 $f[-(t-1)]$ 的表达式,并画出其波形。

解　由信号 $f(t)$ 的波形图可得

$$f(t)=\begin{cases}0, & t<0 \\ t, & 0\leqslant t\leqslant 1 \\ 0, & t>1\end{cases}$$

$$f(t+1)=\begin{cases}0, & t+1<0 \\ t+1, & 0\leqslant t+1\leqslant 1 \\ 0, & t+1>1\end{cases}=\begin{cases}0, & t<-1 \\ t+1, & -1\leqslant t\leqslant 0 \\ 0, & t>0\end{cases}$$

$$f(t-1) = \begin{cases} 0, & t-1<0 \\ t-1, & 0\leqslant t-1\leqslant 1 \\ 0, & t-1>1 \end{cases} = \begin{cases} 0, & t<1 \\ t-1, & 1\leqslant t\leqslant 2 \\ 0, & t>2 \end{cases}$$

$$f(-t) = \begin{cases} 0, & -t<0 \\ -t, & 0\leqslant -t\leqslant 1 \\ 0, & -t>1 \end{cases} = \begin{cases} 0, & t<-1 \\ -t, & -1\leqslant t\leqslant 0 \\ 0, & t>0 \end{cases}$$

$$f[-(t+1)] = \begin{cases} 0, & -t-1<0 \\ -t-1, & 0\leqslant -t-1\leqslant 1 \\ 0, & -t-1>1 \end{cases} = \begin{cases} 0, & t<-2 \\ -t-1, & -2\leqslant t\leqslant -1 \\ 0, & t>-1 \end{cases}$$

$$f[-(t-1)] = \begin{cases} 0, & -t+1<0 \\ -t-1, & 0\leqslant -t+1\leqslant 1 \\ 0, & -t+1>1 \end{cases} = \begin{cases} 0, & t<0 \\ -t+1, & 0\leqslant t\leqslant 1 \\ 0, & t>1 \end{cases}$$

它们的波形如图 1.36(b)~(f)所示。

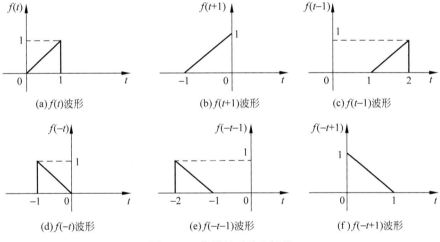

(a) $f(t)$ 波形　　(b) $f(t+1)$ 波形　　(c) $f(t-1)$ 波形

(d) $f(-t)$ 波形　　(e) $f(-t-1)$ 波形　　(f) $f(-t+1)$ 波形

图 1.36　信号的时移和折叠

3. 信号的尺度变换

1) 连续时间信号的时域压扩和幅度放缩

信号的尺度变换包括两方面的内容,即幅度尺度变换和时间尺度变换。

幅度尺度变换就是把信号 $f(t)$ 乘以常数 a(尺度变换系数),若 $a>1$,则信号 $f(t)$ 按比例把幅度放大 a 倍;若 $a<1$,则信号 $f(t)$ 按比例把幅度缩小 a 倍,如图 1.37 所示。从图中可见它们之间随时间变化的规律是一样的。

时间尺度变换就是把信号 $f(t)$ 及定义域中自变量 t 用 at 替代,成为 $f(at)$。其中 a 是常数,称为尺度变换系数。若 $a>1$ 时,则 $f(at)$ 的波形是把 $f(t)$ 的波形以原点($t=0$)为基准,沿时间轴压缩至原来的 $1/a$;若 $0<a<1$ 时,则 $f(at)$ 的波形是把 $f(t)$ 的波形以原点($t=0$)为基准,沿时间轴扩展至原来的 $1/a$;若 $a<0$ 时,则 $f(at)$ 的波形是将 $f(t)$ 的波形折叠并沿时间轴压缩或扩展至原来的 $1/a$。假设 $a=2$,如图 1.38 所示。

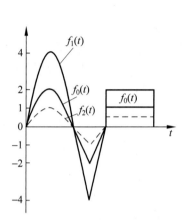

图 1.37 连续信号的幅度变换

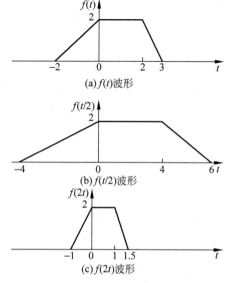

图 1.38 连续时间信号的时域压扩的图例

【例 1-12】 已知

$$f(t) = \begin{cases} 0, & t < 0 \\ t, & 0 \leqslant t < 1 \\ 1, & 1 \leqslant t \leqslant 2 \\ 0, & t > 2 \end{cases}$$

试求 $f(2t)$，$f\left(\dfrac{1}{2}t\right)$，$f(-2t)$ 及 $f(-2t+2)$。

解

$$f(2t) = \begin{cases} 0, & 2t < 0 \\ 2t, & 0 \leqslant 2t < 1 \\ 1, & 1 \leqslant 2t \leqslant 2 \\ 0, & 2t > 2 \end{cases} = \begin{cases} 0, & t < 0 \\ 2t, & 0 \leqslant t < 0.5 \\ 1, & 0.5 \leqslant t \leqslant 1 \\ 0, & t > 1 \end{cases}$$

$$f\left(\dfrac{1}{2}t\right) = \begin{cases} 0, & \dfrac{t}{2} < 0 \\ t/2, & 0 \leqslant \dfrac{t}{2} < 1 \\ 1, & 1 \leqslant \dfrac{t}{2} \leqslant 2 \\ 0, & \dfrac{t}{2} > 2 \end{cases} = \begin{cases} 0, & t < 0 \\ t/2, & 0 \leqslant t < 2 \\ 1, & 2 \leqslant t \leqslant 4 \\ 0, & t > 1 \end{cases}$$

$$f(-2t) = \begin{cases} 0, & -2t < 0 \\ -2t, & 0 \leqslant -2t < 1 \\ 1, & 1 \leqslant -2t \leqslant 2 \\ 0, & -2t > 2 \end{cases} = \begin{cases} 0, & t < -1 \\ 1, & -1 \leqslant t < -0.5 \\ -2t, & -0.5 \leqslant t \leqslant -1 \\ 0, & t > 0 \end{cases}$$

$$f(-2t+2) = \begin{cases} 0, & -2t+2 < 0 \\ -2t+2, & 0 \leqslant -2t+2 < 1 \\ 1, & 1 \leqslant -2t+2 \leqslant 2 \\ 0, & -2t+2 > 2 \end{cases} = \begin{cases} 0, & t < 0 \\ 1, & 0 \leqslant t < 0.5 \\ -2t+2, & 0.5 \leqslant t \leqslant 1 \\ 0, & t > 1 \end{cases}$$

它们的波形分别如图 1.39(a)~(e)所示。由此可见，$f(2t)$ 是将 $f(t)$ 沿 t 轴压缩 2 倍；$f\left(\frac{1}{2}t\right)$ 是将 $f(t)$ 沿 t 轴扩展 2 倍；$f(-2t)$ 是首先将 $f(t)$ 沿 t 轴压缩 2 倍得 $f(2t)$，然后折叠；$f(-2t+2)$ 是将 $f(-2t)$ 沿 t 轴方向右移 1 个单位。

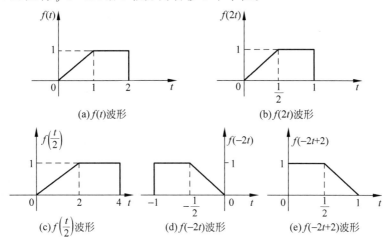

图 1.39 信号的尺度变换及时移

由例 1-12 可知，将 $f(t)$ 变为 $f(-2t+2)$ 需经折叠、展缩和平移三个步骤，可以任意顺序执行，按排列组合共有六种实现方法。需注意每一种操作都是针对 t 进行的，因而平移的方向和数值会有变化。六种方法的操作步骤和结果如表 1.2 所示。由表 1.2 进一步说明了一个信号如果有折叠、展缩和平移三个步骤时，为了避免发生错误必须先进行平移，然后进行折叠或展缩。

表 1.2 六种方法的操作步骤和结果

方法	第 一 步	第 二 步	第 三 步
1	$f(2t)$ 压缩	$f(-2t)$ 折叠	$f(-2t+2)$ 右移 1
2	$f(2t)$ 压缩	$f(2t+2)$ 左移 1	$f(-2t+2)$ 折叠

方法	第一步	第二步	第三步
3	$f(-t)$ 折叠	$f(-2t)$ 压缩	$f(-2t+2)$ 右移 1
4	$f(-t)$ 折叠	$f(-t+2)$ 右移 2	$f(-2t+2)$ 压缩
5	$f(t+2)$ 左移 2	$f(2t+2)$ 压缩	$f(-2t+2)$ 折叠
6	$f(t+2)$ 左移 2	$f(-t+2)$ 折叠	$f(-2t+2)$ 压缩

从上面分析可以看出，信号的折叠、展缩和平移运算只是函数自变量的简单变换，而变换前后信号端点的函数值不变。因此，可以通过端点函数值不变这一关系来确定信号变换前后其图形中各端点的位置。

设变换前的信号为 $f(t)$，变换后为 $f(at+b)$，t_1 与 t_2 对应变换前信号 $f(t)$ 的左右端点坐标，t_{11} 与 t_{22} 对应变换后信号 $f(at+b)$ 的左右端点坐标。由于信号变化前后的端点函数值不变，故有

$$\begin{cases} f(t_1) = f(at_{11}+b) \\ f(t_2) = f(at_{22}+b) \end{cases} \tag{1.46}$$

根据上述关系式可以求解出变换后信号的左右端点坐标 t_{11} 与 t_{22}，即

$$\begin{cases} t_1 = at_{11}+b \\ t_2 = at_{22}+b \end{cases} \Rightarrow \begin{cases} t_{11} = \dfrac{1}{a}(t_1-b) \\ t_{22} = \dfrac{1}{a}(t_2-b) \end{cases} \tag{1.47}$$

如例 1-12 中 $f(t) \to f(-2t+2)$，则有 $t_1=0, t_2=2, a=-2, b=2$。利用上述关系式计

算得 $t_{11}=1, t_{22}=0$，即信号 $f(t)$ 中的端点坐标 $t_1=0$ 对应变换后的信号 $f(-2t+2)$ 中的端点坐标 $t_{11}=1$，端点坐标 $t_2=2$ 对应端点坐标 $t_{22}=0$。

上述方法过程简单，特别适合信号从 $f(mt+n)$ 变换到 $f(at+b)$ 的过程。因为这时若按原先的方法，需将信号 $f(mt+n)$ 经过先展缩、后折叠、再时移的过程得到信号 $f(t)$，再将信号 $f(t)$ 经过先时移、后折叠、再展缩的过程得到信号 $f(at+b)$。若根据信号变换前后的端点函数值不变的原理，则可以很简便地计算出变换后信号的端点坐标，从而得到变换后的信号 $f(at+b)$。其计算公式如下：

$$\begin{cases} f(mt_1+n)=f(at_{11}+b) \\ f(mt_2+n)=f(at_{22}+b) \end{cases} \tag{1.48}$$

根据上述关系可以求解出变换后信号的左右端点坐标 t_{11} 与 t_{22}，即

$$\begin{cases} mt_1+n=at_{11}+b \\ mt_2+n=at_{22}+b \end{cases} \Rightarrow \begin{cases} t_{11}=\dfrac{1}{a}(mt_1+n-b) \\ t_{22}=\dfrac{1}{a}(mt_2+n-b) \end{cases} \tag{1.49}$$

【例 1-13】 已知信号 $f(2t+2)$ 的波形如图 1.40(a)所示，试画出信号 $f(4-2t)$ 的波形。

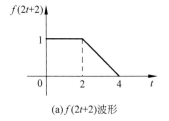
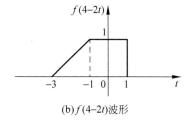

(a) $f(2t+2)$ 波形　　　　　(b) $f(4-2t)$ 波形

图 1.40　信号综合变换

解　$f(2t+2) \rightarrow f(4-2t)$，则对应有

$$t_1=0, \quad t_2=4, \quad m=2, \quad n=2, \quad a=-2, \quad b=4$$

由式(1.49)计算得 $t_{11}=1, t_{22}=-3$，即信号 $f(2t+2)$ 中的端点坐标 $t_1=0$ 对应变换后的信号 $f(4-2t)$ 中的端点坐标 $t_{11}=1$，端点坐标 $t_2=4$ 对应端点坐标 $t_{22}=-3$。信号 $f(4-2t)$ 的波形如图 1.40(b)所示。

2）离散时间信号的尺度变换

由于离散时间信号在时间上的离散性，它仅在整数时间上有定义，对离散时间变量的尺度变换有较严格的限制。类似于连续时间信号的时域展缩这两种情况，可分别定义如下两种离散时间变量的尺度变换。

第一种是离散时间变量 n 变成 Mn（M 为正整数），即离散时域尺度放大 M 倍，表示为

$$f[n] \rightarrow f[Mn], \quad \text{整数} M > 0 \tag{1.50}$$

图 1.41(a)和(b)给出了 $f[n] \rightarrow f[3n]$ 的图例说明，由图可知，$f[3n]$ 保留原序列在 3 的整数倍时刻点的序列值，其余的序列值均被丢弃了。因此，通常把 $f[n] \rightarrow f[Mn]$ 的离散时间信号变换(或操作)取名为 $M:1$ 抽取。

第二种由离散时间尺度变换的定义为

$$f[n] \rightarrow f_{(M)}[n], \quad \text{整数} M > 0 \tag{1.51}$$

其中，

$$f_{(M)}[n] = \begin{cases} f[n/M], & n = lM \\ 0, & n \neq lM \end{cases}, \quad l = 0, \pm 1, \pm 2, \cdots \tag{1.52}$$

图 1.41(c)给出了某离散时间序列 $f[n]$ 变换为 $f_{(3)}[n]$ 的图例说明，由图可知，$f_{(3)}[n]$ 是由原序列中的每一个抽样之间插入 2 个零值得到的。因此，由 $f[n] \to f_{(M)}[n]$ 的离散时间信号变换称为内插 $M-1$ 个零的操作(或变换)，简称内插零。

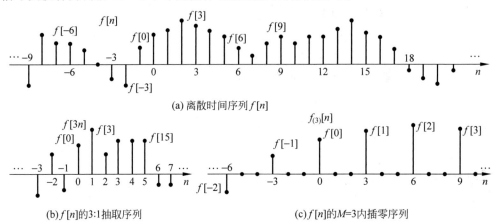

图 1.41 离散时间信号的抽取和内插零

1.3.3 信号的分解

在研究信号通过 LTI 系统时，如果能将一些复杂信号分解成简单信号之和，则常常会使问题的分析变得简单容易。同时，在对信号进行分析和处理时，也常将信号分解成基本信号的线性组合。这种分解可以按信号的时间函数进行计算，也可以按信号的不同频率进行分解，或按照其他方式进行分解，下面介绍信号分解的几种方法。

1. 信号分解为直流分量与交流分量

任意连续时间信号 $f(t)$ 可分解为直流分量 $f_D(t)$ 与交流分量 $f_A(t)$ 之和，即

$$f(t) = f_D(t) + f_A(t) \tag{1.53}$$

式中，信号 $f(t)$ 的直流分量 $f_D(t)$ 是信号的平均值。例如，若 $f(t)$ 为周期信号，其周期为 T，则其直流分量为

$$f_D(t) = \frac{1}{T} \int_{-\frac{T}{2}}^{\frac{T}{2}} f(t) \mathrm{d}t \tag{1.54}$$

若 $f(t)$ 为非周期信号，则可认为它的周期 $T \to \infty$，只需求式(1.54)中 $T \to \infty$ 的极限。将原信号去掉直流分量，剩下的是信号的交流分量 $f_A(t)$，如图 1.42 所示。

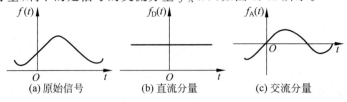

图 1.42 信号分解为直流分量和交流分量

对于离散时间信号也有同样的结论,即

$$f[k] = f_D[k] + f_A[k] \tag{1.55}$$

式中,$f_D[k]$ 表示离散时间信号的直流分量,$f_A[k]$ 表示离散时间信号的交流分量,且有

$$f_D(k) = \frac{1}{N_2 - N_1 + 1} \sum_{k=N_1}^{N_2} f[k] \tag{1.56}$$

式中,(N_1, N_2) 为离散时间信号的定义区间。

2. 信号的奇偶分解

任何连续信号 $f(t)$ 都可以分解为偶分量 $f_{ev}(t)$ 和奇分量 $f_{od}(t)$ 之和,即

$$f(t) = f_{ev}(t) + f_{od}(t) \tag{1.57}$$

式中,偶分量和奇分量的定义分别为

$$\begin{cases} f_{ev}(t) = \frac{1}{2}[f(t) + f(-t)] \\ f_{od}(t) = \frac{1}{2}[f(t) - f(-t)] \end{cases} \tag{1.58}$$

【例 1-14】 画出如图 1.43(a) 所示信号 $f(t)$ 的奇、偶两个分量。

解 将 $f(t)$ 折叠得 $f(-t)$,如图 1.43(b) 所示。由式(1.58)可得信号 $f(t)$ 的奇、偶两个分量分别如图 1.43(c) 和 (d) 所示。

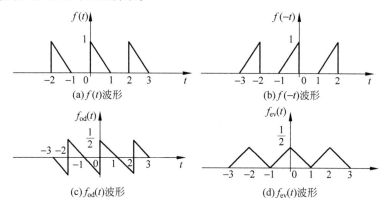

图 1.43 信号分解为奇偶分量

离散序列同样可以分解为奇分量与偶分量之和,即

$$f[k] = f_{ev}[k] + f_{od}[k] \tag{1.59}$$

式中,偶分量和奇分量的定义分别为

$$\begin{cases} f_{ev}[k] = \frac{1}{2}\{f[k] + f[-k]\} \\ f_{od}[k] = \frac{1}{2}\{f[k] - f[-k]\} \end{cases} \tag{1.60}$$

3. 信号分解为实部和虚部

尽管工程实际中的信号都是实函数,但是在信号分析理论中,有时借助复变函数的概念,可以建立有益的概念或简化运算。

任何的复信号 $f(t)$ 都可以分解为实部分量 $f_r(t)$ 和虚部分量 $f_i(t)$ 之和,即

$$f(t) = f_r(t) + jf_i(t) \tag{1.61}$$

且实部和虚部分量分别为

$$f_r(t) = \frac{1}{2}[f(t) + f^*(t)]$$
$$f_i(t) = \frac{1}{2j}[f(t) - f^*(t)] \tag{1.62}$$

式中，$f^*(t)$ 是复值函数 $f(t)$ 的共轭函数，即

$$f^*(t) = f_r(t) - jf_i(t) \tag{1.63}$$

离散时间复序列也可分解为实部分量与虚部分量，只需将式(1.63)中连续时间变量 t 换成离散时间变量 k 即可。

4. 信号分解为基本信号的有限项之和

前面已经介绍了常用基本信号，如将信号分解成它们的有限项之和，则信号本身的分析结果也就变得更为方便和简单，下面以几个例子来说明这种分解情况。

根据图 1.44 可得

$$f_a(t) = t\varepsilon(t) - (t-1)\varepsilon(t-1) - \varepsilon(t-2)$$
$$f_b(t) = \Lambda(t) = (t+1)\varepsilon(t) - 2t\varepsilon(t) + (t-1)\varepsilon(t-1)$$
$$f_c(t) = G_\tau(t) = \varepsilon\left(t + \frac{\tau}{2}\right) - \varepsilon\left(t - \frac{\tau}{2}\right)$$
$$f_d(t) = 2\varepsilon(t) - 1$$

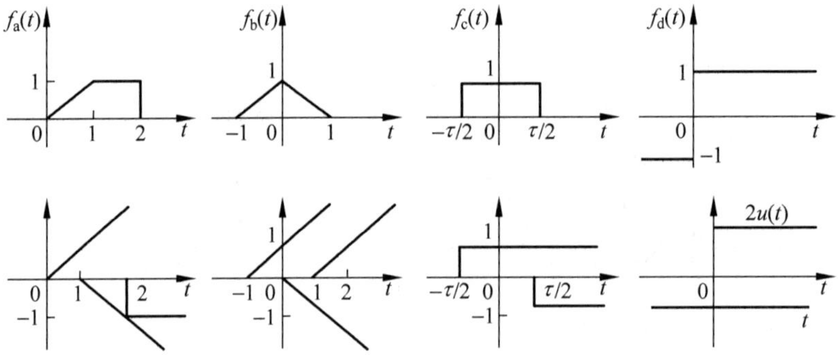

图 1.44　信号分解为有限个典型信号之和

对于任意离散序列 $f[k]$，只需用冲激序列和延迟冲激序列表示，即可得到序列分解的表达式。下面以图 1.45 所示序列来说明这种分解情况。

$$f[k] = \cdots + f[-1]\delta[k+1] + f[0]\delta[k] + f[1]\delta[k-1] + \cdots + f[n]\delta[k-n] + \cdots$$
$$= \sum_{n=-\infty}^{\infty} f[n]\delta[k-n] \tag{1.64}$$

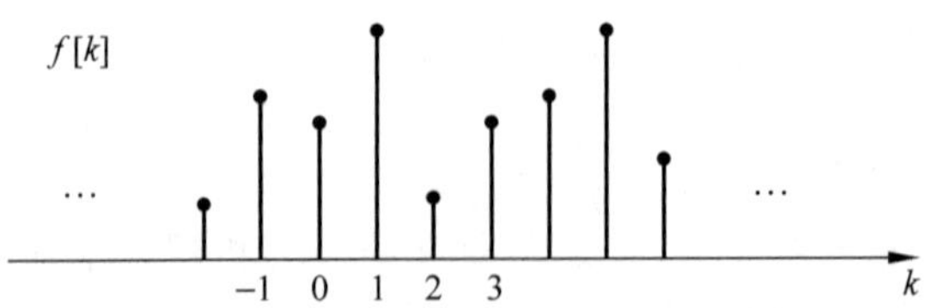

图 1.45　离散序列分解为冲激序列的线性组合

式(1.64)表明任意离散时间信号可以分解为冲激序列的线性组合,这是非常重要的结论。当求解信号 $f[k]$ 通过系统产生的响应时,只需求解冲激序列 $\delta[k]$ 通过该系统产生的响应,然后利用线性时不变系统的特性,进行叠加和延迟即可求得信号 $f[k]$ 产生的响应。

5. 连续信号的因子分解

将信号分解成若干因子的乘积,这在后面章节中求解信号的频谱时会经常用到。由信号的表达式进行因子分解是比较容易的,比如

$$\text{sgn}(t) = |t| \cdot \frac{1}{t}$$

$$t e^{-t} \varepsilon(t) = t \varepsilon(t) \cdot e^{-t} \varepsilon(t)$$

$$e^{-t} \sin t \varepsilon(t) = e^{-t} \varepsilon(t) \cdot \sin t$$

图 1.46 所示为对信号的波形图作因子分解的图例说明。其中,

$$f_a(t) = \Lambda_\tau(t) \cdot \cos\left(\frac{2\pi}{T} t\right)$$

$$f_b(t) = \Lambda_\tau(t) \cdot P_T(t)$$

式中,$P_T(t)$ 表示周期为 T 的对称方波串。

6. 连续信号分解成矩形脉冲序列

任一连续信号 $f(t)$ 可以分解成一系列矩形脉冲,如图 1.47 所示,将时间坐标分为许多相等的时间间隔 $\Delta\tau$,则从零时刻起第一个脉冲为 $f(0)[\varepsilon(t) - \varepsilon(t - \Delta\tau)]$,第二个脉冲为 $f(\Delta\tau)[\varepsilon(t - \Delta\tau) - \varepsilon(t - 2\Delta\tau)]$,……,将这一系列矩形脉冲相叠加,得

$$f(t) \approx \sum_{n=-\infty}^{\infty} f(n\Delta\tau) \frac{\varepsilon(t - n\Delta\tau) - \varepsilon[t - (n+1)\Delta\tau]}{\Delta\tau} \Delta\tau$$

此式表明,时域里任意信号可近似地分解为一系列矩形窄脉冲之和。在 $\Delta\tau \to 0$ 的极限情况下,$\Delta\tau \to d\tau$,$n\Delta\tau \to \tau$,则上式可写为

$$f(t) = \int_{-\infty}^{\infty} f(\tau) \delta(t - \tau) d\tau \tag{1.65}$$

式(1.65)表明,当上述脉冲的脉宽趋于无限小时,信号可分解成无数冲激信号的叠加。这种分解在后面还将详细介绍。

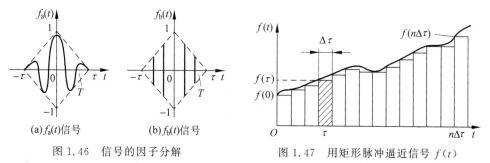

图 1.46 信号的因子分解　　图 1.47 用矩形脉冲逼近信号 $f(t)$

7. 信号的正交分解

连续信号可分解成一系列正交分量之和。例如,一个对称矩形脉冲信号可以用各次谐波的正弦与余弦信号的叠加来近似表示,如图 1.48 所示。各次谐波的正弦、余弦信号就是此矩形脉冲信号的正交分量。有关信号分解为正交分量的理论方法在第 3 章中将会详细讨论。

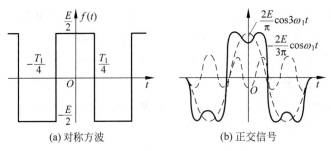

(a) 对称方波   (b) 正交信号

图 1.48 信号分解为一系列正交分量之和

1.4 系统的描述及其分类

1.4.1 系统的概念

各种变化着的信号从来不是孤立存在的,信号总是在系统中产生又在系统中不断传递。所谓系统(system),是由若干相互联系、相互作用的单元组合而成的具有一定功能的有机整体。

系统所涉及的范围十分广泛,包括太阳系、生物系和动物的神经组织等自然系统,供电网、运输系统、计算机网(高速信息网)等人工系统,电气的、机械的、机电的、声学的和光学的系统等物理系统,以及生物系统、化学系统、政治体制系统、经济结构系统、生产组织系统等非物理系统。本书仅讨论电子学领域中的电系统。通常将施加于系统的作用称为系统的输入激励,而将要求系统完成的功能称为系统的输出响应。

为传送消息而装设的全套设备(包括传输信道)就是通信系统,通常一个通信系统应由发送设备、传输信道和接收设备三部分组成,如图 1.49 所示。

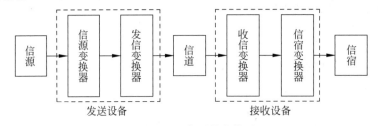

图 1.49 通信系统的模型

(1) 信息源简称信源:是信息传输系统的起点。如广播员讲话的声音是信源。信源输出的是消息。

(2) 发送设备:利用声、光、电等变换器将欲传送的消息转换成便于传输的电信号,同时实现使基带信号能有效地在相应的传输媒质(信道)中传输。

(3) 信道:是发送设备与接收设备之间的传输媒质。传输信道有多种形式:双绞线、电缆(架空、地下、海底)等有线通信信道;无线通信、微波中继通信和卫星通信等以空间为信道;新发展起来的光纤通信传输的是光信号,它的传输信道是光导纤维(简称光纤或光缆)或自由空间(激光无线桥系统)。

(4) 接收设备:实现电信号还原为消息。

(5) 收信者(信宿):是信息传输的终点。

1.4.2 系统模型

要分析一个实际系统,首先要建立该系统的数学模型,在数学模型的基础上,运用数学方法求出它的解答,最后又回到实际系统,对所得结果做出物理解释,赋予物理意义。所谓系统模型就是指系统的特定功能或特性的一种数学抽象和数学描述。更具体地说,就是用某种数学表达式或用具有理想特性的符号组合成图形,描述系统的特定功能或特性。下面介绍几个系统的例子。

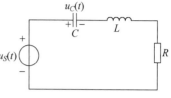

图 1.50 RLC 串联回路

例如,研究由电阻、电容器、电感器组成的串联回路,可抽象表示为图 1.50 所示的模型。R 表示电阻的阻值,C 表示电容器的容量,L 表示电感器的容量。若激励信号是一个电压源 $u_S(t)$,欲求解电压 $u_C(t)$,则由元件的理想特性及基尔霍夫电压定律(KVL)可建立方程为

$$LC \frac{\mathrm{d}^2 u_C(t)}{\mathrm{d}t^2} + RC \frac{\mathrm{d}u_C(t)}{\mathrm{d}t} + u_C(t) = u_S(t) \tag{1.66}$$

这就是该系统的数学模型。

在实际信号与系统问题中,经常遇到这样的情况:由于不可避免的一些随机因素的影响,在要处理的信号 $x(t)$ 中,除有用信号 $s(t)$ 外,还叠加了某种随机干扰 $n(t)$,即 $x(t)=s(t)+n(t)$,如图 1.51(a)所示。为去掉这种随机干扰,获得有用信号,通常让 $x(t)$ 通过一个系统,使该系统的输出 $y(t)$ 尽可能地接近有用信号 $s(t)$,如图 1.51(b)所示。这就是熟知的滤除干扰(去噪声)问题。这种随机干扰比有用信号变化得快,且随机起伏的幅度也远比信号幅度小。在这种情况下,一种最简单而直观的方法就是让 $x(t)$ 通过具有如下输入输出关系的一个系统,即

$$y(t) = \frac{1}{T} \int_{t-T/2}^{t+T/2} x(\tau) \mathrm{d}\tau = \frac{1}{T} \int_{-T/2}^{+T/2} x(t-\tau) \mathrm{d}\tau \tag{1.67}$$

该系统在每一时刻 t 的输出,等于该时刻前后,区间为 $(t-T/2, t+T/2)$ 的输入信号的平均值,随着 t 的改变,上述区间也在时间轴上滑动,式(1.67)第二个等号右边是积分变量替换后获得的。具有上述输入输出特性的系统称为连续时间平滑系统,或称为滑动求平均系统。在离散时间中也有对偶的系统,如在股票分析和统计学研究中,若关注的是某个数据的变化趋势,但在这个总的变化趋势中,往往包含由某些偶然因素造成的随机起伏。在这种情况下,为了仅保留数据的变化趋势,去掉随机起伏(波动)所采用的方法,就是在一个移动的区间上对这些数据取平均,即

$$y[n] = \frac{1}{2N+1} \sum_{k=-N}^{N} x[n-k] \tag{1.68}$$

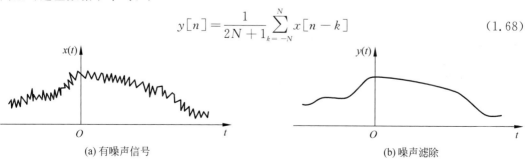

(a) 有噪声信号   (b) 噪声滤除

图 1.51 式(1.67)的图解说明

这就是离散时间平滑系统输入输出信号满足的关系。

在建立系统的模型时,有一定的条件,对于同一物理系统,在不同的条件下可以得到不同形式的数学模型;对于不同的物理系统,经过抽象和近似,有可能得到形式上相同的数学模型。就系统的功能而言,随其构成形式而定,虽然系统的功能不尽相同,但其输入与输出的对应关系却可以简单地用框图表示出来。系统分析的着眼点也是分析系统的输入与输出的关系,而不涉及系统内部情况。因此在系统分析中,可以用一个框图来表示。若系统的输入(激励)信号 $f(t)$ 和输出(响应)信号 $y(t)$ 均为一个,则这样的系统称为单输入-单输出(SISO)系统,表示方法如图 1.52(a)所示;若系统的输入信号有多个,如 $f_1(t),f_2(t),\cdots,f_p(t)$,输出信号也有多个,如 $y_1(t),y_2(t),\cdots,y_q(t)$,则称此系统为多输入-多输出(MIMO)系统,表示方法如图 1.52(b)所示。尽管实际中多输入-多输出系统用得很多,但就方法和概念而论,单输入-单输出系统是重要的基础,它是研究多输入-多输出系统的基础。故本书重点研究单输入-单输出系统。

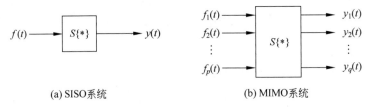

(a) SISO系统　　　　(b) MIMO系统

图 1.52　表示系统的方框图

图中箭头表示信号流向。方框中 $\{*\}$ 是在输入 $f(t)$ 作用于系统的初始时刻 t_0,系统具有的一组初始状态 $x_1(t_0),x_2(t_0),\cdots,x_n(t_0)$,其数目 n 等于系统的阶数。可以说,系统在任意时刻 $t\geq t_0$ 的响应 $y(t)$ 可以由初始状态 $\{*\}$ 和区间 (t_0,t) 上的输入 $f(t)$ 完全地确定。

此外,系统还可以借助简单而易于实现的物理装置,用实验方法来观察和研究系统参数和输入信号对于系统响应的影响。此时,需要对系统进行实验模拟。系统模拟不需要制作实际系统,而只需要根据系统的数学描述,用模拟装置组成实验系统,使得它与真实系统具有相同的微分方程或差分方程的数学表达式。系统的模拟通常由加法器、标量乘法器(数乘器)和积分器(累加器)三种基本运算器组成。

1. 加法器

加法器是一个多输入-单输出系统,它的功能是实现若干个输入信号的相加运算,连续或离散时间两输入加法器的输入输出关系为

$$y(t)=f_1(t)+f_2(t) \tag{1.69}$$

或

$$y[n]=f_1[n]+f_2[n]$$

两输入加法器的图形符号如图 1.53(a)所示。

2. 标量乘法器

它的功能是实现标量乘法运算,即把输入信号乘以标量 a,连续或离散时间标量乘法器的信号变换关系为

$$y(t)=af(t) \tag{1.70}$$

或

$$y[n]=af[n]$$

其图形符号如图 1.53(b)所示。

3. 连续时间积分器和离散时间延迟器

连续时间积分器的功能是对输入信号实现积分,离散时间延迟器的功能是实现累加运算,它们的输入输出关系分别为

$$y(t)=\int_{-\infty}^{t}f(\tau)\mathrm{d}\tau=y(t_0)+\int_{t_0}^{t}f(\tau)\mathrm{d}\tau \qquad (1.71)$$

$$y[n]=\sum_{k=-\infty}^{n}f[k]$$

积分器和延迟器的系统图形符号如图 1.53(c)和(d)所示。

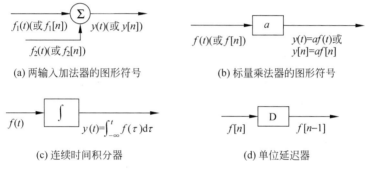

(a) 两输入加法器的图形符号   (b) 标量乘法器的图形符号

(c) 连续时间积分器   (d) 单位延迟器

图 1.53 基本运算器示意图

值得注意的是,在理论上积分器和微分器均可用来模拟连续系统,但实际上模拟一个系统的微分方程不用微分器而用积分器。由于积分器抗干扰性能比微分器好,运算精度高,对信号起"平滑"作用,甚至于对短时间内信号的剧烈变化也不敏感;而微分器将会大大增加信号的噪声,故很少使用。

1.4.3 系统的基本连接方式

如前所述,实际系统通常是由许多子系统组合而成。子系统的相互连接一般有串联(级联)、并联、混联与反馈连接等四种。最基本的连接方式有三种:级联、并联和反馈。任何复杂的系统都是这三种连接的不同组合。

1. 系统的串联(级联)

两个连续时间系统级联的方框图如图 1.54 所示,系统 1 的输出是系统 2 的输入,系统 1 的输入和系统 2 的输出分别作为级联系统的输入和输出,即 $f(t)=f_1(t)$,$f_2(t)=y_1(t)$ 和 $y_2(t)=y(t)$。整个系统首先按系统 1,再按系统 2 的信号变换关系,依次变换各自的输入信号。若系统 1 的输入输出关系为 $y_1(t)=S_1\{f_1(t)\}$,系统 2 为 $y_2(t)=S_2\{f_2(t)\}$,则有

$$y(t)=S_2\{S_1\{f(t)\}\} \qquad (1.72)$$

当然,系统的级联连接也可以是三个或更多个系统依次连接起来,但这仅是图 1.54 所示的两个系统的级联的扩展。离散时间系统的级联也完全类似。图 1.55 所示为一检测系统,信号(温度、压力、速度等)经过传感器转换为电信号,然后经放大器适当放大,再送入显示器。这三个子系统的连接形式就是串联。

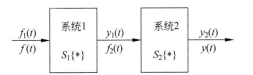

图 1.54 两个连续时间系统的级联的方框图

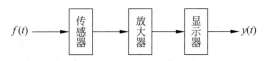

图 1.55 系统的级联实例

2. 系统的并联连接

两个离散时间系统并联连接如图 1.56 所示。系统 1 和系统 2 的输入等于整个系统的输入,两个系统各自的输出相加作为整个系统的输出,即有 $f[n]=f_1[n]=f_2[n]$ 和 $y[n]=y_1[n]+y_2[n]$。若系统 1 和系统 2 的信号变换关系分别为 $y_1[n]=S_1\{f_1[n]\}$ 和 $y_2[n]=S_2\{f_2[n]\}$,则整个系统的输入输出关系为

$$y[n]=S_1\{f[n]\}+S_2\{f[n]\} \tag{1.73}$$

当然,也可以两个以上的系统并联连接,此时可以看作两个系统并联后,再逐个和别的系统并联连接。类同,连续时间系统的并联连接也是如此。图 1.57 所示为简单的信号处理系统。为了有效地传送外部输入的信号,该系统使用了一个低通滤波器和两个不同中心频率的带通滤波器处理后相加,这三个子系统的连接形式就是并联。

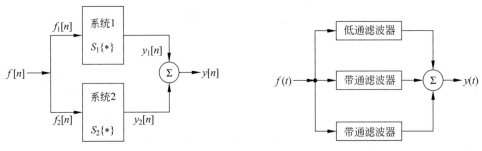

图 1.56 两个离散时间系统并联连接　　图 1.57 信号处理系统

3. 系统的反馈连接

另一种基本的互联类型是系统的反馈连接,图 1.58 显示了两个连续时间系统反馈连接的基本框图,其中,系统 1 的输出作为整个系统的输出,同时又作为系统 2 的输入,而系统 2 的输出反馈回来,与外加的输入信号相减之后,作为系统 1 的输入。按照图 1.58,连续或离散时间系统反馈连接的基本关系为

$$\begin{cases} y(t)=y_1(t)=f_2(t) \\ f_1(t)=f(t)-y_2(t) \end{cases} \tag{1.74}$$

或

$$\begin{cases} y[n]=y_1[n]=f_2[n] \\ f_1[n]=f[n]-y_2[n] \end{cases}$$

在反馈连接中,通常把系统 1 的信号支路称为前馈支路,系统 2 的信号支路称为反馈支路。如图 1.59 所示的电子望远镜系统中,θ_i 是指定的望远镜角度,θ_o 为望远镜的实际角度。为了使系统输出 θ_o 精确地达到指定的角度,可利用电位器(子系统)从输出 θ_o 中取出一部分信息 θ_f 反馈到比较器,θ_i 与 θ_f 比较后再送入放大器等环节进行调整,直至达到要求。其连接形式就是反馈连接。须特别指出,如图 1.58 所示的反馈连接基本框图中,输入

端的相加器规定为外加输入减去系统 2 反馈回来的信号(称为负反馈连接);若输入端的相加器规定为外加输入加上系统 2 反馈回来的信号,则称为正反馈连接。至于正反馈连接方式请参考有关文献。

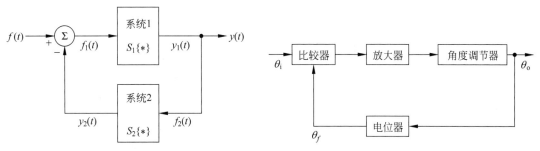

图 1.58 两个连续时间系统的反馈互联　　图 1.59 反馈连接例子示意图

系统连接形式包含有串联、并联、反馈连接中任意两种或三种连接形式称为混联。图 1.60 是一个组合上述三种基本互联方式的例子,图中系统 1 和系统 2 级联后,再与系统 3 和系统 4 反馈连接的系统并联,最后与系统 5 级联。

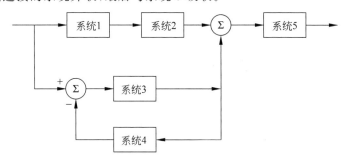

图 1.60 组合三种基本连接方式的混合互联系统的例子

1.4.4 系统模拟

1. 连续系统的模拟图

一阶系统的数学模型为

$$y'(t) + a_0 y(t) = f(t) \tag{1.75}$$

可写为

$$y'(t) = f(t) - a_0 y(t) \tag{1.76}$$

由式(1.76)可知:

(1) $y(t)$ 和 $y'(t)$ 之间经过积分器的运算,即 $y'(t)$ 经过积分器得到 $y(t)$;

(2) $y(t)$ 经过标量乘法器得到 $-a_0 y(t)$;

(3) $f(t)$ 和 $-a_0 y(t)$ 经过加法器得到 $y'(t)$。

因此,一阶微分方程可以用一个积分器、一个标量乘法器和一个加法器连成的结构来模拟,如图 1.61 所示。

二阶系统的微分方程为

$$y''(t) + a_1 y'(t) + a_0 y(t) = f(t) \tag{1.77}$$

可写为

$$y''(t) = -a_1 y'(t) - a_0 y(t) + f(t)$$

二阶系统的模拟图如图 1.62 所示。

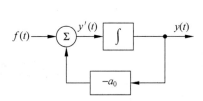

图 1.61 一阶系统的模拟图

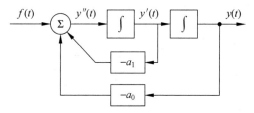

图 1.62 二阶系统的模拟图

根据一阶系统和二阶系统的模拟,可以得到构成系统的模拟图的步骤如下:

(1) 把微分方程输出函数的高阶导数项保留在等式左边,而把其他各项移到等式右边。

(2) 将最高阶导数作为第一个积分器的输入,其输出作为第二个积分器的输入,以后每经过一个积分器,输出函数的导数阶数就降低一阶,直至获得输出函数为止。

(3) 把各个阶数降低了的导数及输出函数分别通过各自的标量乘法器,一起送到第一个积分器与输入函数相加,加法器的输出就是最高阶导数。

依据上述步骤,很容易把一个 n 阶微分方程

$$y^{(n)}(t) + a_{n-1} y^{(n-1)}(t) + \cdots + a_1 y^{(1)}(t) + a_0 y(t) = f(t)$$

所描述的 n 阶系统的模拟图构造出来,如图 1.63 所示。

当微分方程右边含有输入函数导数时,如二阶微分方程

$$y''(t) + a_1 y'(t) + a_0 y(t) = b_1 f'(t) + b_0 f(t) \tag{1.78}$$

对于该系统模拟,需引入一个辅助函数 $q(t)$,使其满足条件

$$q''(t) + a_1 q'(t) + a_0 q(t) = f(t) \tag{1.79}$$

式(1.79)左边和式(1.78)左边的不同仅是以 $q(t)$ 代替 $y(t)$。而这个方程可以用前面的方法来模拟。将式(1.79)代入式(1.78)可得

$$y''(t) + a_1 y'(t) + a_0 y(t) = b_1 [q''(t) + a_1 q'(t) + a_0 q(t)]' + b_0 [q''(t) + a_1 q'(t) + a_0 q(t)]$$
$$= [b_1 q'(t) + b_0 q(t)]'' + a_1 [b_1 q'(t) + b_0 q(t)]' + a_0 [b_1 q'(t) + b_0 q(t)]$$

由此可见

$$y(t) = b_1 q'(t) + b_0 q(t) \tag{1.80}$$

即式(1.78)可以用式(1.79)和式(1.80)两式来等效。于是其模拟图如图 1.64 所示。

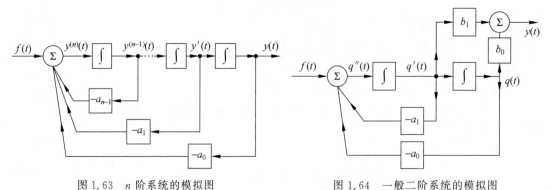

图 1.63 n 阶系统的模拟图

图 1.64 一般二阶系统的模拟图

对于一般的 n 阶系统微分方程

$$y^{(n)}(t)+a_{n-1}y^{(n-1)}(t)+\cdots+a_1y'(t)+a_0y(t)=b_my^{(m)}(t)+b_{m-1}y^{(m-1)}(t)\\+\cdots+b_1f'(t)+b_0f(t)$$

设式中 $m=n-1$，则其系统模拟图如图 1.65 所示。

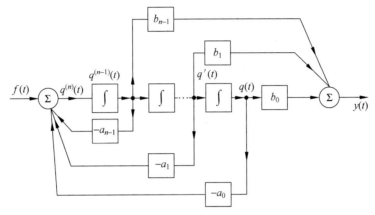

图 1.65　一般 n 阶系统的模拟图

2. 离散时间系统的模拟

一阶离散时间系统的差分方程为

$$y[k+1]+a_0y[k]=f[k] \tag{1.81}$$

可写成

$$y[k+1]=f[k]-a_0y[k] \tag{1.82}$$

由此式可画出系统模拟图如图 1.66 所示。

二阶离散时间系统的差分方程为

$$y[k+2]+a_1y[k+1]+a_0y[k]=f[k] \tag{1.83}$$

可写成

$$y[k+2]=-a_1y[k+1]-a_0y[k]+f[k] \tag{1.84}$$

即二阶离散时间系统的模拟图如图 1.67 所示。由此可见，离散时间系统模拟图与连续时间系统模拟图具有类似的结构，只需用延时器替代积分器而已。同理，对于一般二阶离散时间系统，若差分方程为

$$y[k+2]+a_1y[k+1]+a_0y[k]=b_1f[k+1]+b_0f[k] \tag{1.85}$$

对于该系统模拟，需引入一个辅助函数 $q[k]$，使其满足条件

$$q[k+2]+a_1q[k+1]+a_0q[k]=f[k] \tag{1.86}$$

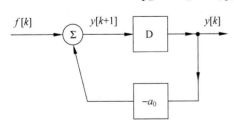
图 1.66　一阶离散时间系统的模拟图

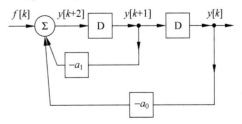
图 1.67　二阶离散时间系统的模拟图

应有
$$y[k] = b_1 q[k+1] + b_0 q[k] \tag{1.87}$$
即式(1.85)可以用式(1.86)和式(1.87)两式来等效。于是其模拟图如图1.68所示。

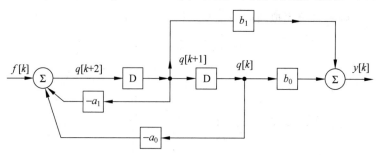

图1.68 一般二阶系统的模拟图

对于一般的 n 阶系统差分方程
$$\sum_{i=0}^{n} a_i y[k-i] = \sum_{j=0}^{m} b_j f[k-j]$$
设式中 $a_n = 1, m = n-1$,则其模拟图如图1.69所示。

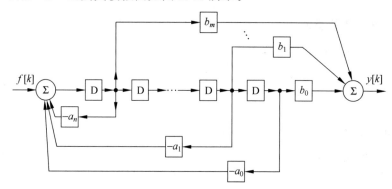

图1.69 一般 n 阶系统的模拟图

1.4.5 系统的分类

系统的分类比较复杂,根据系统处理信号形式的不同,系统可分为三大类：连续时间系统(简称连续系统)、离散时间系统(简称离散系统)和混合系统。若系统中各个子系统的输入、输出信号均为连续时间信号,则称为连续系统;若系统中各个子系统的输入、输出信号均为离散时间信号,则称为离散系统;若系统中有的子系统为连续系统,有的子系统为离散系统,这样的系统称为混合系统。图1.70给出了三种系统的示意图。由此可见,模拟通信系统是连续系统,而数字计算机就是离散系统。连续系统的数学模型用微分方程来描述,而离散系统的数学模型则用差分方程来描述。

从系统本身的特性来划分,可分为线性与非线性、时变与非时变、因果与非因果、稳定与非稳定、记忆与无记忆等系统。

1. 线性系统和非线性系统

线性包含齐次性与叠加性两个概念。所谓齐次性(homogeneity)是指若系统的激励(输

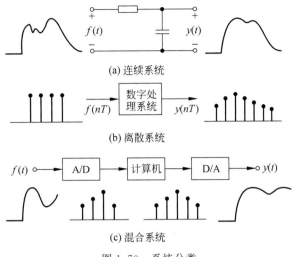

图 1.70 系统分类

入)增加 k 倍时,其响应(输出)也增加 k 倍,如图 1.71(a)所示。即:

若
$$f_1(t) \to y_1(t), \quad f_2(t) \to y_2(t) \tag{1.88}$$

则有
$$k_1 f_1(t) \to k_1 y_1(t), \quad k_2 f_2(t) \to k_2 y_2(t) \tag{1.89}$$

若有几个激励(输入)同时作用于系统时,系统的总的响应(输出)等于各激励(输入)单独作用(其余激励为零)时所引起的响应(输出)之和,这就是叠加性(superposition property),如图 1.71(b)所示,即

若
$$f_1(t) \to y_1(t), \quad f_2(t) \to y_2(t)$$

则有
$$f_1(t) + f_2(t) \to y_1(t) + y_2(t) \tag{1.90}$$

凡能同时满足齐次性与叠加性的系统称为线性系统(如图 1.71(c)所示)。对于线性连续系统,若

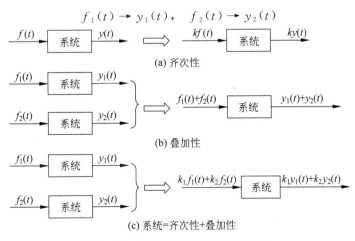

图 1.71　线性系统＝齐次性＋叠加性

则有
$$k_1 f_1(t) + k_2 f_2(t) \rightarrow k_1 y_1(t) + k_2 y_2(t) \tag{1.91}$$

对于线性离散系统则有
$$k_1 f_1[k] + k_2 f_2[k] \rightarrow k_1 y_1[k] + k_2 y_2[k] \tag{1.92}$$

对于一个动态系统而言,其响应 $y(t)$ 不仅与激励 $f(t)$ 有关,还与系统的初始状态 $\{x(t_0)\}$ 有关。设具有初始状态的系统加入激励时的总响应为 $y(t)$;若仅有激励而初始状态为零的响应为 $y_{zs}(t)$,称其为零状态响应;若仅有初始状态而激励为零时的响应 $y_{zi}(t)$,称其为零输入响应;若将系统的初始状态视为系统的另一种激励,这样,系统的响应将取决于两个不同的激励,即输入信号 $f(t)$ 和初始状态 $\{x(t_0)\}$。依据线性系统性质,对于线性系统,则其总响应等于每个激励单独作用时相应响应的和。即

$$y(t) = y_{zi}(t) + y_{zs}(t) \tag{1.93}$$

此特性称为线性系统的分解性(decomposition property)。对于线性系统,若系统有多个初始状态时,零输入响应对每个输入初始状态呈线性(称为零输入线性);当系统有多个输入时,零状态响应对于每个输入呈线性(称为零状态线性)。

凡不具备上述特性的系统则称为非线性系统。

【例 1-15】 试判断下列输出响应所对应的系统是否为线性系统。

系统 1: $\quad y_1(t) = 5y(0) + 2\int_0^t x(\tau)d\tau, \quad t > 0$

系统 2: $\quad y_2(t) = 5y(0) + 2x^2(t), \quad t > 0$

系统 3: $\quad y_3(t) = 5y^2(0) + 2x(t), \quad t > 0$

系统 4: $\quad y_4(t) = 5y^2(0) + \lg x(t), \quad t > 0$

解 根据线性系统的定义,系统 1 的零输入响应和零状态响应均呈线性,故为线性系统;系统 2 仅有零输入响应呈线性;系统 3 仅有零状态响应呈线性;系统 4 的零输入响应和零状态响应均不呈线性,故系统 2~系统 4 均不是线性系统。

【例 1-16】 某系统可由微分方程 $\dfrac{dy(t)}{dt} + 5y(t) + 5 = f(t)$ 表示,试问该系统是否为线性系统?

解 根据线性系统的定义,若有两个输入 $\alpha f_1(t)$ 及 $\beta f_2(t)$ 分别作用于系统,则由所给微分方程可得

$$\frac{dy_1(t)}{dt} + 5y_1(t) + 5 = \alpha f_1(t), \quad t > 0$$

$$\frac{dy_2(t)}{dt} + 5y_2(t) + 5 = \beta f_2(t), \quad t > 0$$

若该系统为线性系统,则当 $\alpha f_1(t)$ 及 $\beta f_2(t)$ 共同作用时,其方程式应为以上两个方程式之和。有

$$\frac{d[y_1(t) + y_2(t)]}{dt} + 5[y_1(t) + y_2(t)] + 10 = \alpha f_1(t) + \beta f_2(t), \quad t > 0$$

显然,无论 α,β 取什么值,上式与原方程式均不相同,因此系统为非线性系统。

【例 1-17】 对一线性系统,在相同初始条件下,当输入为 $f(t)$ 时,$y_1(t) = 2e^{-t} + \cos 2t$;

当输入为 $2f(t)$ 时,$y_2(t)=\mathrm{e}^{-t}+2\cos 2t$,求当输入为 $4f(t)$ 时,$y_4(t)$ 的值。

解 对于线性系统,应满足零输入线性和零状态线性及解的可分解性,即
$$y(t)=y_{zi}(t)+y_{zs}(t)$$
由于零状态响应 $y_{zs}(t)$ 仅与输入 $f(t)$ 有关,则有
$$y_1(t)=y_{zi}(t)+y_{zs}(t)=2\mathrm{e}^{-t}+\cos 2t$$
$$y_2(t)=y_{zi}(t)+2y_{zs}(t)=\mathrm{e}^{-t}+2\cos 2t$$
即得
$$y_{zs}(t)=y_2(t)-y_1(t)=-\mathrm{e}^{-t}+\cos 2t,\quad t>0$$
$$y_{zi}(t)=2y_1(t)-y_2(t)=3\mathrm{e}^{-t},\quad t>0$$
相同初始条件,$4f(t)$ 作用时的响应为
$$y_4(t)=y_{zi}(t)+4y_{zs}(t)=-\mathrm{e}^{-t}+4\cos 2t,\quad t>0$$

2. 时不变系统与时变系统

如果系统的参数与时间无关而为一个常数,或它的输入与输出的特性不随时间(独立变量)的起点而变化,即系统的输出仅取决于输入而与输入的起始作用时间有关,则称为时不变系统(time invariant system)或称非时变系统。图 1.72 为非时变系统示意图,即如果激励是 $f(t)$(或 $f[k]$),系统产生的响应为 $y(t)$(或 $y[k]$),当将激励的时间延迟 τ,$f(t)$ 变为 $f(t-\tau)$(或 $f[k-\tau]$),则其输出响应也相同地延迟 τ 时间为 $y(t-\tau)$(或 $y[k-\tau]$),它们之间的变化规律仍保持不变,其波形保持不变。即:

若
$$f(t)\to y(t)$$
则有
$$f(t-\tau)\to y(t-\tau) \tag{1.94}$$

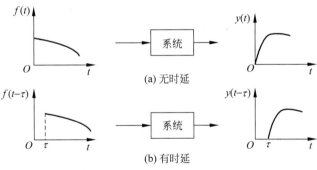

图 1.72 非时变系统示意图

若
$$f[k]\to y[k]$$
则有
$$f[k-\tau]\to y[k-\tau] \tag{1.95}$$

若系统在同样信号激励下,输出响应随加入时间始点的不同而产生变化,即不具备非时变特性,则该系统为时变系统(time varying system)。

系统的线性和时不变性是两个不同的概念,线性系统可以是时不变的,也可以是时变的,非线性系统也是如此。若系统既是线性的又是时不变的,则称为线性时不变系统(linear time invariant),简记为 LTI。对于连续线性时不变系统,其描述方程为线性常系数微分方

程；对于离散线性时不变系统，其描述方程为线性常系数差分方程。实践表明，有关 LTI 系统的理论和方法在系统分析中非常有效，故本书仅研究线性时不变系统的问题。

【例 1-18】 试判断下列系统是非时变系统还是时变系统。

系统 1：$y(t)=tf(t)$

系统 2：$y[k]=f[k]-f[k-1]$

系统 3：$y(t)=f(-t)$

系统 4：$y[k]=f[k]\sin\Omega_0 k$

系统 5：$y(t)=f(1-t)$

解 对于系统 1 有：$f_1(t) \to y_1(t)=tf_1(t)$

则有
$$y_1(t-\tau)=(t-\tau)f_1(t-\tau)$$
$$f_1(t-\tau) \to y_2(t)=tf_1(t-\tau) \neq y_1(t-\tau)$$

故系统 1 为时变系统。

对于系统 2 有：$f_1[k] \to y_1[k]=f_1[k]-f_1[k-1]$

则有 $\quad y_1[k-m]=f_1[k-m]-f_1[k-m-1]$

而 $\quad f_1[k-m] \to y_2[k]=f_1[k-m]-f_1[k-m-1]=y_1[k-m]$

故系统 2 为非时变系统。

对于系统 3 有：$f_1(t) \to y_1(t)=f_1(-t)$

则有 $\quad y_1(t-\tau)=f_1(\tau-t)$

而 $\quad f_1(t-\tau) \to y_2(t)=f_1(-t-\tau) \neq y_1(t-\tau)$

故系统 3 为时变系统。

对于系统 4 有：$f_1[k] \to y_1[k]=f_1[k]\sin\Omega_0 k$

则有 $\quad y_1[k-m]=f_1[k-m]\sin\Omega_0[k-m]$

而 $\quad f_1[k-m] \to y_2[k]=f_1[k-m]\sin\Omega_0 k \neq y_1[k-m]$

故系统 4 为时变系统。

对于系统 5 有：$f_1(t) \to y_1(t)=f_1(1-t)$

则有 $\quad y_1(t-\tau)=f_1(1-t+\tau)$

而 $\quad f_1(t-\tau) \to y_2(t)=f_1(1-t-\tau) \neq y_1(t-\tau)$

故系统 5 为时变系统。

3. 因果系统与非因果系统

因果系统（causal system）是指其响应不出现于激励作用之前的系统。也就是说，系统在某时刻的输出响应只取决于某时刻的激励的输入和过去的输入，而与未来的输入无关。激励是产生响应的原因，响应是激励引起的结果；否则，称为非因果系统。即若输入信号 $f(t)$ 在 $t<t_0$ 时恒等于零，则因果系统的输出信号在 $t<t_0$ 时也必然等于零。而非因果系统的响应领先于激励，它的输出取决于输入的将来值。图 1.73 是因果系统与非因果系统的示意图。

4. 稳定系统与不稳定系统

若输入有界，则输出有界（BIBO 准则）的系统为稳定系统，否则为非稳定系统。对于线性非时变系统，若满足

$$\int_{-\infty}^{\infty} |h(t)| \, dt < \infty \tag{1.96}$$

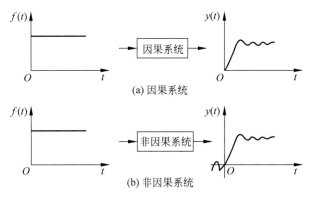

图 1.73 因果系统与非因果系统的示意图

则系统为稳定系统，否则为非稳定系统。

5. 记忆系统与无记忆系统

如果系统的输出不仅取决于当前时刻的输入，而且与它过去的状态(历史)有关，则称为记忆性。具有记忆性质的系统称为记忆系统或动态系统。含有记忆元件(电容器、电感、磁芯、寄存器、存储器等)的系统都是记忆系统。如 $y[n] = \sum_{k=-\infty}^{\infty} f[k]$、$y(t) = y(t-1)$ 和 $y(t) = \frac{1}{2}\int_{-\infty}^{t} f(\tau)d\tau$ 代表的系统都是记忆系统。

对于任意的输入信号，如果每一时刻该系统的输出信号值仅取决于该时刻的输入信号，而与别的时刻值无关，则该系统具有无记忆性，此系统称为无记忆系统。它有输入才有输出，一旦输入取消，其输出即刻为零，其输出与输入间的关系可用简单的代数方程描述。如 $y[n] = f[n] - f^2[n]$、$y[n] = f[n]$ 和 $y(t) = f(t)$ 代表的系统都是一个无记忆性系统。

1.5 线性时不变系统的性质

线性时不变系统有一些重要的性质，其中有的在电路基础课中已有所介绍，有的在本书 1.4 节中已介绍了。在此再总结其性质，以便给读者一个完整的概念。

1.5.1 齐次性

若激励 $f(t)$(或 $f[k]$)产生的响应为 $y(t)$(或 $y[k]$)，则激励 $Af(t)$(或 $Af[k]$)产生的响应即为 $Ay(t)$(或 $Ay[k]$)，此性质即为齐次性。其中 A 为任意常数。即

若

$$f(t) \to y(t) \tag{1.97}$$

则有

$$Af(t) \to Ay(t) \tag{1.98}$$

对于离散系统则有

$$Af[k] \to Ay[k]$$

1.5.2 叠加性

若激励 $f_1(t)$（或 $f_1[k]$）与 $f_2(t)$（或 $f_2[k]$）产生的响应分别为 $y_1(t)$（或 $y_1[k]$）、$y_2(t)$（或 $y_2[k]$），则激励 $f_1(t)+f_2(t)$（或 $f_1[k]+f_2[k]$）产生的响应即为 $y_1(t)+y_2(t)$（或 $y_1[k]+y_2[k]$），此性质称为叠加性。即

若
$$f_1(t) \to y_1(t), \quad f_2(t) \to y_2(t)$$

则有
$$f_1(t)+f_2(t) \to y_1(t)+y_2(t) \tag{1.99}$$

对于离散系统则有
$$f_1[k]+f_2[k] \to y_1[k]+y_2[k]$$

1.5.3 线性性

若激励 $f_1(t)$ 与 $f_2(t)$ 产生的响应分别为 $y_1(t)$、$y_2(t)$，则激励 $A_1 f_1(t)+A_2 f_2(t)$ 产生的响应即为 $A_1 y_1(t)+A_2 y_2(t)$，此性质称为线性性。即

若
$$f_1(t) \to y_1(t), \quad f_2(t) \to y_2(t)$$

则有
$$k_1 f_1(t)+k_2 f_2(t) \to k_1 y_1(t)+k_2 y_2(t) \tag{1.100}$$

对于离散系统则有
$$k_1 f_1[k]+k_2 f_2[k] \to k_1 y_1[k]+k_2 y_2[k] \tag{1.101}$$

1.5.4 时不变性

若激励 $f(t)$（或 $f[k]$）产生的响应为 $y(t)$（或 $y[k]$），则激励 $f(t-t_0)$（或 $f[k-k_0]$）产生的响应即为 $y(t-t_0)$（或 $y[k-k_0]$），此性质即为时不变性，也称定常性或延迟性。即

若 $f(t) \to y(t)$，则有
$$f(t-t_0) \to y(t-t_0) \tag{1.102}$$

若 $f[k] \to y[k]$，则有
$$f[k-k_0] \to y[k-k_0] \tag{1.103}$$

1.5.5 微分性（或差分性）

若激励 $f(t)$ 产生的响应为 $y(t)$，则激励 $\dfrac{df(t)}{dt}$ 产生的响应即为 $\dfrac{dy(t)}{dt}$，此性质称为微分性。即

若
$$f(t) \to y(t)$$

则有
$$\frac{df(t)}{dt} \to \frac{dy(t)}{dt} \tag{1.104}$$

对于离散系统,若有 $f[n] \to y[n]$

则有
$$\nabla f[n] \to \nabla y[n]$$

1.5.6 积分性(或累加和性)

若激励 $f(t)$ 产生的响应为 $y(t)$,则激励 $\int_{-\infty}^{t}f(\tau)d\tau$ 产生的响应即为 $\int_{-\infty}^{t}y(\tau)d\tau$,此性质称为积分性。即

若
$$f(t) \rightarrow y(t)$$

则有
$$\int_{-\infty}^{t}f(\tau)d\tau \rightarrow \int_{-\infty}^{t}y(\tau)d\tau \tag{1.105}$$

对于离散系统,若有
$$f[n] \rightarrow y[n]$$

则有
$$\sum_{i=-\infty}^{k}f[i] \rightarrow \sum_{i=-\infty}^{k}y[i]$$

【例 1-19】 某一线性系统有两个起始条件 x_1 和 x_2,输入为 $f(t)$,输出为 $y(t)$,并已知:

(1) 当 $x_1(0)=5, x_2(0)=2, f(t)=0$ 时,$y(t)=e^{-t}(3t+2)$
(2) 当 $x_1(0)=1, x_2(0)=3, f(t)=0$ 时,$y(t)=e^{-t}(5t+1)$
(3) 当 $x_1(0)=1, x_2(0)=1, f(t)=\varepsilon(t)$时,$y(t)=e^{-t}(t+1)$

求:$x_1(0)=2, x_2(0)=1, f(t)=3\varepsilon(t)$ 时的 $y(t)$。

解 对于线性系统,应满足零输入响应线性和零状态响应线性及解的可分解性,即
$$y(t)=y_{zi}(t)+y_{zs}(t)$$

零输入响应是初始值的线性函数,故 $y_{zi}(t)=k_1 x_1(0)+k_2 x_2(0)$

将条件(1)、(2)代入,得
$$\begin{cases} 5k_1+2k_2=e^{-t}(7t+5) \\ k_1+4k_2=e^{-t}(5t+1) \end{cases}$$

解得
$$\begin{cases} k_1=te^{-t}+e^{-t} \\ k_2=te^{-t} \end{cases}$$

即得零输入响应为
$$y_{zi}(t)=(te^{-t}+e^{-t})x_1(0)+(te^{-t})x_2(0)$$

代入条件(3),得
$$y_{zi}(t)=2te^{-t}+e^{-t}$$

零状态响应为
$$y_{zs}(t)=y(t)-y_{zi}(t)=e^{-t}(t+1)-(2te^{-t}+e^{-t})=-te^{-t}$$

故 $x_1(0)=2, x_2(0)=1, f(t)=3\varepsilon(t)$时的输出 $y(t)$ 为
$$y(t)=(te^{-t}+e^{-t})\times 2+(te^{-t})\times 1+3\times(-te^{-t})=2e^{-t}$$

1.6 信号与系统分析概述

信号与系统分析主要包括信号分析与系统分析两部分内容。

1.6.1 信号分析方法

信号分析的核心是信号分解,即将复杂信号分解为一些基本信号的线性组合,通过研究基本信号的特性和信号的线性组合关系来研究复杂信号的特性。由于信号的分解可以在时域内进行,也可以在频域或复频域内进行,因此信号分析的方法也有时域方法、频域方法和复频域方法。

在信号的时域分析中,采用单位冲激信号 $\delta(t)$ 或单位脉冲序列 $\delta[k]$ 作为基本信号,将连续时间信号表示为 $\delta(t)$ 的加权积分,将离散时间信号表示为 $\delta[k]$ 的加权和,它们分别是一种特殊的卷积积分运算与卷积和运算。这里,通过基本信号单元的加权值随变量的变化直接表征信号的时域特性。

在信号的频域分析中,采用虚指数信号 $e^{j\omega t}$(或 $e^{j\Omega k}$)作为基本信号,将连续时间(或离散时间)信号表示为 $e^{j\omega t}$(或 $e^{j\Omega k}$)的加权积分(或加权和)。这就导致了傅里叶分析的理论和方法。这里,通过各基本信号单元振幅(或振幅密度)、相位随频率的变化(即信号的频谱)来反映信号的频域特性。

在复频域分析信号时,则采用复指数信号 $e^{st}(s=\alpha+j\omega)$ 或 $z^k(z=re^{j\theta})$ 作为基本信号,将连续时间(或离散时间)信号表示为 e^{st}(或 z^k)的加权积分(或加权和),相应导出了拉普拉斯变换与 Z 变换的理论和方法。

1.6.2 系统分析方法

系统理论主要研究分析与综合的问题。系统分析的主要任务就是在已知系统结构与输入激励的前提下,求解系统相应的输出响应。系统的综合是根据实际提出的对给定激励和响应的要求(即对系统功能要求),设计出具体的系统。分析与综合既有各自不同的特点和方法,又具有密切的联系,分析是综合的基础。在种类繁多的系统中,线性时不变系统的分析具有重要的意义。因为实际应用中的大部分系统属于或可近似地看作线性时不变系统,而且线性时不变系统的分析方法已有较完善的理论,因此本课程主要分析线性时不变系统。对于非线性系统与时变系统,近年来也有较大理论进展和应用领域,将在其他课程中作专门的研究。

简而言之,系统分析就是建立描述系统特性的数学模型并求出其解。在建立系统模型方面,描述方法有两大类型:输入-输出法(外部法)和状态变量法(内部法)。

输入-输出法只关心系统的输入与输出间的关系,主要是研究系统激励与响应之间的直接关系,并不涉及系统的内部变量的情况。一般而言,描述线性时不变系统输入-输出关系是常系数线性微分方程(对于连续系统)或常系数线性差分方程(对于离散系统)。故这种方法对于研究常见的单输入-单输出系统极为方便而且可行。

状态变量法不仅关心输入和输出之间的关系,而且可提供系统内部各变量的情况。它是用两组方程来描述系统:

(1) 状态方程。它描述了系统内部状态变量与激励之间的关系,对于线性时不变系统是一阶常系数微分方程组(连续系统)和一阶差分方程组(离散系统)。

(2) 输出方程。它描述了系统的响应与状态变量和激励的关系,输出方程通常是代数方程。因而特别适用于多输入-多输出系统。它不仅适用于线性时不变系统,也便于推广应用于时变系统和非线性系统。

从系统数学模型导出的求解方法有时域法和变换法。时域法直接分析时间变量函数，研究系统的时域特性。变换法是将信号与系统的时间变量函数变换成相应变换域的某个变量函数。在本书中，时域法主要介绍卷积法（对连续系统）和卷积和（对离散系统）；变换法主要是频域分析中傅里叶变换(FT)、拉普拉斯变换(LT)和 Z 变换(ZT)。卷积方法求得的只是零状态响应，而变换法不限于求解零状态响应，也可用来求零输入响应或全响应，它是求解数学模型的有力工具。状态变量分析法既适用于时域分析法又适用于变换法。

随着现代科学技术的迅猛发展，新的信号与系统的分析方法不断涌现。其中，计算机辅助分析方法就是近年来较为活跃的方法。这种方法利用计算机进行数值运算，从而免去复杂的人工运算，且计算结果精确可靠，因而得到广泛的应用发展。本书引入了软件工具 MATLAB 对信号与系统进行分析。

1.7 信号及其运算的 MATLAB 实现

1.7.1 连续时间信号的 MATLAB 实现

MATLAB 可以帮助快速、方便地绘制出信号的时域波形，为分析信号的时域特性提供了极大方便，也可使得分析过程变得更加直观。下面，用 MATLAB 来分析几个常用信号的时域特性。

1. 正弦信号

正弦信号 $A\sin(\omega_0 t+\phi)$ 和 $A\cos(\omega_0 t+\phi)$ 可以用 MATLAB 的内部函数 sin 和 cos 表示，其调用形式为

```
A * sin(w0 * t + phi)
A * cos(w0 * t + phi)
```

图 1.74 所示正弦信号的 MATLAB 源程序如下，取 $A=1, w0=2\pi, \text{phi}=\dfrac{\pi}{6}$。

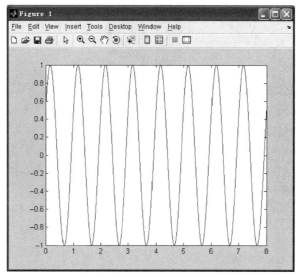

图 1.74　正弦信号

```
%  正弦信号实现程序
A = 1;
w0 = 2 * pi;
phi = pi/6;
t = 0:0.001:8;
ft = A * sin(w0 * t + phi);
plot(t,ft)
```

2. 指数信号

实指数信号 Ae^{at} 在 MATLAB 中可用 exp 函数表示,其调用形式为

```
y = A * exp(a * t)
```

图 1.75 所示单边衰减指数信号的 MATLAB 源程序如下,取 $A=1, a=-0.4$。

```
%  指数信号实现的程序
A = 1;a = - 0.4;
t = 0:0.001:10;
ft = A * exp(a * t);
plot(t,ft)
```

虚指数信号 $Ae^{j\omega t}$ 在 MATLAB 中可用 exp 函数表示,其调用形式为

```
y = A * exp(i * w * t)
```

图 1.76 所示虚指数信号的 MATLAB 源程序如下,取 $A=2, w=pi/4$。

```
xzsu(pi/4,0,15,2)
```

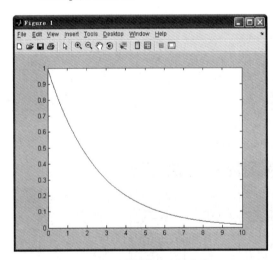

图 1.75 单边衰减指数信号

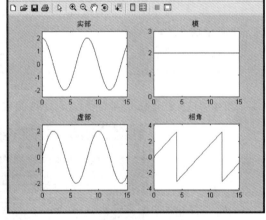

图 1.76 虚指数信号的时域波形图

所调用的 MATLAB 绘制虚指数信号的子函数如下:

```
function xzsu(w,n1,n2,a)
%  n1:绘制波形的起始时间
%  n1:绘制波形的终止时间
%  w:虚指数信号的角频率
%  a:虚指数信号的幅度
t = n1:0.01:n2;
X = a * exp(i * w * t);
Xr = real(X);
Xi = imag(X);
```

```
Xa = abs(X);
Xn = angle(X);
subplot(2,2,1),plot(t,Xr),axis([n1,n2,-(max(Xa)+0.5),max(Xa)+0.5]),
title('实部');
subplot(2,2,3),plot(t,Xi),axis([n1,n2,-(max(Xa)+0.5),max(Xa)+0.5]),
title('虚部');
subplot(2,2,2),plot(t,Xa),axis([n1,n2,0,max(Xa)+1]),title('模');
subplot(2,2,4),plot(t,Xn),axis([n1,n2,-(max(Xn)+1),max(Xn)+1]),title('相角');
```

复指数信号 $Ae^{(a+j\omega)t}$ 在 MATLAB 中可用 exp 函数表示,其调用形式为

```
y = A * exp((a + i * w) * t)
```

图 1.77 所示复指数信号的 MATLAB 源程序如下,取 $A=1,\omega=10,a=-1$。

```
% 复指数信号实现程序
t = 0:0.01:3
a = -1;b = 10;
z = exp((a + i * b) * t);
subplot 221,plot(t,real(z)),title('实部')
subplot 223,plot(t,imag(z)),title('虚部')
subplot 222,plot(t,abs(z)),title('模')
subplot 224,plot(t,angle(z)),title('相角')
```

图 1.78 所示复指数信号的 MATLAB 源程序,取 $A=1,\omega=10,a=1$。

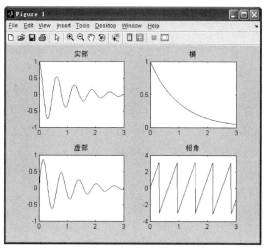
图 1.77 复指数信号的时域波形图(a<0)

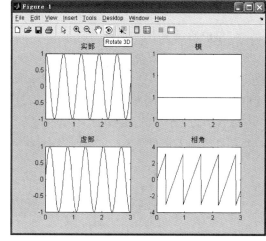
图 1.78 复指数信号的时域波形图(a>0)

图 1.79 所示复指数信号的 MATLAB 源程序,取 $A=1,\omega=10,a=0$。

3. 单位冲激信号

严格地说,MATLAB 不能表示单位冲激信号,但可用时间宽度为 dt、高度为 $1/dt$ 的矩形脉冲近似表示冲激信号。当 dt 趋于零时,就较好地近似出冲激信号的实际波形。下面是绘制单位冲激信号在时间轴上的平移信号 $\delta(t+t_0)$ 的 MATLAB 的程序。其中,t1、t2 表示信号的起始时刻,t0 表示信号沿时间坐标的平移量。程序运行结果如图 1.80 所示。

```
% 冲激信号实现程序
t1 = -1;t2 = 5;t0 = 0;
dt = 0.01;                    % 信号时间间隔
t = t1:dt:t2;                 % 信号时间样本点向量
```

```
n = length(t);              % 时间样本点向量长度
x = zeros(1,n);             % 各样本点信号值赋值为零
x(1,(-t0-t1)/dt+1) = 1/dt;  % 在时间 t=-t0 处,给样本点赋值为 1/dt
stairs(t,x);
axis([t1,t2,0,1.2/dt]);
title('单位冲激信号');
```

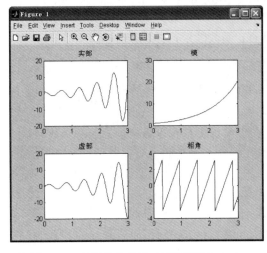

图 1.79 复指数信号的时域波形图(a=0)

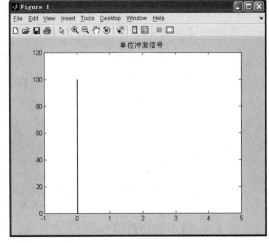

图 1.80 单位冲激信号波形

4. 单位阶跃信号

一种得到单位阶跃信号的方法是在 MATLAB 的 Symbolic Math Toolbox 中调用单位阶跃函数 Heaviside,这样可方便地表示阶跃信号。但是,在用函数 ezplot 实现其可视化时,就出现一个问题:函数 ezplot 只能画出既存在于 Symbolic Math Toolbox 中又存在于 MATLAB 工具箱中的函数,而 Heaviside 函数仅存在于 Symbolic Math Toolbox 中,因此,需要在自己的工作目录 work 下创建 Heaviside 的 M 文件。该文件如下:

```
function f = heaviside(t)
f = (t>0);                  % t>0 时,f 为 1,否则为 0
```

下面就是调用上述函数生成单位阶跃信号的 MATLAB 程序,程序运行结果如图 1.81 所示。

```
% 单位阶跃信号实现程序
t = -1:0.001:3;
y = heaviside(t);
plot(t,y);
axis([-1,3,-0.1,1.2])
```

5. 符号信号

符号信号在 MATLAB 中用 sign 函数来表示,其定义见 1.2 节,其调用形式为

```
y = sign(t)
```

下面就是用该函数生成符号信号的 MATLAB 程序,程序运行结果如图 1.82 所示。

```
% 符号函数实现程序
t = -5:0.001:5;
y = sign(t);
```

```
plot(t,y);
axis([-5,5,-1.1,1.1]);
title('符号信号');
```

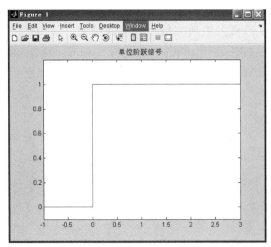
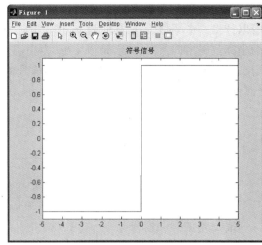

图 1.81　单位阶跃信号波形　　　　图 1.82　符号信号波形

6. 抽样信号

抽样信号在 MATLAB 中用 sinc 函数来表示,其定义见 1.2 节,其调用形式为

```
y = sinc(t)
```

下面就是用该函数生成抽样信号的 MATLAB 程序,程序运行结果如图 1.83 所示。

```
% 抽样信号实现程序
t = -3 * pi:pi/100:3 * pi;
ft = sinc(t/pi);
plot(t,ft);
title('抽样信号');
```

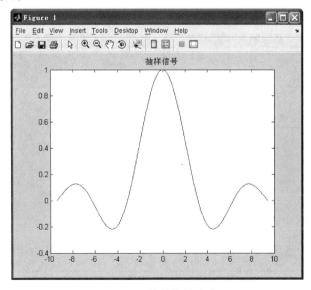

图 1.83　抽样信号波形

7. 矩形脉冲信号

矩形脉冲信号在 MATLAB 中用 rectpuls 函数来表示,其调用形式为

```
ft = rectpuls(t,width)
```

用以产生一个幅值为 1、宽度为 width、相对于 t=0 点左右对称的矩形脉冲信号。该函数的横坐标范围由向量 t 决定,是以 t=0 为中心向左右各展开 width/2 的范围。width 的默认值为 1。下面就是用该函数生成矩形脉冲信号的 MATLAB 程序,程序运行结果如图 1.84 所示(该例 t=2T)。

```
%  矩形脉冲信号实现程序
t = 0:0.001:4;
T = 1;
ft = rectpuls(t-2*T,2*T);
plot(t,ft);
grid on;
axis([0 4 -0.5 1.5]);
```

8. 三角波脉冲信号

三角波脉冲信号在 MATLAB 中用 tripuls 函数来表示,其调用形式为

```
y = tripuls(t,width,skew)
```

用以产生一个最大幅度为 1、宽度为 width、斜度为 skew 的三角波脉冲信号。该函数的横坐标范围由向量 t 决定,是以 t=0 为中心向左右各展开 width/2 的范围。斜度 skew 是一个介于 −1~1 的值,它表示最大幅度 1 出现所对应的横坐标位置,比如 skew=0 表示是一个左右对称的三角波脉冲信号,最大幅度 1 出现在 t=0 处,一般而言,最大幅度 1 出现在 t=(width/2)×skew 的横坐标位置。下面就是用该函数生成三角波脉冲信号的 MATLAB 程序,程序运行结果如图 1.85 所示。

```
%  三角波脉冲信号实现程序
t = -3:0.001:3;
ft = tripuls(t,4,0.5);
plot(t,ft)
```

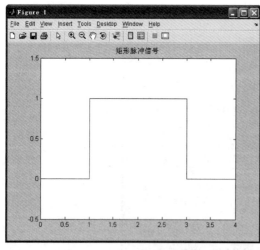

图 1.84 矩形脉冲信号波形

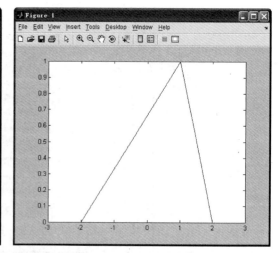

图 1.85 三角波脉冲波形

9. 周期性矩形脉冲和三角波脉冲信号

周期性矩形脉冲(方波)信号在 MATLAB 中用 square 函数来表示,其调用形式为

y = square(t,DUTY)

用以产生一个周期为 2π、幅值为 ±1 的周期性方波信号,其中参数 DUTY 表示占空比,即在信号的一个周期中所占的百分比。下面就是用该函数生成周期性矩形脉冲信号的 MATLAB 程序,程序运行结果如图 1.86 所示。

```
% 周期性矩形脉冲信号的实现程序
t =- 0.0625:.0001:.0625;
y1 = square(2 * pi * 30 * t,75);% DUTY = 75(percent)表示占空比为 75 %
subplot 121;
plot(t,y1);
axis([ - 0.0625 0.0625 - 1.5 1.5]);
grid on;
y2 = square(2 * pi * 30 * t,50); % DUTY = 50(percent)表示占空比为 50 %
subplot 122;
plot(t,y2);
axis([ - 0.0625 0.0625 - 1.5 1.5]);
grid on;
```

周期性三角波脉冲信号在 MATLAB 中用 sawtooth 函数来表示,其调用形式为

y = sawtooth(t,WIDTH)

用以产生一个周期为 2π、最大幅度为 1、最小幅度为 −1 的周期性三角波脉冲信号,其中 WIDTH 参数表示最大幅度出现的位置,在一个周期内,信号从 t = 0 到 t = WIDTH×2π 时,函数值从 −1 到 1 线性增加,而信号从 WIDTH×2π 到 2π 时,函数值又从 1 到 −1 线性递减;在其他周期内以此类推。下面就是用该函数生成周期性三角波脉冲信号的 MATLAB 程序,程序运行结果如图 1.87 所示。

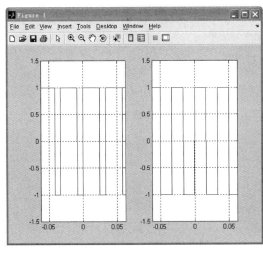

图 1.86 周期性矩形脉冲信号

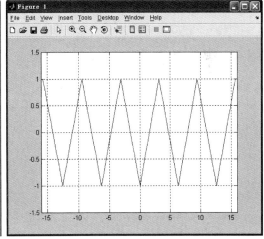

图 1.87 周期性三角波脉冲信号

```
% 周期性三角波脉冲信号实现程序
t =- 5 * pi:pi/10:5 * pi;
ft = sawtooth(t,0.5);
plot(t,ft);
```

```
axis([-16 16 -1.5 1.5]);
grid on;
```

1.7.2 离散时间信号的 MATLAB 实现

1. 正弦序列

离散正弦序列的 MATLAB 表示与连续信号类似,只不过是用 stem 函数而不是用 plot 函数来画出序列的波形。下面就是正弦序列 $\sin(\pi/6)k$ 的 MATLAB 源程序,程序运行结果如图 1.88 所示。

```
% 正弦序列实现程序
k = 0:39;
fk = sin(pi/6*k);
stem(k,fk)
```

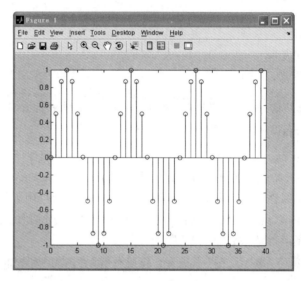

图 1.88　正弦序列波形

2. 指数序列

离散指数序列的一般形式为 ca^k,可用 MATLAB 中的数组幂运算(即点幂运算) c*(a.^k)来实现。下面为用 MATLAB 编写绘制离散时间实指数序列波形的函数。

```
function dszsu(c,a,k1,k2)
% c:指数序列的幅度
% a:指数序列的底数
% k1:绘制序列的起始序号
% k2:绘制序列的终止序号
k = k1:k2;
x = c*(a.^k);
stem(k,x,'filled')
hold on
plot([k1,k2],[0,0])
hold off
```

利用上述函数,实现实指数波形的 MATLAB 程序如下(其中 a 值分别为 $5/4, 3/4, -5/4, -3/4$):

```
% 离散时间实指数序列实现程序
subplot 221;
dszsu(1,5/4,0,20);
xlabel('k');
title('f1[k]');
subplot 222
dszsu(1,3/4,0,20);
xlabel('k');
title('f2[k]');
subplot 223;
dszsu(1,-5/4,0,20);
xlabel('k');
title('f3[k]');
subplot 224;
dszsu(1,-3/4,0,20);
xlabel('k');
title('f4[k]');
```

程序运行结果如图 1.89 所示。如图可知,对于离散时间实指数序列 ca^k,当 a 的绝对值大于 1 时,序列为随时间发散的序列;当 a 的绝对值小于 1 时,序列为随时间收敛的序列。同时可见,当 a 的值小于零时,其波形在增长或衰减的同时,还交替地改变序列值的符号。

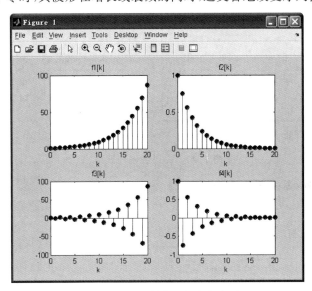

图 1.89 不同底数的实指数序列

对于离散时间虚指数序列,可调用下列绘制虚指数序列时域波形的 MATLAB 函数。

```
function[] = dxzsu(n1,n2,w)
% n1:绘制波形的虚指数序列的起始时间序号
% n2:绘制波形的虚指数序列的终止时间序号
% w:虚指数序列的角频率
k = n1:n2;
f = exp(i*w*k);
Xr = real(f)
Xi = imag(f)
Xa = abs(f)
Xn = angle(f)
subplot(2,2,1),stem(k,Xr,'filled'),title('实部');
```

```
subplot(2,2,3),stem(k,Xi,'filled'),title('虚部');
subplot(2,2,2),stem(k,Xa,'filled'),title('模');
subplot(2,2,4),stem(k,Xn,'filled'),title('相角');
```

利用上述函数,实现虚指数波形的 MATLAB 程序如下(其中虚指数分别为 $e^{j\frac{k\pi}{4}}$, e^{j2k}):

```
% 离散时间虚指数波形实现程序
figure(1);
dxzsu(0,20,pi/4);
figure(2);
dxzsu(0,20,2);
```

程序运行结果如图 1.90 所示。由图可见,当虚指数序列的角频率满足 $2\pi/\omega$ 为有理数时,信号的实部、虚部和相角都为周期序列,否则为非周期序列。

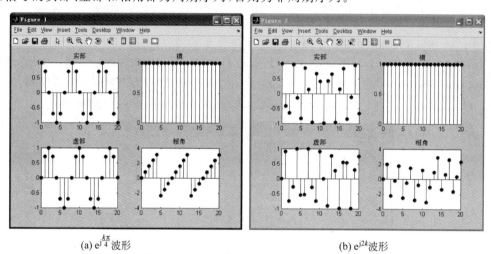

(a) $e^{j\frac{k\pi}{4}}$ 波形   (b) e^{j2k} 波形

图 1.90 虚指数序列波形

对于复指数序列,其一般形式为

$$\mathbf{f}[\mathbf{k}] = \mathbf{r}^k \mathbf{e}^{j\omega k}$$

可以通过调用下面绘制复指数序列时域波形的 MATLAB 函数。

```
function dfzsu(n1,n2,r,w)
% n1:绘制波形的虚指数序列的起始时间序号
% n2:绘制波形的虚指数序列的终止时间序号
% w:虚指数序列的角频率
% r:指数序列的底数
k = n1:n2;
f = (r * exp(i * w)).^k;
Xr = real(f);
Xi = imag(f);
Xa = abs(f);
Xn = angle(f);
subplot(2,2,1),stem(k,Xr,'filled'),title('实部');
subplot(2,2,3),stem(k,Xi,'filled'),title('虚部');
subplot(2,2,2),stem(k,Xa,'filled'),title('模');
subplot(2,2,4),stem(k,Xn,'filled'),title('相角');
```

利用上述函数,实现复指数序列波形 MATLAB 程序如下:

```
% 复指数序列实现程序(r>1)
```

```
figure(1);
dfzsu(0,20,1.2,pi/4);
% 复指数序列实现程序(0<r<1)
figure(2);
dfzsu(0,20,0.8,pi/4);
% 复指数序列实现程序(r=1)
figure(3);
dfzsu(0,20,1,pi/4);
```

其运行结果如图 1.91 所示。当 $r>1$ 时,复指数序列的实部和虚部分别为幅度按指数增长的正弦序列;当 $0<r<1$ 时,复指数序列的实部和虚部分别为幅度按指数衰减的正弦序列;当 $r=1$ 时,复指数序列的实部和虚部分别为等幅正弦序列。

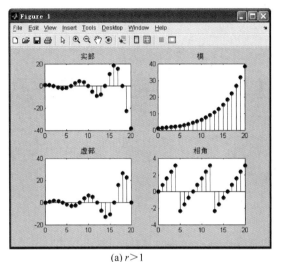
(a) $r>1$

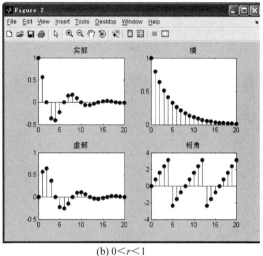
(b) $0<r<1$

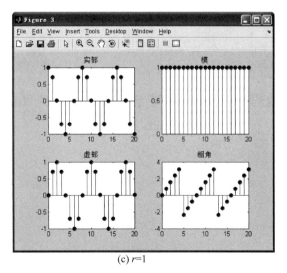
(c) $r=1$

图 1.91 复指数序列波形

3. 单位脉冲序列

可以通过借助 MATLAB 中的零矩阵函数 zeros 表示。全零矩阵 zeros(1,N) 产生一个由 N 个 0 组成的列向量,对于有限区间的 $\delta[k]$ 可以通过以下 MATLAB 程序表示。

```
% 单位脉冲序列实现程序
k =- 30:30;
delta = [zeros(1,30),1,zeros(1,30)];
stem(k,delta)
```

程序运行结果如图 1.92 所示。

4. 单位阶跃序列

可以通过借助 MATLAB 中的单位矩阵函数 ones 表示。单位矩阵 ones$(1,N)$ 产生一个由 N 个 1 组成的列向量，对于有限区间的 $\varepsilon[k]$ 可以通过以下 MATLAB 程序表示。

```
% 单位阶跃序列实现程序
k =- 30:30;
uk = [zeros(1,30),ones(1,31)];
stem(k,uk)
```

程序运行结果如图 1.93 所示。

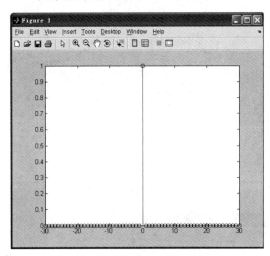

图 1.92　单位脉冲序列波形

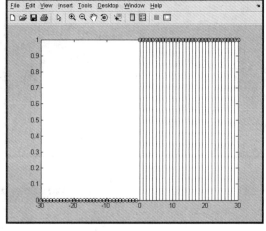

图 1.93　单位阶跃序列波形

1.7.3　连续时间信号的基本运算与波形变换的 MATLAB 实现

下面分别介绍连续时间信号的各种时域运算、变换的 MATLAB 实现。

1. 相加

两连续信号相加，可利用 MATLAB 中的函数 symadd 来实现，其调用形式为

```
s = symadd(f1,f2)
ezplot(s)
```

其中，f1、f2 是两个用符号表达式表示的连续信号，s 为相加得到的和信号的符号表达式，ezplot 命令用来绘制其结果波形图。

2. 相乘

两连续信号相乘，可利用 MATLAB 中的函数 symmul 来实现，其调用形式为

```
w = symmul(f1,f2)
ezplot(w)
```

其中，f1，f2 是两个用符号表达式表示的连续信号，w 为相乘得到的积信号的符号表达式。

3. 微分与积分

连续信号的微分可利用 MATLAB 中的函数 diff 来近似计算。例如，$y=(\sin(x^2))'=2x\cos(x^2)$ 可由下列 MATLAB 语句近似实现。

```
h = 0.001;
x = 0:h:pi;
y = diff(sin(x.^2))/h;
```

连续信号的定积分可由 MATLAB 中的 quad 函数或 quad8 函数实现。其调用形式为

Quad('function_mane',a,b)

其中，function_mane 为被积函数名(.m 文件名)，a 和 b 为指定的积分区间。

4. 信号的时移、反折、尺度变换

连续信号的时移、反折、尺度变换均可利用 MATLAB 中的函数 subs 来实现，其调用形式分别为

```
y = subs(f,t,t - t0)        % 时移
```

其中，f 是用符号表达式表示的连续时间信号，t 是符号变量，subs 则将连续信号中的时间变量 t 用 t－t0 替换。

```
y = subs(f,t, - t)          % 反折
```

其中，subs 将连续信号中的时间变量 t 用－t 替换。

```
y = subs(f,t,a * t)         % 尺度变换
```

其中，subs 将连续信号中的时间变量 t 用 a * t 替换。

对于倒相变换，可以直接在符号表达式前加上负号实现，即

```
y = - f
```

下面举例说明如何用 MATLAB 实现连续时间信号的基本运算和波形变换的可视化。

【例 1-20】 对图 1.94 左上所示的信号 $f(t)$，用 MATLAB 画出 $f(t-1),f(2t+4),f(2-t)$。

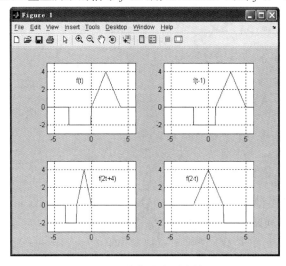

图 1.94　连续信号波形变换图形

解 MATLAB 实现的源程序如下：

```
% 连续信号波形变换实现程序
clear;
t = -15:0.01:20;
f = -2 * (stepfun(t,-3) - stepfun(t,0)) + ...
    2 * t.* (stepfun(t,0) - stepfun(t,2)) + ...
    (-2 * t + 8).* (stepfun(t,2) - stepfun(t,4));
subplot 221;
plot(t,f);
axis([-6 6 -3 5]);
grid on;
text(-2,3,'f(t)')
subplot 222;
plot(t + 1,f);
axis([-6 6 -3 5]);
grid on;
text(-2,3,'f(t-1)')
subplot 223;
plot(0.5 * t - 2,f);
axis([-6 6 -3 5]);
grid on;
text(1,3,'f(2t + 4)')
subplot 224;
plot(2 - t,f);
axis([-6 6 -3 5]);
grid on;
text(-3,3,'f(2-t)')
```

程序运行结果如图 1.94 中 $f(t-1)$、$f(2t+4)$ 和 $f(2-t)$ 所示。

【例 1-21】 对于图 1.85 所示的三角波 $f(t)$，要求利用 MATLAB 画出 $\dfrac{\mathrm{d}f(t)}{\mathrm{d}t}$ 和 $\int_{-\infty}^{t} f(\tau)\mathrm{d}\tau$ 的波形。

解 MATLAB 实现的源程序如下：

```
% 对三角函数进行微分运算程序
h = 0.001;t = -3:h:3;
y1 = diff(f1_1(t)) * 1/h;
figure(1);
plot(t(1:length(t) - 1),y1)
title('df(t)/dt')
% 对三角函数进行积分运算程序
t = -3:0.1:3;
for x = 1:length(t)
    y2(x) = quad('f1_1',-3,t(x));
end
figure(2);
plot(t,y2)
title('integral of f(t)')
```

程序运行结果如图 1.95 所示。

【例 1-22】 已知信号 $f_1(t) = (4-t)[\varepsilon(t) - \varepsilon(t-4)]$ 及信号 $f_2(t) = \sin 2\pi t$，用 MATLAB 绘出满足下列要求的信号波形。

(1) $f_3(t) = f_1(-t) + f_1(t)$ 　　　　(2) $f_4(t) = -[f_1(-t) + f_1(t)]$

(3) $f_5(t) = f_2(t) \times f_3(t)$ 　　　　　(4) $f_6(t) = f_1(t) \times f_2(t)$

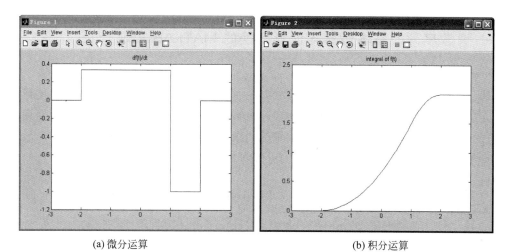

(a) 微分运算   (b) 积分运算

图 1.95　三角函数进行微分与积分运算结果图

解　MATLAB 实现的源程序如下：

```
% 信号加法、乘法运算
syms t;
f1 = sym('( - t + 4) * (heaviside(t) - heaviside(t - 4))');
subplot 321;ezplot(f1);title('f1(t)');
f2 = sym('sin(2 * pi * t)');
subplot 322;ezplot(f2);title('f2(t)');
y1 = subs(f1,t, - t);
f3 = f1 + y1;
subplot 323;ezplot(f3);title('f3(t) = f1(t) + f1( - t)');
f4 = - f3;
subplot 324;ezplot(f4);title('f4(t)');
f5 = f2 * f3;
subplot 325;ezplot(f5);title('f5(t)');
f6 = f1 * f2;
subplot 326;ezplot(f6);title('f6(t)');
```

程序运行结果如图 1.96 所示。

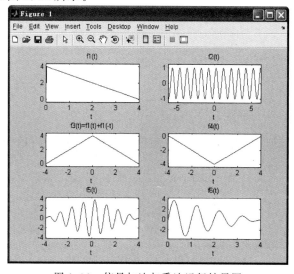

图 1.96　信号加法与乘法运行结果图

1.7.4 离散序列的基本运算与波形变换的 MATLAB 实现

1. 加法

对于离散序列来说,序列相加是将信号对应时间序号的值逐项相加,在这里不能像连续时间信号那样用符号运算实现,而必须用向量表示的方法,即在 MATLAB 中离散序列的相加需表示成两个向量的相加,因而参加运算的两序列向量必须具有相同的维数。

实现离散序列相加的 MATLAB 实用子程序如下:

```
function [f,k] = lsxj(f1,f2,k1,k2)
% 实现 f(k) = f1(k) + f2(k),f1,f2,k1,k2 是参加运算的两离散序列及其对应的时间序列向量,f 和
% k 分别为返回的和序列及其对应的时间序列向量
k = min(min(k1),min(k2)):max(max(k1),max(k2));   % 构造和序列长度
s1 = zeros(1,length(k));s2 = s1;                  % 初始化新向量
s1(find((k>=min(k1))&(k<=max(k1))==1)) = f1;      % 将 f1 中在和序列范围内但又无定义的
                                                  % 点赋值为 0
s2(find((k>=min(k2))&(k<=max(k2))==1)) = f2;      % 将 f2 中在和序列范围内但又无定义的
                                                  % 点赋值为 0
f = s1 + s2;                                       % 两长度相等序列求和
stem(k,f,'filled')
axis([(min(min(k1),min(k2))-1),(max(max(k1),max(k2))+1),(min(f)-0.5),(max(f)+0.5)])
                                                  % 坐标轴显示范围
```

【例 1-23】 已知两离散序列分别为

$$f_1[k] = \{-2,-1,0,1,2\}, \quad f_2[k] = \{1,1,1\}$$

试用 MATLAB 绘出它们的波形及 $f_1[k]+f_2[k]$ 的波形。

解 MATLAB 的程序如下:

```
% 求两离散序列之和实现程序
f1 =-2:2; k1 =-2:2;
f2 = [1 1 1]; k2 =-1:1;
subplot 221;
stem(k1,f1),axis([-3 3 -2.5 2.5]);
title('f1[k]');
subplot 222;
stem(k2,f2),axis([-3 3 -2.5 2.5]);
title('f2[k]');
subplot 223;
[f,k] = lsxj(f1,f2,k1,k2);
title('f[k] = f1[k] + f2(k)');
```

程序运行结果如图 1.97 所示。

2. 乘法

与离散序列加法相似,这里参加运算的两序列向量必须具有相同的维数。实现离散时间信号相乘的 MATLAB 实用子程序如下:

```
function [f,k] = lsxc(f1,f2,k1,k2)
% 实现 f(k) = f1(k) + f2(k),f1,f2,k1,k2 是参加运算的两离散序列及其对应的时间序列向量,f 和
% k 分别为返回的和序列及其对应的时间序列向量
k = min(min(k1),min(k2)):max(max(k1),max(k2));   % 构造和序列长度
s1 = zeros(1,length(k));s2 = s1;                  % 初始化新向量
s1(find((k>=min(k1))&(k<=max(k1))==1)) = f1;      % 将 f1 中在和序列范围内但又无定义的
                                                  % 点赋值为 0
```

```
            s2(find((k>= min(k2))&(k<= max(k2))== 1)) = f2;     % 将 f2 中在和序列范围内但又无定义的
                                                                 % 点赋值为 0
            f = s1.* s2;                                         % 两长度相等序列求和
            stem(k,f,'filled')
            axis([(min(min(k1),min(k2))-1),(max(max(k1),max(k2))+1),(min(f)-0.5),(max(f)+0.5)])
                                                                 % 坐标轴显示范围
```

【例 1-24】 试用 MATLAB 绘出例 1-22 中两离散序列乘法 $f_1[k] \times f_2[k]$ 的波形。

解 MATLAB 的程序如下：

```
% 求两离散序列之积实现程序
f1 =-2:2;k1 =-2:2;
f2 = [1 1 1];k2 =-1:1;
subplot 221;
stem(k1,f1),axis([-3 3 -2.5 2.5]);
title('f1[k]');
subplot 222;
stem(k2,f2),axis([-3 3 -2.5 2.5]);
title('f2[k]');
subplot 223;
[f,k] = lsxc(f1,f2,k1,k2);
title('f[k] = f1[k] * f2(k)');
```

程序运行结果如图 1.98 所示。

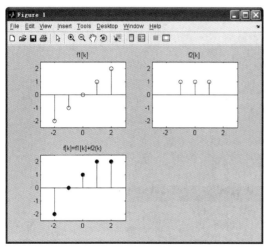
图 1.97 离散序列相加波形图

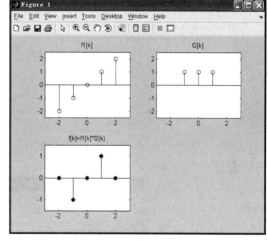
图 1.98 离散序列相乘波形图

3. 离散序列的差分与求和

离散序列的差分 $\nabla f[k] = f[k] - f[k-1]$，在 MATLAB 中用 diff 函数来实现，其调用形式为

    y = diff(f)

离散序列的求和 $\sum_{k=k_1}^{k_2} f[k]$ 与信号相加运算不同，求和运算是把 k_1 和 k_2 之间的所有样本 $f[k]$ 加起来，在 MATLAB 中可利用 sum 函数来实现，其调用形式为

    y = sum(f(k1:k2))

4. 离散序列的时移、反折、尺度变换

离散序列的时移、反折、尺度变换与连续时间信号相似，在此举一例来说明其 MATLAB 实现过程。其 MATLAB 源程序如下：

```
% 离散序列波形变换实现程序
clear;
k=-12:12;
k1=2.*k+4;
f=-[stepfun(k,-3)-stepfun(k,-1)]+…
    4.*[stepfun(k,-1)-stepfun(k,0)]+…
    0.5*k.*[stepfun(k,0)-stepfun(k,11)];
f1=-[stepfun(k1,-3)-stepfun(k1,-1)]+…
    4.*[stepfun(k1,-1)-stepfun(k1,0)]+…
    0.5*k1.*[stepfun(k1,0)-stepfun(k1,11)];
subplot 221;
stem(k,f);
axis([-12 12 -1 6]);
grid on;
text(-8,3,'f[k]')
subplot 222;
stem(k+1,f);
axis([-12 12 -1 6]);
grid on;
text(-9.5,3,'f[k-1]')
subplot 223;
stem(k,f1);
axis([-12 12 -1 6]);
grid on;
text(-8,3,'f[2k+4]')
subplot 224;
stem(2-k,f);
axis([-12 12 -1 6]);
grid on;
text(5.5,3,'f[2-k]')
```

程序运行结果如图 1.99 所示。

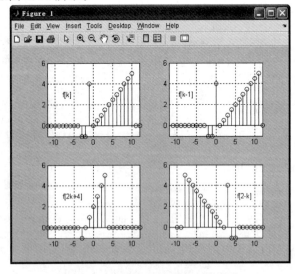

图 1.99　离散序列的波形变换图形

1.7.5 信号的分解 MATLAB 实现

由前述可知，信号可以从不同角度分解。这里仅介绍利用 MATLAB 实现信号的奇分量与偶分量。

1. 连续时间信号的奇偶分解 MATLAB 实现

可以利用 MATLAB 的 real() 函数将信号分解为偶分量与奇分量，源程序如下：

```
% 连续信号分解为偶分量与奇分量的程序
clear;
t=-2.5:0.01:2.5;
subplot 221;
y = real((1-(t-1).^2).^(0.5));
plot(t,y,'k');
axis equal;
grid on;
text(-0.75,0.75,'x(t)');
subplot 223;
ye = real(0.5*((1-(t-1).^2).^(0.5)+...
    (1-(-t-1).^2).^(0.5)));
plot(t,ye,'k');
axis equal;
grid on;
text(-0.75,0.75,'xe(t)');
subplot 224;
yo = real(0.5*((1-(t-1).^2).^(0.5)-...
    (1-(-t-1).^2).^(0.5)));
plot(t,yo,'k');
axis equal;
grid on;
text(-0.75,0.75,'xo(t)');
```

程序运行结果如图 1.100 所示。

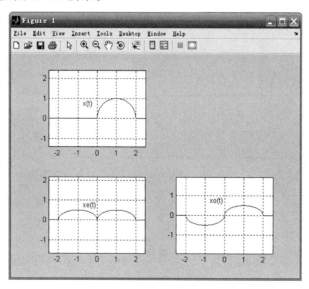

图 1.100　连续信号分解为偶分量与奇分量波形图

2. 离散序列的奇偶分解 MATLAB 实现

可以利用 MATLAB 的 sigevenodd() 函数将序列分解成偶分量和奇分量两部分,源程序如下:

```
% 离散序列分解为偶分量和奇分量的程序
clf
n0 = 0;n1 =- 10;n2 = 10;
n = n1:n2;
x = [(n - n0)> = 0];
subplot 221
stem(n,x)
xlabel('n'); ylabel('x(n)'); title('Step Sequence');
grid on;
% Decomposition of the Sequence
[xeven,xodd,m] = sigevenodd(x,n);
subplot 223
stem(m,xeven);
xlabel('m'); ylabel('x even(n)'); title('Even Part');
grid on;
subplot 224
stem(m,xodd);
xlabel('m'); ylabel('x odd(n)'); title('Odd Part');
grid on;
```

程序运行结果如图 1.101 所示。

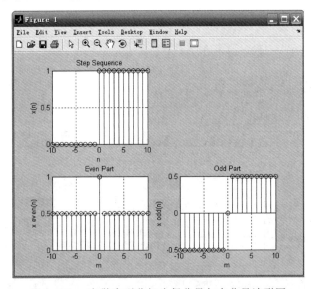

图 1.101 离散序列分解为偶分量与奇分量波形图

习 题

1.1 下列信号中哪些是周期信号?哪些是脉冲信号?哪些是能量信号?它们的能量各为多少?哪些是功率信号?它们的平均功率各为多少?

(1) $\varepsilon(t)$ (2) $\varepsilon(t)-\varepsilon(t-1)$

(3) $\dfrac{1}{1+t}\varepsilon(t)$ (4) $3\cos(\omega_0 t+\theta)$

(5) $3e^{j(\omega_0+\theta)}$ (6) $e^{-at}\cos\omega_0 t\,\varepsilon(t)$

(7) $3t\varepsilon(t)$ (8) $\cos\dfrac{\omega_0 t}{4}+\sin\dfrac{\omega_0 t}{5}$

1.2 试画出下列各函数式表示的信号的波形。

(1) $\cos\omega t\,\varepsilon(t)$ (2) $\cos\omega t\,\varepsilon(t-t_0), t_0>0$

(3) $\cos[\omega(t-t_0)]\varepsilon(t), t_0>0$ (4) $\cos[\omega(t-t_0)]\varepsilon(t-t_0), t_0>0$

(5) $\varepsilon(t_0-t), t_0>0$ (6) $\varepsilon(t_0-2t), t_0>0$

(7) $\varepsilon(t_0-2t)-\varepsilon(-t_0-2t), t_0>0$ (8) $\varepsilon(\sin\pi t)$

(9) $2^{-n}\varepsilon(n)$ (10) $2^{-(n-2)}\varepsilon(n-2)$

(11) $-n\varepsilon(n+2)$ (12) $\sin\left(\dfrac{1}{5}\pi n\right)$

1.3 试写出习题图 1.1 所示各信号的表达式。

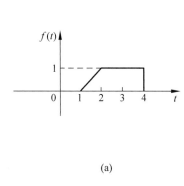
(a)

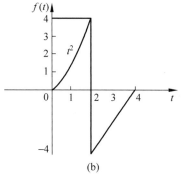
(b)

习题图 1.1

1.4 已知信号 $f(t)$ 的波形如习题图 1.2 所示，试画出下列各信号的波形。

(1) $f(2t)$ (2) $f(t)\varepsilon(t)$

(3) $f(t-3)$ (4) $f(t-3)\varepsilon(t-3)$

(5) $f(t+2)$ (6) $f(2-t)$

(7) $f(2-t)\varepsilon(2-t)$ (8) $f(-2-t)\varepsilon(-t)$

(9) $f(t-1)[\varepsilon(t)-\varepsilon(t-2)]$

1.5 已知信号 $f(5-2t)$ 的波形如习题图 1.3 所示，试画出 $f(t)$ 的波形图，并加以标注。

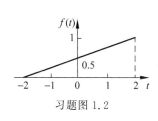
习题图 1.2

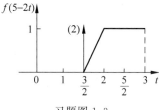
习题图 1.3

1.6 (1) 已知离散时间信号 $f[n]$ 如习题图 1.4(a) 所示，试画出下列各信号的波形图，并加以标注。

(a) $f[4-n]$ (b) $f[2n+1]$ (c) $f[n] = \begin{cases} f\left[\dfrac{n}{3}\right], & n \text{ 为 3 的倍数} \\ 0, & n \text{ 为其他} \end{cases}$

(2) 对习题图 1.4(b) 所示的信号 $h(n)$, 试画出下列各信号的波形, 并加以标注。
(a) $h[2-n]$ (b) $h[n+2]$ (c) $h[n+2] + h[-n-1]$

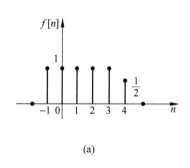
(a)

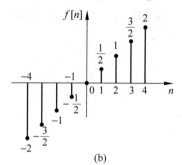
(b)

习题图 1.4

1.7 判断下列各信号是否是周期信号, 如果是周期信号, 求出它的基波周期。

(1) $f(t) = 2\cos\left(3t + \dfrac{\pi}{4}\right)$ (2) $f[n] = \cos\left(\dfrac{8\pi n}{7} + 2\right)$

(3) $f(t) = e^{j(\pi t - 1)}$ (4) $f[n] = e^{j\left(\frac{n}{8} - \pi\right)}$

(5) $f[n] = \sum\limits_{m=0}^{\infty} [\delta(n - 3m) - \delta(n - 1 - 3m)]$

(6) $f(n) = 2\cos\left(\dfrac{\pi n}{4}\right) + \sin\left(\dfrac{\pi n}{8}\right) - 2\sin\left(\dfrac{\pi n}{2} + \dfrac{\pi}{6}\right)$

1.8 (1) 设 $f_1(t)$ 和 $f_2(t)$ 都是周期信号, 其基波周期分别为 T_1 和 T_2。在什么条件下, 和式 $f_1(t) + f_2(t)$ 是周期信号? 如果该信号是周期性的, 它的基波周期是什么?

(2) 设 $f_1[n]$ 和 $f_2[n]$ 都是周期信号, 其基波周期分别为 N_1 和 N_2。在什么条件下, 和式 $f_1[n] + f_2[n]$ 是周期信号? 如果该信号是周期性的, 它的基波周期是什么?

1.9 已知系统的输入输出和初始状态的关系式如下, 它们是否为线性系统, 为什么? 其中 $y(t_0)$ 和 $y[n_0]$ 分别代表连续系统和离散系统初始观察时刻 t_0 和 n_0 的唯一的初始状态, $f(t)$ 和 $f[n]$ 分别代表连续系统和离散系统的输入, $y(t)$ 和 $y[n]$ 分别代表连续系统和离散系统的输出。

(1) $y(t) = y(t_0) + f(t)$ (2) $y[n] = y[n_0] + f[n]$

(3) $y(t) = \ln y(t_0) + 3t^2 f(t)$ (4) $y[n] = ny[n_0] + \sum\limits_{n=n_0}^{k} f[n]$

(5) $y(t) = y(t_0) + f^2(t)$ (6) $y[n] = y^2[n_0] + f^2[n]$

(7) $y(t) = \sin t \cdot f(t)$ (8) $y[n] = \sin\dfrac{n\pi}{2} \cdot f[n]$

(9) $y(t) = \dfrac{df(t)}{dt}$ (10) $y[n] = f^2[n]$

1.10 已知系统的输入和输出关系式如下, 它们是否为时不变系统, 为什么? 其中

$f(t)$、$f[n]$、$y(t)$、$y[n]$ 的意义同习题 1.9。

(1) $y(t) = f^2(t)$

(2) $y[n] = f^2[n]$

(3) $y(t) = \dfrac{\mathrm{d}f(t)}{\mathrm{d}t}$

(4) $y[n] = |f[n] - f[n-1]|$

(5) $y(t) = f(t) \cdot f(t-1)$

(6) $y[n] = f[n] \cdot f[n-1]$

(7) $y(t) = tf(t)$

(8) $y[n] = -nf[n]$

(9) $y(t) = \sin t \cdot f(t)$

(10) $y[n] = \sin\dfrac{n\pi}{2} f[n]$

(11) $y(t) = \displaystyle\int_{-\infty}^{t} f(\tau)\mathrm{d}\tau$

(12) $y[n] = \displaystyle\sum_{n=-M}^{M} f[n-k]$

1.11 一线性连续系统在相同的初始条件下,当输入为 $f(t)$ 时,全响应为 $y(t) = 2\mathrm{e}^{-t} + \cos 2t$,当输入为 $2f(t)$ 时,全响应为 $y(t) = \mathrm{e}^{-t} + 2\cos 2t$。求在相同的初始条件下,输入为 $4f(t)$ 时的全响应。

1.12 (1) 考虑具有下列输入输出关系的三个系统。

系统 1: $y[n] = f[n]$

系统 2: $y[n] = f[n] + \dfrac{1}{2}f[n-1] + \dfrac{1}{4}f[n-2]$

系统 3: $y[n] = f[2n]$

① 若它们按习题图 1.5 那样连接,求整个系统的输入输出关系。

习题图 1.5

② 整个系统是线性的吗?是时不变的吗?

(2) 如果习题图 1.5 中三个系统分别为

系统 1 和系统 3: $y[n] = f[-n]$

系统 2: $y[n] = af[n-1] + bf[n] + cf[n+1]$

其中,a、b、c 均为实数。求级联系统的输入输出关系。当 a、b、c 满足什么条件时,

① 整个系统线性时不变?

② 整个系统的输入输出关系与系统 2 相同?

③ 整个系统是因果的?

1.13 已知系统的输入和输出关系为
$$y(t) = |f(t) - f(t-1)|$$

① 该系统是否是线性的?

② 该系统是否是时不变的?

③ 当输入 $f(t)$ 如习题图 1.6 所示时,画出响应 $y(t)$ 的波形。

1.14 一个 LTI 系统,当输入 $f(t) = \varepsilon(t)$ 时,输出为 $y(t) = \mathrm{e}^{-t}\varepsilon(t) + \varepsilon(-1-t)$,求该系统对习题图 1.7 所示输入 $f(t)$ 时的响应,并概略地画出其波形。

1.15 一个 LTI 系统的输入 $f(t)$ 和输出 $y(t)$ 如习题图 1.8 所示,试求该系统对阶跃信号 $\varepsilon(t)$ 的响应。

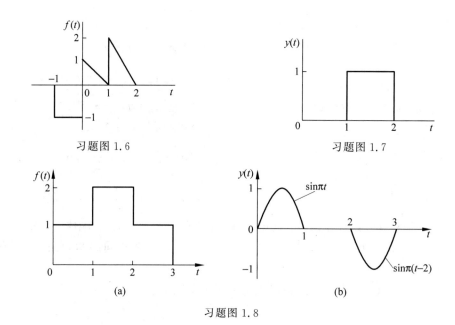

习题图 1.6   习题图 1.7

习题图 1.8

1.16 某 LTI 离散系统,已知当激励为习题图 1.9(a)的信号 $f_1[n]$(即单位序列 $\delta[n]$)时,其零状态响应如图(b)所示。求:

(1) 当激励为图(c)的信号 $f_2[n]$ 时,系统的零状态响应;
(2) 当激励为图(d)的信号 $f_3[n]$ 时,系统的零状态响应。

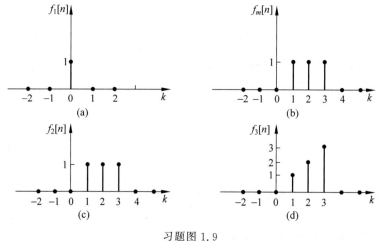

习题图 1.9

1.17 线性非时变因果系统,当激励 $f(t)=\varepsilon(t)$ 时,零状态响应 $y_{zs}(t)=\mathrm{e}^{-t}\cos t\varepsilon(t)+\cos t[\varepsilon(t-\pi)-\varepsilon(t-2\pi)]$,求当激励 $f(t)=\delta(t)$ 时的响应 $h(t)$。

1.18 某线性时不变系统的初始状态不变。已知当激励为 $f(t)$ 时,全响应

$$y_1(t)=\mathrm{e}^{-t}+\cos\pi t, \quad t>0$$

当激励为 $2f(t)$ 时,其全响应

$$y_2(t)=2\cos\pi t, \quad t>0$$

求当激励为 $3f(t)$ 时,系统的全响应。

MATLAB 实验

M1.1 利用 MATLAB 实现下列信号。
(1) $f(t)=\varepsilon(t)$,取 $t=0\sim10$ (2) $f[n]=\delta[n]$
(3) $f(t)=t\varepsilon(t)$,取 $t=0\sim10$ (4) $f[n]=2\delta[n-1]$
(5) $f(t)=5e^{-t}-5e^{-2t}$,取 $t=0\sim10$ (6) $f[n]=\varepsilon[n]$
(7) $f(t)=\cos100t+\cos2000t$,取 $t=0\sim0.2$ (8) $f[n]=\varepsilon[n+2]-\varepsilon[k-2]$
(9) $f(t)=4e^{-0.5t}\cos\pi t$,取 $t=0\sim10$ (10) $f[n]=5(0.8)^n\cos0.9\pi n$

M1.2 已知信号 $f_1(t)$ 和 $f_2(t)$ 如 M 题图 1.1 所示,分别用 MATLAB 表示信号 $f_1(t)$、$f_2(t)$、$f_2(t)\cos50t$ 和 $f(t)=f_1(t)+f_2(t)\cos(50t)$,并画出其波形,取 $t=0:0.005:2.5$。

 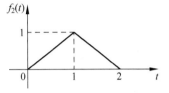

M 题图 1.1

M1.3 (1) 编写表示 M 题图 1.2 所示信号波形 $f(t)$ 的 MATLAB 函数;
(2) 试画出 $f(t),f(0.5t),f(2t),f(-t)$ 和 $f(2-0.5t)$ 的波形。

M1.4 已知 $f[n]=\varepsilon[n]-\varepsilon[n-10]$,求该序列的奇分量和偶分量。

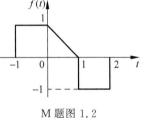

M 题图 1.2

M1.5 画出 M 题图 1.3 所示信号的奇分量和偶分量。

M1.6 画出离散正弦序列 $\sin\omega_0 n$ 的波形,取 $\Omega_0=0.1\pi,0.5\pi,0.9\pi,1.1\pi,1.5\pi,1.9\pi$。观察信号波形随 Ω_0 的变化规律。

M1.7 (1) 用 stem 函数,画出 M 题图 1.4 所示的离散序列 $f[n]$;
(2) 试画出序列 $f[3n],f\left[\dfrac{n}{3}\right],f[n+2],f[n-2]$ 和 $f[-n]$ 的波形。

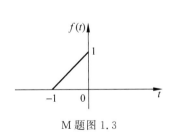 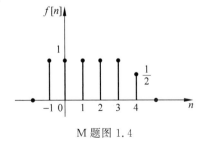

M 题图 1.3   M 题图 1.4

第 2 章

连续时间系统的时域分析

内容提要

本章讲述连续时间系统的时域分析方法。首先介绍系统的数学模型——微分方程的建立；在此基础上，介绍系统微分方程的解——系统的全响应，主要包括系统的齐次解与特解的求解、零输入响应与零状态响应及其求解、系统的单位冲激响应与单位阶跃响应；重点介绍卷积积分及系统零状态响应的卷积积分法；最后介绍应用 MATLAB 的线性系统的时域分析。

2.1 线性连续系统的描述及其响应

系统分析有两项任务：一是用数学语言描述待分析系统，建立系统数学模型；二是分析信号通过系统产生的响应。本节主要讲述如何建立连续时间系统的数学模型及求系统的全响应。

2.1.1 LTI 系统的微分方程描述

线性时不变（LTI）系统是最常见最有用的一类系统，描述这类系统输入输出特性的是常系数线性微分方程。为了在时域中分析系统，必须首先建立 LTI 系统的微分方程。对于电路系统，建立微分方程的基本依据是基尔霍夫定律（KCL、KVL）以及元件端口的电压-电流关系（VCR），或用算子符号建立微分方程。

1. 元件端口电压-电流关系

图 2.1 为基本元件的电压-电流示意图。

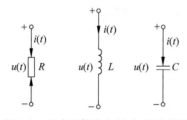

图 2.1 基本元件的电压-电流示意图

对于电阻，有

$$u(t) = Ri(t), \quad i(t) = Gu(t) \tag{2.1}$$

对于电感，有

$$u(t) = \frac{L\,\mathrm{d}i(t)}{\mathrm{d}t}, i(t) = \frac{1}{L}\int_{-\infty}^{t} u(\tau)\,\mathrm{d}\tau = i(0) + \frac{1}{L}\int_{0}^{t} u(\tau)\,\mathrm{d}\tau \tag{2.2}$$

对于电容，有

$$u(t)=\frac{1}{C}\int_{-\infty}^{t}i(\tau)\mathrm{d}\tau=u(0)+\frac{1}{C}\int_{0}^{t}i(\tau)\mathrm{d}\tau,\quad i(t)=C\frac{\mathrm{d}u(t)}{\mathrm{d}t} \tag{2.3}$$

2. 基尔霍夫定律(KCL、KVL)

对任一点,有

$$\text{KCL：}\sum i(t)=0 \tag{2.4}$$

对任一回路,有

$$\text{KVL：}\sum u(t)=0 \tag{2.5}$$

【**例 2-1**】 电路图如图 2.2(a)所示,激励是电流源 $i_g(t)$,试列出电流 $i_L(t)$ 和电阻 R_1 上电压 $u_1(t)$ 的微分方程表示式。

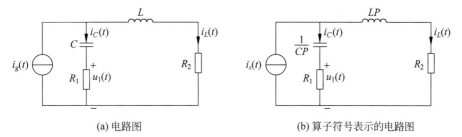

(a) 电路图 (b) 算子符号表示的电路图

图 2.2 举例电路图

解 根据 KVL

$$u_c(t)+u_1(t)-i_L(t)R_2-u_L(t)=0$$

即

$$u_C(t)+u_1(t)=i_L(t)R_2+u_L(t) \tag{2.6}$$

KCL

$$i_C(t)+i_L(t)-i_g(t)=0$$

即

$$i_C(t)=i_g(t)-i_L(t) \tag{2.7}$$

VCR

$$\begin{aligned} u_L(t)&=\frac{L\,\mathrm{d}i_L(t)}{\mathrm{d}t} & u_2(t)&=R_2 i_L(t) \\ i_C(t)&=C\frac{\mathrm{d}u_C(t)}{\mathrm{d}t} & u_1(t)&=R_1 i_C(t) \end{aligned} \tag{2.8}$$

将式(2.8)代入式(2.6)可得

$$\frac{1}{C}(i_g(t)-i_L(t))+R_1\left(\frac{\mathrm{d}i_g(t)}{\mathrm{d}t}-\frac{\mathrm{d}i_L(t)}{\mathrm{d}t}\right)=L\frac{\mathrm{d}^2 i_L(t)}{\mathrm{d}t^2}+R_2\frac{\mathrm{d}i_L(t)}{\mathrm{d}t}$$

于是

$$\frac{\mathrm{d}^2 i_L(t)}{\mathrm{d}t^2}+\frac{R_1+R_2}{L}\frac{\mathrm{d}i_L(t)}{\mathrm{d}t}+\frac{1}{LC}i_L(t)=\frac{R_1}{L}\frac{\mathrm{d}i_g(t)}{\mathrm{d}t}+\frac{1}{LC}i_g(t)$$

将式(2.7)一阶和二阶导数代入式(2.6),消去 $i_L(t)$,并加以整理,可得

$$\frac{\mathrm{d}^2 u_1(t)}{\mathrm{d}t^2}+\frac{R_1+R_2}{L}\frac{\mathrm{d}u_1(t)}{\mathrm{d}t}+\frac{1}{LC}u_1(t)=R_1\frac{\mathrm{d}^2 i_g(t)}{\mathrm{d}t^2}+\frac{R_1 R_2}{L}\frac{\mathrm{d}i_g(t)}{\mathrm{d}t}$$

由此可知,系统的微分方程中不但含有输入信号 $i_g(t)$,还含有 $i_g(t)$ 的导数。因此,对于一般的 n 阶 LTI 连续系统,其微分方程的形式可写为

$$y^{(n)}(t) + a_{n-1} y^{(n-1)}(t) + \cdots + a_1 y^{(1)}(t) + a_0 y(t)$$
$$= b_m f^{(m)}(t) + b_{m-1} f^{(m-1)}(t) + \cdots + b_1 f^{(1)}(t) + b_0 f(t)$$

式中,$a_{n-1},\cdots,a_1,a_0$ 和 $b_m,b_{m-1},\cdots,b_1,b_0$ 均为常数;$y(t)$ 为系统的响应变量(电流或电压等);$f(t)$ 为系统的激励信号(电压源或电流源等)。

3. 用算子符号建立微分方程

1) 算子符号的基本规则

定义: $\quad p = \dfrac{\mathrm{d}}{\mathrm{d}t}, \quad \dfrac{1}{p} = \displaystyle\int_{-\infty}^{t} \mathrm{d}\tau$

则有 $\quad px = \dfrac{\mathrm{d}x}{\mathrm{d}t}, \quad p^n x = \dfrac{\mathrm{d}^n x}{\mathrm{d}t^n}, \quad \dfrac{1}{p} x = \displaystyle\int_{-\infty}^{t} x \, \mathrm{d}\tau$

对于微分方程:$y^{(2)}(t) + 5 y^{(1)}(t) + 6 y(t) = f^{(1)}(t) + 3 f(t)$

其算子方程:$(p^2 + 5p + 6) y(t) = (p + 3) f(t)$

必须注意,微分算子不是代数方程,而是算子记法的微积分方程。式中算子与变量不是相乘,而是一种变换。p 多项式的算子可以类似代数量那样进行乘法运算,也可以像代数式那样进行因式分解的运算;算子方程两边的公共因子一般不允许消去,但是"先除后乘"(先积分后微分)则可以相消,即算子乘、除的顺序(微分、积分的先后)不可随意颠倒。如:

$D(p)\left[\dfrac{1}{D(p)} x\right] = x$,但 $\dfrac{1}{D(p)} [D(p) x] = x + \Phi(t)$。

2) 用算子符号建立微分方程

电感、电容的等效算子符号分别为

$$u(t) = \dfrac{L \, \mathrm{d} i(t)}{\mathrm{d}t} = L p i(t)$$

$$u(t) = \dfrac{1}{C} \int_{-\infty}^{t} i(\tau) \, \mathrm{d}\tau = \dfrac{1}{Cp} i(t)$$

Lp 和 $\dfrac{1}{Cp}$ 分别是用算子符号表示的等效电感或等效电容的阻抗值。

现用算子符号来建立例 2-1 所示系统的微分方程。首先画出包含用算子符号表示的电感和电容电路图,如图 2.2(b)所示。列写电路的回路方程

$$\begin{cases} (Lp + R_2) i_L(t) - \left(\dfrac{1}{Cp} + R_1\right) i_c(t) = 0 \\ i_L(t) + i_c(t) = i_g(t) \end{cases}$$

应用克拉默(Cramer)法则解此方程得

$$i_L(t) = \dfrac{\begin{vmatrix} 0 & -\left(\dfrac{1}{Cp} + R_1\right) \\ i_g(t) & 1 \end{vmatrix}}{\begin{vmatrix} (Lp + R_2) & -\left(\dfrac{1}{Cp} + R_1\right) \\ 1 & 1 \end{vmatrix}} = \dfrac{\left(\dfrac{1}{Cp} + R_1\right) i_g(t)}{(Lp + R_2) + \left(\dfrac{1}{Cp} + R_1\right)}$$

$$= \dfrac{\left(\dfrac{1}{LC} + \dfrac{R_1}{L} p\right) i_g(t)}{p^2 + \dfrac{(R_1 + R_2)}{L} p + \dfrac{1}{LC}}$$

系统的微分方程表示为

$$\frac{\mathrm{d}^2 i_L(t)}{\mathrm{d}t^2} + \frac{R_1 + R_2}{L}\frac{\mathrm{d}i_L(t)}{\mathrm{d}t} + \frac{1}{LC}i_L(t) = \frac{R_1}{L}\frac{\mathrm{d}i_g(t)}{\mathrm{d}t} + \frac{1}{LC}i_g(t)$$

由此可知,用算子符号法建立电路微分方程可以带来方便,但在列写过程中一定要注意运算的基本规则。

3) 转移算子 $H(p)$

对于一般的 n 阶 LTI 连续系统,其微分方程的形式可写为

$$y^{(n)}(t) + a_{n-1}y^{(n-1)}(t) + \cdots + a_1 y^{(1)}(t) + a_0 y(t)$$
$$= b_m f^{(m)}(t) + b_{m-1} f^{(m-1)}(t) + \cdots + b_1 f^{(1)}(t) + b_0 f(t)$$

其算子符号表示为

$$p^n y(t) + a_{n-1} p^{n-1} y(t) + \cdots + a_1 p y(t) + a_0 y(t)$$
$$= b_m p^m f(t) + b_{m-1} p^{m-1} f(t) + \cdots + b_1 p f(t) + b_0 f(t)$$

或化简为

$$(p^n + a_{n-1}p^{n-1} + \cdots + a_1 p + a_0)y(t) = (b_m p^m + b_{m-1}p^{m-1} + \cdots + b_1 p + b_0)f(t)$$

令 $D(p) = p^n + a_{n-1}p^{n-1} + \cdots + a_1 p + a_0$,$N(p) = b_m p^m + b_{m-1}p^{m-1} + \cdots + b_1 p + b_0$,则方程式可化简为

$$D(p)y(t) = N(p)f(t)$$

即把响应 $y(t)$ 与激励 $f(t)$ 之间关系表示为

$$y(t) = \frac{N(p)}{D(p)}f(t)$$

则定义 $H(p) = \dfrac{N(p)}{D(p)}$ 为系统转移算子。该转移算子完整地建立了描述系统的数学模型。在第 4 章将要看到的拉普拉斯变换法与算子符号法表达十分相似。

2.1.2 经典时域分析方法

由高等数学可知,对于一般的 n 阶 LTI 连续系统,其微分方程的全解由齐次解和特解组成。

1. 齐次解

齐次解满足齐次方程

$$y^{(n)}(t) + a_{n-1}y^{(n-1)}(t) + \cdots + a_1 y^{(1)}(t) + a_0 y(t) = 0 \tag{2.9}$$

齐次解的形式是形为 $C\mathrm{e}^{\lambda t}$(C 为不等于零的常数)函数的线性组合。将其代入齐次方程,并整理化简得到

$$\lambda^n + a_{n-1}\lambda^{n-1} + \cdots + a_1 \lambda + a_0 = 0 \tag{2.10}$$

式(2.10)称为该系统(微分方程)的特征方程,其根称为系统的特征根或自然频率(也称固有频率)。根据特征根的特点,微分方程的齐次解有以下两种形式。

1) 特征根均为单根

如果 n 个特征根都互不相同(即无重根),则微分方程的齐次解

$$y_h(t) = \sum_{i=1}^{n} C_i \mathrm{e}^{\lambda_i t} \tag{2.11}$$

其中,$C_i(i=1,2,\cdots,n)$是由初始条件确定的常数。

2) 特征根有重根

若 λ_1 是特征方程的 r 重根,即有 $\lambda_1=\lambda_2=\cdots=\lambda_r$,而其余 $(n-r)$ 个根 $\lambda_{r+1},\lambda_{r+2},\cdots\lambda_n$ 都是单根,则微分方程的齐次解

$$y_h(t)=\sum_{i=1}^{r}C_i t^{r-i}e^{\lambda_1 t}+\sum_{j=r+1}^{n}C_j e^{\lambda_j t} \tag{2.12}$$

式中,$C_i(i=1,2,\cdots,r)$,$C_j(j=r+1,r+2,\cdots,n)$均是由初始条件确定的常数。

表 2.1 给出了特征根和齐次解的对应关系。

表 2.1 特征根和齐次解的对应关系

特征根	齐次解 $y_h(t)$
单实根	给出一项:$C e^{\lambda t}$
r 重实根	给出 r 项:$C_1 e^{\lambda t}+C_2 t e^{\lambda t}+\cdots+C_r t^{r-1} e^{\lambda t}$
一对共轭复根 $\lambda_{1,2}=\alpha\pm j\beta$	给出两项:$e^{\alpha t}(C_1\cos\beta t+C_2\sin\beta t)$
r 重复根 $\lambda_{1,2}=\alpha\pm j\beta$	给出 $2r$ 项: $e^{\alpha t}(C_1+C_2 t+\cdots+C_r t^{r-1})\cos\beta t+e^{\alpha t}(D_1+D_2 t+\cdots+D_r t^{r-1})\sin\beta t$

2. 特解

特解的函数形式与激励函数的形式有关。表 2.2 列出了几种常见的激励函数 $f(t)$ 及其所对应的特解 $y_p(t)$。选定特解后,将其代入原微分方程,求出各待定系数 P_i,就得到方程的特解。

表 2.2 几种常见的激励函数及其对应的特解

激励 $f(t)$	特解 $y_p(t)$	
t^m	$P_m t^m+P_{m-1}t^{m-1}+\cdots+P_1 t+P_0$	所有的特征根均不等于 0
	$t^r(P_m t^m+P_{m-1}t^{m-1}+\cdots+P_1 t+P_0)$	有 r 重等于 0 的特征根
$e^{\alpha t}$	$P e^{\alpha t}$	当 α 不是特征根时
	$P_1 t e^{\alpha t}+P_0 e^{\alpha t}$	当 α 是特征单根时
	$P_r t^r e^{\alpha t}+P_{r-1}t^{r-1}e^{\alpha t}+\cdots+P_1 t e^{\alpha t}+P_0 e^{\alpha t}$	当 α 是 r 重特征根时
$\cos\beta t$ 或 $\sin\beta t$	$P_1\cos\beta t+P_2\sin\beta t$	所有的特征根均不等于 $\pm j\beta$
	$t(P_1\cos\beta t+P_2\sin\beta t)$	当 $\pm j\beta$ 是特征单根

3. 全解

常系数线性微分方程的完全解是其齐次解与特解之和。即

$$y(t)=y_h(t)+y_p(t)$$

若微分方程的特征根均为单根,则微分方程的全解为

$$y(t)=\sum_{i=1}^{n}C_i e^{\lambda_i t}+y_p(t) \tag{2.13}$$

若特征根中 λ_1 为 r 重根,而其余 $(n-r)$ 个根 $\lambda_{r+1},\lambda_{r+2},\cdots,\lambda_n$ 都是单根,则方程的全解为

$$y(t)=\sum_{i=1}^{r}C_i t^{r-i}e^{\lambda_1 t}+\sum_{j=r+1}^{n}C_j e^{\lambda_j t}+y_p(t) \tag{2.14}$$

式中,各系数 $C_i(i=1,2,\cdots,r)$,$C_j(j=r+1,r+2,\cdots,n)$均由初始条件确定。

【例 2-2】 若描述某线性时不变系统的微分方程为

$$\frac{d^2 y(t)}{dt^2} + 5\frac{dy(t)}{dt} + 6y(t) = 2\frac{df(t)}{dt} + 6f(t)$$

试求:

(1) 当 $f(t)=t^2$,$y(0)=1$,$y'(0)=1$ 时的全解。

(2) 当 $f(t)=e^{-t}$,$y(0)=0$,$y'(0)=1$ 时的全解。

解

(1) 由原微分方程可得其特征方程为

$$\lambda^2 + 5\lambda + 6 = 0$$

可解得特征根为

$$\lambda_1 = -2, \quad \lambda_2 = -3$$

微分方程齐次解为

$$y_h(t) = C_1 e^{-2t} + C_2 e^{-3t} \tag{2.15}$$

因为激励 $f(t)=t^2$,故由表 2.2 可知,该微分方程的特解为

$$y_p(t) = P_2 t^2 + P_1 t + P_0 \tag{2.16}$$

将 $y''_p(t)$,$y'_p(t)$,$y_p(t)$,$f'(t)$,$f(t)$ 代入原微分方程可得

$$2P_2 + 5(2P_2 t + P_1) + 6(P_2 t^2 + P_1 t + P_0) = 4t + 6t^2$$

即得

$$6P_2 t^2 + 2(3P_1 + 5P_2)t + (6P_0 + 5P_1 + 2P_2) = 6t^2 + 4t$$

由等式两端同次幂的系数相等,可得

$$\begin{cases} 6P_2 = 6 \\ 3P_1 + 5P_2 = 2 \\ 6P_0 + 5P_1 + 2P_2 = 0 \end{cases}$$

由联立方程可得 $\quad P_2 = 1, \quad P_1 = -1, \quad P_0 = \dfrac{1}{2}$

将它们代入式(2.16)得微分方程的特解为

$$y_p(t) = t^2 - t + \frac{1}{2} \tag{2.17}$$

所以,微分方程在激励 $f(t)=t^2$ 作用时的全解为

$$\begin{aligned} y(t) &= y_h(t) + y_p(t) \\ &= C_1 e^{-2t} + C_2 e^{-3t} + t^2 - t + \frac{1}{2} \end{aligned} \tag{2.18}$$

它的一阶导数为

$$y'(t) = -2C_1 e^{-2t} - 3C_2 e^{-3t} + 2t - 1$$

将 $t=0$ 时的初始值代入,得

$$y(0) = C_1 + C_2 + \frac{1}{2} = 1$$

$$y'(0) = -2C_1 - 3C_2 - 1 = 1$$

由此得 $C_1 = \dfrac{7}{2}, C_2 = -3$。将它们代入式(2.18)得方程的全解

$$y(t) = \dfrac{7}{2}e^{-2t} - 3e^{-3t} + t^2 - t + \dfrac{1}{2}, \quad t \geq 0$$

(2) 由于是同一微分方程,故其齐次解仍为式(2.15)。

当激励 $f(t) = e^{-t}$ 时,由表 2.1 可见,其特解为

$$y_p(t) = Pe^{-t} \tag{2.19}$$

将 $y''_p(t), y'_p(t), y_p(t), f'(t), f(t)$ 代入原微分方程,即

$$Pe^{-t} - 5Pe^{-t} + 6Pe^{-t} = -2e^{-t} + 6e^{-t}$$

得 $P = 2$,代入式(2.19)得微分方程的特解为

$$y_p(t) = 2e^{-t} \tag{2.20}$$

因此,微分方程在激励 $f(t) = e^{-t}$ 作用时的全解为

$$\begin{aligned} y(t) &= y_c(t) + y_p(t) \\ &= C_1 e^{-2t} + C_2 e^{-3t} + 2e^{-t} \end{aligned} \tag{2.21}$$

它的一阶导数为

$$y'(t) = -2C_1 e^{-2t} - 3C_2 e^{-3t} - 2e^{-t}$$

将 $t = 0$ 时初始值代入上式得

$$y(0) = C_1 + C_2 + 2 = 0$$
$$y'(0) = -2C_1 - 3C_2 - 2 = 1$$

由此得 $C_1 = -3, C_2 = 1$。将它们代入式(2.21)得方程的全解

$$y(t) = -3e^{-2t} + e^{-3t} + 2e^{-t}, \quad t \geq 0$$

由上例可知,线性时不变系统的数学模型——常系数线性微分方程的完全解由齐次解和特解组成。齐次解的函数形式仅依赖于系统本身的特性,而与激励信号的函数形式无关,但齐次解的系数与激励有关。因此,齐次解常被称为系统的自由响应或固有响应。特解的形式由激励信号所决定,常称为强迫响应。

2.1.3 零输入响应与零状态响应

由第 1 章可知,对于一个动态系统而言,其响应 $y(t)$ 不仅与激励 $f(t)$ 有关,还与系统的初始状态 $\{x(t_0)\}$ 有关。对于线性系统,通常可分为零输入响应(zero-input response, ZIR)和零状态响应(zero-state response, ZSR)两部分。设具有初始状态的系统加入激励时的总响应为 $y(t)$,则在初始状态为零条件下,系统仅由外加激励(输入信号)而引起的响应 $y_{zs}(t)$,称为零状态响应;从观察的初始时刻起不再施加激励(即激励为零或零输入),仅由该时刻系统本身具有的初始状态引起的响应 $y_{zi}(t)$,称为零输入响应。即

$$y(t) = y_{zi}(t) + y_{zs}(t) \tag{2.22}$$

求解系统零输入响应和零状态响应的方法之一是数学中的经典法。对一阶系统,当输入信号 $f(t) = 0$ 时,有方程

$$y'(t) + ay(t) = 0$$

其特征方程为

$$\lambda + a = 0$$

其特征根（又称固有频率）$\lambda = -a$，若零输入响应的初始值 $y_{zi}(0_+)$ 已知，则 ZIR 应为

$$y_{zi}(t) = y_{zi}(0_+)e^{-at}, \quad t \geq 0 \tag{2.23}$$

对于二阶系统，输入信号 $f(t)=0$ 时，其方程的一般形式为

$$y''(t) + a_1 y'(t) + a_0 y(t) = 0$$

其特征方程为

$$\lambda^2 + a_1\lambda + a_0 = 0$$

可解得特征根 λ_1, λ_2，则系统的零输入响应形式如下：

$$y_{zi}(t) = \begin{cases} A_1 e^{\lambda_1 t} + A_2 e^{\lambda_2 t}, & \lambda_1 \neq \lambda_2 \\ (A_1 + A_2 t)e^{\lambda t}, & \lambda_1 = \lambda_2 = \lambda \end{cases} \tag{2.24}$$

式中，系数 A_1, A_2 可由初始值 $y_{zi}(0_+)$ 和 $y'_{zi}(0_+)$ 确定。

若求系统的零状态响应，则该响应对应非齐次微分方程的解。例如对于二阶系统

$$y''(t) + a_1 y'(t) + a_0 y(t) = f(t)$$

其零状态响应可表示为

$$\begin{aligned} y_{zs}(t) &= B_1 e^{\lambda_1 t} + B_2 e^{\lambda_2 t} + y_p(t) \\ &= y_{zsh}(t)(齐次解) + y_{zsp}(t)(特解) \end{aligned} \tag{2.25}$$

式中，λ_1, λ_2 仍为系统特征方程的根，系数 B_1, B_2 由 0_+ 初始值 $y_{zs}(0_+)$ 和 $y'_{zs}(0_+)$ 确定，特解根据 $f(t)$ 的形式确定。

【**例 2-3**】 如图 2.3 所示的电路，已知 $L=1\text{H}, R=5\Omega, C=\dfrac{1}{6}\text{F}, i_s(t)=4\text{A}, u(0_-)=1\text{V}, i(0_-)=2\text{A}$，电感电流 $i(t)$ 为响应，求零输入响应、零状态响应和全响应。

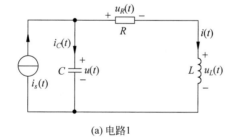

(a) 电路1

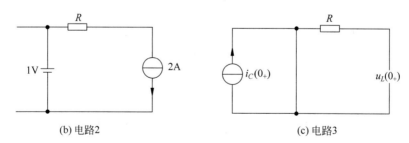

(b) 电路2　　　　　　　　　　(c) 电路3

图 2.3　例 2-3 电路图

解　由例 2.1 可导出关于电流 $i(t)$ 的微分方程

$$\frac{d^2 i(t)}{dt^2} + \frac{R}{L}\frac{di(t)}{dt} + \frac{1}{LC}i(t) = \frac{1}{LC}i_s(t)$$

代入数据得
$$i''(t) + 5i'(t) + 6i(t) = 6i_s(t)$$

(1) 求 ZIR。

令上式中 $i_s(t)=0$，有齐次方程
$$i''(t) + 5i'(t) + 6i(t) = 0$$

它的特征方程为
$$\lambda^2 + 5\lambda + 6 = 0$$

得特征根为
$$\lambda_1 = -2, \lambda_2 = -3$$

故 ZIR 的形式为
$$i_{zi}(t) = A_1 e^{-2t} + A_2 e^{-3t} \tag{2.26}$$

为求系数 A_1、A_2，必须由初始状态导出初始值。

因该系统中 $i(0_+) = i(0_-)$，$u(0_+) = u(0_-)$，故有 $i_{zi}(0_+) = i(0_-) = 2\text{A}$，由于
$$u_L(t) = L\frac{di(t)}{dt}$$

所以
$$\frac{di_{zi}(0_+)}{dt} = \frac{1}{L}u_L(0_+)$$

由图 2.3(b)，根据 KVL 可得
$$u_L(0_+) = u(0_+) - Ri_{zi}(0_+) = -9$$

所以
$$\frac{di_{zi}(0_+)}{dt} = \frac{1}{L}u_L(0_+) = -9$$

在式(2.26)及其导数的关系式中令 $t=0_+$，并代入其值得
$$\begin{cases} i_{zi}(0_+) = A_1 + A_2 = 2 \\ i'_{zi}(0_+) = -2A_1 - 3A_2 = -9 \end{cases}$$

由上面联立式求得 $A_1 = -3, A_2 = 5$，将其代入式(2.26)得
$$i_{zi}(t) = -3e^{-2t} + 5e^{-3t}, \quad t \geqslant 0$$

(2) 求 ZSR。

当 $i_s(t) = 4\text{A}$ 时，系统的零状态响应 $i_{zs}(t)$ 是下面微分方程的解：
$$i''(t) + 5i'(t) + 6i(t) = 24, \quad t \geqslant 0$$

该解由两部分组成，即
$$i_{zs}(t) = i_h(t)(\text{齐次解}) + i_p(t)(\text{特解})$$

齐次解形式为
$$i_h(t) = B_1 e^{-2t} + B_2 e^{-3t}$$

特解的形式应与激励相同，因激励为直流信号，可设 $i_p(t)$ 为常数，令 $i_p(t) = I$ 代入微分方程，得 $i_p(t) = 4$，故 ZSR 可写为
$$i_{zs}(t) = B_1 e^{-2t} + B_2 e^{-3t} + 4 \tag{2.27}$$

为求系数 A_1, A_2，必须求出 0_+ 初始值 $i_{zs}(0_+)$、$i'_{zs}(0_+)$。

值得注意的是，该值因由 $u(0_-)=0, i(0_-)=0$ 条件下导出，由题意可得 $u(0_+) = u(0_-) = 0$，且 $i_{zs}(0_+) = 0$。

根据图 2.3(c)等效电路可得
$$i_{zs}(0_+) = 0$$
$$i'_{zs}(0_+) = \frac{1}{L}[-Ri_{zs}(0_+) + u(0_+)] = 0$$

在式(2.27)及其导数的关系式中,令 $t=0_+$,并代入其值,得
$$\begin{cases} i_{zs}(0_+) = B_1 + B_2 + 4 = 0 \\ i'_{zs}(0_+) = -2B_1 - 3B_2 = 0 \end{cases}$$

解得 $B_1 = -12, B_2 = 8$,将其代入式(2.27)得 ZSR 为
$$i_{zi}(t) = -12e^{-2t} + 8e^{-3t} + 4, \quad t \geq 0$$

系统的全响应为
$$i_{zi}(t) = -3e^{-2t} + 5e^{-3t} - 12e^{-2t} + 8e^{-3t} + 4$$
$$= -15e^{-2t} + 13e^{-3t} + 4, \quad t \geq 0$$

2.1.4 关于初始状态的讨论

1. 0_- 状态和 0_+ 状态

0_- 状态称为零输入时的初始状态。即初始值是由系统的储能产生的,若系统起始无储能,即 0_- 状态为零。0_+ 状态称为加入输入后的初始状态。即初始值不仅有系统的储能,还受激励的影响,由激励信号与系统参数共同决定。

2. 各种响应用初始值确定积分常数的区别

在经典法求全响应的积分常数时,用的是 0_+ 状态初始值;在求系统零输入响应时,用的是 0_- 状态初始值;在求系统零状态响应时,用的是 0_+ 状态初始值,这时的零状态是指 0_- 状态为零。值得注意的是,当系统已经用微分方程表示时,系统的初始值从 0_- 状态到 0_+ 状态有没有跳变决定于微分方程右端自由项是否包含 $\delta(t)$ 及其各阶导数。如果包含有 $\delta(t)$ 及其各阶导数,说明相应的 0_- 状态到 0_+ 状态发生了跳变。

【例 2-4】 若描述某线性时不变系统的微分方程为
$$\frac{d^2 y(t)}{dt^2} + 5\frac{dy(t)}{dt} + 6y(t) = 2\frac{df(t)}{dt} + 6f(t)$$

试求:当 $f(t) = t^2, y(0) = 1, y'(0) = 1$ 时的零输入响应、零状态响应和全解。

解 (1)零输入响应 由原微分方程可得其特征方程为
$$\lambda^2 + 5\lambda + 6 = 0$$

可解得特征根为 $\lambda_1 = -2, \quad \lambda_2 = -3$

微分方程零输入响应为 $y_{zi}(t) = C_1 e^{-2t} + C_2 e^{-3t}$

代入初始值,得
$$\begin{cases} C_1 + C_2 = 1 \\ -2C_1 - 3C_2 = 1 \end{cases}$$

由此解得 $C_1 = 4, C_2 = -3$。即得
$$y_{zi}(t) = 4e^{-2t} - 3e^{-3t} \quad t \geq 0$$

(2) 零状态响应　特解求法同例 2-2,即特解为

$$y_{zsp}(t) = t^2 - t + \frac{1}{2}$$

所以,在激励 $f(t)=t^2$ 作用时的零状态响应为

$$y_{zs}(t) = y_{zsh}(t) + y_{zsp}(t) = C_3 e^{-2t} + C_4 e^{-3t} + t^2 - t + \frac{1}{2}$$

它的一阶导数

$$y'_{zs}(t) = -2C_3 e^{-2t} - 3C_4 e^{-3t} + 2t - 1$$

将初始值代入上式得

$$\begin{cases} y_{zs}(0) = C_3 + C_4 + \dfrac{1}{2} = 0 \\ y'_{zs}(0) = -2C_3 - 3C_4 - 1 = 0 \end{cases}$$

由此解得 $C_3 = -\dfrac{1}{2}, C_4 = 0$。即得

$$y_{zs}(t) = -\frac{1}{2} e^{-2t} + t^2 - t + \frac{1}{2} \quad t \geqslant 0$$

(3) 全解

$$y(t) = y_{zi}(t) + y_{zs}(t) = 4e^{-2t} - 3e^{-3t} - \frac{1}{2} e^{-2t} + t^2 - t + \frac{1}{2}$$

$$= \frac{7}{2} e^{-2t} - 3e^{-3t} + t^2 - t + \frac{1}{2}, \quad t \geqslant 0$$

由此可知,全解与例 2-2 完全一致。

由上例可知,用经典法求解微分方程时,所用的初始值(初始条件)都是指 $t=0_+$ 时刻的值。而且,求 0_+ 时刻的初始值也比较烦琐。在系统时域分析中,引入冲激函数后,用卷积积分求系统的零状态响应将比较方便,它绕过了求 0_+ 时刻初始值的步骤。

2.2　冲激响应和阶跃响应

2.2.1　冲激响应

线性时不变系统(LTI)在零状态条件下,由单位冲激信号作用所产生的零状态响应称为单位冲激响应(impulse response),记为 $h(t)$。它反映了系统的特性,同时也是利用卷积积分进行系统时域分析的重要基础,如图 2.4 所示。

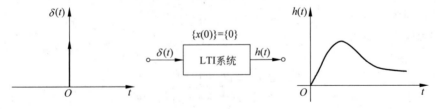

图 2.4　冲激响应示意图

下面研究系统冲激响应的求解方法。首先从一阶系统开始,然后推广到一般情况。

1. 直接求解法

设描述某一阶 LTI 系统的微分方程为

$$y'(t) + a_0 y(t) = b_0 f(t) \tag{2.28}$$

由 2.1.3 节可知,求该方程的零状态响应。将式中的 $y(t)$ 换为 $y_{zs}(t)$,再两边同乘以 $e^{a_0 t}$,得

$$e^{a_0 t} y'_{zs}(t) + a_0 e^{a_0 t} y_{zs}(t) = e^{a_0 t} b_0 f(t)$$

即有

$$\frac{d}{dt}[e^{a_0 t} y_{zs}(t)] = e^{a_0 t} b_0 f(t)$$

对上式从 0_- 到 t 积分,得

$$e^{a_0 t} y_{zs}(t) \Big|_{0_-}^{t} = \int_{0_-}^{t} e^{a_0 \tau} b_0 f(\tau) d\tau$$

即

$$e^{a_0 t} y_{zs}(t) - y_{zs}(0_-) = \int_{0_-}^{t} b_0 f(\tau) e^{a_0 \tau} d\tau$$

对因果系统,设 $f(t)$ 在 $t=0$ 时加入,它不可能在 $t=0$ 以前引起响应,故 $y_{zs}(0_-)=0$,从而有

$$y_{zs}(t) = b_0 e^{-a_0 t} \int_{0_-}^{t} f(\tau) e^{a_0 \tau} d\tau, \quad t \geqslant 0_+ \tag{2.29}$$

当 $f(t)$ 为单位冲激函数时,在零状态条件下,其响应(单位冲激响应)$h(t)$ 为

$$h(t) = b_0 e^{-a_0 t} \int_{0_-}^{t} \delta(\tau) e^{a_0 \tau} d\tau, \quad t \geqslant 0_+$$

由单位冲激函数的抽样性可得

$$h(t) = b_0 e^{-a_0 t} \varepsilon(t) \tag{2.30}$$

若系统还存在有激励 $f(t)$ 的一阶导数,如描述某 LTI 系统的微分方程为

$$y'(t) + a_0 y(t) = b_1 f'(t) + b_0 f(t) \tag{2.31}$$

那么情况稍有不同。根据冲激响应的定义,对于式(2.31)所描述的系统,$h(t)$ 是方程

$$h'(t) + a_0 h(t) = b_1 \delta'(t) + b_0 \delta(t) \tag{2.32}$$

的零状态响应。由于 $\delta(t), \delta'(t)$ 在 $t>0$ 区间均为 0,因此,在 $t>0$ 区间,式(2.31)所描述的系统的冲激响应 $h(t)$ 也应为 $e^{-a_0 t}$ 的形式。考虑到式(2.32)等号右端有 $\delta'(t)$,故 $h(t)$ 中应含有 $\delta(t)$ 的项才能使等号两端平衡。因此,设系统的冲激响应为

$$h(t) = B\delta(t) + C e^{-a_0 t} \varepsilon(t) \tag{2.33}$$

式中,B, C 是待定常数。系统冲激响应的导数为

$$h'(t) = B\delta'(t) - a_0 C e^{-a_0 t} \varepsilon(t) + C e^{-a_0 t} \delta(t)$$

将冲激响应及其导数代入式(2.32),得

$$B\delta'(t) - a_0 C e^{-a_0 t} \varepsilon(t) + C e^{-a_0 t} \delta(t) + a_0 [B\delta(t) + C e^{-a_0 t} \varepsilon(t)] = b_1 \delta'(t) + b_0 \delta(t)$$

根据冲激函数的抽样性质,得

$$B\delta'(t) + (C + a_0 B)\delta(t) = b_1 \delta'(t) + b_0 \delta(t)$$

由此可得

$$\begin{cases} B = b_1 \\ C + a_0 B = b_0 \end{cases}$$

即 $B = b_1, C = b_0 - a_0 b_1$。将其代入式(2.33)得系统的冲激响应为

$$h(t) = b_1 \delta(t) + (b_0 - a_0 b_1) e^{-a_0 t} \varepsilon(t) \tag{2.34}$$

若对于一般的 n 阶 LTI 连续系统，其微分方程的形式可写为

$$y^{(n)}(t) + a_{n-1} y^{(n-1)}(t) + \cdots + a_1 y^{(1)}(t) + a_0 y(t) = b_m f^{(m)}(t) + b_{m-1} f^{(m-1)}(t) \\ + \cdots + b_1 f^{(1)}(t) + b_0 f(t) \tag{2.35}$$

式中，$a_{n-1}, \cdots, a_1, a_0$ 和 $b_m, b_{m-1}, \cdots, b_1, b_0$ 均为常数；$y(t)$ 为系统的响应变量；$f(t)$ 为系统的激励信号。为了求得冲激响应，令 $f(t) = \delta(t), y(t) = h(t)$，将其代入式(2.35)后，可以看出，它具有以下两个特点：

(1) 因为 $\delta(t)$ 及其各项导数在 $t > 0$ 区间均为 0，所以式(2.35)右端恒等于 0，故 $h(t)$ 与微分方程的齐次解有相同的形式。

(2) $h(t)$ 的形式与 n, m 值的相对大小密切相关。为使式(2.35)成立，待定 $h(t)$ 所含的各奇异函数项必须与等式右边的各奇异函数项相平衡。

综上所述，如果方程的特征根 $\lambda_i (i = 1, 2, \cdots, n)$ 均为单根，则

当 $n > m$ 时，有

$$h(t) = \left(\sum_{i=1}^{n} C_i e^{\lambda_i t} \right) \varepsilon(t) \tag{2.36}$$

当 $n = m$ 时，有

$$h(t) = B \delta(t) + \left(\sum_{i=1}^{n} C_i e^{\lambda_i t} \right) \varepsilon(t) \tag{2.37}$$

式中，各待定常数 $C_i (i = 1, 2, \cdots, n)$ 和 B 可利用方程式等号两端各奇异函数项的系数对应相等方法求得。

当 $n < m$ 时，$h(t)$ 中除了含有上式中的指数项 $\sum_{i=1}^{n} C_i e^{\lambda_i t} \varepsilon(t)$ 和冲激函数外，还要含有直到 $\delta^{(n-m)}(t)$ 的冲激函数 $\delta(t)$ 的各阶导数。

2. 间接求解法

若对于一般的 n 阶 LTI 连续系统，其微分方程的形式为

$$a_n y^{(n)}(t) + a_{n-1} y^{(n-1)}(t) + \cdots + a_1 y^{(1)}(t) + a_0 y(t) \\ = b_m f^{(m)}(t) + b_{m-1} f^{(m-1)}(t) + \cdots + b_1 f^{(1)}(t) + b_0 f(t)$$

假设微分方程右边激励仅有一个单位冲激函数 $\delta(t)$ 作用，其响应记为 $h_0(t)$，则有

$$a_n h_0^{(n)}(t) + a_{n-1} h_0^{(n-1)}(t) + \cdots + a_1 h_0^{(1)}(t) + a_0 h_0(t) = \delta(t) \tag{2.38}$$

其中，$a_n h_0^{(n)}(t)$ 含有 $\delta(t)$ 项，其余均为有限值。对式(2.38)两边进行求积分，即有

$$a_n \int_{0_-}^{0_+} h_0^{(n)}(t) \mathrm{d}t + a_{n-1} \int_{0_-}^{0_+} h_0^{(n-1)}(t) \mathrm{d}t + \cdots + a_1 \int_{0_-}^{0_+} h_0^{(1)}(t) \mathrm{d}t + a_0 \int_{0_-}^{0_+} h_0(t) \mathrm{d}t \\ = \int_{0_-}^{0_+} \delta(t) \mathrm{d}t$$

则有

$$a_n[h_0^{(n-1)}(0_+) - h_0^{(n-1)}(0_-)] + a_{n-1}[h_0^{(n-2)}(0_+) - h_0^{(n-2)}(0_-)] + \cdots = 1$$

由于 $h_0^{(n-2)}(0_+) - h_0^{(n-2)}(0_-) = 0, \cdots, h_0(0_+) - h_0(0_-) = 0$

由于是因果系统,即在冲激信号未作用之前不会有响应,即有

$$h_0(0_-) = h_0^{(1)}(0_-) = \cdots = h_0^{(n-1)}(0_-) = 0$$

由此可知

$$h_0(0_+) = h_0^{(1)}(0_+) = \cdots = h_0^{(n-2)}(0_+) = 0, \quad h_0^{(n-1)}(0_+) = \frac{1}{a_n}$$

根据线性系统非时变特性,则有

$$\delta(t) \to h_0(t) \quad \delta^{(n)}(t) \to h_0^{(n)}(t) \quad \sum_{i=0}^m b_i \delta^{(i)}(t) \to \sum_{i=0}^m b_i h_0^{(i)}(t)$$

从而求出冲激响应。

3. 转移算子求解法

对于一般的 n 阶 LTI 连续系统,其微分方程的形式可写为

$$y^{(n)}(t) + a_{n-1} y^{(n-1)}(t) + \cdots + a_1 y^{(1)}(t) + a_0 y(t)$$
$$= b_m f^{(m)}(t) + b_{m-1} f^{(m-1)}(t) + \cdots + b_1 f^{(1)}(t) + b_0 f(t)$$

其算子符号方程式

$$(p^n + a_{n-1} p^{n-1} + \cdots + a_1 p + a_0) y(t) = (b_m p^m + b_{m-1} p^{m-1} + \cdots + b_1 p + b_0) f(t)$$

可化简为

$$D(p) y(t) = N(p) f(t)$$

系统转移算子为 $H(p) = \dfrac{N(p)}{D(p)}$。

对于 n 阶系统(无重根情况):

当 $n > m$ 时,有

$$H(p) = \frac{N(p)}{D(p)} = \frac{N(p)}{(p^n + a_{n-1} p^{n-1} + \cdots + a_1 p + a_0)}$$
$$= \frac{N(p)}{(p - \lambda_1)(p - \lambda_2) \cdots (p - \lambda_n)}$$
$$= \frac{k_1}{p - \lambda_1} + \frac{k_2}{p - \lambda_2} + \cdots + \frac{k_n}{p - \lambda_n}$$

即得

$$h(t) = k_1 e^{\lambda_1 t} + k_2 e^{\lambda_2 t} + \cdots + k_n e^{\lambda_n t}$$

当 $n \leqslant m$ 时,进行真分式除法运算,得到下面真分式,再按部分分式展开。

$$H(p) = \frac{N(p)}{D(p)} = H_1(p) + \frac{N_1(p)}{D(p)}$$

【例 2-5】 已知某系统的微分方程为 $y''(t) + 3y'(t) + 2y(t) = 3f'(t) + 2f(t)$,试求其冲激响应 $h(t)$。

解 (1) 直接求解法。

由微分方程得特征根为

$$\lambda_1 = -1, \quad \lambda_2 = -2$$

又因为 $n > m$,由此可得冲激响应形式为

$$h(t) = (C_1 e^{-t} + C_2 e^{-2t})\varepsilon(t)$$

对上式求一阶、二阶导数,并利用单位冲激函数的性质,得

$$h'(t) = (C_1 e^{-t} + C_2 e^{-2t})\delta(t) + (-C_1 e^{-t} - 2C_2 e^{-2t})\varepsilon(t)$$
$$= (C_1 + C_2)\delta(t) + (-C_1 e^{-t} - 2C_2 e^{-2t})\varepsilon(t)$$
$$h''(t) = (C_1 + C_2)\delta'(t) + (-C_1 e^{-t} - 2C_2 e^{-2t})\delta(t) + (C_1 e^{-t} + 4C_2 e^{-2t})\varepsilon(t)$$
$$= (C_1 + C_2)\delta'(t) + (-C_1 - 2C_2)\delta(t) + (C_1 e^{-t} + 4C_2 e^{-2t})\varepsilon(t)$$

将冲激响应 $h(t)$ 及其一阶、二阶导数代入原方程,即

$$(C_1 + C_2)\delta'(t) + (2C_1 + C_2)\delta(t) = 3\delta'(t) + 2\delta(t)$$

得

$$\begin{cases} C_1 + C_2 = 3 \\ 2C_1 + C_2 = 2 \end{cases}$$

则得系数 $C_1 = -1, C_2 = 4$。将其代入得冲激响应 $h(t)$:

$$h(t) = (-e^{-t} + 4e^{-2t})\varepsilon(t)$$

(2) 间接求解法。

由微分方程得特征根为

$$\lambda_1 = -1, \quad \lambda_2 = -2$$

单位冲激函数 $\delta(t)$ 作用,其响应记为

$$h_0(t) = (C_1 e^{-t} + C_2 e^{-2t})\varepsilon(t)$$

其初始条件为 $h_0(0_+) = 0, h_0^{(1)}(0_+) = 1$,代入上式得

$$\begin{cases} C_1 + C_2 = 0 \\ -C_1 - 2C_2 = 1 \end{cases}$$

由此解得 $C_1 = 1, C_2 = -1$,即得

$$h_0(t) = (e^{-t} - e^{-2t})\varepsilon(t)$$

故系统冲激响应为

$$h(t) = 3h'_0(t) + 2h_0(t)$$
$$= 3(-e^{-t} + 2e^{-2t})\varepsilon(t) + 2(e^{-t} - e^{-2t})\varepsilon(t)$$
$$= (-e^{-t} + 4e^{-2t})\varepsilon(t)$$

(3) 转移算子求解法。

由微分方程得特征根为

$$\lambda_1 = -1, \quad \lambda_2 = -2$$

转移算子为

$$H(p) = \frac{N(p)}{D(p)} = \frac{3p + 2}{p^2 + 3p + 2} = \frac{-1}{p + 1} + \frac{4}{p + 2}$$

故系统冲激响应为

$$h(t) = (-e^{-t} + 4e^{-2t})\varepsilon(t)$$

2.2.2 阶跃响应

系统的阶跃响应(step response)属于零状态响应,它的定义是:线性时不变系统(LTI)在零状态条件下,由单位阶跃信号引起的响应称为单位阶跃响应(简称阶跃响应),记为

$g(t)$。示意图如图 2.5 所示。

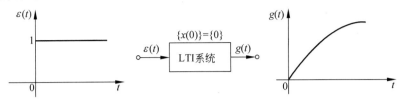

图 2.5 阶跃响应示意图

由第 1 章可知,$\varepsilon(t)$ 和 $\delta(t)$ 存在如下的关系：

$$\begin{cases} \delta(t) = \dfrac{\mathrm{d}\varepsilon(t)}{\mathrm{d}t} \\ \varepsilon(t) = \displaystyle\int_{-\infty}^{t} \delta(\tau)\mathrm{d}\tau \end{cases}$$

故对于 LTI 系统而言,由微、积分特性必然有

$$\begin{cases} h(t) = \dfrac{\mathrm{d}g(t)}{\mathrm{d}t} \\ g(t) = \displaystyle\int_{-\infty}^{t} h(\tau)\mathrm{d}\tau \end{cases} \tag{2.39}$$

也就是说：对于 LTI 系统,冲激响应等于阶跃响应的导数;阶跃响应等于冲激响应的积分。这种关系不但适用于一阶系统,也适应于高阶系统。因此,$g(t)$ 的形式与 n,m 值的相对大小密切相关。如果方程的特征根 $\lambda_i (i=1,2,\cdots,n)$ 均为单根,则其响应形式一般为

当 $n \geqslant m$ 时,有

$$g(t) = \left(\sum_{i=1}^{n} C_i \mathrm{e}^{\lambda_i t} + \dfrac{b_0}{a_0} \right) \varepsilon(t) \tag{2.40}$$

式中,各待定常数 $C_i (i=1,2,\cdots,n)$ 可利用方程式等号两端各奇异函数项的系数对应相等方法求得。

当 $n < m$ 时,$g(t)$ 阶跃响应中也含冲激函数 $\delta(t)$ 项。

【**例 2-6**】 图 2.6 为电子设备中常用的补偿分压系统。图中 R_2,C_2 分别为仪器的输入电阻和输入电容,R_1,C_1 构成补偿网络。求 $u_2(t)$ 的阶跃响应和冲激响应。

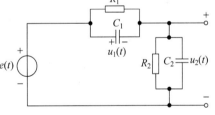

图 2.6 常用的补偿分压系统示意图

解 由 KCL 可得

$$i(t) = C_1 \dfrac{\mathrm{d}u_1(t)}{\mathrm{d}t} + \dfrac{u_1(t)}{R_1} = C_2 \dfrac{\mathrm{d}u_2(t)}{\mathrm{d}t} + \dfrac{u_2(t)}{R_2}$$

即

$$C_1 \dfrac{\mathrm{d}[\varepsilon(t) - u_2(t)]}{\mathrm{d}t} + \dfrac{\varepsilon(t) - u_2(t)}{R_1} = C_2 \dfrac{\mathrm{d}u_2(t)}{\mathrm{d}t} + \dfrac{u_2(t)}{R_2}$$

整理得微分方程为

$$u_2'(t) + a_0 u_2(t) = b_1 \delta(t) + b_0 \varepsilon(t)$$

式中,

$$a_0 = \frac{R_1+R_2}{R_1R_2(C_1+C_2)}, \quad b_1 = \frac{C_1}{C_1+C_2}, \quad b_0 = \frac{1}{R_1(C_1+C_2)}$$

由式(2.39)可得阶跃响应形式为

$$g(t) = \left(C e^{-a_0 t} + \frac{b_0}{a_0}\right)\varepsilon(t)$$

即

$$g'(t) = \left(C e^{-a_0 t} + \frac{b_0}{a_0}\right)\delta(t) + (-Ca_0 e^{-a_0 t})\varepsilon(t) = \left(C + \frac{b_0}{a_0}\right)\delta(t) + (-Ca_0 e^{-a_0 t})\varepsilon(t)$$

将 $g(t), g'(t)$ 代入原微分方程整理得

$$\left(C + \frac{b_0}{a_0}\right)\delta(t) + b_0\varepsilon(t) = b_1\delta(t) + b_0\varepsilon(t)$$

得

$$C = b_1 - \frac{b_0}{a_0} = \frac{C_1}{C_1+C_2} - \frac{R_2}{R_1+R_2}$$

故得阶跃响应形式为

$$g(t) = \left[\left(\frac{C_1}{C_1+C_2} - \frac{R_2}{R_1+R_2}\right)e^{-\frac{R_1+R_2}{R_1R_2(C_1+C_2)}t} + \frac{R_2}{R_1+R_2}\right]\varepsilon(t)$$

由此可知,在不同的参数下,$g(t)$ 有三种典型的波形,如图 2.7 所示。

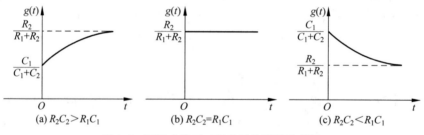

图 2.7 不同参数下三种典型的波形示意图

当取 $R_2C_2 = R_1C_1$ 时,响应 $g(t)$ 也是阶跃形式,只是幅度有变化,称为不失真传输。

当取 $R_1 = R_2, C_1 = C_2$ 时,有

$$g(t) = \frac{1}{2}\varepsilon(t)$$

此时的冲激响应为

$$h(t) = \frac{1}{2}\delta(t)$$

2.3 卷积积分及其应用

2.2 节介绍了求解系统对于单位冲激信号与单位阶跃信号特殊激励下的零状态响应。现在的问题是:对于一般的 LTI 系统,若输入信号任意,且冲激响应已知,如何求取系统的 ZSR。本节所要介绍的卷积方法就可解决这一问题。

2.3.1 卷积积分的定义

设有定义在$(-\infty,\infty)$区间上的两个函数$f_1(t)$和$f_2(t)$,则积分
$$y(t)=\int_{-\infty}^{\infty}f_1(\tau)f_2(t-\tau)\mathrm{d}\tau$$
定义为$f_1(t)$和$f_2(t)$的卷积,并记为$f_1(t)*f_2(t)$,即
$$y(t)=f_1(t)*f_2(t)=\int_{-\infty}^{\infty}f_1(\tau)f_2(t-\tau)\mathrm{d}\tau \tag{2.41}$$

应当注意,卷积定义式中τ为积分变量,积分结果一般是关于参变量t的函数$y(t)$。

2.3.2 任意信号的冲激表示

冲激信号的一个重要应用就是任意信号$f(t)$均可以表示为无穷多个冲激信号的线性组合。如图 2.8 所示$f(t)$,可以用台阶信号$f_1(t)$逼近,$f_1(t)$又可以借助于矩形脉冲$p_\tau(t)$的加权叠加表示。由于$p_\tau(t)$的幅度为$1/\tau$,所以$f_1(t)$中不同时刻出现的矩形脉冲可分别表示为

$$f(-\tau)\tau p_\tau(t+\tau), f(0)\tau p_\tau(t), f(\tau)\tau p_\tau(t-\tau),\cdots$$

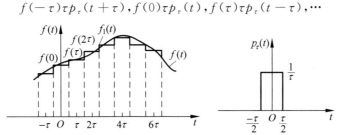

(a) 任意信号　　(b) 窄脉冲

图 2.8 用窄脉冲之和近似表示任意信号

因此,$f_1(t)$可表示为
$$f_1(t)=\sum_{n=-\infty}^{\infty}f(n\tau)\tau p_\tau(t-n\tau)$$

由图可以看出,当$\tau\to 0$时,$f_1(t)$逼近于$f(t)$;又因为$\tau\to 0$时,$p_\tau(t)\to\delta(t)$,$\tau\to\mathrm{d}\tau$,$n\tau\to\tau$,所以上式的离散和将变为连续和(积分),于是有

$$f(t)=\lim_{\tau\to 0}f_1(t)=\int_{-\infty}^{\infty}f(\tau)\delta(t-\tau)\mathrm{d}\tau$$

即
$$f(t)=\int_{-\infty}^{\infty}f(\tau)\delta(t-\tau)\mathrm{d}\tau \tag{2.42}$$

式(2.42)表明:任意信号$f(t)$可以看成无穷多个强度为$f(\tau)\mathrm{d}\tau$的冲激信号的线性组合,通常称为信号的冲激分解。事实上,根据冲激函数的抽样性质也可得上述结论。信号$f(t)$的这种积分表示法在系统分析中有重要应用。

2.3.3 用卷积积分计算线性时不变系统的零状态响应

若对于 LTI 系统,系统的冲激响应为$h(t)$,即
$$\delta(t)\to h(t)$$

那么，可按照LTI系统基本分析方法，利用LTI系统的时不变性和线性叠加性质，很方便地构造出系统的输出。根据时不变性，如果输入信号延时$\tau_i(i=1,2,3,\cdots)$时，则响应也相应延时τ_i，将有

$$\delta(t-\tau_i) \rightarrow h(t-\tau_i)$$

由LTI系统的齐次性，又有

$$f(\tau_i)\Delta\tau_i\delta(t-\tau_i) \rightarrow f(\tau_i)\Delta\tau_i h(t-\tau_i)$$

再根据LTI系统可加性可得

$$\sum_i f(\tau_i)\Delta\tau_i\delta(t-\tau_i) \rightarrow \sum_i f(\tau_i)\Delta\tau_i h(t-\tau_i)$$

当τ_i连续变化，即$\Delta\tau_i=0$时，可以用连续变化的τ代替τ_i，无穷小$\mathrm{d}\tau$代替$\Delta\tau_i$，而把上述无限求和写成积分式，即

$$\int_{-\infty}^{\infty} f(\tau)\delta(t-\tau)\mathrm{d}\tau \rightarrow \int_{-\infty}^{\infty} f(\tau)h(t-\tau)\mathrm{d}\tau$$

由式(2.42)知左端就是信号$f(t)$，右端是当输入为$f(t)$时系统的零状态响应$y_{zs}(t)$，即

$$y_{zs}(t) = \int_{-\infty}^{\infty} f(\tau)h(t-\tau)\mathrm{d}\tau = \int_{-\infty}^{\infty} f(t-\tau)h(\tau)\mathrm{d}\tau \tag{2.43}$$

即可得到

$$y_{zs}(t) = f(t) * h(t) \tag{2.44}$$

若系统为因果系统，输入信号从$t=0$时刻加入，式(2.43)变为

$$y_{zs}(t) = \int_0^t f(\tau)h(t-\tau)\mathrm{d}\tau \tag{2.45}$$

式(2.44)表明：系统对于输入信号$f(t)$的零状态响应$y_{zs}(t)$，是信号$f(t)$与系统的冲激响应$h(t)$的卷积。换言之，系统的零状态响应可以通过求输入信号$f(t)$与系统冲激响应$h(t)$的积分来获得。这意味着，冲激响应$h(t)$是LTI系统的特性的完全描述。由它不仅可以计算系统对给定的输入产生的零状态响应，同时，$h(t)$也是系统特性的描述和表征。如系统具有因果性和稳定性，可分别表示为

$$h(t)=0, \quad t<0 \tag{2.46}$$

$$\int_{-\infty}^{\infty} |h(t)| \mathrm{d}t < \infty \tag{2.47}$$

2.3.4 卷积的计算——图形扫描法

为了对卷积有更直观的认识，本节用几何图形的移动(扫描)说明卷积积分的计算过程。

设有函数$f_1(t)$和$f_2(t)$，其中$f_1(t)$是幅度为2的矩形脉冲，$f_2(t)$是锯齿波，如图2.9所示。

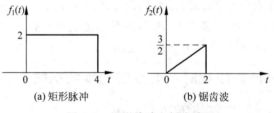

(a) 矩形脉冲　　　　　(b) 锯齿波

图2.9　矩形脉冲和锯齿波

为了求出 $f_1(t) * f_2(t)$ 在任意时刻(如 $t=t_1$,$0<t_1<2$)的值,其步骤如下:

(1) 将函数 $f_1(t)$、$f_2(t)$ 的自变量 t 用 τ 代换,然后将函数 $f_2(\tau)$ 折叠得 $f_2(-\tau)$,如图 2.10(b)所示。

(2) 将函数 $f_2(-\tau)$ 沿正 τ 轴平移时间 t_1,就得函数 $f_2(t_1-\tau)$,如图 2.10(c)中的实线所示。需注意的是:当参变量 t 的值不同时,$f_2(t_1-\tau)$ 的位置将不同,如 $t=t_1$($4<t_1<6$),$f_2(t_1-\tau)$ 的波形如图虚线所示。

(3) 将函数 $f_1(\tau)$ 与折叠并平移后的函数 $f_2(t_1-\tau)$ 相乘,得函数 $f_1(\tau)f_2(t_1-\tau)$,如图 2.10(d)实线所示。然后计算积分值

$$f(t_1) = \int_{-\infty}^{\infty} f_1(\tau) f_2(t_1-\tau) \mathrm{d}\tau$$

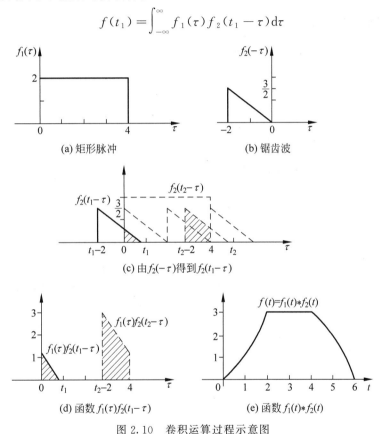

图 2.10 卷积运算过程示意图

由图 2.10(a)和(c)可见,当 $\tau<0$,$\tau>t_1$ 时,被积函数 $f_1(\tau)f_2(t_1-\tau)$ 等于 0,因而上式积分限为由 0 到 t_1,其积分值为 $f(t_1)$,如图 2.10(e)所示,该数值恰好是 $f_1(\tau)f_2(t_1-\tau)$ 曲线下的面积。需要注意:当参变量 t 取值不同时,上式的积分限也不相同,如 $t=t_2$,由图 2.10(d)可见,其积分限由 t_2-2 到 4。

(4) 将波形 $f_2(t_1-\tau)$ 连续地沿 τ 轴平移,就可得在任意时刻 t 的卷积积分 $f(t)=f_1(t)*f_2(t)$,它是 t 的函数。

由此可见,当参变量 t 取不同的值时,卷积积分中被积函数 $f_1(\tau)f_2(t_1-\tau)$ 的波形不同,积分的上、下限也不同。因此,正确选择参变量 t 的取值区间和相应的积分上、下限是十分关键的步骤,可借助简图协助确定。

2.3.5 卷积积分的性质

卷积积分是一种数学运算,它有许多重要的性质(运算规则),灵活地运用它们能简化系统分析。以下的讨论均设卷积积分是收敛的(存在的),这时二重积分的次序可以交换,导数与积分的次序也可以交换。

1. 卷积的代数运算

1) 交换律

$$f_1(t) * f_2(t) = f_2(t) * f_1(t) \tag{2.48}$$

证明 由卷积积分定义可知

$$f_1(t) * f_2(t) = \int_{-\infty}^{\infty} f_1(\tau) f_2(t-\tau) d\tau$$

设 $\tau = t - \eta$,则 $\eta = t - \tau$,$d\tau = -d\eta$,则上式变为

$$f_1(t) * f_2(t) = \int_{-\infty}^{\infty} f_1(\tau) f_2(t-\tau) d\tau = \int_{\infty}^{-\infty} f_1(t-\eta) f_2(\eta)(-d\eta)$$

$$= \int_{-\infty}^{\infty} f_1(t-\eta) f_2(\eta) d\eta = f_2(t) * f_1(t)$$

这意味着两个函数在卷积积分时,次序是可以任意交换的。

【例 2-7】 设 $f_1(t) = 2\varepsilon(t)$,$f_2(t) = e^{-t}\varepsilon(t)$,分别求 $f_1(t) * f_2(t)$ 和 $f_2(t) * f_1(t)$。

解 按式(2.41),有

$$f_1(t) * f_2(t) = \int_{-\infty}^{\infty} 2\varepsilon(\tau) e^{-(t-\tau)} \varepsilon(t-\tau) d\tau$$

上式中,对于 $\varepsilon(\tau)$,当 $\tau < 0$ 时为 0,故从 $-\infty$ 到 0 的积分为 0,因而积分下限可改写为 0;对于 $\varepsilon(t-\tau)$,当 $t-\tau < 0$,即 $\tau > t$ 时为 0,故从 t 到 ∞ 的积分为 0,因而积分上限可改写为 t,于是有(考虑到在区间 $0 < \tau < t$,$\varepsilon(t) = \varepsilon(t-\tau) = 1$)

$$f_1(t) * f_2(t) = 2e^{-t} \int_0^t e^{\tau} d\tau = 2(1 - e^{-t})$$

$$f_2(t) * f_1(t) = \int_{-\infty}^{\infty} e^{-\tau} \varepsilon(\tau) 2\varepsilon(t-\tau) d\tau = 2 \int_0^t e^{-\tau} d\tau = 2(1 - e^{-t})$$

2) 分配律

$$f_1(t) * [f_2(t) + f_3(t)] = f_1(t) * f_2(t) + f_1(t) * f_2(t) \tag{2.49}$$

证明 由卷积积分定义可得

$$f_1(t) * [f_2(t) + f_3(t)] = \int_{-\infty}^{\infty} f_1(\tau) [f_2(t-\tau) + f_3(t-\tau)] d\tau$$

$$= \int_{-\infty}^{\infty} f_1(\tau) f_2(t-\tau) d\tau + \int_{-\infty}^{\infty} f_1(\tau) f_3(t-\tau) d\tau$$

$$= f_1(t) * f_2(t) + f_1(t) * f_3(t)$$

它的物理含义可以这样理解,若 $f_1(t)$ 是系统的冲激响应,$f_2(t)$ 和 $f_3(t)$ 是激励,则该式表明几个输入信号之和的零状态响应将等于每个激励的零状态响应之和;若 $f_1(t)$ 是激励,而 $f_2(t) + f_3(t)$ 是系统的冲激响应 $h(t)$,则该式表明,激励作用于冲激响应为 $h(t)$ 的系统产生的零状态响应应等于激励分别作用于冲激响应为 $h_2(t) = f_2(t)$ 和 $h_3(t) = f_3(t)$ 的两个子系统相并联所产生的零状态响应,如图 2.11 所示。

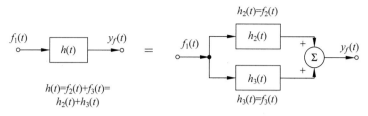

图 2.11 卷积的分配律

3) 结合律
$$[f_1(t) * f_2(t)] * f_3(t) = f_1(t) * [f_2(t) * f_3(t)] \tag{2.50}$$

证明
$$[f_1(t) * f_2(t)] * f_3(t) = \int_{-\infty}^{\infty} \left[\int_{-\infty}^{\infty} f_1(\lambda) f_2(\tau - \lambda) \mathrm{d}\lambda \right] f_3(t - \tau) \mathrm{d}\tau$$
$$= \int_{-\infty}^{\infty} f_1(\lambda) \left[\int_{-\infty}^{\infty} f_2(\tau - \lambda) f_3(t - \tau) \mathrm{d}\tau \right] \mathrm{d}\lambda$$

将上式中括号内的 $\tau - \lambda$ 换为 x，得
$$[f_1(t) * f_2(t)] * f_3(t) = \int_{-\infty}^{\infty} f_1(\lambda) \left[\int_{-\infty}^{\infty} f_2(x) f_3(t - \lambda - x) \mathrm{d}x \right] \mathrm{d}\lambda$$
$$= \int_{-\infty}^{\infty} f_1(\lambda) f_{23}(t - \lambda) \mathrm{d}\lambda = f_1(t) * [f_2(t) * f_3(t)]$$

因为式中 $f_{23}(t - \lambda) = \int_{-\infty}^{\infty} f_2(x) f_3(t - \lambda - x) \mathrm{d}x$，故有
$$f_{23}(t) = \int_{-\infty}^{\infty} f_2(x) f_3(t - x) \mathrm{d}x = f_2(t) * f_3(t)$$

上式表明，如有冲激响应分别为 $h_2(t) = f_2(t)$ 和 $h_3(t) = f_3(t)$ 的两系统相级联，其零状态响应等于一个冲激响应为 $h(t) = f_2(t) * f_3(t)$ 的系统的零状态响应，应用交换律可知，子系统 $h_2(t) = f_2(t)$ 和 $h_3(t) = f_3(t)$ 可以交换次序，如图 2.12 所示。

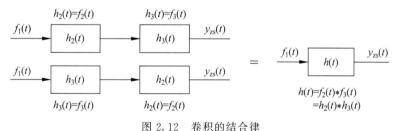

图 2.12 卷积的结合律

2. 卷积的主要性质

1) 卷积的微分与积分

上述卷积代数运算定律与普通乘法的性质类似，但是卷积的积分或微分运算却与普通两函数的相乘的微分或积分性质有所不同。若
$$f(t) = f_1(t) * f_2(t) = f_2(t) * f_1(t)$$

则其微分
$$f^{(1)}(t) = f_1^{(1)}(t) * f_2(t) = f_1(t) * f_2^{(1)}(t) \tag{2.51}$$

积分

$$f^{(-1)}(t) = f_1^{(-1)}(t) * f_2(t) = f_1(t) * f_2^{(-1)}(t) \tag{2.52}$$

证明

$$f^{(1)}(t) = \frac{d}{dt}\int_{-\infty}^{\infty} f_1(\tau) f_2(t-\tau) d\tau = \int_{-\infty}^{\infty} f_1(\tau) \frac{d}{dt} f_2(t-\tau) d\tau = f_1(t) * f_2^{(1)}(t)$$

同理可证

$$f^{(1)}(t) = f_1^{(1)}(t) * f_2(t)$$

对于积分,有

$$\begin{aligned} f^{(-1)}(t) &= \int_{-\infty}^{t} \left[\int_{-\infty}^{\infty} f_1(\tau) f_2(\lambda-\tau) d\tau \right] d\lambda \\ &= \int_{-\infty}^{\infty} f_1(\tau) \left[\int_{-\infty}^{t} f_2(\lambda-\tau) d\lambda \right] d\tau \\ &= f_1(t) * f_2^{(-1)}(t) \end{aligned}$$

同理可证

$$f^{(-1)}(t) = f_1^{(-1)}(t) * f_2(t)$$

微分积分即对式(2.51)求积分或对式(2.51)求微分,则有

$$f(t) = f_1^{(1)}(t) * f_2^{(-1)}(t) = f_1^{(-1)}(t) * f_2^{(1)}(t) \tag{2.53}$$

卷积的微积分性质还可以进一步推广,其一般形式可写为

$$f^{(i+j)}(t) = f_1^{(i)}(t) * f_2^{(j)}(t) \tag{2.54}$$

式中,i,j 和 $i+j$ 为正整数时,表示求导数的阶数;为负整数时,表示求重积分的次数。

但必须注意,应用上述性质时,被积分的那个函数应为可积函数;而被求导的那个函数在 $t=-\infty$ 处应为零值。

2) 含有冲激函数的卷积

任意函数 $f(t)$ 与单位冲激函数 $\delta(t)$ 卷积结果仍然是 $f(t)$ 本身。即

$$f(t) * \delta(t) = f(t) \tag{2.55}$$

证明 由冲激函数的筛选特性可知

$$\begin{aligned} f(t) * \delta(t) &= \int_{-\infty}^{\infty} f(\tau) \delta(t-\tau) d\tau \\ &= \int_{-\infty}^{\infty} f(t-\tau) \delta(\tau) d\tau \\ &= f(t-\tau) \big|_{\tau=0} = f(t) \end{aligned}$$

另外,也可以通过式(2.42)和卷积的定义证明。

$$f(t) = \int_{-\infty}^{\infty} f(\tau) \delta(t-\tau) d\tau = f(t) * \delta(t)$$

进一步有

$$f(t) * \delta(t-t_0) = f(t-t_0) \tag{2.56}$$

由此可见任意函数 $f(t)$ 与一个延迟时间 t_0 的单位冲激函数的卷积,只是在时间上延迟了 t_0,而波形不变。这一性质称为重现特性(replication property)。

任意函数 $f(t)$ 与单位冲激偶信号 $\delta'(t)$ 卷积结果为该信号的一阶导数 $f'(t)$。即

$$f(t) * \delta'(t) = f'(t) \tag{2.57}$$

任意函数 $f(t)$ 与单位阶跃信号 $\varepsilon(t)$ 卷积结果为该信号对时间的积分 $f^{(-1)}(t)$。即

$$f(t) * \varepsilon(t) = f^{(-1)}(t) = \int_{-\infty}^{t} f(\tau)\mathrm{d}\tau \tag{2.58}$$

利用上述卷积的性质能大大简化卷积运算。

【例 2-8】 已知 $f_1(t) = \sin t\,\varepsilon(t)$,$f_2(t) = \delta'(t) + \varepsilon(t)$,试求 $f_1(t) * f_2(t)$。

解 根据卷积的分配律,有

$$\begin{aligned}
f_1(t) * f_2(t) &= f_1(t) * [\delta'(t) + \varepsilon(t)] \\
&= f_1(t) * \delta'(t) + f_1(t) * \varepsilon(t) \\
&= f_1'(t) + \int_{-\infty}^{t} f_1(\tau)\mathrm{d}\tau \\
&= \frac{\mathrm{d}}{\mathrm{d}t}[\sin t\,\varepsilon(t)] + \left[\int_0^t \sin\tau\,\mathrm{d}\tau\right]\varepsilon(t) \\
&= \sin t\,\delta(t) + \cos t\,\varepsilon(t) + [1 - \cos t]\varepsilon(t) \\
&= \varepsilon(t)
\end{aligned}$$

【例 2-9】 设某系统输入 $f(t)$ 的矩形脉冲如图 2.13(a)所示,其冲激响应为 $h(t) = \delta(t+2) + \delta(t-2)$,如图 2.13(b)所示,试求 $f(t) * h(t)$。

解

$$\begin{aligned}
f(t) * h(t) &= f(t) * [\delta(t+2) + \delta(t-2)] \\
&= f(t+2) + f(t-2)
\end{aligned}$$

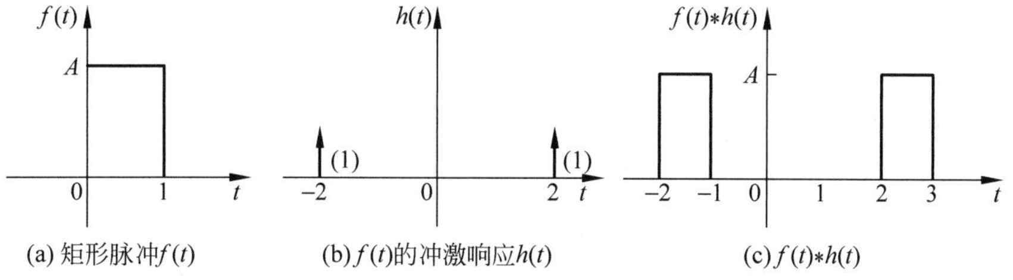

(a) 矩形脉冲 $f(t)$　　(b) $f(t)$的冲激响应 $h(t)$　　(c) $f(t) * h(t)$

图 2.13　例 2-9 图

就是说,只需要在每一个冲激函数出现的位置上重新画出矩形脉冲就可以了,其卷积的结果如图 2.13(c)所示。

【例 2-10】 如图 2.14(a)所示,已知一个连续时间 LTI 系统的输入 $f(t) = \sum \delta(t - 2kT)$,$k = 0, \pm 1, \pm 2, \cdots$ 和单位冲激响应

$$h(t) = \begin{cases} t, & 0 \leqslant t \leqslant T \\ 2T - t, & T \leqslant t \leqslant 2T \\ 0, & t < 0, t > 2T \end{cases}$$

$f(t)$ 和 $h(t)$ 的波形分别如图 2.14(b)和(c)所示,试求系统的零状态响应。

解 由式(2.44)及式(2.56)可得

$$y_{\mathrm{zs}}(t) = f(t) * h(t) = \sum_{k=-\infty}^{\infty} \delta(t - 2kT) * h(t) = \sum_{k=-\infty}^{\infty} h(t - 2kT)$$

系统的零状态响应 $y_{\mathrm{zs}}(t)$ 的波形如图 2.14(d)所示。

【例 2-11】 已知某系统的微分方程为 $y''(t) + 3y'(t) + 2y(t) = 3f'(t) + 2f(t)$,已知 $f(t) = \varepsilon(t)$,$y(0_-) = 1$,$y'(0_-) = 2$,试求其全响应。

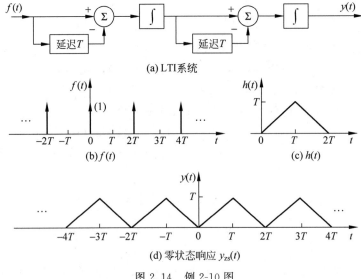

图 2.14 例 2-10 图

解 由微分方程得系统的转移算子为

$$H(p) = \frac{N(p)}{D(p)} = \frac{3p+2}{p^2+3p+2} = \frac{-1}{p+1} + \frac{4}{p+2}$$

冲激响应为

$$h(t) = (-e^{-t} + 4e^{-2t})\varepsilon(t)$$

零输入响应为

$$y_{zi}(t) = C_1 e^{-t} + C_2 e^{-2t} \quad t \geqslant 0$$

代入初始值得

$$\begin{cases} C_1 + C_2 \\ -C_1 - 2C_2 = 2 \end{cases}$$

由此解得 $C_1 = 4, C_2 = -3$,即得

$$y_{zi}(t) = (4e^{-t} - 3e^{-2t})\varepsilon(t)$$

零状态响应为

$$y_{zs}(t) = h(t) * f(t) = -\int_0^t e^{-\tau} d\tau + \int_0^t 4e^{-2\tau} d\tau$$

$$= e^{-t} - 1 - 2e^{-2t} + 2 = 1 + e^{-t} - 2e^{-2t} \quad t \geqslant 0$$

故系统全响应为

$$y(t) = y_{zi}(t) + y_{zs}(t) = (4e^{-t} - 3e^{-2t})\varepsilon(t) + (1 + e^{-t} - 2e^{-2t})\varepsilon(t)$$

$$= (1 + 5e^{-t} - 5e^{-2t})\varepsilon(t)$$

【例 2-12】 如图 2.15 所示系统中,它由几个子系统组成,各子系统的冲激响应分别为 $h_1(t) = \delta(t-1), h_2(t) = \varepsilon(t) - \varepsilon(t-3)$。试求系统的冲激响应。

解 冲激响应为

$$h(t) = h_2(t) * [\delta(t) + h_1(t) * \delta(t) + h_1(t) * h_1(t) * \delta(t)]$$

$$= h_2(t) * [\delta(t) + h_1(t) + h_1(t) * h_1(t)]$$

$$= h_2(t) * [\delta(t) + \delta(t-1) + \delta(t-1) * \delta(t-1)]$$
$$= h_2(t) * [\delta(t) + \delta(t-1) + \delta(t-2)]$$
$$= h_2(t) + h_2(t-1) + h_2(t-2)$$
$$= \varepsilon(t) - \varepsilon(t-3) + \varepsilon(t-1) - \varepsilon(t-4) + \varepsilon(t-2) - \varepsilon(t-5)$$

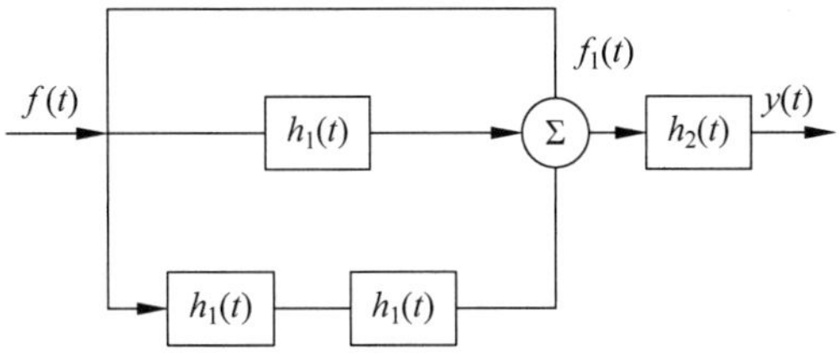

图 2.15 系统图

2.4 利用 MATLAB 进行 LTI 连续系统的时域分析

2.4.1 利用 MATLAB 求 LTI 连续系统的响应

LTI 连续系统以常系数微分方程描述,如果系统的输入信号及初始状态已知,便可以求出系统的响应。在 MATLAB 中,控制系统工具箱提供了函数 lsim()能对微分方程描述的 LTI 连续系统的响应进行仿真。该函数能够绘制连续系统在指定的任意时间范围内系统的时域波形图,还能求出连续系统在指定的任意时间范围内系统响应的数值解。其调用方式为

lsim(b,a,x,t)

其中,a 和 b 是由描述系统的微分方程系数决定的表示该系统的两个行向量;x 和 t 是表示输入信号的行向量(其中:t 表示输入信号时间范围的向量,x 则是输入信号在向量 t 定义的时间点上的取样值)。该调用格式将绘出由向量 b 和 a 所定义的连续系统在输入为向量 x 和 t 所定义的信号时,系统的零状态响应的时域仿真波形,且时间范围与输入信号相同。

此外,该函数的另一种调用方式为

y = lsim(b,a,x,t)

该调用格式并不能绘出系统的零状态响应曲线,而是求出与向量 t 定义的时间范围相一致的系统零状态响应的数值解。

【例 2-13】 描述某连续系统的微分方程为 $y''(t) + 2y'(t) + y(t) = f'(t) + 2f(t)$。求当输入信号为 $f(t) = 5e^{-2t}\varepsilon(t)$ 时,该系统的零状态响应 $y(t)$。

解 MATLAB 源程序如下:

```
% LTI 连续系统的响应实现程序
a = [1 2 1];
b = [1 2];
p = 0.01;
t = 0:p:5
f = 5 * exp(-2 * t);
lsim(b,a,f,t);
ylabel('y(t)')
```

程序运行结果如图 2.16 所示。

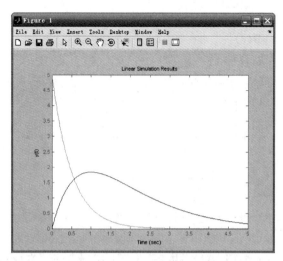

图 2.16　连续系统响应仿真图

2.4.2　利用 MATLAB 求 LTI 连续系统的冲激响应和阶跃响应

在 MATLAB 中,提供了专门用于求 LTI 连续系统冲激响应及阶跃响应,并绘制其时域波形的 impulse() 和 step() 函数。

1. impulse() 函数

该函数有如下几种调用格式。

impulse(b,a)

该调用格式以默认方式绘出向量 a 和 b 定义的连续系统的冲激响应的时域波形。

impulse(b,a,t)

该调用格式将绘出向量 a 和 b 定义的连续系统在 0～t 内的冲激响应的时域波形。

impulse(b,a,t1:p:t2)

该调用格式将绘出向量 a 和 b 定义的连续系统在 t1～t2 时间范围内,且以时间间隔 p 均匀取样的冲激响应的时域波形。

y = impulse(b,a,t1:p:t2)

该调用格式并不会绘出系统冲激响应的波形,而是求出向量 a 和 b 定义的连续系统在 t1～t2 时间范围内以时间间隔 p 均匀取样的冲激响应的数值解。

2. step() 函数

该函数与 impulse() 函数一样,也有如下四种调用格式:

step(b,a)
step(b,a,t)
step(b,a,t1:p:t2)
y = step(b,a,t1:p:t2)

上述调用格式的功能和 impulse() 函数相同,所不同的是命令绘制的是系统的阶跃响应的曲线而不是冲激响应的曲线。

【例 2-14】 已知描述某连续系统的微分方程为 $2y''(t)+y'(t)+8y(t)=f(t)$。试用

MATLAB 绘出该系统的冲激响应和阶跃响应的波形。

解 MATLAB 源程序如下：

```
% 冲激响应与阶跃响应
b = [1];
a = [2 1 8];
subplot 121
impulse(b,a)
subplot 122
step(b,a)
```

程序运行结果如图 2.17 所示。

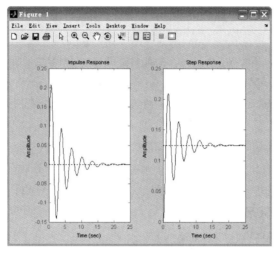

图 2.17 连续系统的冲激响应和阶跃响应

2.4.3 利用 MATLAB 实现连续时间信号的卷积

用 MATLAB 实现连续信号 $f_1(t)$ 与 $f_2(t)$ 卷积的过程如下：

(1) 将连续信号 $f_1(t)$ 与 $f_2(t)$ 以时间间隔 Δ 进行取样，得到离散序列 $f_1(k\Delta)$ 与 $f_2(k\Delta)$。

(2) 构造与 $f_1(k\Delta)$ 与 $f_2(k\Delta)$ 相对应的时间向量 k1 和 k2(注意,此时时间序号向量 k1 和 k2 的元素不再是整数,而是取样时间隔 Δ 的整数倍的时间间隔点)。

(3) 调用 conv() 函数计算卷积积分 $f(t)$ 的近似向量 $f(n\Delta)$。

(4) 构造 $f(n\Delta)$ 对应的时间向量 k。

下面为利用 MATLAB 实现连续信号卷积的通用函数 sconv(),该程序在计算出卷积积分的数值近似的同时,还绘出 $f(t)$ 的时域波形图。

```
function [f,k] = sconv(f1,f2,k1,k2,p)
% 计算连续信号卷积积分 f(t) = f1(t) * f2(t)
% f:卷积积分 f(t)对应的非零样值向量
% k:f(t)对应的时间向量
% f1:f1(t)的非零样值向量
% f2:f2(t)的非零样值向量
% k1:f1(t)对应的时间向量
% k2:序列 f2(t)对应的时间向量
% p:取样时间间隔
```

```
f = conv(f1,f2);                      % 计算序列 f1 与 f2 的卷积和 f
f = f * p;
k0 = k1(1) + k2(1);                   % 计算序列 f 非零样值的起点位置
k3 = length(f1) + length(f2) - 2;     % 计算卷积和 f 的非零样值的宽度
k = k0:p:k3 * p;                      % 确定卷积和 f 非零样值的时间向量
subplot 221
plot(k1,f1)                           % 在子图 1 绘制 f1(t)时域波形图
title('f1(t)')
xlabel('t')
ylabel('f1(t)')
subplot 222
plot(k2,f2)                           % 在子图 2 绘制 f2(t)时域波形图
title('f2(t)')
xlabel('t')
ylabel('f2(t)')
subplot 223
plot(k,f);                            % 绘制卷积 f(t)的时域波形图
h = get(gca,'position');
h(3) = 2.5 * h(3);
set(gca,'position',h)                 % 将第三个子图的横坐标范围扩为原来的 2.5 倍
title('f(t) = f1(t) * f2(t)')
xlabel('t')
ylabel('f(t)')
```

下面举例说明,如何利用上述子程序求解连续时间信号的卷积。

【例 2-15】 已知两连续时间信号如图 2.18 所示,试用 MATLAB 求 $f(t) = f_1(t) * f_2(t)$,并且绘出其时域波形图。

解 MATLAB 源程序如下:

```
% 连续时间信号的卷积实现程序
p = 0.005;
k1 = 0:p:2;
f1 = 0.5 * k1;
k2 = k1;
f2 = f1;
[f,k] = sconv(f1,f2,k1,k2,p)
```

程序运行结果如图 2.18 所示。

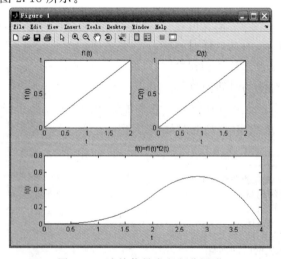

图 2.18 连续信号卷积积分图形

习 题

2.1 列写习题图 2.1 中 $i_1(t), i_2(t), u_0(t)$ 的微分方程。

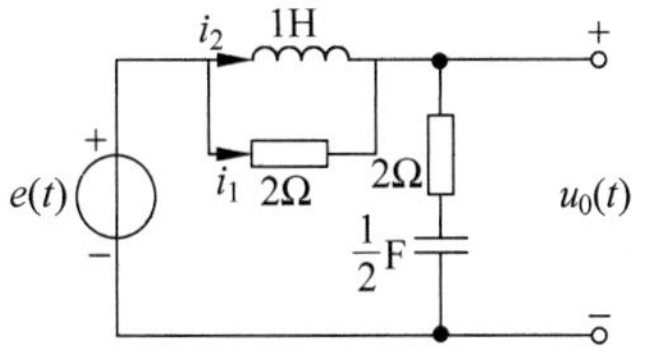

2.2 已知描述系统的微分方程如下：
(1) $y''(t) + 3y'(t) + 2y(t) = 0$
(2) $y''(t) + 2y'(t) + 2y(t) = 0$
(3) $y''(t) + 2y'(t) + y(t) = 0$

当初始条件为 $y(0) = 1, y'(0) = 0$ 时，求零输入响应。

习题图 2.1

2.3 已知描述系统的微分方程如下：
(1) $y'''(t) + 3y''(t) + 2y'(t) = 0$
(2) $y'''(t) + 2y''(t) + y'(t) = 0$

当初始状态为 $y(0) = y'(0) = y'''(0) = 1$ 时，求零输入响应。

2.4 已知某 LTI 系统的微分方程模型为
$$y''(t) + y'(t) - 2y(t) = f(t)$$
(1) 用两种方法（微分方程法和卷积积分法）求该系统的阶跃响应 $g(t)$；
(2) 用微分方程法求系统对输入 $f(t) = e^{-2t} \cos 3t \, \varepsilon(t)$ 的零状态响应。

2.5 设一个 LTI 系统的输入和输出分别为 $f(t)$ 和 $y(t)$，试用两种方法证明：当系统的输入为 $f'(t)$ 时，输出为 $y'(t)$。

2.6 已知函数波形如习题图 2.2 所示，计算下面的卷积积分，并画出其波形。

(1) $f_1(t) * f_2(t)$ (2) $f_1(t) * f_3(t)$ (3) $f_1(t) * f_2(t) * f_3(t)$
(4) $f_2(t) * f_4(t)$ (5) $f_4(t) * f_5(t)$ (6) $f_4(t) * f_6(t)$
(7) $f_2(t) * f_5(t)$ (8) $f_6(t) * f_7(t)$ (9) $f_5(t) * f_8(t)$
(10) $f_7(t) * f_8(t)$

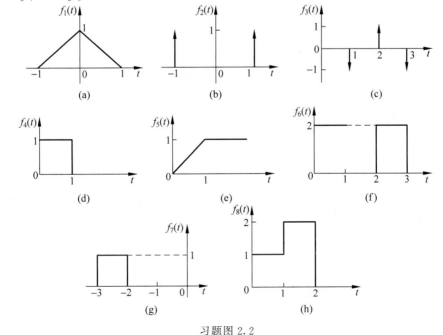

习题图 2.2

2.7 利用冲激函数的取样性质,计算下列积分。

(1) $\int_{-\infty}^{\infty} \delta\left(t - \frac{\pi}{4}\right) \sin t \, dt$

(2) $\int_{-\infty}^{\infty} \delta(t+3) e^{-t} \, dt$

(3) $\int_{-\infty}^{\infty} \delta(1-t)(t^2 + 4) \, dt$

(4) $\int_{-\infty}^{\infty} \delta(t) \frac{\sin 2t}{t} \, dt$

(5) $\int_{-10}^{10} \delta(2t - 3)(2t^2 + t - 5) \, dt$

(6) $\int_{-10}^{10} \delta'\left(t + \frac{1}{4}\right)(2t^2 + t - 5) \, dt$

(7) $\int_{-\infty}^{\infty} \varepsilon\left(t - \frac{t_0}{2}\right) \delta(t - t_0) \, dt$

(8) $\int_{-1}^{1} \delta(t^2 - 4) \, dt$

2.8 求习题图 2.3(a)所示系统的零状态响应 $y(t)$,并画出其波形。已知

$$f(t) = \sum_{k=-\infty}^{\infty} \delta(t - 2kT), \quad k = 0, \pm 1, \pm 2, \cdots$$

$f(t)$ 的波形如图 2.3(b)所示。

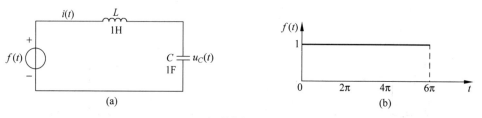

习题图 2.3

2.9 如习题图 2.4 所示电路,已知 $f(t) = \varepsilon(t)$, $i(0) = 1A$, $i'(0) = 2A/s$。求全响应 $i(t)$。

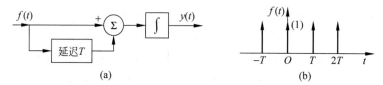

习题图 2.4

2.10 习题图 2.5(a)所示电路,激励 $f(t)$ 的波形如习题图 2.5(b)所示。求零状态响应 $u_C(t)$,并画出其波形。

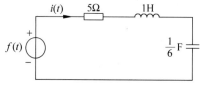

习题图 2.5

2.11 已知一线性时不变系统对激励 $f(t) = \sin t \varepsilon(t)$ 的零状态响应 $y(t)$ 的波形如习题图 2.6 所示。求该系统的单位冲激响应 $h(t)$,并画出其波形。

2.12 习题图 2.7 所示系统是由几个子系统组合而成的,各子系统的冲激响应分别为

$h_1(t) = \varepsilon(t)$ （积分器）

$h_2(t) = \delta(t-1)$ （单位延时器）

$h_3(t) = -\delta(t)$ （倒相器）

求总系统的冲激响应 $h(t)$。

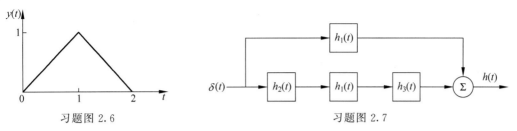

习题图 2.6　　　　　　　　　习题图 2.7

2.13　在习题图 2.8 所示系统中，$h_1(t)=\delta(t-1)$，$h_2(t)=\varepsilon(t)-\varepsilon(t-3)$，$f(t)=\varepsilon(t)-\varepsilon(t-1)$。求响应 $y(t)$，并画出其波形。

2.14　求习题图 2.9 所示系统的单位冲激响应 $h(t)$。

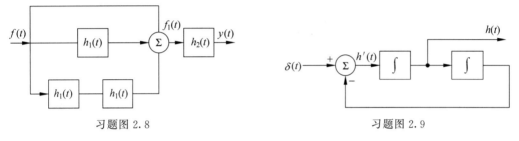

习题图 2.8　　　　　　　　　习题图 2.9

2.15　已知系统的单位冲激响应 $h(t)=\sin t\,\varepsilon(t)$，波形如习题图 2.10(a)所示，激励的波形如习题图 2.10(b)所示。求零状态响应 $y(t)$。

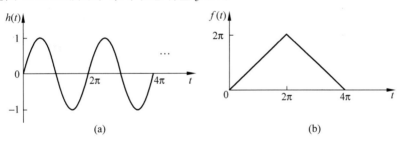

习题图 2.10

2.16　如习题图 2.11(a)所示系统，已知 $h_1(t)=\delta(t-1)$，$h_2(t)=-2\delta(t-1)$，$f(t)=\sin t\,\varepsilon(t)$，$y_{zs}(t)$ 的图形如习题图 2.11(b)所示，求 $h_3(t)$。

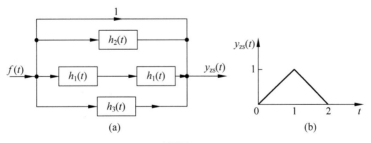

习题图 2.11

MATLAB 实验

M2.1 描述某连续系统的微分方程为 $y''(t)+2y'(t)+y(t)=f'(t)+2f(t)$。求当输入信号为 $f(t)=2\mathrm{e}^{-2t}\varepsilon(t)$ 时，该系统的零状态响应 $y(t)$。

M2.2 已知描述某连续系统的微分方程为 $2y''(t)+y'(t)-3y(t)=f(t)$。试用 MATLAB 绘出该系统的冲激响应和阶跃响应的波形。

M2.3 已知函数波形如 M 题图 2.1 所示，计算 $f_1(t)*f_2(t)$ 的卷积积分，并画出其波形。

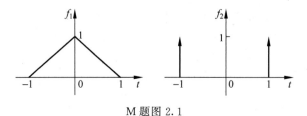

M 题图 2.1

M2.4 已知系统的单位冲激响应 $h(t)=\sin t\varepsilon(t)$，波形如 M 题图 2.2(a) 所示，激励的波形如 M 题图 2.2(b) 所示。求零状态响应 $y(t)$。

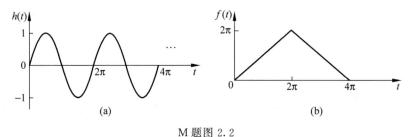

M 题图 2.2

第3章

连续时间信号与系统的频域分析

内 容 提 要

本章着重介绍连续信号的频谱分析和傅里叶级数的理论基础及应用。从周期信号出发,介绍连续周期信号的傅里叶级数及其基本性质、连续周期信号频谱的概念、相位谱的作用以及连续非周期信号的傅里叶变换、频谱的概念及其许多的重要性质和定理(如调制定理、卷积定理),讨论连续系统频率响应的概念、系统零状态响应的频域求解方法、连续周期信号响应的频域分析方法、无失真传输系统和理想滤波器等,给出利用 MATLAB 计算周期信号、非周期信号频谱及进行系统频域分析的基本方法。

3.1 信号分解为正交函数

3.1.1 正交函数集

如有定义在 (t_1,t_2) 区间两个实函数 $\varphi_1(t),\varphi_2(t)$,若满足

$$\int_{t_1}^{t_2}\varphi_1(t)\cdot\varphi_2(t)\mathrm{d}t=0 \tag{3.1}$$

则称 $\varphi_1(t)$ 和 $\varphi_2(t)$ 在区间 (t_1,t_2) 内正交。

如果 n 个实函数 $\varphi_1(t),\varphi_2(t),\cdots,\varphi_n(t)$ 构成一个函数集,当这些函数在区间 (t_1,t_2) 内满足条件

$$\int_{t_1}^{t_2}\varphi_i(t)\varphi_j(t)\mathrm{d}t=\begin{cases}0, & i\neq j\\ K_i\neq 0, & i=j\end{cases} \tag{3.2}$$

式中,K_i 为常数,则称此实函数集为在区间 (t_1,t_2) 的正交函数集;如果 $K_i=1,i=1,2,\cdots,n$,则此函数集就是归一化的正交函数集。在区间 (t_1,t_2) 内相互正交的 n 个函数构成正交信号空间。如果在正交函数集 $\{\varphi_i(t)\}(i=1,2,\cdots,n)$ 之外,不存在函数 $\phi(t)\left(0<\int_{t_1}^{t_2}\phi^2(t)\mathrm{d}t<\infty\right)$ 满足等式

$$\int_{t_1}^{t_2}\phi(t)\varphi_i(t)\mathrm{d}t=0, \quad i=1,2,\cdots,n \tag{3.3}$$

则称此函数集为完备正交函数集。

例如，三角函数集$\{1,\cos\Omega t,\cos 2\Omega t,\cdots,\cos m\Omega t,\cdots,\sin\Omega t,\sin 2\Omega t,\cdots,\sin n\Omega t\}$在区间$(t_0,t_0+T)$（式中$T=\dfrac{2\pi}{\Omega}$）组成正交函数集，而且是完备的正交函数集。沃尔什（Walsh）函数集在区间$(0,1)$内也是完备的正交函数集。

如果是复函数集，正交是指：若复函数集$\{\varphi_i(t)\}(i=1,2,\cdots,n)$在区间$(t_1,t_2)$满足

$$\int_{t_1}^{t_2}\varphi_i(t)\varphi_j^*(t)\mathrm{d}t=\begin{cases}0, & i\neq j\\ K_i\neq 0, & i=j\end{cases} \tag{3.4}$$

则称此复函数集为正交函数集。式中，$\varphi_j^*(t)$为函数$\varphi_j(t)$的共轭复函数。值得一提的是：复函数集$\{e^{jn\Omega t}\}(n=0,\pm 1,\pm 2,\cdots)$在区间$(t_0,t_0+T)$内是完备的正交函数集，式中$T=\dfrac{2\pi}{\Omega}$。

3.1.2 信号的正交分解与最小均方误差

设有n个函数$\varphi_1(t),\varphi_2(t),\cdots,\varphi_n(t)$在区间$(t_1,t_2)$构成一个正交函数空间，将任一函数$f(t)$用这$n$个正交函数的线性组合来近似，表示为

$$f(t)\approx C_1\varphi_1(t)+C_2\varphi_2(t)+\cdots+C_n\varphi_n(t)=\sum_{j=1}^{n}C_j\varphi_j(t) \tag{3.5}$$

在这种近似表示中的误差$e(t)$为

$$e(t)=f(t)-\sum_{j=1}^{n}C_j\varphi_j(t) \tag{3.6}$$

平均平方误差ε_N为

$$\begin{aligned}\varepsilon_N &= \frac{1}{t_2-t_1}\int_{t_1}^{t_2}e^2(t)\mathrm{d}t \\ &= \frac{1}{t_2-t_1}\int_{t_1}^{t_2}\left[f(t)-\sum_{j=1}^{n}C_j\varphi_j(t)\right]^2\mathrm{d}t\end{aligned} \tag{3.7}$$

欲使信号得到最佳的近似表示，最好的准则应使ε_N为最小，因此其必要的条件是

$$\frac{\partial\varepsilon_N}{\partial C_j}=0,\quad j=1,2,\cdots,n \tag{3.8}$$

或

$$\frac{\partial}{\partial C_j}\int_{t_1}^{t_2}\left[f(t)-\sum_{j=1}^{n}C_j\varphi_j(t)\right]^2\mathrm{d}t=0 \tag{3.9}$$

展开上式的被积函数，注意到由序号不同的正交函数相乘的各项，其积分均为0，而且所有不包含C_j的各项对C_j求导也等于0。即得上式只有两项不为0，它可表示为

$$\frac{\partial}{\partial C_j}\int_{t_1}^{t_2}[-2C_j f(t)\varphi_j(t)+C_j^2\varphi_j^2(t)]\mathrm{d}t=0$$

于是可求得

$$C_j=\frac{\int_{t_1}^{t_2}f(t)\varphi_j(t)\mathrm{d}t}{\int_{t_1}^{t_2}\varphi_j^2(t)\mathrm{d}t}=\frac{1}{K_j^2}\int_{t_1}^{t_2}f(t)\varphi_j(t)\mathrm{d}t,\quad j=1,2,\cdots,n \tag{3.10}$$

当按式(3.10)选取系数C_j时，用正交信号函数集来近似函数$f(t)$时的平方误差为最小，因为

$$\varepsilon_N = \frac{1}{t_2-t_1}\int_{t_1}^{t_2}\Big[f(t)-\sum_{j=1}^{n}C_j\varphi_j(t)\Big]^2\mathrm{d}t$$

$$= \frac{1}{t_2-t_1}\Big[\int_{t_1}^{t_2}f^2(t)\mathrm{d}t+\sum_{j=1}^{n}C_j^2\int_{t_1}^{t_2}\varphi_j^2(t)\mathrm{d}t-2\sum_{j=1}^{n}C_j\int_{t_1}^{t_2}f(t)\varphi_j(t)\mathrm{d}t\Big]$$

$$= \frac{1}{t_2-t_1}\Big[\int_{t_1}^{t_2}f^2(t)\mathrm{d}t-\sum_{j=1}^{n}C_j^2K_j^2\Big] \tag{3.11}$$

利用上式可直接求得在给定项数 n 的条件下的最小均方误差。当 ε_N 为 0 时，$f(t)$ 便可精确地表示为

$$f(t)=C_1\varphi_1(t)+C_2\varphi_2(t)+\cdots+C_n\varphi_n(t)=\sum_{j=1}^{n}C_j\varphi_j(t) \tag{3.12}$$

式(3.12)也就是 $f(t)$ 的广义傅里叶级数的形式，也就是当 $n\to\infty$，$\varepsilon_N\to 0$ 时，集合 $\{\varphi_j(t)\}(j=1,2,\cdots,n)$ 是 (t_1,t_2) 上 $f(t)$ 的正交完备集，也称为基函数或基信号。即函数 $f(t)$ 在区间 (t_1,t_2) 可分解为无穷多项正交函数之和。

值得注意的是：一个信号(或函数)可用各种各样的完备正交信号集来表示。一般所用的完备正交信号集可有正弦、余弦、指数函数等形式，也有勒让德多项式、雅可比多项式、切比雪夫多项式、沃尔什函数和小波变换基函数等。

3.2 周期信号的傅里叶级数及基本性质

周期信号是定义在 $(-\infty,\infty)$，每隔一定时间 T，按相同规律重复变化的信号，如图 3.1 所示。它可表示为

$$f(t)=f(t+mT) \tag{3.13}$$

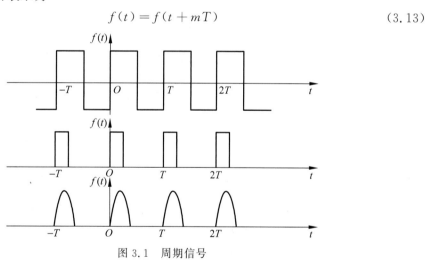

图 3.1 周期信号

式中，m 为任意整数；时间 T 称为该信号的重复周期，简称周期。周期的倒数称为该信号的频率。周期信号具有下列特点：

(1) 它是一个无穷无尽变化的信号，从理论上讲，该信号从 $t=-\infty$ 开始到 $t=\infty$ 终止。

(2) 当一个周期内的信号确定后，若将其移动 T 的整数倍，则信号的波形保持不变，如图 3.2 所示。周期信号也可看成为将一个在周期 T 内所定义的信号作周期性的延拓而形成，而一个周期 T 内的信号可以在任意的时间段上截取，如图 3.2 所示。

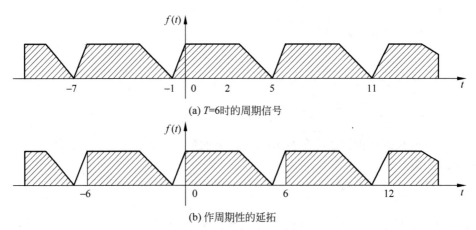

(a) $T=6$ 时的周期信号

(b) 作周期性的延拓

图 3.2 由持续时间为一个周期的信号作周期性的延拓形成的周期信号

(3) $f(t)$ 在一个周期 T 内的时间积分是不变的,且与 T 的起始点的选择无关,即

$$\int_a^{a+T} f(t)\mathrm{d}t = \int_b^{b+T} f(t)\mathrm{d}t$$

由式(3.12)可知,周期信号 $f(t)$ 在 $(t, t+T)$ 可以展开成在完备正交信号空间中的无穷级数。如果完备正交函数集是三角函数集或指数函数集,那么,周期信号所展开的无穷级数就分别称为"三角型傅里叶级数"或"指数型傅里叶级数",统称傅里叶级数。

需要指出,只有当周期信号满足狄里赫利条件时,即 $f(t)$ 满足:

① $\left| \int_T f(t)\mathrm{d}t \right| < \infty$;

② 在一个周期 T 内,具有有限个不连续点;

③ 具有有限个极大与极小值时,才能展开成傅里叶级数。

3.2.1 傅里叶级数的三角函数形式

设有周期信号 $f(t)$,它的周期是 T,角频率 $\omega_0 = \dfrac{2\pi}{T}$,它可分解为

$$f(t) = \frac{a_0}{2} + a_1\cos\omega_0 t + a_2\cos 2\omega_0 t + \cdots + b_1\sin\omega_0 t + b_2\sin 2\omega_0 t + \cdots$$

$$= \frac{a_0}{2} + \sum_{n=1}^{\infty}(a_n\cos n\omega_0 t + b_n\sin n\omega_0 t) \tag{3.14}$$

式中,a_0、a_n、b_n 称为傅里叶系数,分别代表信号 $f(t)$ 的直流分量、余弦分量和正弦分量的振荡幅度,其值分别由式(3.15)确定:

$$a_0 = \frac{2}{T}\int_{-\frac{T}{2}}^{\frac{T}{2}} f(t)\mathrm{d}t$$

$$a_n = \frac{2}{T}\int_{-\frac{T}{2}}^{\frac{T}{2}} f(t)\cos n\omega_0 t\,\mathrm{d}t, \quad n=1,2,\cdots \tag{3.15}$$

$$b_n = \frac{2}{T}\int_{-\frac{T}{2}}^{\frac{T}{2}} f(t)\sin n\omega_0 t\,\mathrm{d}t, \quad n=1,2,\cdots$$

将式(3.14)中同频率的正弦和余弦项合并,则有

$$f(t) = \frac{a_0}{2} + a_1\cos(\omega_0 t + \varphi_1) + a_2\cos(2\omega_0 t + \varphi_2) + \cdots$$
$$= \frac{A_0}{2} + \sum_{n=1}^{\infty} A_n \cos(n\omega_0 t + \varphi_n) \tag{3.16}$$

式中，
$$\begin{cases} A_0 = a_0 \\ A_n = \sqrt{a_n^2 + b_n^2}, \quad n = 1,2,\cdots \\ \varphi_n = -\arctan\left(\dfrac{b_n}{a_n}\right), \quad n = 1,2,\cdots \end{cases} \tag{3.17}$$

由式(3.17)，有
$$A_{-n} = A_n, \quad \varphi_{-n} = -\varphi_n \tag{3.18}$$

即 A_n 是 n 的偶函数，φ_n 是 n 的奇函数。

式(3.16)表明，任何满足狄里赫利条件的周期函数可分解为直流和许多余弦(或正弦)分量。其中，第一项 $\dfrac{A_0}{2}$ 是常数项，它是周期信号中所包含的直流分量；第二项 $A_1\cos(\omega_0 t + \varphi_1)$ 称为基波或一次谐波，它的角频率与原周期信号相同，A_1 是基波振幅，φ_1 是基波初相角；第三项 $A_2\cos(2\omega_0 t + \varphi_2)$ 称为二次谐波，它的频率是基波频率的 2 倍，A_2 是二次谐波振幅，φ_2 是其初相角。以此类推，还有三次、四次、……谐波。一般而言，$A_n\cos(n\omega_0 t + \varphi_n)$ 称为 n 次谐波，A_n 是 n 次谐波的振幅，φ_n 是其初相角。式(3.16)表明，周期信号可以分解为各次谐波分量。

3.2.2 傅里叶级数的指数形式

三角函数形式的傅里叶级数含义比较明确，但运算常感不便，因而常用指数形式的傅里叶级数。根据欧拉公式：
$$\begin{cases} \cos n\omega_0 t = \dfrac{1}{2}(e^{-jn\omega_0 t} + e^{jn\omega_0 t}) \\ \sin n\omega_0 t = \dfrac{1}{2j}(e^{jn\omega_0 t} - e^{-jn\omega_0 t}) \end{cases}$$

把上式代入式(3.14)，得到
$$f(t) = \frac{a_0}{2} + \sum_{n=1}^{\infty} \left[a_n \frac{e^{jn\omega_0 t} + e^{-jn\omega_0 t}}{2} + b_n \frac{e^{jn\omega_0 t} - e^{-jn\omega_0 t}}{2j} \right]$$
$$= \frac{a_0}{2} + \sum_{n=1}^{\infty} \left[\frac{a_n - jb_n}{2} e^{jn\omega_0 t} + \frac{a_n + jb_n}{2} e^{-jn\omega_0 t} \right] \tag{3.19}$$

令
$$F_n = \frac{a_n - jb_n}{2} \tag{3.20}$$

又根据式(3.15)可推知 $b_0 = 0, a_n = a_{-n}, b_{-n} = -b_n$，从而有
$$F_0 = \frac{a_0 - jb_0}{2} = \frac{a_0}{2} \tag{3.21}$$

$$F_{-n} = \frac{a_{-n} - jb_{-n}}{2} = \frac{a_n + jb_n}{2} \tag{3.22}$$

将 F_0, F_n, F_{-n} 代入式(3.19)可得

$$f(t) = F_0 + \sum_{n=1}^{\infty} F_n e^{jn\omega_0 t} + \sum_{n=1}^{\infty} F_{-n} e^{-jn\omega_0 t}$$

$$= \sum_{n=0}^{\infty} F_n e^{jn\omega_0 t} + \sum_{n=-1}^{-\infty} F_n e^{jn\omega_0 t}$$

$$= \sum_{n=-\infty}^{\infty} F_n e^{jn\omega_0 t} \tag{3.23}$$

即

$$f(t) = \sum_{n=-\infty}^{\infty} F_n e^{jn\omega_0 t} \tag{3.24}$$

式(3.24)就是周期信号 $f(t)$ 的指数形式的傅里叶级数，它比三角形式的傅里叶级数更为简洁。但应注意，式中的 F_n 是个复系数，常称为傅里叶系数。由式(3.20)可得

$$F_n = \frac{a_n - jb_n}{2} = \frac{1}{T}\left[\int_{-\frac{T}{2}}^{\frac{T}{2}} f(t)\cos n\omega_0 t\, dt - j\int_{-\frac{T}{2}}^{\frac{T}{2}} f(t)\sin n\omega_0 t\, dt\right]$$

$$= \frac{1}{T}\int_{-\frac{T}{2}}^{\frac{T}{2}} f(t) e^{-jn\omega_0 t}\, dt \tag{3.25}$$

表 3.1 综合了三角函数型和指数型傅里叶级数及其系数，以及各系数间的关系。

表 3.1 周期函数展开为傅里叶级数

形　式	展　开　式	傅里叶系数	系数间的关系
指数形式	$f(t) = \sum_{n=-\infty}^{\infty} F_n e^{jn\omega_0 t}$ $F_n = \|F_n\| e^{j\varphi_n}$	$F_n = \frac{1}{T}\int_{-\frac{T}{2}}^{\frac{T}{2}} f(t) e^{-jn\omega_0 t}\, dt$ $n = 0, \pm 1, \pm 2, \cdots$	$F_n = \frac{1}{2} A_n e^{j\varphi_n}$ $= \frac{1}{2}(a_n - jb_n)$ $\|F_n\| = \frac{1}{2} A_n$ $= \sqrt{a_n^2 + b_n^2}$ 是 n 的偶函数 $\varphi_n = -\arctan\left(\frac{b_n}{a_n}\right)$ 是 n 的奇函数
三角函数形式	$f(t) = \frac{a_0}{2} + \sum_{n=1}^{\infty}(a_n \cos n\omega_0 t + b_n \sin n\omega_0 t)$ $= \frac{A_0}{2} + \sum_{n=1}^{\infty} A_n \cos(n\omega_0 t + \varphi_n)$	$a_n = \frac{2}{T}\int_{-\frac{T}{2}}^{\frac{T}{2}} f(t)\cos n\omega_0 t\, dt$ $n = 0, 1, 2, \cdots$ $b_n = \frac{2}{T}\int_{-\frac{T}{2}}^{\frac{T}{2}} f(t)\sin n\omega_0 t\, dt$ $n = 1, 2, \cdots$ $A_0 = a_0$ $A_n = \sqrt{a_n^2 + b_n^2}$ $\varphi_n = -\arctan\left(\frac{b_n}{a_n}\right)$	$a_n = A_n \cos\varphi_n$ $= F_n + F_{-n}$ 是 n 的偶函数 $b_n = -A_n \sin\varphi_n$ $= j(F_n - F_{-n})$ 是 n 的奇函数 $A_n = 2\|F_n\|$

3.2.3 函数的对称性与傅里叶系数的关系

把已知信号 $f(t)$ 展为傅里叶级数,如果 $f(t)$ 是实函数而且它的波形满足某种对称性,则在其傅里叶级数中有些项将不出现,留下的各项表示式也变得比较简单。波形的对称性有两类:一类是对整周期对称,例如偶函数和奇函数;另一类是对半周期对称,例如奇谐函数。前者决定级数中只可能含有余弦项或正弦项,后者决定级数中只可能含有偶次或奇次项。

下面讨论几种对称条件。

1. $f(t)$ 为偶函数

若函数 $f(t)$ 是时间 t 的偶函数,即 $f(-t) = f(t)$,则波形对称于纵坐标轴,如图 3.3 所示。

当 $f(t)$ 是 t 的偶函数时,式(3.15)和式(3.16)中被积函数 $f(t)\cos n\omega_0 t$ 是 t 的偶函数,而 $f(t)\sin n\omega_0 t$ 是 t 的奇函数。当被积函数为偶函数时,在对称区间 $\left(-\dfrac{T}{2}, \dfrac{T}{2}\right)$ 的积分等于其半区间 $\left(0, \dfrac{T}{2}\right)$ 积分的 2 倍;而当被积函数为奇函数时,在对称区间的积分为 0,故由式(3.15)和式(3.16)得

$$\begin{cases} a_n = \dfrac{4}{T}\int_0^{\frac{T}{2}} f(t)\cos n\omega_0 t\,\mathrm{d}t, & n=0,1,2,\cdots \\ b_n = 0 \end{cases} \quad (3.26)$$

进而由式(3.17)有

$$\begin{cases} A_n = |a_n|, & n=0,1,2,\cdots \\ \varphi_n = m\pi, & m\ \text{为整数} \end{cases} \quad (3.27)$$

则式(3.14)傅里叶级数可化简为

$$f(t) = \dfrac{a_0}{2} + \sum_{n=1}^{\infty} a_n \cos n\omega_0 t \quad (3.28)$$

由此可知,偶信号的傅里叶级数不含正弦项,只含余弦项和直流项。

2. $f(t)$ 为奇函数

若函数 $f(t)$ 是时间 t 的奇函数,即 $f(-t) = -f(t)$,则信号波形对称于原点,如图 3.4 所示。

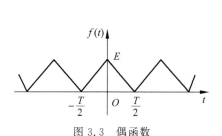

图 3.3 偶函数　　　　　　　　图 3.4 奇函数

这时有

$$\begin{cases} b_n = \dfrac{4}{T}\int_0^{\frac{T}{2}} f(t)\sin n\omega_0 t\,\mathrm{d}t, & n=1,2,3,\cdots \\ a_n = 0 \end{cases} \quad (3.29)$$

进而由式(3.17)有

$$\begin{cases} A_n = |b_n| \\ \varphi_n = \dfrac{(2m+1)\pi}{2}, \quad m \text{ 为整数} \end{cases}, \quad n = 1,2,3,\cdots \tag{3.30}$$

则式(3.14)傅里叶级数可化简为

$$f(t) = \sum_{n=1}^{\infty} b_n \sin n\omega_0 t \tag{3.31}$$

由此可知,奇信号的傅里叶级数中不含直流项和余弦项,只含正弦项。

由第1章可知,任意函数 $f(t)$ 都可分解为奇函数和偶函数两部分,即

$$f(t) = f_{od}(t) + f_{ev}(t)$$

其中, $f_{od}(t)$ 表示奇函数部分, $f_{ev}(t)$ 表示偶函数部分。由于

$$f(-t) = f_{od}(-t) + f_{ev}(-t) = -f_{od}(t) + f_{ev}(t)$$

所以有

$$\begin{cases} f_{od}(t) = \dfrac{f(t) - f(-t)}{2} \\ f_{ev}(t) = \dfrac{f(t) + f(-t)}{2} \end{cases} \tag{3.32}$$

需要注意,某函数是否为奇(或偶)函数不仅与周期函数 $f(t)$ 的波形有关,而且与时间坐标原点的选择有关。

3. $f(t)$ 为半波重叠信号

如果函数 $f(t)$ 波形平移半个周期后所得出的波形与原波形完全重合,则称为半波重叠信号。此时,其傅里叶级数展开式中将只含有偶次谐波分量而不含奇次谐波分量,故称为偶谐函数。即

$$a_1 = a_3 = a_5 = \cdots = b_1 = b_3 = b_5 = \cdots = 0 \tag{3.33}$$

4. $f(t)$ 为半波镜像信号

如果函数 $f(t)$ 的前半周期波形移动 $\dfrac{T}{2}$ 后,与后半周期波形对称于横轴(如图3.5所示),即满足

$$f(t) = -f\left(t \pm \dfrac{T}{2}\right)$$

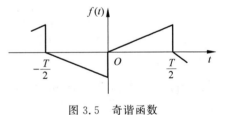

图 3.5 奇谐函数

则这种函数称为半波镜像信号。

在这种情况下,其傅里叶级数展开式中将只含有奇次谐波分量而不含偶次谐波分量,故它又称为奇谐函数。即有

$$a_0 = a_2 = a_4 = \cdots = b_2 = b_4 = b_6 = \cdots = 0 \tag{3.34}$$

【例 3-1】 将图 3.6 所示的方波信号展开为傅里叶级数。

解 按题意,方波信号在一个周期内的解析式为

$$f(t) = \begin{cases} -\dfrac{E}{2}, & -\dfrac{T}{2} \leq t < 0 \\ \dfrac{E}{2}, & 0 \leq t \leq \dfrac{T}{2} \end{cases}$$

按式(3.15)及式(3.16)分别求得傅里叶系数：

$$a_n = \frac{2}{T}\int_{-\frac{T}{2}}^{0}\left(-\frac{E}{2}\right)\cos n\omega_0 t\,\mathrm{d}t + \frac{2}{T}\int_{0}^{\frac{T}{2}}\left(\frac{E}{2}\right)\cos n\omega_0 t\,\mathrm{d}t$$

$$= \frac{E}{n\omega_0 T}\left[(-\sin n\omega_0 t)\Big|_{-T/2}^{0} + (\sin n\omega_0 t)\Big|_{0}^{T/2}\right] = 0$$

$$b_n = \frac{2}{T}\int_{-\frac{T}{2}}^{0}\left(-\frac{E}{2}\right)\sin n\omega_0 t\,\mathrm{d}t + \frac{2}{T}\int_{0}^{\frac{T}{2}}\left(\frac{E}{2}\right)\sin n\omega_0 t\,\mathrm{d}t$$

$$= \frac{E}{n\omega_0 T}\left[(\cos n\omega_0 t)\Big|_{-T/2}^{0} + (-\cos n\omega_0 t)\Big|_{0}^{T/2}\right]$$

$$= \frac{E}{2\pi n}(2 - 2\cos n\pi)$$

即

$$b_n = \begin{cases} \dfrac{2E}{n\pi}, & n\ \text{为奇数} \\ 0, & n\ \text{为偶数} \end{cases}$$

故得信号的傅里叶级数展开式为

$$f(t) = \frac{2E}{\pi}\left(\sin\omega_0 t + \frac{1}{3}\sin 3\omega_0 t + \frac{1}{5}\sin 5\omega_0 t + \cdots + \frac{1}{n}\sin n\omega_0 t + \cdots\right),\quad n = 1,3,5,\cdots$$

它只含有 $1,3,5,\cdots$ 奇次谐波分量。

【例 3-2】 将图 3.7 所示的周期信号展开为三角函数形式的傅里叶级数。

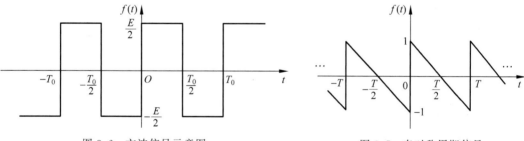

图 3.6　方波信号示意图　　　　图 3.7　奇对称周期信号

解 因 $f(t)$ 为奇函数，所以

$$a_n = 0, \quad n = 0,1,2,\cdots$$

$f(t)$ 在 $0 < t \leqslant \dfrac{T}{2}$ 上的函数表达式为

$$f(t) = -\frac{2}{T}t + 1, \quad 0 < t \leqslant \frac{T}{2}$$

由式(3.29)可得

$$b_n = \frac{4}{T}\int_0^{\frac{T}{2}} f(t)\sin n\omega_0 t\,\mathrm{d}t = \frac{4}{T}\int_0^{\frac{T}{2}}\left[-\frac{2}{T}t + 1\right]\sin n\omega_0 t\,\mathrm{d}t$$

$$= -\frac{4}{T}\left(-\frac{2}{T}t + 1\right)\frac{\cos n\omega_0 t}{n\omega_0}\Big|_0^{\frac{T}{2}} + \frac{8}{T^2}\int_0^{\frac{T}{2}}\frac{-1}{n\omega_0}\cos n\omega_0 t\,\mathrm{d}t$$

$$= \frac{4}{n\omega_0 T} - 0 = \frac{2}{n\pi},\quad n = 1,2,\cdots$$

故
$$f(t) = \sum_{n=1}^{\infty} b_n \sin n\omega_0 t = \sum_{n=1}^{\infty} \frac{2}{n\pi} \sin n\omega_0 t$$
$$= \frac{2}{\pi}\left(\sin\omega_0 t + \frac{1}{2}\sin 2\omega_0 t + \frac{1}{3}\sin 3\omega_0 t + \cdots + \frac{1}{n}\sin n\omega_0 t + \cdots\right), \quad n = 1,2,3,\cdots$$

【例 3-3】 将图 3.8 所示的周期矩形脉冲信号展开为复指数形式的傅里叶级数。

解 由式(3.25)得

$$F_n = \frac{1}{T}\int_{-\frac{T}{2}}^{\frac{T}{2}} f(t) e^{-jn\omega_0 t} dt = \frac{1}{T}\int_{-\frac{\tau}{2}}^{\frac{\tau}{2}} A e^{-jn\omega_0 t} dt$$

$$= -\frac{A\tau}{jn\omega_0 \tau T}\left(e^{-jn\omega_0 \frac{\tau}{2}} - e^{jn\omega_0 \frac{\tau}{2}}\right) = \frac{A\tau}{T} \cdot \frac{\sin\frac{n\omega_0\tau}{2}}{\frac{n\omega_0\tau}{2}}$$

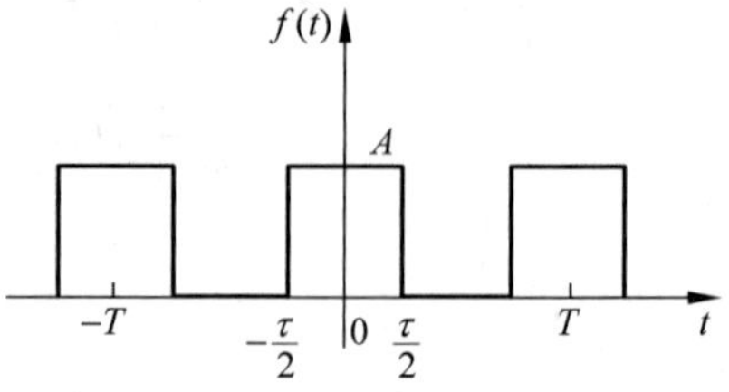

图 3.8 周期矩形脉冲信号

故 $f(t)$ 可表示为

$$f(t) = \sum_{n=-\infty}^{\infty}\left[\frac{A\tau}{T} \cdot \frac{\sin\frac{n\omega_0\tau}{2}}{\frac{n\omega_0\tau}{2}}\right] e^{jn\omega_0 t}$$

3.2.4 傅里叶级数的基本性质

周期信号的傅里叶级数具有一系列重要的性质,这些性质不仅有助于深入理解傅里叶级数的基本概念,还可以利用其性质简化傅里叶系数的计算。为了表述傅里叶级数的性质,设 $f(t)$ 是一周期信号,周期为 T_0,基波角频率 $\omega_0 = 2\pi/T_0$,$f(t)$ 和其傅里叶系数 F_n 的对应关系记为

$$f(t) \leftrightarrow F_n$$

1. 线性性质

设 $f(t)$ 和 $g(t)$ 均为以 T_0 为周期的周期信号,它们的傅里叶系数分别为

$$f(t) \leftrightarrow F_n, \quad g(t) \leftrightarrow G_n$$

由于 $f(t)$ 和 $g(t)$ 有相同的周期 T_0,所以这两个信号的线性组合 $af(t) + bg(t)$ 仍为周期信号,周期也是 T_0。$f(t)$ 和 $g(t)$ 的线性组合的傅里叶系数等于 $f(t)$ 和 $g(t)$ 的傅里叶系数的同一线性组合,即

$$af(t) + bg(t) \leftrightarrow aF_n + bG_n \tag{3.35}$$

式(3.35)可由傅里叶级数的定义直接证明。同时,线性性质可很容易地推广到多个具有相同周期的信号。

2. 时移性质

设 $f(t)$ 是以 T_0 为周期的周期信号,它的傅里叶系数 F_n 为

$$f(t) \leftrightarrow F_n$$

则有

$$f(t - t_1) \leftrightarrow e^{-jn\omega_0 t_1} F_n \tag{3.36}$$

【例 3-4】 求图 3.9(a)所示周期信号 $g(t)$ 的傅里叶级数表示式。

解 由图可知，信号的周期 $T_0=2$，基波角频率 $\omega_0=\pi$，$\tau=1$，由例 3-3 可得图 3.9(b)所示的傅里叶级数表示式为

$$f(t)=\sum_{n=-\infty}^{\infty}\left[\frac{A}{2}\frac{\sin\frac{n\pi}{2}}{\frac{n\pi}{2}}\right]e^{jn\pi t}$$

$$=\frac{A}{2}+\frac{2A}{\pi}\left[\cos\pi t-\frac{1}{3}\cos3\pi t+\frac{1}{5}\cos5\pi t-\cdots\right]$$

由于 $g(t)=f\left(t-\frac{1}{2}\right)$，由傅里叶级数的时移性质有

$$g(t)=\sum_{n=-\infty}^{\infty}\left[\frac{A}{2}\frac{\sin\frac{n\pi}{2}}{\frac{n\pi}{2}}\right]e^{jn\pi t}e^{-jn\frac{\pi}{2}}$$

$$=\frac{A}{2}+\frac{2A}{\pi}\left[\sin\pi t+\frac{1}{3}\sin3\pi t+\frac{1}{5}\sin5\pi t+\cdots\right]$$

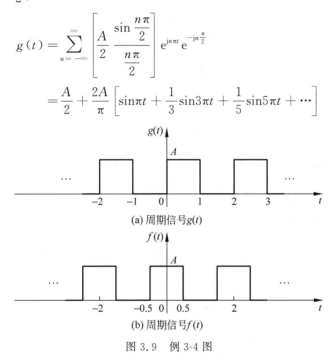

图 3.9　例 3-4 图

3. 卷积性质

设 $f(t)$ 和 $g(t)$ 均为以 T_0 为周期的周期信号，它们的傅里叶系数分别为

$$f(t)\leftrightarrow F_n,\quad g(t)\leftrightarrow G_n$$

周期信号 $f(t)$ 和 $g(t)$ 的卷积定义为

$$x(t)=\int_0^{T_0}f(\tau)g(t-\tau)d\tau$$

由此可知 $x(t)$ 也是周期为 T_0 的周期信号。$x(t)$ 的傅里叶级数表示式为

$$x(t)=\int_0^{T_0}f(\tau)g(t-\tau)d\tau\leftrightarrow T_0F_nG_n \tag{3.37}$$

【例 3-5】 求图 3.10 所示周期三角脉冲信号 $g(t)$ 的傅里叶级数表示式。

解 首先定义图 3.9(b)所示的周期方波 $f(t)$，通过计算周期信号 $f(t)$ 和 $f(t)$ 的周期卷积可得

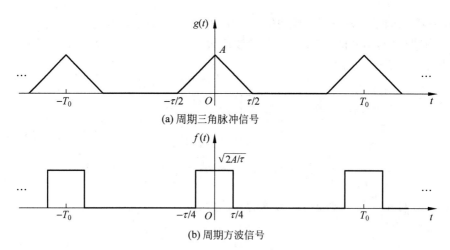

(a) 周期三角脉冲信号

(b) 周期方波信号

图 3.10 例 3-5 图

$$g(t) = \int_0^{T_0} f(\tau) f(t-\tau) d\tau$$

由例 3-3 可得 $f(t)$ 的傅里叶系数为

$$F_n = \sqrt{\frac{2A}{\tau}} \frac{\tau}{2T_0} \mathrm{Sa}\left(\frac{n\omega_0 \tau}{4}\right)$$

由傅里叶级数的卷积性质可得 $g(t)$ 的傅里叶系数为

$$G_n = T_0 F_n^2 = \frac{A\tau}{2T_0} \mathrm{Sa}^2\left(\frac{n\omega_0 \tau}{4}\right)$$

所以周期三角脉冲信号 $g(t)$ 的傅里叶级数表示式为

$$g(t) = \sum_{n=-\infty}^{\infty} \frac{A\tau}{2T_0} \mathrm{Sa}^2\left(\frac{n\omega_0 \tau}{4}\right) e^{jn\omega_0 t}$$

4. 微分性质

设 $f(t)$ 是以 T_0 为周期的周期信号,它的傅里叶系数 F_n 为

$$f(t) \leftrightarrow F_n$$

则有 $f(t)$ 导数 $f'(t)$ 的傅里叶系数为

$$f'(t) \leftrightarrow jn\omega_0 F_n \tag{3.38}$$

反之,若 $f'(t)$ 的傅里叶系数为 D_n,则 $f(t)$ 的傅里叶系数 F_n 为

$$F_n = \frac{D_n}{jn\omega_0}, \quad n \neq 0 \tag{3.39}$$

【例 3-6】 求图 3.11(a)所示周期三角脉冲信号 $f(t)$ 的傅里叶级数表示式。

解 对周期三角脉冲信号 $f(t)$ 求导,如图 3.11(b)所示。设其傅里叶系数为 D_n。由傅里叶级数的性质知 $f'(t)$ 中的直流项不影响 $D_n, n \neq 0$。由式(3.25)知

$$D_n = \frac{1}{T_0} \int_{-\frac{T_0}{2}}^{\frac{T_0}{2}} (-A\delta(t)) e^{-jn\omega_0 t} dt = \frac{-A}{T_0}, \quad n \neq 0$$

由傅里叶级数的微分性质,可得

$$F_n = \frac{D_n}{jn\omega_0} = -\frac{A}{jn\omega_0 T_0} = -\frac{A}{j2\pi n}, \quad n \neq 0$$

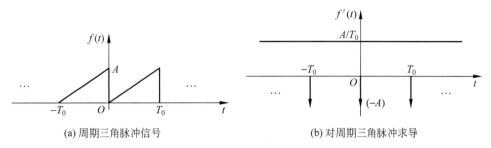

(a) 周期三角脉冲信号 (b) 对周期三角脉冲求导

图 3.11 周期三角脉冲信号及其微分

由图 3.11(a)可得

$$F_0 = \frac{1}{T_0}\int_0^{T_0} f(t)\,\mathrm{d}t = \frac{A}{2}$$

所以

$$f(t) = \frac{A}{2} - \sum_{n=-\infty, n\neq 0}^{\infty} \frac{A\mathrm{e}^{\mathrm{j}n\omega_0 t}}{\mathrm{j}2\pi n} = \frac{A}{2} - \frac{A}{\pi}\left(\sin\omega_0 t + \frac{\sin 2\omega_0 t}{2} + \frac{\sin 3\omega_0 t}{3} + \frac{\sin 4\omega_0 t}{4} + \cdots\right)$$

3.3 周期信号的频谱

3.3.1 周期信号频谱的特点

由上节的讨论可知,周期信号可以分解成一系列正弦信号或指数信号之和,即

$$f(t) = \frac{A_0}{2} + \sum_{n=1}^{\infty} A_n \cos(n\omega_0 t + \varphi_n)$$

或

$$f(t) = \sum_{n=-\infty}^{\infty} F_n \mathrm{e}^{\mathrm{j}n\omega_0 t}$$

上式提供了在频域中认识信号特征的重要手段。因为当周期信号分解为傅里叶级数后,得到的是直流分量和无穷多正弦分量的和,从而可在频域内方便地予以比较。为了直观地表示出周期信号中各频率分量的分布情形,可将其各频率分量的振幅和相位随频率变化的关系用图形表示出来,这就是常称的"频谱图"。频谱图包括幅度频谱和相位频谱。前者表示谐波分量的振幅 A_n 或虚指数函数的幅度 $|F_n| = \frac{1}{2}A_n$ 随频率变化的关系,它是以频率(或角频率)为横坐标,以各谐波的振幅或虚指数函数的幅度为纵坐标的线图,如图 3.12(a)和(b)所示;后者表示谐波分量的相位 φ_n 随频率变化的关系,它是以频率(或角频率)为横坐标,以各谐波的初相角为纵坐标画出如图 3.12(c)和(d)所示的线图。在幅度频谱(幅度谱)图中每条竖线代表该频率分量的幅度,称为谱线;连接各谱线顶点的曲线(如图中虚线所示)称为包络线,它反映了各分量幅度随频率变化的情况。习惯上常将振幅频谱简称为频谱。

值得提醒的是:以三角函数形式表示的振幅 A_n 与相位 φ_n 随频率变化的图形只在频率轴的零频率和正频率一边有谱线,称为信号单边频谱图;而以指数形式表示的虚指数函数的幅度 $|F_n| = \frac{1}{2}A_n$ 与相位 φ_n 随频率变化的图形在频率轴的正、负频率两边均有谱线,称为信号双边频谱图。

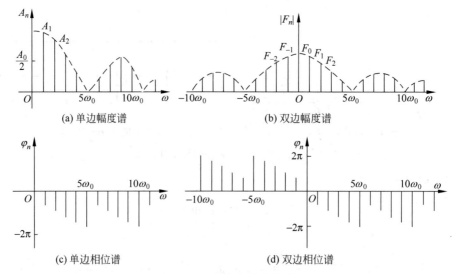

图 3.12 周期信号的频谱

由图可见,周期信号振幅谱具有下列特点:

(1) 频谱图由频率离散的谱线组成,每根谱线代表一个谐波分量。即周期信号的频谱是离散谱。

(2) 频谱中的谱线只能在基波频率 ω_0 的整数倍频率上出现,即谐波性。

(3) 频谱中各谱线的高度,随谐波次数的增高而逐渐减小。当谐波次数无限增高时,谐波分量的振幅趋于无穷小,即收敛性。

【例 3-7】 已知周期信号 $f(t)$ 的傅里叶级数表示式为

$$f(t) = 2 + 3\cos 2t + 4\sin 2t + 2\sin(3t + 30°) - \cos(7t + 150°)$$

(1) 求周期信号 $f(t)$ 的基波角频率;

(2) 画出周期信号 $f(t)$ 的单边幅度谱和相位谱。

解 由于傅里叶级数用统一的余弦(或正弦)表示,故需要将相同频率的正、余弦项合并成余弦项,也需要将正弦项化成余弦项,即其中

$$3\cos 2t + 4\sin 2t = 5\cos(2t - 53.1°)$$
$$\sin(3t + 30°) = \cos(3t + 30° - 90°) = \cos(3t - 60°)$$
$$-\cos(7t + 150°) = \cos(7t + 150° - 180°) = \cos(7t - 30°)$$

故周期信号 $f(t)$ 可表示为

$$f(t) = 2 + 5\cos(2t - 53.1°) + 2\cos(3t - 60°) + \cos(7t - 30°)$$

(1) 求基波角频率。

$f(t)$ 可以表示为

$$f(t) = 2 + 5\cos\left(2\pi \cdot \frac{1}{\pi}t - 53.1°\right) + 2\cos\left(2\pi \cdot \frac{3}{2\pi}t - 60°\right) + \cos\left(2\pi \cdot \frac{7}{2\pi}t - 30°\right)$$

周期 T 应该是 π 和 2π 的最小公倍数,故 $T = 2\pi$,基波角频率 $\omega = \dfrac{2\pi}{T} = 1 \text{rad/s}$,故 $f(t)$ 可以表示为

$$f(t) = 2 + 5\cos(2\omega t - 53.1°) + 2\cos(3\omega t - 60°) + \cos(7\omega t - 30°)$$

(2) 根据上式，即可画出周期信号 $f(t)$ 的单边幅度谱和相位谱如图 3.13 所示。

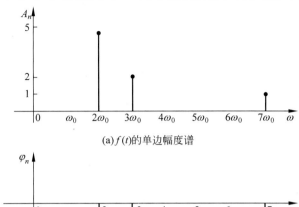

(a) $f(t)$ 的单边幅度谱

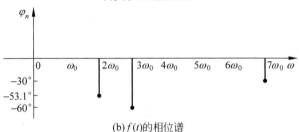

(b) $f(t)$ 的相位谱

图 3.13　信号 $f(t)$ 的单边幅度谱和相位谱图

3.3.2　周期矩形脉冲的频谱

下面以周期矩形脉冲为例说明周期信号频谱的特点以及信号带宽概念。图 3.14 所示为一幅度为 A，脉冲宽度为 τ，周期为 T 的周期矩形脉冲信号。在一个周期内可表示为

$$f(t) = \begin{cases} A, & |t| < \dfrac{\tau}{2} \\ 0, & |t| > \dfrac{\tau}{2} \end{cases} \quad (3.40)$$

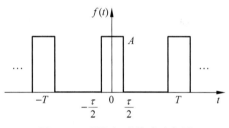

图 3.14　周期矩形脉冲示意图

可求得其复系数

$$F_n = \frac{1}{T}\int_{-\frac{T}{2}}^{\frac{T}{2}} f(t)\mathrm{e}^{-\mathrm{j}n\omega_0 t}\mathrm{d}t = \frac{A}{T}\int_{-\frac{\tau}{2}}^{\frac{\tau}{2}} \mathrm{e}^{-\mathrm{j}n\omega_0 t}\mathrm{d}t = \frac{A\tau}{T}\frac{\sin\dfrac{n\omega_0\tau}{2}}{\dfrac{n\omega_0\tau}{2}}, \quad n=0,\pm1,\pm2,\cdots \quad (3.41)$$

考虑到 $\omega_0 = \dfrac{2\pi}{T}$，上式也可表示为

$$F_n = \frac{A\tau}{T}\frac{\sin\dfrac{n\pi\tau}{T}}{\dfrac{n\pi\tau}{T}}, \quad n=0,\pm1,\pm2,\cdots \quad (3.42)$$

由此可得 $f(t)$ 的指数形式的傅里叶级数为

$$f(t) = \frac{A\tau}{T}\sum_{n=-\infty}^{\infty}\frac{\sin\dfrac{n\pi\tau}{T}}{\dfrac{n\pi\tau}{T}}\mathrm{e}^{\mathrm{j}n\omega_0 t} \quad (3.43)$$

观察 F_n 的表达式,它是形如 $\frac{\sin x}{x}$ 的函数,称为"取样(抽样)函数",记为 $\mathrm{Sa}(x) = \frac{\sin x}{x}$,它在通信理论中应用很多,是一个重要函数。该函数具有以下特点:

(1) $\mathrm{Sa}(x)$ 是偶函数。

(2) 当 $x \to 0$ 时,$\mathrm{Sa}(x) = 1$,是以 $1/x$ 为振幅的"正弦函数",因而对于 x 的正负两半轴都为衰减的正弦振荡。

(3) 在 $x = n\pi (n = 1, 2, 3, \cdots)$ 处,$\sin x = 0$,即 $\mathrm{Sa}(x) = 0$,而在 $x = 0$ 处,有 $\lim\limits_{x \to 0} \frac{\sin x}{x} = 1$。

(4) $\int_0^\infty \mathrm{Sa}(x) \mathrm{d}x = \frac{\pi}{2}$,$\int_{-\infty}^\infty \mathrm{Sa}(x) \mathrm{d}x = \pi$。

由此可得 $\mathrm{Sa}(x)$ 的图形,如图 3.15 所示。

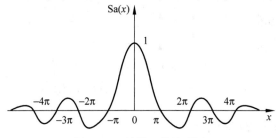

图 3.15 抽样函数波形图

则周期矩形脉冲的傅里叶复系数可改写为

$$F_n = \frac{A\tau}{T} \frac{\sin \frac{n\omega_0 \tau}{2}}{\frac{n\omega_0 \tau}{2}} = \frac{A\tau}{T} \mathrm{Sa}\left(\frac{n\omega_0 \tau}{2}\right)$$

因此,F_n 的图形与 $\mathrm{Sa}(x)$ 的曲线相似,如图 3.16 中虚线所示。其过零点的坐标可令 $\sin \frac{n\omega_0 \tau}{2} = 0$,求得

$$n\omega_0 = \pm \frac{2k\pi}{\tau} \quad k = 1, 2, 3, \cdots$$

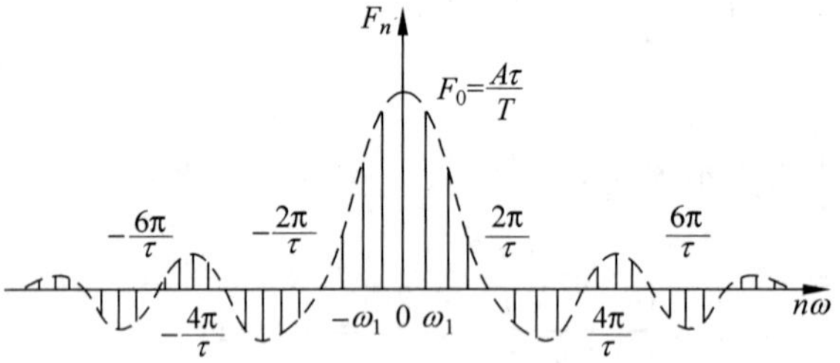

图 3.16 周期矩形脉冲的频谱图

实际上自变量 $n\omega_0$ 是不连续的,n 只能取 $0, \pm 1, \pm 2, \cdots$,即 $\frac{n\omega_0 \tau}{2}$ 只能取离散值 $0, \pm \frac{\omega_0 \tau}{2}$,$\pm \frac{2\omega_0 \tau}{2}, \cdots$。所以 F_n 的频谱图形是图 3.16 中虚线上的离散值,虚线称为频谱 F_n 的包络

线,频谱 F_n 可以看成是对包络线的离散抽样。

图 3.17 是对应 $T=4\tau$ 时周期矩形脉冲的频谱。谱线间隔 $\omega_0 = \dfrac{2\pi}{T} = \dfrac{2\pi}{4\tau} = \dfrac{\pi}{2\tau}$。该频谱图同时表示了 F_n 的幅度和相位随频率 $n\omega_0$ 的变化规律。当 $F_n > 0$ 时,$\varphi_n = 0$,当 $F_n < 0$ 时,$\varphi_n = \pm\pi$。这样,用一个频谱图就能把实数 F_n 的幅度和相位都表示出来了。对于 F_n 为复数的一般情况,需要分别作出幅度和相位频谱。图 3.17 为上述矩形脉冲的幅度谱和相位谱。

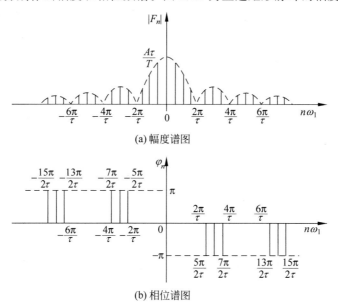

图 3.17　周期矩形脉冲的幅度谱和相位谱图

由此可见,周期性矩形脉冲的频谱具有一般周期信号频谱的共同特点：离散性、谐波性和收敛性。

下面讨论信号的重复周期 T 和脉冲持续时间 τ 与频谱的关系。

图 3.18 画出了周期 T 相同,脉冲宽度 τ 不同的信号及其频谱(这里只画出了正频率部分)。由图可见,当保持周期 T 不变,而将脉冲宽度 τ 减小,则频谱的幅度 $\dfrac{A\tau}{T}$ 随之减小,相

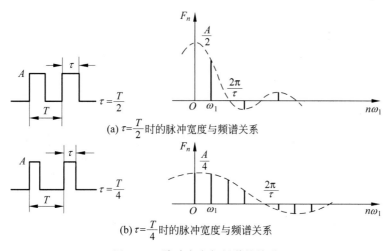

图 3.18　脉冲宽度与频谱的关系

邻谱线的间隔 $\omega_0 = \dfrac{2\pi}{T}$ 不变,频谱包络线过零点的频率 $\dfrac{2k\pi}{\tau}$ 增高,频率分量增多,频谱幅度的收敛速度相应变慢。

图 3.19 画出了脉冲宽度 τ 不变而周期 T 不同的信号及其频谱。由图可见,随着周期 T 的增大,频谱幅度 $\dfrac{A\tau}{T}$ 随之减小,相邻谱线的间隔 $\omega_0 = \dfrac{2\pi}{T}$ 变小,谱线变密。但其频谱包络线的过零点所在位置 $2k\pi/\tau$ 不变。如果周期无限增长(变为非周期信号),此时,相邻谱线的间隔将趋近于零,周期信号的离散频谱就过渡到非周期信号的连续频谱(下节将详细讨论这部分内容)。

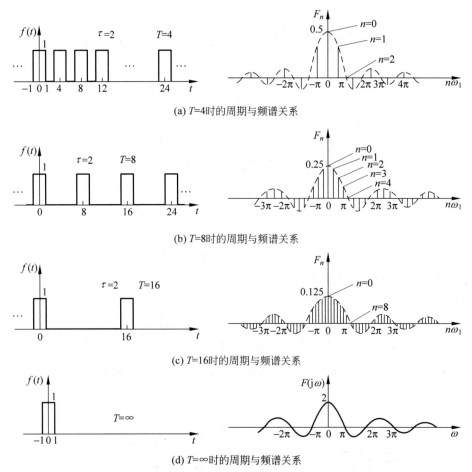

(a) $T=4$ 时的周期与频谱关系

(b) $T=8$ 时的周期与频谱关系

(c) $T=16$ 时的周期与频谱关系

(d) $T=\infty$ 时的周期与频谱关系

图 3.19 周期与频谱的关系

由上述周期信号的频谱图可以看出,信号功率的主要部分集中在 $(0, 2\pi/\tau)$ 的低频分量上,那些次数较高的频率分量实际上可以忽略不计。因此,通常把 $(0, 2\pi/\tau)$ 这段频率范围称为矩形信号的有效带宽(或称为"频带宽度",简称"带宽"),记作为 $\Delta\omega$,即

$$\Delta\omega = \dfrac{2\pi}{\tau} \tag{3.44}$$

或

$$\Delta f = \frac{1}{\tau}$$

可见,信号的频带宽度与信号的持续时间成反比,信号持续时间越长,其频带越窄;反之,信号脉冲越窄,其频带越宽。

3.3.3 周期信号的功率谱

由第 1 章可知,周期信号属于功率信号,即周期信号 $f(t)$ 功率是有限的,则其平均功率 P 为

$$\begin{aligned}
P &= \frac{1}{T}\int_{-\frac{T}{2}}^{\frac{T}{2}} |f(t)|^2 \mathrm{d}t = \frac{1}{T}\int_{-\frac{T}{2}}^{\frac{T}{2}} f(t)f^*(t)\mathrm{d}t = \frac{1}{T}\int_{-\frac{T}{2}}^{\frac{T}{2}} f(t)\left[\sum_{n=-\infty}^{\infty} F_n \mathrm{e}^{\mathrm{j}n\omega t}\right]^* \mathrm{d}t \\
&= \sum_{n=-\infty}^{\infty} F_n^* \left[\frac{1}{T}\int_{-\frac{T}{2}}^{\frac{T}{2}} f(t)\mathrm{e}^{-\mathrm{j}n\omega t}\mathrm{d}t\right] = \sum_{n=-\infty}^{\infty} F_n^* \cdot F_n = \sum_{n=-\infty}^{\infty} |F_n|^2 = |F_0|^2 + 2\sum_{n=1}^{\infty} |F_n|^2 \\
&= \left(\frac{A_0}{2}\right)^2 + \sum_{n=1}^{\infty} \frac{1}{2} A_n^2
\end{aligned} \tag{3.45}$$

式(3.45)等号右端的第一项为直流功率,第二项为各次谐波的功率之和。该式称为功率有限信号的巴什瓦尔等式。它从功率的角度揭示了周期信号的时间特性和频率特性之间的关系,即周期信号的功率等于直流功率与各次谐波功率之和。从正交信号集观点,该式表明一个周期信号的平均功率恒等于此信号在完备正交集中各分量的平均功率之和。

$(A_0/2)^2, \cdots, (A_n^2/2)(n=1,2,\cdots)$ 称为周期信号的单边功率谱,而 $|F_n|^2$ 与 $n\omega(n=1, \pm 1, \pm 2, \cdots)$ 的关系则称为周期信号的双边功率谱。周期信号的功率谱表明了其平均功率在各次谐波频率上的分配情况,显然也是离散的。从周期信号的功率谱中不仅可以看到各平均功率分量的分布情况,而且可以确定在周期信号的有效带宽内谐波分量具有的平均功率占整个周期信号的平均功率之比。

3.4 非周期信号的频谱

前两节已讨论了周期信号的傅里叶级数,并得到了它的离散频谱。本节把上述傅里叶分析方法推广到非周期信号中,导出傅里叶变换。

对于非周期信号 $f(t)$,如图 3.20(a)所示,不能直接用傅里叶级数表示。为此,先利用 $f(t)$ 构成一个周期信号 $f_T(t)$,如图 3.20(b)所示。若令 $T\to\infty$,则有

$$\lim_{T\to\infty} f_T(t) = f(t) \tag{3.46}$$

即周期信号 $f_T(t)$ 当周期 $T\to\infty$ 时,就转变为非周期信号 $f(t)$。也就是说,非周期信号可理解为 $T\to\infty$ 的周期信号。因此,表示 $f_T(t)$ 的傅里叶级数在 $T\to\infty$ 时的极限也能表示非周期信号 $f(t)$。

该周期函数 $f_T(t)$ 可用傅里叶级数来表示,即

$$f_T(t) = \sum_{n=-\infty}^{\infty} F_n \mathrm{e}^{\mathrm{j}n\omega_0 t}$$

$$F_n = \frac{1}{T}\int_{-\frac{T}{2}}^{\frac{T}{2}} f_T(t)\mathrm{e}^{-\mathrm{j}n\omega_0 t}\mathrm{d}t$$

$$\omega_0 = 2\pi/T$$

当 $T \to \infty$ 时,可以看出,$f_T(t)$ 在区间 $\left[-\dfrac{T}{2}, \dfrac{T}{2}\right]$ 的积分与 $f(t)$ 在区间 $(-\infty, \infty)$ 的积分相同,因此

$$F_n = \frac{1}{T}\int_{-\infty}^{\infty} f(t) e^{-jn\omega_0 t} dt \tag{3.47}$$

下面来考察当 $T \to \infty$ 时频谱变化的特点,定义 ω 的连续函数 $F(\omega)$ 为

$$F(\omega) = \int_{-\infty}^{\infty} f(t) e^{-j\omega t} dt \tag{3.48}$$

从式(3.47)和式(3.48)比较可看出

$$F_n = \frac{1}{T} F(n\omega_0) \tag{3.49}$$

这就说明傅里叶系数是连续函数 $F(\omega)$ 经过间隔为 ω_0(单位为 rad/s)的抽样后其抽样值 $F(n\omega_0)$ 的 $(1/T)$ 倍,如图 3.21(a)所示,因此 $(1/T)F(\omega)$ 的包络线是 F_n,可见,若 T 成倍增加,则 ω_0 减小一半,且 $F(\omega)$ 中的频谱线(抽样)也成倍增加,同时随之 $(1/T)F(\omega)$ 包络的幅度则减半,如图 3.21(b)所示。当 T 趋于无穷大时,频谱线逐渐变密而振幅值将趋于 0,但是 $F(\omega)$ 的包络的形状却仍保持不变,即当 $T \to \infty$ 时,则 $\omega_0 \to 0$,$F_n \to 0$。把式(3.49)代入式(3.47),得

$$f_T(t) = \sum_{n=-\infty}^{\infty} \frac{F(n\omega_0)}{T} e^{jn\omega_0 t} \tag{3.50}$$

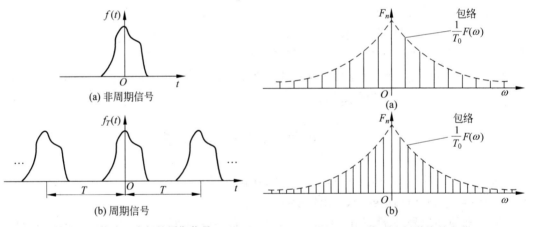

图 3.20 利用 $f(t)$ 构成一个新的周期信号 $f_T(t)$　　　图 3.21 傅里叶频谱线的变化

当 $T \to \infty$ 时,$\omega_0 = 2\pi/T$ 变为无穷小,若用 $\Delta\omega$ 代表 ω_0,则

$$\Delta\omega = \frac{2\pi}{T}$$

$$f_T(t) = \sum_{n=-\infty}^{\infty} \frac{F(n\omega_0)\Delta\omega}{2\pi} e^{j(n\Delta\omega)t} \tag{3.51}$$

因此

$$f(t) = \lim_{T \to \infty} f_T(t) = \lim_{\Delta\omega \to 0} \frac{1}{2\pi} \sum_{n=-\infty}^{\infty} F(n\Delta\omega) e^{j(n\Delta\omega)t} \Delta\omega$$

$$= \frac{1}{2\pi} \int_{-\infty}^{\infty} F(\omega) e^{j\omega t} d\omega \tag{3.52}$$

式(3.52)称为傅里叶积分,其意义是任意一个非周期信号可以表示为加权了的虚指数分量 $e^{j\omega t}$ 之和,而不是用傅里叶级数来表示,这一加权值为 $\dfrac{F(\omega)\mathrm{d}\omega}{2\pi}$,而 $F(\omega)$ 通常称为频谱密度函数(沿 ω 的长度分布),如图 3.22 所示。

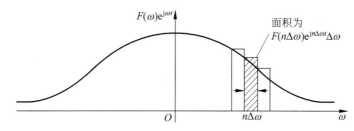

图 3.22 在 $T\to\infty$ 时,傅里叶级数变为傅里叶积分

由以上分析得出了一对重要关系,即傅里叶变换(Fourier transform)

$$F(\omega) = \int_{-\infty}^{\infty} f(t) e^{-j\omega t} \mathrm{d}t \tag{3.53}$$

和反变换

$$f(t) = \frac{1}{2\pi} \int_{-\infty}^{\infty} F(\omega) e^{j\omega t} \mathrm{d}\omega \tag{3.54}$$

式(3.53)和式(3.54)称为傅里叶变换对,可记为

$$\begin{aligned}F(\omega) &= F[f(t)] \\ f(t) &= F^{-1}[F(\omega)]\end{aligned} \tag{3.55}$$

或简记为

$$f(t) \leftrightarrow F(\omega) \tag{3.56}$$

因为 $F(\omega)$ 一般为复函数,显然它有振幅谱和相位谱,即

$$F(\omega) = |F(\omega)| e^{j\varphi(\omega)} \tag{3.57}$$

式中,$|F(\omega)|$ 是 $F(\omega)$ 的幅度频谱,是 ω 的偶函数,$\varphi(\omega)$ 是 $F(\omega)$ 的相位频谱,是 ω 的奇函数。

与周期信号相类似,也可将式(3.54)改写为三角函数式,即

$$\begin{aligned}f(t) &= \frac{1}{2\pi}\int_{-\infty}^{\infty} F(\omega) e^{j\omega t} \mathrm{d}\omega = \frac{1}{2\pi}\int_{-\infty}^{\infty} |F(\omega)| e^{j(\omega t+\varphi(\omega))} \mathrm{d}\omega \\ &= \frac{1}{2\pi}\int_{-\infty}^{\infty} |F(\omega)| \cos[\omega t+\varphi(\omega)]\mathrm{d}\omega + \frac{j}{2\pi}\int_{-\infty}^{\infty} |F(\omega)| \sin[\omega t+\varphi(\omega)]\mathrm{d}\omega\end{aligned}$$

若 $f(t)$ 是实函数,则上式可变为

$$f(t) = \frac{1}{2\pi}\int_{-\infty}^{\infty} |F(\omega)| \cos[\omega t+\varphi(\omega)]\mathrm{d}\omega = \frac{1}{\pi}\int_{0}^{\infty} |F(\omega)| \cos[\omega t+\varphi(\omega)]\mathrm{d}\omega$$

由此可见,非周期信号与周期信号一样,也可以分解成许多不同频率的正弦、余弦分量。所不同的是,由于非周期信号的周期趋于无穷大,基波趋于无限小,于是它包含了从零到无限高的所有频率分量。同时,由于周期趋于无限大,因此,对任一能量有限的信号(如单脉冲信号),在各频率点的分量幅度 $\dfrac{|F(\omega)\mathrm{d}\omega|}{\pi}$ 趋于无限小。所以频谱不能再用幅度表示,而改用密度函数来表示。

需要说明,将非周期信号的频谱表示为傅里叶积分,要求式(3.53)的积分必须存在,这

就意味着 $f(t)$ 要满足绝对可积,即

$$\int_{-\infty}^{\infty} |f(t)| \mathrm{d}t < \infty \tag{3.58}$$

这个条件是一个充分条件但非必要条件。当引入广义函数的概念后,使许多不满足绝对可积条件的函数也能进行傅里叶变换,这给信号与系统分析带来很大方便。

【例 3-8】 图 3.23(a)所示门函数(或称矩形脉冲),用符号 $g_\tau(t)$ 表示,其宽度为 τ,幅度为 1。求其频谱函数。

解 图 3.23(a)的门函数可表示为

$$g_\tau(t) = \begin{cases} 1, & |t| < \dfrac{\tau}{2} \\ 0, & |t| > \dfrac{\tau}{2} \end{cases}$$

根据傅里叶变换式(3.53)可求得其频谱函数为

$$F(\omega) = \int_{-\infty}^{\infty} f(t) \mathrm{e}^{-\mathrm{j}\omega t} \mathrm{d}t = \int_{-\frac{\tau}{2}}^{\frac{\tau}{2}} \mathrm{e}^{-\mathrm{j}\omega t} \mathrm{d}t = \frac{1}{-\mathrm{j}\omega}(\mathrm{e}^{-\mathrm{j}\frac{\omega\tau}{2}} - \mathrm{e}^{\mathrm{j}\frac{\omega\tau}{2}})$$

$$= \frac{2\sin\dfrac{\omega\tau}{2}}{\omega} = \tau \frac{\sin\dfrac{\omega\tau}{2}}{\dfrac{\omega\tau}{2}} = \tau \mathrm{Sa}\left(\frac{\omega\tau}{2}\right)$$

其频谱见图 3.23(b)。由此可得出以下结论:

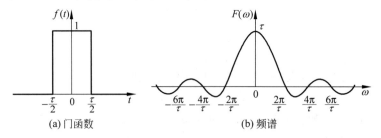

图 3.23 门函数及其频谱

① 非周期矩形脉冲信号的频谱是连续频谱,其形状与周期矩形脉冲的离散频谱的包络线相似,都具有 $\mathrm{Sa}(x)$ 的形式。周期信号的离散频谱可以通过对非周期信号的连续频谱等间隔抽样求得。

② 信号在时域中的持续时间有限,则在频域其频谱将延续到无限。

③ 信号的频谱分量主要集中在零频到第一个过零点之间,工程上往往将此宽度作为有效带宽。即以 $\left(0, \dfrac{2\pi}{\tau}\right)$ 频率范围作为门函数的有效频带宽度 $\Delta\omega$。$\Delta\omega$ 与脉冲宽度 τ 成反比,脉宽越窄,频带越宽;脉冲越宽,频带越窄。

【例 3-9】 试求如图 3.24(a)所示的信号 $\mathrm{e}^{-at}\varepsilon(t)$ 的频谱函数。

解 根据定义

$$F(\omega) = \int_{-\infty}^{\infty} \mathrm{e}^{-at}\varepsilon(t)\mathrm{e}^{-\mathrm{j}\omega t} \mathrm{d}t = \int_{0}^{\infty} \mathrm{e}^{-(a+\mathrm{j}\omega)t} \mathrm{d}t$$

$$= \frac{1}{a+\mathrm{j}\omega}, \quad a > 0$$

这是一复函数,将它分为模和相角两部分

$$F(\omega) = \frac{1}{a+\mathrm{j}\omega} = \frac{1}{\sqrt{a^2+\omega^2}} \mathrm{e}^{-\mathrm{jarctan}\left(\frac{\omega}{a}\right)}$$

$$= |F(\omega)| \mathrm{e}^{\mathrm{j}\varphi(\omega)}$$

可得振幅频谱和相位频谱分别为

$$|F(\omega)| = \frac{1}{\sqrt{a^2+\omega^2}}, \quad \varphi(\omega) = -\arctan\left(\frac{\omega}{a}\right)$$

频谱图如图 3.24(b)和(c)所示。

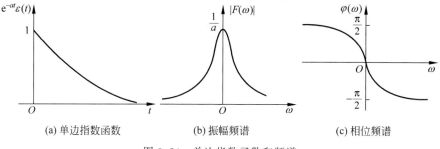

(a) 单边指数函数　　(b) 振幅频谱　　(c) 相位频谱

图 3.24　单边指数函数和频谱

3.5　常用非周期信号的傅里叶变换

本节利用傅里叶变换求几种常用非周期信号的频谱。

3.5.1　单位冲激

根据傅里叶变换的定义式,并且利用冲激函数的抽(取)样性质,得

$$F(\omega) = \int_{-\infty}^{\infty} \delta(t) \mathrm{e}^{-\mathrm{j}\omega t} \mathrm{d}t = \int_{-\infty}^{\infty} \delta(t) \mathrm{d}t = 1$$

即

$$\delta(t) \leftrightarrow 1 \tag{3.59}$$

上式表明,单位冲激信号在$(-\infty,\infty)$的整个频率范围内具有恒定的频谱函数,频谱是常数 1,即冲激信号包含相对幅度相等的所有频率分量,相位都为 0。由于冲激信号只在瞬时作用并立即消失,其持续时间为 0,故其所占有的频带宽度为无限大。这又一次说明了信号持续时间与其频带宽度成反比的关系。其频谱如图 3.25(b)所示,常称为"均匀谱"或"白色频谱"。

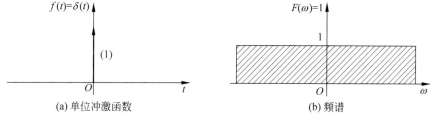

(a) 单位冲激函数　　(b) 频谱

图 3.25　单位冲激信号及其频谱

3.5.2 冲激函数导数

根据傅里叶变换的定义式，冲激函数的一阶导数 $\delta'(t)$ 的频谱函数为

$$F(\omega) = \int_{-\infty}^{\infty} \delta'(t) e^{-j\omega t} dt$$

由冲激函数导数的性质 $\int_{-\infty}^{\infty} \delta^{(n)}(t) \varphi(t) dt = (-1)^n \varphi^{(n)}(0)$ 可知

$$\int_{-\infty}^{\infty} \delta'(t) e^{-j\omega t} dt = -\frac{d}{dt} e^{-j\omega t} \bigg|_{t=0} = j\omega$$

即冲激函数的一阶导数 $\delta'(t)$ 的频谱函数为 $F(\omega) = j\omega$，即

$$\delta'(t) \leftrightarrow j\omega \tag{3.60}$$

同理可得

$$\delta^{(n)}(t) \leftrightarrow (j\omega)^n \tag{3.61}$$

3.5.3 单位直流信号

幅度等于1的直流信号可表示为

$$f(t) = 1, \quad -\infty < t < \infty$$

它不满足绝对可积条件，但其傅里叶变换却存在。它可以看作函数 $f_1(t) = e^{-a|t|}$ $(a>0)$ 当 $a \to 0$ 时的极限，如图 3.26(a) 所示，图中 $a_1 > a_2 > a_3 > a_4 = 0$。因而直流信号1的频谱函数也是 $f_1(t)$ 的频谱函数 $F_1(\omega)$ 当 $a \to 0$ 时的极限。因为

$$F_1(\omega) = \int_{-\infty}^{\infty} f_1(t) e^{-j\omega t} dt = \int_{-\infty}^{0} e^{at} e^{-j\omega t} dt + \int_{0}^{\infty} e^{-at} e^{-j\omega t} dt = \frac{2a}{a^2 + \omega^2}$$

当 a 逐渐减小时，其在 $\omega = 0$ 处的值 $F_1(0) = \dfrac{2}{a}$ 逐渐增大，在 $\omega \neq 0$ 处，随 $|\omega|$ 的增大急剧减小，如图 3.26(b) 所示。当 $a \to 0$ 时，有

$$\lim_{a \to 0} \frac{2a}{a^2 + \omega^2} = \begin{cases} 0, & \omega \neq 0 \\ \infty, & \omega = 0 \end{cases}$$

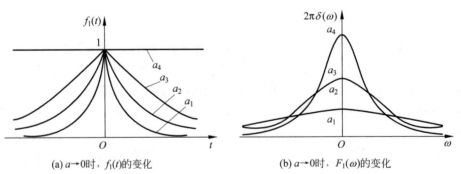

(a) $a \to 0$ 时，$f_1(t)$ 的变化 (b) $a \to 0$ 时，$F_1(\omega)$ 的变化

图 3.26 求极限过程

由上式可见，它是一个以 ω 为自变量的冲激函数。根据冲激函数的定义，该冲激函数的强度为

$$\lim_{a \to 0} \int_{-\infty}^{\infty} \frac{2a}{a^2 + \omega^2} d\omega = \lim_{a \to 0} \int_{-\infty}^{\infty} \frac{2}{1 + \left(\dfrac{\omega}{a}\right)^2} d\left(\frac{\omega}{a}\right) = \lim_{a \to 0} 2\arctan\left(\frac{\omega}{a}\right) \bigg|_{-\infty}^{\infty} = 2\pi$$

所以有
$$\lim_{a\to 0}\frac{2a}{a^2+\omega^2}=2\pi\delta(\omega)$$

于是幅度为1的直流信号的频谱函数为 $2\pi\delta(\omega)$，即
$$1\leftrightarrow 2\pi\delta(\omega) \tag{3.62}$$

单位直流信号的频谱如图 3.27 所示。可见直流信号在频域中只含 $\omega=0$ 的直流分量，而不含其他频率分量。由于直流信号持续时间为无限大，因而其占有的频带宽度为 0，符合信号持续时间与频带宽度成反比的规律。

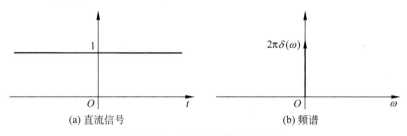

图 3.27　单位直流信号的频谱

3.5.4　单位阶跃信号

单位阶跃信号的定义为
$$\varepsilon(t)=\begin{cases}1, & t>0\\ 0, & t<0\end{cases}$$

显然，它不满足绝对可积条件，但其傅里叶变换存在。它可以看作单边指数衰减信号 $e^{-at}\varepsilon(t)$ 当 $a\to 0$ 时的极限，即
$$\varepsilon(t)=\begin{cases}\lim\limits_{a\to 0}e^{-at}, & t>0\\ 0, & t<0\end{cases}$$

由上节可知
$$e^{-at}\varepsilon(t)\leftrightarrow\frac{1}{a+j\omega}=\frac{a}{a^2+\omega^2}-\frac{j\omega}{a^2+\omega^2}$$

所以
$$F(\omega)=\lim_{a\to 0}\frac{a}{a^2+\omega^2}+\lim_{a\to 0}\frac{-j\omega}{a^2+\omega^2}$$

其中，第一项由前面求解直流信号傅里叶变换可知
$$\lim_{a\to 0}\frac{a}{a^2+\omega^2}=\pi\delta(\omega)$$

又由于
$$\lim_{a\to 0}\frac{-j\omega}{a^2+\omega^2}=\begin{cases}0, & \omega=0\\ \dfrac{1}{j\omega}, & \omega\neq 0\end{cases}$$

最后得
$$\varepsilon(t)\leftrightarrow\pi\delta(\omega)+\frac{1}{j\omega} \tag{3.63}$$

其频谱如图 3.28 所示。由式(3.63)可见，对于不满足绝对可积条件的时域信号，当存在傅里叶变换时，其频谱中可能出现冲激分量。

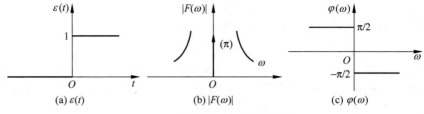

图 3.28 单位阶跃信号及其频谱

3.5.5 符号函数

符号函数记作 sgn(t)，它的定义为

$$\mathrm{sgn}(t)=\begin{cases}-1, & t<0\\ 0, & t=0\\ 1, & t>0\end{cases}$$

其波形如图 3.29(a)所示。显然，该函数也不满足绝对可积条件。它可以看成两个单边指数函数且 a 趋于 0 的极限情况的和，即

$$\mathrm{sgn}(t)=\lim_{a\to 0}[\mathrm{e}^{-at}\varepsilon(t)-\mathrm{e}^{at}\varepsilon(-t)]$$

因此

$$F(\omega)=\lim_{a\to 0}[F(\mathrm{e}^{-at}\varepsilon(t)-\mathrm{e}^{at}\varepsilon(-t))]$$

$$=\lim_{a\to 0}\left[\frac{1}{a+\mathrm{j}\omega}-\frac{1}{a-\mathrm{j}\omega}\right]=\frac{2}{\mathrm{j}\omega}$$

即

$$\mathrm{sgn}(t)\leftrightarrow\frac{2}{\mathrm{j}\omega} \tag{3.64}$$

其频谱如图 3.29(b)所示。

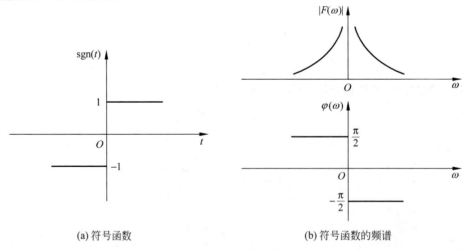

图 3.29 符号函数及其频谱

3.5.6 矩形脉冲信号

如图 3.30(a)所示,宽度为 τ,幅度为 1 的矩形脉冲,通常称为门函数,用符号 $g_\tau(t)$ 表示。其表达式为

$$g_\tau(t) = \begin{cases} 1, & |t| < \dfrac{\tau}{2} \\ 0, & |t| > \dfrac{\tau}{2} \end{cases}$$

它的傅里叶变换为

$$G_\tau(\omega) = \int_{-\infty}^{\infty} g_\tau(t) e^{-j\omega t} dt = \int_{-\frac{\tau}{2}}^{\frac{\tau}{2}} e^{-j\omega t} dt = \frac{e^{-j\frac{\omega\tau}{2}} - e^{j\frac{\omega\tau}{2}}}{-j\omega} = \frac{2\sin\left(\dfrac{\omega\tau}{2}\right)}{\omega} = \tau \text{Sa}\left(\dfrac{\omega\tau}{2}\right) \quad (3.65)$$

由于门函数的频谱函数为 ω 的实函数,因此通常将这种实函数的频谱函数用一条曲线同时表示幅度谱和相位谱[见图 3.30(b)]。当 $G_\tau(\omega)$ 为正值时,其相位为 0;当 $G_\tau(\omega)$ 为负值时,其相位为 π 或 $-\pi$。

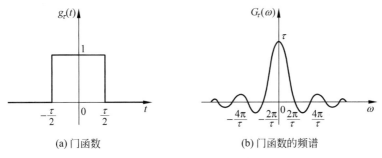

(a) 门函数   (b) 门函数的频谱

图 3.30   门函数及其频谱图

3.5.7 虚指数函数

利用傅里叶反变换定义和冲激函数的抽样性质,可得

$$F^{-1}[\delta(\omega - \omega_0)] = \frac{1}{2\pi} \int_{-\infty}^{\infty} \delta(\omega - \omega_0) e^{j\omega t} d\omega = \frac{1}{2\pi} e^{j\omega_0 t}$$

即

$$\frac{1}{2\pi} e^{j\omega_0 t} \leftrightarrow \delta(\omega - \omega_0)$$

$$e^{j\omega_0 t} \leftrightarrow 2\pi\delta(\omega - \omega_0)$$

此式表明,虚指数信号 $e^{j\omega_0 t}$ 的频谱是在 $\omega = \omega_0$ 处出现一个单位冲激,其强度为 2π,如图 3.31 所示。同理可得

$$e^{-j\omega_0 t} \leftrightarrow 2\pi\delta(\omega + \omega_0) \quad (3.66)$$

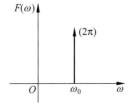

图 3.31   虚指数信号的频谱

3.5.8 周期信号

由于周期信号可以表示为指数形式的傅里叶级数,而虚指数函数的傅里叶变换式已由式(3.66)给出,故对周期信号也可求其傅里叶变换。因为周期信号可表示为

$$f(t) = \sum_{n=-\infty}^{\infty} F_n \mathrm{e}^{\mathrm{j}n\omega_0 t}$$

对上式取傅里叶变换,得

$$F(\omega) = F\left[\sum_{n=-\infty}^{\infty} F_n \mathrm{e}^{\mathrm{j}n\omega_0 t}\right] = \sum_{n=-\infty}^{\infty} F_n F[\mathrm{e}^{\mathrm{j}n\omega_0 t}] = \sum_{n=-\infty}^{\infty} F_n \times 2\pi\delta(\omega - n\omega_0)$$

$$= 2\pi \sum_{n=-\infty}^{\infty} F_n \cdot \delta(\omega - n\omega_0)$$

即周期信号 $f(t)$ 的傅里叶变换为

$$F(\omega) = 2\pi \sum_{n=-\infty}^{\infty} F_n \cdot \delta(\omega - n\omega_0) \tag{3.67}$$

上式表明:周期信号的频谱函数是由无限多个冲激组成,这些冲激位于基频整数倍的频率 $n\omega_0$ 处,每一冲激的强度即为 $2\pi|F_n|$。

3.5.9 高斯函数信号

由高等数学可知,对于高斯函数信号 e^{-t^2}(见图 3.32(a))具有下列计算结果,即

$$\int_0^{\infty} \mathrm{e}^{-t^2} \mathrm{d}t = \frac{\sqrt{\pi}}{2}$$

及

$$\int_{-\infty}^{\infty} \mathrm{e}^{-t^2} \mathrm{d}t = \sqrt{\pi}$$

由傅里叶变换的定义有

$$F(\omega) = \int_{-\infty}^{\infty} f(t) \mathrm{e}^{-\mathrm{j}\omega t} \mathrm{d}t = \int_{-\infty}^{\infty} \mathrm{e}^{-t^2} \mathrm{e}^{-\mathrm{j}\omega t} \mathrm{d}t$$

令 $t + \mathrm{j}\dfrac{\omega}{2} = v$,则

$$F(\omega) = \int_{-\infty}^{\infty} \mathrm{e}^{-t^2} \mathrm{e}^{-\mathrm{j}\omega t} \mathrm{d}t = \int_{-\infty}^{\infty} \mathrm{e}^{-\left(t+\mathrm{j}\frac{\omega}{2}\right)^2} \cdot \mathrm{e}^{-\frac{\omega^2}{4}} \mathrm{d}t$$

$$= \mathrm{e}^{-\frac{\omega^2}{4}} \int_{-\infty}^{\infty} \mathrm{e}^{-v^2} \mathrm{d}v = \sqrt{\pi}\, \mathrm{e}^{-\frac{\omega^2}{4}}$$

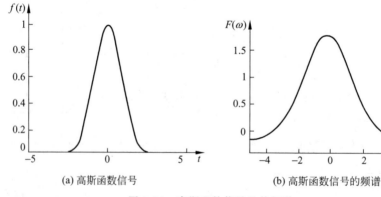

(a) 高斯函数信号　　　　(b) 高斯函数信号的频谱

图 3.32　高斯函数信号及其频谱

因此
$$e^{-t^2} \leftrightarrow \sqrt{\pi}\, e^{-\frac{\omega^2}{4}} \tag{3.68}$$

其频谱如图 3.32(b)所示。上式表明：当一个具有高斯函数形状的信号经过傅里叶变换，其频谱仍然具有高斯函数的形状。

3.6 傅里叶变换的性质

傅里叶变换建立了信号的时和频域描述的对应关系。傅里叶变换有许多重要的性质，这些性质在理论分析和工程实际中都有着广泛的应用，本节将讨论傅里叶变换常用的基本性质。

3.6.1 线性性质

若 $f_1(t) \leftrightarrow F_1(\omega)$，$f_2(t) \leftrightarrow F_2(\omega)$，则对于任意常数 a_1 和 a_2，有
$$a_1 f_1(t) + a_2 f_2(t) \leftrightarrow a_1 F_1[\omega] + a_2 F_2(\omega) \tag{3.69}$$

上式可由傅里叶变换定义直接证明，此处从略。傅里叶变换的上述线性性质不难推广到有多个信号的情况。

线性性质有以下两个含义。

1. 齐次性

若信号 $f(t)$ 乘以常数 a（即信号增大 a 倍），则其频谱函数也乘以相同的常数 a（即其频谱函数也增大 a 倍）。

2. 可加性

它表明几个信号之和的频谱函数等于各个信号的频谱函数之和。

【例 3-10】 求图 3.33(a)所示信号 $f(t)$ 的傅里叶变换 $F(\omega)$。

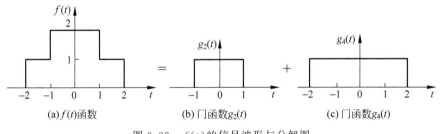

图 3.33 $f(t)$ 的信号波形与分解图

解 将 $f(t)$ 看成门函数 $g_2(t)$ 和 $g_4(t)$ 的叠加。然后应用门函数的傅里叶变换及线性性质就可简便地求得 $F(\omega)$。即
$$f(t) = g_2(t) + g_4(t)$$

由式(3.65)得
$$g_2(t) \leftrightarrow 2\mathrm{Sa}(\omega), \quad g_4(t) \leftrightarrow 4\mathrm{Sa}(2\omega)$$

由线性性质知
$$F(\omega) = 2\mathrm{Sa}(\omega) + 4\mathrm{Sa}(2\omega)$$

3.6.2 奇偶特性

(1) 偶信号的频谱是偶函数，奇信号的频谱是奇函数。

证明 由于

$$F(\omega) = \int_{-\infty}^{\infty} f(t) e^{-j\omega t} dt$$

若 $f(-t)=f(t)$，则

$$F(-\omega) = \int_{-\infty}^{\infty} f(t) e^{j\omega t} dt \xlongequal{t \to -\tau} \int_{-\infty}^{\infty} f(-\tau) e^{-j\omega \tau} d\tau = \int_{-\infty}^{\infty} f(\tau) e^{-j\omega \tau} d\tau = F(\omega)$$

若 $f(t)=-f(-t)$，则

$$F(-\omega) = \int_{-\infty}^{\infty} f(t) e^{j\omega t} dt \xlongequal{t \to -\tau} \int_{-\infty}^{\infty} f(-\tau) e^{-j\omega \tau} d\tau$$

$$= -\int_{-\infty}^{\infty} f(\tau) e^{-j\omega \tau} d\tau = -F(\omega)$$

(2) 实信号的频谱是共轭对称函数，即其实部是偶函数、虚部是奇函数，或其幅度频谱是偶函数，相位频谱是奇函数。

当 $f(t)$ 为实信号时，其频谱为

$$F(\omega) = \int_{-\infty}^{\infty} f(t) e^{-j\omega t} dt$$

$$= \int_{-\infty}^{\infty} f(t) \cos\omega t\, dt - j \int_{-\infty}^{\infty} f(t) \sin\omega t\, dt$$

$$= \text{Re}[F(\omega)] + j\text{Im}[F(\omega)] = |F(\omega)| e^{-j\varphi(\omega)}$$

则有

$$\text{Re}[F(\omega)] = \int_{-\infty}^{\infty} f(t) \cos\omega t\, dt$$

$$\text{Im}[F(\omega)] = -\int_{-\infty}^{\infty} f(t) \sin\omega t\, dt$$

$$|F(\omega)| = \sqrt{\{\text{Re}[F(\omega)]\}^2 + \{\text{Im}[F(\omega)]\}^2}$$

$$\varphi(\omega) = \arctan \frac{\text{Im}[F(\omega)]}{\text{Re}[F(\omega)]}$$

显然，$\text{Re}[F(\omega)]$，$|F(\omega)|$ 是 ω 的偶函数，$\text{Im}[F(\omega)]$，$\varphi(\omega)$ 是 ω 的奇函数，即 $F(\omega)=F^*(\omega)$。

(3) 实偶信号的频谱是实偶函数；实奇信号的频谱是虚奇函数。

因为

$$F(\omega) = \int_{-\infty}^{\infty} f(t) e^{-j\omega t} dt = \int_{-\infty}^{\infty} f(t) \cos\omega t\, dt - j\int_{-\infty}^{\infty} f(t) \sin\omega t\, dt$$

若 $f(t)$ 是实变量 t 的偶函数，则有 $\int_{-\infty}^{\infty} f(t) \sin\omega t\, dt = 0$，故有

$$F(\omega) = \int_{-\infty}^{\infty} f(t) \cos\omega t\, dt$$

亦即 $F(\omega)$ 就是实变量 ω 的实函数，且是偶函数。

若 $f(t)$ 是实变量 t 的奇函数，则有 $\int_{-\infty}^{\infty} f(t) \cos\omega t\, dt = 0$，故有

$$F(\omega) = -\mathrm{j}\int_{-\infty}^{\infty} f(t)\sin\omega t\,\mathrm{d}t$$

亦即 $F(\omega)$ 就是实变量 ω 的虚函数，且是奇函数。

3.6.3 正反变换的对称性

若 $f(t) \leftrightarrow F(\omega)$，则
$$F(t) \leftrightarrow 2\pi f(-\omega) \tag{3.70}$$

上式表明：如果函数 $f(t)$ 的频谱函数为 $F(\omega)$，那么时间函数 $F(t)$ 的频谱函数是 $2\pi f(-\omega)$。则称为傅里叶变换的对称性。

证明 由傅里叶反变换式得
$$f(t) = \frac{1}{2\pi}\int_{-\infty}^{\infty} F(\omega)\mathrm{e}^{\mathrm{j}\omega t}\,\mathrm{d}\omega$$

将上式中的自变量 t 换为 $-t$，得
$$f(-t) = \frac{1}{2\pi}\int_{-\infty}^{\infty} F(\omega)\mathrm{e}^{-\mathrm{j}\omega t}\,\mathrm{d}\omega$$

将上式中的 t 换为 ω，将原有的 ω 换为 t，得
$$f(-\omega) = \frac{1}{2\pi}\int_{-\infty}^{\infty} F(t)\mathrm{e}^{-\mathrm{j}\omega t}\,\mathrm{d}t$$

即
$$2\pi f(-\omega) = \int_{-\infty}^{\infty} F(t)\mathrm{e}^{-\mathrm{j}\omega t}\,\mathrm{d}t$$

上式表明：时间函数 $F(t)$ 的傅里叶变换为 $2\pi f(-\omega)$，即
$$F(t) \leftrightarrow 2\pi f(-\omega)$$

【例 3-11】 求抽样函数 $\mathrm{Sa}(t) = \dfrac{\sin t}{t}$ 的频谱函数。

解 直接利用傅里叶变换定义式求 $\mathrm{Sa}(t)$ 的频谱函数十分繁复，但利用对称性性质可以很方便地求得它的傅里叶变换。由前节可知，门函数 $g_\tau(t)$ 的傅里叶变换为
$$g_\tau(t) \leftrightarrow \tau \mathrm{Sa}\left(\frac{\omega\tau}{2}\right)$$

故令 $\dfrac{\omega\tau}{2} = \omega$ 得 $\tau = 2$，代入上式可得
$$g_2(t) \leftrightarrow 2\mathrm{Sa}(\omega) = 2\,\frac{\sin\omega}{\omega}$$

即
$$\frac{\sin\omega}{\omega} \leftrightarrow \frac{1}{2}g_2(t)$$

由正反变换对称性及门函数是偶函数的性质，可得
$$\frac{\sin t}{t} \leftrightarrow 2\pi\,\frac{1}{2}g_2(-\omega) = \pi g_2(\omega)$$

其波形和频谱图如图 3.34 所示。

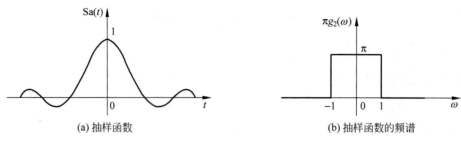

(a) 抽样函数   (b) 抽样函数的频谱

图 3.34　抽样函数与其频谱图

3.6.4　尺度变换（展缩性质或波形的缩放特性）

若 $f(t) \leftrightarrow F(\omega)$，对于任意实常数 a，则有

$$f(at) \leftrightarrow \frac{1}{|a|} F\left(\frac{\omega}{a}\right) \tag{3.71}$$

证明　对于一个正实常数 a

$$F[f(at)] = \int_{-\infty}^{\infty} f(at) e^{-j\omega t} dt$$

作变量替换，令 $at = x$，则 $t = \dfrac{x}{a}$，$dt = \dfrac{1}{a} dx$，若 $a > 0$，则

$$F[f(at)] = \frac{1}{a} \int_{-\infty}^{\infty} f(x) e^{(-j\omega/a)x} dx = \frac{1}{a} F\left(\frac{\omega}{a}\right)$$

类似地，若 $a < 0$，则

$$f(at) \leftrightarrow -\frac{1}{a} F\left(\frac{\omega}{a}\right)$$

合写以上两式，即得式(3.71)。

式(3.71)表明：信号时域波形的压缩，对应其频谱图形的扩展；而时域波形的扩展对应其频谱图形的压缩，且两域内展缩的倍数一致。在通信技术中，为了缩短通信时间，以提高通信速度，就要提高每秒内传送的脉冲数，为此必须压缩信号脉冲的宽度。这样做必然会使信号的频带加宽，通信设备的通频带也要相应加宽，以便满足信号传输的质量要求。可见，在通信技术中应当合理地选择信号持续时间与占有的频带。

【例 3-12】 求信号 $\varepsilon(-t)$ 的频谱函数。

解　因为 $\varepsilon(t) \leftrightarrow \pi\delta(\omega) + \dfrac{1}{j\omega}$，由式(3.71)得

$$\varepsilon(-t) \leftrightarrow \frac{1}{|-1|}\left[\pi\delta\left(\frac{\omega}{-1}\right) + \frac{1}{j\left(\dfrac{\omega}{-1}\right)}\right] = \pi\delta(-\omega) + \frac{1}{j(-\omega)}$$

考虑冲激函数的偶函数性质，有 $\delta(-\omega) = \delta(\omega)$，所以有

$$\varepsilon(-t) \leftrightarrow \pi\delta(\omega) - \frac{1}{j\omega}$$

3.6.5　时移特性

若 $f(t) \leftrightarrow F(\omega)$，则

$$f(t \pm t_0) \leftrightarrow F(\omega) e^{\pm j\omega t_0} \tag{3.72}$$

证明 因为

$$F[f(t \pm t_0)] = \int_{-\infty}^{\infty} f(t \pm t_0) e^{-j\omega t} dt$$

作变量代换,令 $t \pm t_0 = v, t = v \mp t_0, dt = dv$,代入上式,则有

$$F[f(t \pm t_0)] = \int_{-\infty}^{\infty} f(v) e^{-j(v \mp t_0)\omega} dv$$

$$= e^{\pm j\omega t_0} \int_{-\infty}^{\infty} f(v) e^{-j\omega v} dv$$

$$= e^{\pm j\omega t_0} F(\omega)$$

改写延时信号的频谱为

$$F(\omega) e^{\pm j\omega t_0} = |F(\omega)| e^{j\varphi(\omega)} e^{\pm j\omega t_0}$$

$$= |F(\omega)| e^{j[\varphi(\omega) \pm \omega t]}$$

可见,$f(t)$ 延时(超前)t_0 后,其对应的幅度频谱保持不变,但相位频谱中一切频率分量的相位均滞后(超前)ωt_0,滞后(超前)角与各频率分量的频率成正比。由时移特性可知,当信号通过系统后,仅有延时而波形保持不变,则该系统的相频特性要使信号中所有频率分量的相位滞后。

不难证明,如果信号既有时移又有尺度变换,对于

$$f(t) \leftrightarrow F(\omega)$$

a 和 b 为实常数,但 $a \neq 0$,则

$$f(at - b) \leftrightarrow \frac{1}{|a|} F\left(\frac{\omega}{a}\right) e^{-j\omega \frac{b}{a}} \tag{3.73}$$

显然,尺度变换和时移特性是上式的两种特殊情况。当 $b=0$ 时,为尺度变换;当 $a=1$ 时,为时移特性。

【例 3-13】 已知 $f(t) \leftrightarrow F(\omega)$,求 $y(t) = f\left(-\frac{1}{2}t + 1\right)$ 的频谱函数。

解 由式(3.73)得

$$y(t) = f\left(-\frac{1}{2}t + 1\right) \leftrightarrow \frac{1}{\left|-\frac{1}{2}\right|} F\left(\frac{\omega}{-\frac{1}{2}}\right) e^{-j\omega \frac{1}{-\frac{1}{2}}} = 2F(-2\omega) e^{-j2\omega}$$

3.6.6 频移特性

频移特性也称为调制特性。它可这样表述:若

$$f(t) \leftrightarrow F(\omega)$$

且为常数,则

$$f(t) e^{\pm j\omega_0 t} \leftrightarrow F(\omega \mp \omega_0) \tag{3.74}$$

证明 由傅里叶变换定义得

$$F[f(t) e^{\pm j\omega_0 t}] = \int_{-\infty}^{\infty} f(t) e^{\pm j\omega_0 t} e^{-j\omega t} dt$$

$$= \int_{-\infty}^{\infty} f(t) e^{-j(\omega \mp \omega_0)t} dt$$
$$= F[\omega \mp \omega_0]$$

即

$$f(t)e^{\pm j\omega_0 t} \leftrightarrow F(\omega \mp \omega_0)$$

式(3.74)表明：将信号 $f(t)$ 乘以因子 $e^{j\omega_0 t}$，对应于将频谱函数沿 ω 轴右移 ω_0；将信号 $f(t)$ 乘以因子 $e^{-j\omega_0 t}$，对应于将频谱函数沿 ω 轴左移 ω_0。在各类电子系统中，经常需要搬移频谱，此过程称为调制；反之，若 $f(t)$ 的频谱原来在 $\omega = \omega_0$ 附近(高频信号)，则将 $f(t)$ 乘以 $e^{-j\omega_0 t}$，就可使其频谱搬移至 $\omega = 0$ 附近(低频信号)，这样的过程在通信中称为解调；如果信号的频谱原来是在 $\omega = \omega_1$ 附近，将信号乘以因子 $e^{-j\omega_0 t}$，就可使其频谱搬移到 $\omega = \omega_1 - \omega_0$ 附近，这一过程称为变频。由于虚指数信号 $e^{j\omega_0 t}$ 是正弦信号的一部分，工程上常将 $f(t)$ 与正弦函数 $\sin\omega_0 t$ 或余弦函数 $\cos\omega_0 t$ 相乘达到频谱搬移的目的，即

$$f(t)\cos\omega_0 t = \frac{1}{2}[f(t)e^{j\omega_0 t} + f(t)e^{-j\omega_0 t}] \tag{3.75}$$

从而有调制定理，若 $f(t) \leftrightarrow F(\omega)$，则

$$f(t)\cos\omega_0 t \leftrightarrow \frac{1}{2}[F(\omega - \omega_0) + F(\omega + \omega_0)] \tag{3.76}$$

式中，$\cos\omega_0 t$ 一般是高频率信号，称为载波，$f(t)$ 在这里称为调制信号，两者相乘得到一个幅度随 $f(t)$ 变化的高频振荡 $f_a(t)$，称为已调制信号。图 3.35 给出了 $f(t)$，$f_a(t)$ 及其频谱的图形。由此可知，利用调制原理，可将需要传输的若干低频信号分别搬移到不同的载波频率附近，并使它们的频谱互不重叠，这样，就可以在同一信道内传送许多路信号，实现所谓"频分复用多路通信"。

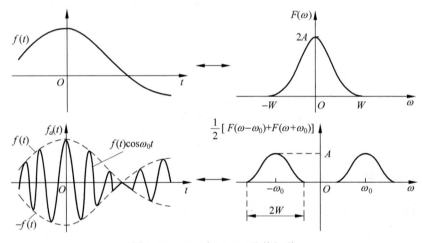

图 3.35 $f(t)$ 与 $f_a(t)$ 及其频谱

【例 3-14】 求信号 $f_1(t) = \cos\omega_0 t$，$f_2(t) = \sin\omega_0 t$ 的傅里叶变换。

解 应用欧拉公式可得

$$f_1(t) = \frac{1}{2}e^{j\omega_0 t} + \frac{1}{2}e^{-j\omega_0 t}, \quad f_2(t) = \frac{1}{2j}e^{j\omega_0 t} - \frac{1}{2j}e^{-j\omega_0 t}$$

由频移特性可得

$$f_1(t) \leftrightarrow \frac{1}{2} \times 2\pi\delta(\omega-\omega_0) + \frac{1}{2} \times 2\pi\delta(\omega+\omega_0) = \pi[\delta(\omega-\omega_0) + \delta(\omega+\omega_0)]$$

$$f_2(t) \leftrightarrow \frac{1}{2j} \times 2\pi\delta(\omega-\omega_0) - \frac{1}{2j} \times 2\pi\delta(\omega+\omega_0) = j\pi[\delta(\omega+\omega_0) - \delta(\omega-\omega_0)]$$

3.6.7 卷积定理

卷积定理分为时域卷积定理和频谱卷积定理。现分述如下。

1. 时域卷积定理

若 $f_1(t) \leftrightarrow F_1(\omega)$， $f_2(t) \leftrightarrow F_2(\omega)$

则

$$f_1(t) * f_2(t) \leftrightarrow F_1(\omega) \cdot F_2(\omega) \tag{3.77}$$

证明

$$F[f_1(t) * f_2(t)] = \int_{-\infty}^{\infty} e^{-j\omega t} \left[\int_{-\infty}^{\infty} f_1(\tau) f_2(t-\tau) d\tau\right] dt$$

$$= \int_{-\infty}^{\infty} f_1(\tau) \left[\int_{-\infty}^{\infty} f_2(t-\tau) e^{-j\omega t} dt\right] d\tau$$

由于 $f_2(t) \leftrightarrow F_2(\omega)$， $f_2(t-\tau) \leftrightarrow F_2(\omega) e^{-j\omega\tau}$

代入上式得

$$f_1(t) * f_2(t) \leftrightarrow \int_{-\infty}^{\infty} f_1(\tau) F_2(\omega) e^{-j\omega\tau} d\tau$$

$$= F_2(\omega) \int_{-\infty}^{\infty} f_1(\tau) e^{-j\omega\tau} d\tau$$

$$= F_1(\omega) \cdot F_2(\omega)$$

时域卷积定理说明，两个时间信号的卷积运算得到的信号的频谱等于两个时间信号频谱的乘积，即在时域的卷积运算等效于在频域的乘法运算。

2. 频域卷积定理

若 $f_1(t) \leftrightarrow F_1(\omega)$， $f_2(t) \leftrightarrow F_2(\omega)$

则

$$f_1(t) \cdot f_2(t) \leftrightarrow \frac{1}{2\pi} F_1(\omega) * F_2(\omega) \tag{3.78}$$

证明

$$F[f_1(t)f_2(t)] = \int_{-\infty}^{\infty} [f_1(t)f_2(t)] e^{-j\omega t} dt = \int_{-\infty}^{\infty} f_2(t) e^{-j\omega t} \left[\frac{1}{2\pi}\int_{-\infty}^{\infty} F_1(\Omega) e^{j\Omega t} d\Omega\right] dt$$

$$= \frac{1}{2\pi} \int_{-\infty}^{\infty} F_1(\Omega) d\Omega \cdot \left[\int_{-\infty}^{\infty} f_2(t) e^{-j(\omega-\Omega)t} dt\right]$$

$$= \frac{1}{2\pi} \int_{-\infty}^{\infty} F_1(\Omega) F_2(\omega-\Omega) d\Omega = \frac{1}{2\pi} F_1(\omega) * F_2(\omega)$$

频域卷积定理说明，时域的乘法运算等效于频域的卷积运算。在求频谱时，如信号可分解成两信号的乘积，而其中之一的频谱是冲激或冲激串时，利用频域卷积定理是很方便的。

【例 3-15】 求图 3.36(a)所示信号的傅里叶变换。

解 图(a)信号 $f(t)$ 可以看作图(b)信号 $f_1(t)$ 与图(c)信号 $f_2(t)$ 的卷积得到。其中，$f_1(t),f_2(t)$ 的傅里叶变换分别为

$$f_1(t) \leftrightarrow F_1(\omega) = 2\text{Sa}(\omega)e^{-j\omega}, \quad f_2(t) \leftrightarrow F_2(\omega) = \frac{1}{1-e^{-j4\omega}}$$

由时域卷积定理，得

$$F(\omega) = F_1(\omega)F_2(\omega) = \frac{2\text{Sa}(\omega)e^{-j\omega}}{1-e^{-j4\omega}}$$

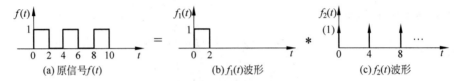

图 3.36 信号 $f(t)$ 及其分解图

【例 3-16】 求图 3.37(a)所示三角形信号 $y(t)$ 的傅里叶变换 $Y(\omega)$。

解 为了简便求解，引入辅助信号 $f(t)$，如图 3.37(b)和(c)所示。由于

$$y(t) = f(t) * f(t)$$

故由傅里叶变换的时域卷积定理得

$$Y(\omega) = F(\omega)F(\omega) = [F(\omega)]^2$$

由前面所介绍的门函数傅里叶变换可知 $F(\omega) = \tau\text{Sa}\left(\dfrac{\omega\tau}{2}\right)$，代入上式得

$$Y(\omega) = [F(\omega)]^2 = \tau^2\left[\text{Sa}\left(\dfrac{\omega\tau}{2}\right)\right]^2$$

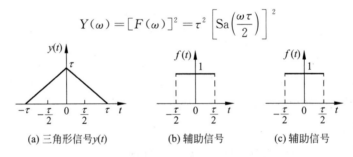

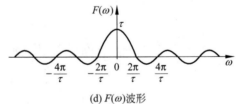

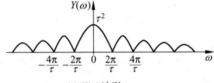

图 3.37 例 3-16 图

$F(\omega)$ 与 $Y(\omega)$ 的波形图如图 3.37(d)和(e)所示。

【例 3-17】 求信号 $f(t)=\dfrac{\sin t}{t}\cos 4t$ 的傅里叶变换,并画出频谱图。

解 设 $f_1(t)=\dfrac{\sin t}{t}$,$f_2(t)=\cos 4t$,则 $f(t)$ 看作 $f_1(t)$ 与 $f_2(t)$ 的乘积。其中,$f_1(t)$ 与 $f_2(t)$ 的傅里叶变换分别为

$$f_1(t)\leftrightarrow F_1(\omega)=\pi g_2(\omega),\quad f_2(t)\leftrightarrow F_2(\omega)=\pi[\delta(\omega+4)+\delta(\omega-4)]$$

由频域卷积定理得

$$f(t)\leftrightarrow \dfrac{1}{2\pi}F_1(\omega)*F_2(\omega)=\dfrac{1}{2\pi}\pi g_2(\omega)*\pi[\delta(\omega+4)+\delta(\omega-4)]$$

$$=\dfrac{\pi}{2}[g_2(\omega+4)+g_2(\omega-4)]$$

其频谱图如图 3.38 所示。

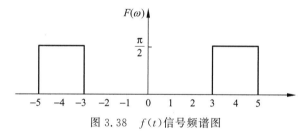

图 3.38　$f(t)$ 信号频谱图

【例 3-18】 已知某一单边信号 $f(t)$,并设其频谱为 $F(\omega)=R(\omega)+jX(\omega)$。试证明:

$$R(\omega)=\dfrac{1}{\pi\omega}*X(\omega),\quad X(\omega)=-\dfrac{1}{\pi\omega}*R(\omega)$$

证明 由于单边信号可写为

$$f(t)=f(t)\varepsilon(t)$$

对上式两边取傅里叶变换,并利用傅里叶频域卷积定理得

$$F(\omega)=\dfrac{1}{2\pi}F(\omega)*\left(\pi\delta(\omega)+\dfrac{1}{j\omega}\right)=\dfrac{F(\omega)}{2}+\dfrac{1}{j2\pi\omega}*F(\omega)$$

由上式可得

$$F(\omega)=\dfrac{1}{j\pi\omega}*F(\omega)$$

由题得

$$F(\omega)=R(\omega)+jX(\omega)$$

即可得

$$R(\omega)=\dfrac{1}{\pi\omega}*X(\omega),\quad X(\omega)=-\dfrac{1}{\pi\omega}*R(\omega)$$

3.6.8　时域微分和积分性质

若 $f(t)\leftrightarrow F(\omega)$,当 $\dfrac{\mathrm{d}f(t)}{\mathrm{d}t}$ 存在时,则有 $f(t)$ 的时间微分傅里叶变换为

$$\dfrac{\mathrm{d}f(t)}{\mathrm{d}t}\leftrightarrow (j\omega)F(\omega) \tag{3.79}$$

$f(t)$ 的时间积分傅里叶变换为

$$\int_{-\infty}^{t} f(\tau)\mathrm{d}\tau \leftrightarrow \frac{F(\omega)}{\mathrm{j}\omega} + \pi F(0)\delta(\omega) \tag{3.80}$$

证明 由 $F(\omega)$ 的傅里叶反变换式

$$f(t) = \frac{1}{2\pi}\int_{-\infty}^{\infty} F(\omega)\mathrm{e}^{\mathrm{j}\omega t}\mathrm{d}\omega$$

上式两边对 t 求导,可得

$$\frac{\mathrm{d}f(t)}{\mathrm{d}t} = \frac{1}{2\pi}\int_{-\infty}^{\infty} F(\omega)\frac{\mathrm{d}}{\mathrm{d}t}\mathrm{e}^{\mathrm{j}\omega t}\mathrm{d}\omega$$

$$= \frac{1}{2\pi}\int_{-\infty}^{\infty} (\mathrm{j}\omega)F(\omega)\mathrm{e}^{\mathrm{j}\omega t}\mathrm{d}\omega$$

即

$$\frac{\mathrm{d}f(t)}{\mathrm{d}t} \leftrightarrow (\mathrm{j}\omega)F(\omega)$$

这说明函数在时域中的微分对应在其频谱中乘以 $\mathrm{j}\omega$。将此结果推广到时域求 n 阶导数的情况,则有

$$\frac{\mathrm{d}^n f(t)}{\mathrm{d}t^n} \leftrightarrow (\mathrm{j}\omega)^n F(\omega) \tag{3.81}$$

对于时间积分性质证明如下。

因为

$$\varepsilon(t-\tau) = \begin{cases} 1, & \tau < t \\ 0, & \tau > t \end{cases}$$

由此得到

$$f(t) * \varepsilon(t) = \int_{-\infty}^{\infty} f(\tau)\varepsilon(t-\tau)\mathrm{d}\tau = \int_{-\infty}^{t} f(\tau)\mathrm{d}\tau$$

再利用时域卷积性质

$$f(t) * \varepsilon(t) = \int_{-\infty}^{t} f(\tau)\mathrm{d}\tau \leftrightarrow F(\omega)\left[\frac{1}{\mathrm{j}\omega} + \pi\delta(\omega)\right] = \frac{F(\omega)}{\mathrm{j}\omega} + \pi F(0)\delta(\omega)$$

$$F(0) = \int_{-\infty}^{\infty} f(t)\mathrm{d}t$$

如果 $f(t)$ 的积分为 0(直流分量为 0),则 $F(0)=0$,则

$$\int_{-\infty}^{t} f(\tau)\mathrm{d}\tau \leftrightarrow \frac{F(\omega)}{\mathrm{j}\omega}$$

从上式可知,当已知 $f(t)$ 的频谱为 $F(\omega)$ 时,若要求得 $\dfrac{\mathrm{d}f(t)}{\mathrm{d}t}$ 或 $\int_{-\infty}^{t} f(\tau)\mathrm{d}\tau$ 的频谱,只需将 $F(\omega)$ 乘上相应的 $\mathrm{j}\omega$ 或除以 $\mathrm{j}\omega$ 即可。利用时域微分特性易求出一些在通常意义下不易求得的变换关系。将此结果推广到时域求 n 阶积分情况,则有

$$f^{(-n)}(t) \leftrightarrow \frac{F(\omega)}{(\mathrm{j}\omega)^n}$$

由此可推广一般公式的求法。

令 $f(t) \to f'(t) = y(t)$,先求 $y(t)$ 的频谱 $Y(\omega)$

因为

$$\mathscr{F}[f(t)] = \mathscr{F}\left[\int_{-\infty}^{t} y(t)\mathrm{d}t\right] = \frac{1}{\mathrm{j}\omega}Y(\omega) + \pi Y(0)\delta(\omega)$$

其中
$$Y(0) = \int_{-\infty}^{\infty} y(t)\mathrm{d}t = \int_{-\infty}^{\infty} f'(t)\mathrm{d}t = f(t)\big|_{-\infty}^{\infty} = f(\infty) - f(-\infty)$$

因为
$$F[f(t)] = F\left[\int_{-\infty}^{t} f'(t)\mathrm{d}t\right] = F[f(t) - f(-\infty)] = F(\omega) - 2\pi f(-\infty)\delta(\omega)$$

由此可得
$$F(\omega) - 2\pi f(-\infty)\delta(\omega) = \frac{1}{\mathrm{j}\omega}Y(\omega) + \pi[f(\infty) - f(-\infty)]\delta(\omega)$$

由于 $Y(\omega) = F[f'(t)]$，即可得一般公式为
$$F(\omega) = \frac{1}{\mathrm{j}\omega}F[f'(t)] + \pi[f(\infty) + f(-\infty)]\delta(\omega)$$

由此可知：每次对求导后的图形的面积为 0，即 $Y(0) = \int_{-\infty}^{\infty} y(t)\mathrm{d}t = 0$，则有
$$F[f(t)] = F(\omega) = \frac{1}{\mathrm{j}\omega}F[f'(t)]$$

对于一个有始有终的信号，即 $f(\infty) = f(-\infty) = 0$，则 $F(\omega)$ 中无 $\delta(\omega)$ 项。

对于一个无限信号 $F(\omega)$ 中是否含有 $\delta(\omega)$ 项，看是否有 $f(\infty) + f(-\infty) = 0$。如果为 0，则不含有 $\delta(\omega)$；如果不为 0，则含有 $\delta(\omega)$。

【**例 3-19**】 求图 3.39(a)所示信号 $f(t)$ 的频谱函数。

解 对 $f(t)$ 求一阶导数、二阶导数，其波形如图 3.39(b)和(c)所示。应用冲激函数傅里叶变换对及时移、线性性质，有
$$f''(t) \leftrightarrow \mathrm{e}^{\mathrm{j}\omega} - 2 + \mathrm{e}^{-\mathrm{j}\omega} = 2(\cos\omega - 1)$$

因 $f(t)$ 的一阶导数、二阶导数净面积都为 0，故 $f(t)$ 的频谱函数为
$$f(t) \leftrightarrow \frac{2(\cos\omega - 1)}{(\mathrm{j}\omega)^2} = \mathrm{Sa}^2\left(\frac{\omega}{2}\right)$$

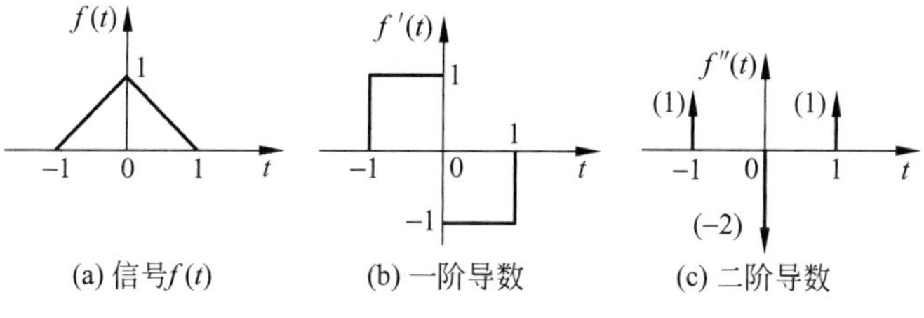

(a) 信号 $f(t)$ (b) 一阶导数   (c) 二阶导数

图 3.39 例 3-19 图

【**例 3-20**】 求下列截平斜变信号 $y(t)$ 的频谱。
$$y(t) = \begin{cases} 0, & t < 0 \\ \dfrac{t}{t_0}, & 0 \leqslant t \leqslant t_0 \\ 1, & t > t_0 \end{cases}$$

解 利用积分特性求 $y(t)$ 的频谱 $Y(\omega)$。把 $y(t)$ 看成脉幅为 $1/t_0$，脉宽为 t_0 的矩形脉冲 $f(\tau)$ 的积分，即
$$y(t) = \int_{-\infty}^{t} f(\tau)\mathrm{d}\tau$$

由于
$$f(\tau)=\begin{cases}0, & \tau<0\\ \dfrac{1}{t_0}, & 0<\tau<t_0\\ 0, & \tau>t_0\end{cases}$$

根据矩形脉冲的频谱及时移特性,可得 $f(\tau)$ 的频谱 $F(\omega)$ 为
$$F(\omega)=\mathrm{Sa}\left(\frac{\omega t_0}{2}\right)\mathrm{e}^{-\mathrm{j}\omega\frac{t_0}{2}}$$

注意到 $F(0)=1\neq 0$,求得
$$Y(\omega)=\frac{1}{\mathrm{j}\omega}F(\omega)+\pi F(0)\delta(\omega)=\frac{1}{\mathrm{j}\omega}\mathrm{Sa}\left(\frac{\omega t_0}{2}\right)\mathrm{e}^{-\mathrm{j}\frac{\omega t_0}{2}}+\pi\delta(\omega)$$

3.6.9 频域微分和频域积分

设
$$F^{(n)}(\omega)=\frac{\mathrm{d}^n F(\omega)}{\mathrm{d}\omega^n}$$
$$F^{(-1)}(\omega)=\int_{-\infty}^{\omega}F(\tau)\mathrm{d}\tau \tag{3.82}$$

1. 频域微分

若 $f(t)\leftrightarrow F(\omega)$,则
$$(-\mathrm{j}t)^n f(t)\leftrightarrow F^{(n)}(\omega) \tag{3.83}$$

2. 频域积分

若 $f(t)\leftrightarrow F(\omega)$,则
$$\pi f(0)\delta(t)+\frac{1}{-\mathrm{j}t}f(t)\leftrightarrow F^{(-1)}(\omega) \tag{3.84}$$

式中,
$$f(0)=\frac{1}{2\pi}\int_{-\infty}^{\infty}F(\omega)\mathrm{d}\omega \tag{3.85}$$

如果 $f(0)=0$,则有
$$\frac{1}{-\mathrm{j}t}f(t)\leftrightarrow F^{(-1)}(\omega) \tag{3.86}$$

频域微分和积分的结果可用频率卷积定理证明,其方法与时域类似,证明从略。

3.6.10 能量谱和功率谱

1. 能量信号的相关定理、巴什瓦尔公式和能量谱

对于连续时间能量信号,若分别有 $x(t)\leftrightarrow X(\omega)$ 和 $y(t)\leftrightarrow Y(\omega)$,则有
$$R_{xy}(t)\leftrightarrow X(\omega)Y^*(\omega) \tag{3.87}$$

式中,$R_{xy}(t)$ 是 $x(t),y(t)$ 的互相关函数。上式性质表明,两个能量信号互相关函数的傅里叶变换,等于其中一个信号的频谱乘以另一个信号频谱的共轭。按照时域中的卷积运算与相关运算之间的关系,并利用傅里叶变换的对称性质和时域卷积性质,不难证明上式。同理,还有

$$R_{yx}(t) \leftrightarrow X^*(\omega)Y(\omega) \tag{3.88}$$

对于能量信号 $f(t)$ 的自相关函数 $R_f(t)$,则有

$$R_f(t) \leftrightarrow |F(\omega)|^2 \tag{3.89}$$

这表明,一个能量信号自相关函数的傅里叶变换,等于该信号傅里叶变换模的平方。或者说,一个能量信号自相关函数和该信号的幅度谱的平方互成傅里叶变换对。这就是所谓的相关定理。

由能量信号自相关函数的性质可知,有

$$R_f(0) = \int_{-\infty}^{\infty} |f(t)|^2 dt \tag{3.90}$$

在连续傅里叶变换的正变换和反变换公式中,分别令 $\omega=0$ 和 $t=0$,有

$$F(0) = \int_{-\infty}^{\infty} f(t) dt \quad \text{和} \quad f(0) = \frac{1}{2\pi}\int_{-\infty}^{\infty} F(\omega) d\omega$$

即

$$R_f(0) = \frac{1}{2\pi}\int_{-\infty}^{\infty} |F(\omega)|^2 d\omega \tag{3.91}$$

故有

$$\int_{-\infty}^{\infty} |f(t)|^2 dt = \frac{1}{2\pi}\int_{-\infty}^{\infty} |F(\omega)|^2 d\omega \tag{3.92}$$

式中,$F(\omega)$ 为能量信号 $f(t)$ 的频谱。式(3.92)称为巴什瓦尔公式或巴什瓦尔定理。它表明一个能量信号在时域上计算的能量,等于该信号的频域上计算出的能量,即信号幅度谱的平方在整个频域($-\infty$ 到 $+\infty$ 区间)上积分除以 2π。式(3.92)表明,$|F(\omega)|^2$ 是连续时间能量信号 $f(t)$ 的能量在频域上的分布,故把 $|F(\omega)|^2$ 称为 $f(t)$ 的能量密度谱,简称能谱密度,它表示了单位频带所包含的信号能量,单位是焦耳/赫兹(J/Hz),即

$$E = \frac{1}{2\pi}\int_{-\infty}^{\infty} |F(\omega)|^2 d\omega \tag{3.93}$$

式(3.93)表明:能量信号的总能量等于各频率分量的能量之和,每个频率分量的能量为 $\frac{|F(\omega)|^2}{2\pi}d\omega$;信号的能量密度仅由信号傅里叶变换的模(幅度谱)确定,与信号的相位谱无关。换言之,凡是具有同样幅度谱而相位谱不同的信号,都有相同的能量谱密度。

2. 功率信号的相关定理、巴什瓦尔公式和功率谱

功率信号在整个时域内的能量是无限的,但其平均功率为有限值。一般来说,除常数信号和周期信号外,功率信号不存在傅里叶变换表示,因此,不能简单地套用上面能量信号的有关公式。但对于功率信号,也存在着类似的性质来描述时域和频域上平均功率之间的关系。

与能量信号的相关定理相对应,功率信号 $x(t)$,$y(t)$,也有

$$R_{xy}(t) \leftrightarrow \lim_{T \to \infty} \frac{1}{2T} X_T(\omega) Y_T^*(\omega) \tag{3.94}$$

式中,$R_{xy}(t)$ 是连续时间功率信号 $x(t)$,$y(t)$ 的互相关函数;$X_T(\omega)$,$Y_T(\omega)$ 分别是 $x(t)$,$y(t)$ 截短后的傅里叶变换,即

$$x_T(t) = \begin{cases} x(t), & |t| < T \\ 0, & |t| > T \end{cases} \leftrightarrow X_T(\omega) \tag{3.95}$$

由于功率信号的相关函数是一个极限形式,它们的傅里叶变换也表示了一个极限形式,除此以外,式(3.94)与式(3.87)完全类似,故称为功率信号的相关定理。

对于功率信号 $f(t)$ 的自相关函数 $R_f(t)$,有

$$R_f(t) \leftrightarrow \lim_{T \to \infty} \frac{1}{2T} |F_T(\omega)|^2 \tag{3.96}$$

类似于能量信号的巴什瓦尔公式,功率信号的巴什瓦尔公式如下:

$$\lim_{T \to \infty} \frac{1}{2T} \int_{-\infty}^{\infty} |f(t)|^2 \mathrm{d}t = \frac{1}{2\pi} \int_{-\infty}^{\infty} \lim_{T \to \infty} \frac{|F_T(\omega)|^2}{2T} \mathrm{d}\omega \tag{3.97}$$

上式等号左边是功率信号 $f(t)$ 在时域中计算的平均功率,右边是在频域中计算的平均功率。由此看出,右边积分号内的极限表示功率信号的平均功率在频域上的分布,故称为功率信号 $f(t)$ 的功率密度谱或功率谱密度,代表单位频带内功率信号的平均功率。

最后,将本节与上节讨论的傅里叶变换基本性质列于表 3.2,以便查阅。

表 3.2 傅里叶变换的主要性质

性 质	时域 $f(t)$	频域 $F(\omega)$	时域频域对应关系
线性	$\sum_{i=1}^{n} a_i f_i(t)$	$\sum_{i=1}^{n} a_i F_i(t)$	线性叠加
对称性	$F(t)$	$2\pi f(-\omega)$	对称
尺度变换	$f(at)$	$\frac{1}{|a|} F\left(\frac{\omega}{a}\right)$	压缩与扩展
	$f(-t)$	$F(-\omega)$	反褶
时移	$f(t-t_0)$	$F(\omega) \mathrm{e}^{-\mathrm{j}\omega t_0}$	时移与相移
	$f(at-t_0)$	$\frac{1}{|a|} F\left(\frac{\omega}{a}\right) \mathrm{e}^{-\mathrm{j}\omega \frac{t_0}{a}}$	
频移	$f(t)\mathrm{e}^{\mathrm{j}\omega_0 t}$	$F(\omega-\omega_0)$	调制与频移
	$f(t)\cos(\omega_0 t)$	$\frac{1}{2}[F(\omega+\omega_0)+F(\omega-\omega_0)]$	
	$f(t)\sin(\omega_0 t)$	$\frac{1}{2}[F(\omega+\omega_0)-F(\omega-\omega_0)]$	
时域微分	$\frac{\mathrm{d}f(t)}{\mathrm{d}t}$	$\mathrm{j}\omega F(\omega)$	
	$\frac{\mathrm{d}^n f(t)}{\mathrm{d}t^n}$	$(\mathrm{j}\omega)^n F(\omega)$	
频域微分	$-\mathrm{j}t f(t)$	$\frac{\mathrm{d}F(\omega)}{\mathrm{d}\omega}$	
	$(-\mathrm{j}t)^n f(t)$	$\frac{\mathrm{d}^n F(\omega)}{\mathrm{d}\omega^n}$	
时域积分	$\int_{-\infty}^{t} f(\tau)\mathrm{d}\tau$	$\frac{1}{\mathrm{j}\omega} F(\omega) + \pi F(0)\delta(\omega)$	
时域卷积	$f_1(t) * f_2(t)$	$F_1(\omega) F_2(\omega)$	乘积与卷积
频域卷积	$f_1(t) f_2(t)$	$\frac{1}{2\pi} F_1(\omega) * F_2(\omega)$	

续表

性　质	时域 $f(t)$	频域 $F(\omega)$	时域频域对应关系
时域抽样	$\sum_{n=-\infty}^{\infty} f(t)\delta(t-nT_s)$	$\dfrac{1}{T_s}\sum_{n=-\infty}^{\infty} F\left(\omega-\dfrac{2\pi n}{T_s}\right)$	抽样与重复
频域抽样	$\dfrac{1}{\omega_s}\sum_{n=-\infty}^{\infty} f\left(t-\dfrac{2\pi n}{\omega_s}\right)$	$\sum_{n=-\infty}^{\infty} F(\omega)\delta(\omega-n\omega_s)$	
相关	$R_{12}(\tau)$ $R_{21}(\tau)$	$F_1(\omega)F_2^*(\omega)$ $F_1^*(\omega)F_2(\omega)$	
自相关	$R(\tau)$	$\|F(\omega)\|^2$	

3.7　傅里叶反变换

3.8节将研究线性时不变系统的频域分析方法。为此,先求出系统的频率响应和信号的频谱,再将二者相乘得到系统零状态响应的频谱,最后由此求出零状态响应。另外,在许多信号分析和处理应用中,常常需要根据已知的信号频谱求出对应的时域信号。这些都涉及傅里叶反变换的求解问题。当然,可以按照前面所给出的傅里叶反变换定义通过积分运算求解,但有时这个积分运算是很复杂的,故本节将介绍其他几种常见的傅里叶反变换求解方法。

3.7.1　利用傅里叶变换对称特性

由式(3.70)可知,若 $f(t)\leftrightarrow F(\omega)$,则 $F(t)\leftrightarrow 2\pi f(-\omega)$。因此,在已知 $F(\omega)$ 的前提下,可以先求出其时域形式 $(\omega\leftrightarrow t)F(t)$ 的傅里叶变换 $F[F(t)]$,也就是 $2\pi f(-\omega)$,再求得 $f(t)=\dfrac{1}{2\pi}F[F(t)]\Big|_{\omega\to -t}$。

【例3-21】　求 $F(\omega)=\mathrm{j}\pi\mathrm{sgn}(\omega)$ 对应的时域信号 $f(t)$。

解
$$F(\omega)\big|_{\omega\to t}=F(t)=\mathrm{j}\pi\mathrm{sgn}(t)$$

因为
$$\mathrm{sgn}\,t\leftrightarrow\dfrac{2}{\mathrm{j}\omega}\quad\text{所以}\quad F(t)\leftrightarrow\mathrm{j}\pi\dfrac{2}{\mathrm{j}\omega}=\dfrac{2\pi}{\omega}$$

从而有
$$f(t)=\dfrac{1}{2\pi}F[F(t)]\Big|_{\omega\to -t}=\dfrac{1}{2\pi}\cdot\dfrac{2\pi}{\omega}\Big|_{\omega\to -t}=-\dfrac{1}{t}$$

【例3-22】　求 $F(\omega)=G_{\omega_0}(\omega)$ 对应的时域信号 $f(t)$。

解
$$F(\omega)\big|_{\omega\to t}=F(t)=G_{\omega_0}(t)$$

因为 $G_\tau(t)\leftrightarrow \tau\mathrm{Sa}\left(\dfrac{\omega\tau}{2}\right)$,所以 $F(t)\leftrightarrow \omega_0\mathrm{Sa}\left(\dfrac{\omega\omega_0}{2}\right)$。从而有
$$f(t)=\dfrac{1}{2\pi}F[F(t)]\Big|_{\omega\to -t}=\dfrac{\omega_0}{2\pi}\mathrm{Sa}\left(\dfrac{\omega\omega_0}{2}\right)\Big|_{\omega\to -t}=\dfrac{\omega_0}{2\pi}\mathrm{Sa}\left(\dfrac{\omega_0 t}{2}\right)$$

3.7.2　部分分式展开

$F(\omega)$ 一般是 ω 的有理分式,可以将 ω 看成一个变量,先做除法(如果分母阶数小于等于分子阶数),再将余式(有理真分式)进行部分分式展开,然后利用下述关系,进行傅里叶反

变换的求解。

$$F^{-1}\left[\pi\delta(\omega)+\frac{1}{j\omega}\right]=\varepsilon(t)$$

$$F^{-1}[1]=\delta(t)$$

$$F^{-1}[(j\omega)^n]=\delta^{(n)}(t)=\frac{d^n}{dt^n}\delta(t), \quad n=1,2,3,\cdots$$

$$F^{-1}\left[\frac{2}{j\omega}\right]=\operatorname{sgn}(t)$$

$$F^{-1}\left[\frac{1}{\alpha+j\omega}\right]=e^{-\alpha t}\varepsilon(t), \quad \alpha>0$$

两边对 α 求导,可得

$$F^{-1}\left[\frac{1}{(\alpha+j\omega)^n}\right]=\frac{t^{n-1}}{(n-1)!}e^{-\alpha t}\varepsilon(t), \quad \alpha>0, \quad n=2,3,4,\cdots$$

以及

$$F^{-1}\left[\frac{\omega_0}{(\alpha+j\omega)^2+\omega_0^2}\right]=e^{-\alpha t}\sin\omega_0 t\,\varepsilon(t), \quad \alpha>0$$

$$F^{-1}\left[\frac{\alpha+j\omega}{(\alpha+j\omega)^2+\omega_0^2}\right]=e^{-\alpha t}\cos\omega_0 t\,\varepsilon(t), \quad \alpha>0$$

上面这两个公式可用于避免傅里叶反变换结果中出现复杂的复数表示。

【例 3-23】 已知信号 $f(t)$ 的频谱为 $F(\omega)=\dfrac{-\omega^2+4j\omega+5}{-\omega^2+3j\omega+2}$,求 $f(t)$。

解 $F(\omega)=\dfrac{-\omega^2+4j\omega+5}{-\omega^2+3j\omega+2}=1+\dfrac{j\omega+3}{(j\omega+2)(j\omega+1)}=1+\dfrac{2}{j\omega+1}+\dfrac{-1}{j\omega+2}$

故
$$f(t)=\delta(t)+2e^{-t}\varepsilon(t)-e^{-2t}\varepsilon(t)$$

【例 3-24】 已知信号 $f(t)$ 的频谱为 $F(\omega)=\dfrac{1}{(j\omega+1)(j\omega+2)^3}$,求 $f(t)$。

解 $F(\omega)=\dfrac{1}{(j\omega+1)(j\omega+2)^3}=\dfrac{a}{j\omega+1}+\dfrac{b_0}{(j\omega+2)^3}+\dfrac{b_1}{(j\omega+2)^2}+\dfrac{b_2}{j\omega+2}$

其中,

$$a=[F(\omega)(j\omega+1)]\big|_{j\omega=-1}=1$$

$$b_0=[F(\omega)(j\omega+2)^3]\big|_{j\omega=-2}=-1$$

$$b_1=\frac{d}{d(j\omega)}[F(\omega)(j\omega+2)^3]\bigg|_{j\omega=-2}=-1$$

$$b_2=\frac{1}{2!}\frac{d^2}{d(j\omega)^2}[F(\omega)(j\omega+2)^3]\bigg|_{j\omega=-2}=-1$$

即 $F(\omega)=\dfrac{1}{(j\omega+1)(j\omega+2)^3}=\dfrac{1}{j\omega+1}+\dfrac{-1}{(j\omega+2)^3}+\dfrac{-1}{(j\omega+2)^2}+\dfrac{-1}{j\omega+2}$

所以
$$f(t)=e^{-t}\varepsilon(t)-\frac{t^2}{2}e^{-2t}\varepsilon(t)-te^{-2t}\varepsilon(t)-e^{-2t}\varepsilon(t)$$

3.7.3 利用傅里叶变换性质和常见信号的傅里叶变换对

这种方法要求熟记常见的傅里叶变换对,并要求能够熟练掌握傅里叶变换的性质,是上述方法的补充。

【例 3-25】 已知信号 $f(t)$ 的频谱为 $F(\omega)=\pi\delta(\omega-\omega_0)+\dfrac{1}{j(\omega-\omega_0)}$,$\omega_0$ 为一常数,求 $f(t)$。

解

$$F(\omega)=\pi\delta(\omega-\omega_0)+\frac{1}{j(\omega-\omega_0)}=\left[\pi\delta(\omega)+\frac{1}{j(\omega)}\right]*\delta(\omega-\omega_0)$$

$$=\frac{1}{2\pi}\left[\pi\delta(\omega)+\frac{1}{j(\omega)}\right]*2\pi\delta(\omega-\omega_0)$$

应用傅里叶变换频域卷积定理有

$$f(t)=F^{-1}\left[\pi\delta(\omega)+\frac{1}{j\omega}\right]\cdot F^{-1}\left[\delta(\omega-\omega_0)\right]=\varepsilon(t)\mathrm{e}^{j\omega_0 t}$$

【例 3-26】 已知 $y(t)*\dfrac{\mathrm{d}}{\mathrm{d}t}y(t)=(1-t)\mathrm{e}^{-t}\varepsilon(t)$,求 $y(t)$。

解 根据傅里叶变换的时域卷积定理和时域微分特性有

$$Y(\omega)\cdot j\omega Y(\omega)=\frac{1}{1+j\omega}-\frac{1}{(1+j\omega)^2}=\frac{j\omega}{(1+j\omega)^2}$$

即

$$Y(\omega)=\pm\frac{1}{1+j\omega}$$

故

$$y(t)=\pm\mathrm{e}^{-t}\varepsilon(t)$$

3.8 LTI 系统的频域分析

前面讨论了信号的傅里叶分析,本节将研究系统的激励与响应在频域中的关系。

3.8.1 频率响应

现有一个线性时不变系统,其输入为 $f(t)$,输出或响应为 $y(t)$,描述该系统的微分方程为

$$a_n y^{(n)}(t)+a_{n-1}y^{(n-1)}(t)+\cdots+a_1 y'(t)+a_0 y(t)=b_m f^{(m)}(t)+b_{m-1}f^{(m-1)}(t)\\+\cdots+b_1 f'(t)+b_0 f(t)$$

对上式两边取傅里叶变换并利用时域微分性质,可得

$$\left[a_n(j\omega)^n+a_{n-1}(j\omega)^{n-1}+\cdots+a_1(j\omega)+a_0\right]Y(\omega)=\left[b_m(j\omega)^m+b_{m-1}(j\omega)^{m-1}\\+\cdots+b_1(j\omega)+b_0\right]F(\omega)$$

于是系统响应(或输出)的傅里叶变换为

$$Y(\omega)=\frac{b_m(j\omega)^m+b_{m-1}(j\omega)^{m-1}+\cdots+b_1(j\omega)+b_0}{a_n(j\omega)^n+a_{n-1}(j\omega)^{n-1}+\cdots+a_1(j\omega)+a_0}F(\omega) \tag{3.98}$$

$$=H(\omega)F(\omega)$$

式中，$H(\omega)$ 称为该系统的系统函数。

1. 对于 $H(\omega)$ 的几点说明

（1）$H(\omega)$ 是描述系统的重要参数，它与系统本身的特性有关，而与激励无关，系统由于 $H(\omega)$ 的作用将导致输出信号相对于输入信号在幅度和相位两个方面的变化。系统函数（频率响应）可定义为系统响应（零状态响应）的傅里叶时变换 $Y(\omega)$ 与激励的傅里叶变换 $F(\omega)$ 之比，即

$$H(\omega) = \frac{Y(\omega)}{F(\omega)} \quad (3.99)$$

（2）若令 $f(t) = \delta(t)$，系统的零状态响应即为冲激响应 $h(t)$。由于 $\delta(t) \leftrightarrow 1$，故有 $h(t) \leftrightarrow H(\omega)$。因此，$H(\omega)$ 也就是系统冲激响应的傅里叶变换，$h(t)$ 和 $H(\omega)$ 从时域和频域两个侧面描述了同一个系统的特性，即 $h(t)$ 和 $H(\omega)$ 的关系为

$$H(\omega) = \int_{-\infty}^{\infty} h(t) e^{-j\omega t} dt \quad (3.100)$$

$$h(t) = \frac{1}{2\pi} \int_{-\infty}^{\infty} H(\omega) e^{j\omega t} d\omega$$

（3）$H(\omega)$ 一般是 ω 的复函数，可以表示为

$$H(\omega) = |H(\omega)| e^{j\varphi(\omega)}$$

且 $|H(\omega)|$ 是 ω 的偶函数，$\varphi(\omega)$ 是 ω 的奇函数。

（4）傅里叶变换分析的实质是：先将信号分解为无穷多个虚指数分量之和，即

$$f(t) = \int_{-\infty}^{\infty} \left[\frac{F(\omega) d\omega}{2\pi}\right] e^{j\omega t}$$

在 $d\omega$ 的范围内的该分量为 $\frac{F(\omega) d\omega}{2\pi} e^{j\omega t}$，而其响应分量为 $\left[\frac{F(\omega) d\omega}{2\pi}\right] H(\omega) e^{j\omega t}$，再将无穷多个响应分量加起来，便得到了系统的总响应，即

$$y(t) = \int_{-\infty}^{\infty} \left[\frac{F(\omega)}{2\pi} H(\omega) d\omega\right] e^{j\omega t} = \int_{-\infty}^{\infty} \left[\frac{Y(\omega)}{2\pi}\right] e^{j\omega t} d\omega \quad (3.101)$$

由此可见，时域分析和频域分析是以不同的观点对 LTI 系统进行分析的两种方法。时域分析是在时间域内进行的，它可以比较直观地得出系统响应的波形，而且便于进行数值计算；频域分析是在频率域内进行的，它是信号分析和处理的有效工具，即傅里叶变换分析法和卷积分析法的相似和不同之处。两种分析方法中的相同之处是都对信号做单元信号的分解，然后再求取系统在各个单元信号作用下的响应，最后再进行叠加。其不同之处在于：在卷积分析法中，其单元信号为加权的虚指数信号，前者是直接求响应的时域积分的方法，而后者是间接求响应的变换域的方法。

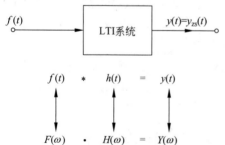

图 3.40 时域分析与频域分析的关系

2. 计算过程

时域分析与频域分析的关系如图 3.40 所示。它的计算过程可归纳为下列几个步骤：

① 将输入激励 $f(t)$ 变换为频域的 $F(\omega)$；

② 确定系统的系统函数 $H(\omega)$，通常可借助

于正弦稳态响应的方法求取；

③ 求出响应的傅里叶变换 $Y(\omega)=H(\omega)F(\omega)$；

④ 再从频域返回到时域,即进行傅里叶反变换,求出 $y(t)$。

【例 3-27】 已知一个因果 LTI 系统的输出 $y(t)$ 和输入 $f(t)$ 可由下列微分方程来描述：

$$\frac{d^2 y(t)}{dt^2} + 6\frac{dy(t)}{dt} + 8y(t) = 2f(t)$$

(1) 确定系统的冲激响应 $h(t)$。

(2) 如果 $f(t)=t e^{-2t}\varepsilon(t)$,初始状态为 $y(0^-)=2, y'(0^-)=1$,试求其全响应。

解 (1) 由微分方程可得

$$H(\omega) = \frac{2}{(j\omega)^2 + 6(j\omega) + 8}$$

求 $H(\omega)$ 的傅里叶反变换,就可以得到系统的冲激响应为

$$h(t) = F^{-1}[H(\omega)] = e^{-2t}\varepsilon(t) - e^{-4t}(t)\varepsilon(t)$$

(2) 由于 $f(t)=t e^{-2t}\varepsilon(t)$,可得

$$F(\omega) = \frac{1}{(2+j\omega)^2}$$

由此可得

$$Y(\omega) = H(\omega)F(\omega) = \frac{2}{(j\omega+4)(j\omega+2)^3}$$

利用部分分式展开法,可求得 $Y(\omega)$ 展开成为

$$Y(\omega) = \frac{-\frac{1}{4}}{j\omega+4} + \frac{1}{(2+j\omega)^3} + \frac{-\frac{1}{2}}{(2+j\omega)^2} + \frac{\frac{1}{4}}{2+j\omega}$$

求 $Y(\omega)$ 的傅里叶反变换,得到系统的零状态响应为

$$y_{zs}(t) = F^{-1}[Y(\omega)]$$
$$= -\frac{1}{4}e^{-4t}\varepsilon(t) + \frac{1}{2}t^2 e^{-2t}\varepsilon(t) - \frac{1}{2}t e^{-2t}\varepsilon(t) + \frac{1}{4}e^{-2t}\varepsilon(t)$$

下面利用时域分析求取该系统的零输入响应。

因为该系统的齐次微分方程为

$$\frac{d^2 y(t)}{dt^2} + 6\frac{dy(t)}{dt} + 8 = 0$$

其特征根为

$$\lambda_1 = -2, \quad \lambda_2 = -4$$

故零输入响应的通解为

$$y_{zi}(t) = C_1 e^{-2t} + C_2 e^{-4t}$$

将 $y(0^-)=2, y'(0^-)=1$ 代入,可解得

$$C_1 = \frac{9}{2}, \quad C_2 = \frac{-5}{2}$$

$$y_{zi}(t) = \left(\frac{9}{2}e^{-2t} - \frac{5}{2}e^{-4t}\right)\varepsilon(t)$$

故全响应为
$$y(t) = y_{zs}(t) + y_{zi}(t)$$
$$= \left[\frac{17}{4}e^{-2t} - \frac{11}{4}e^{-4t} - \frac{1}{2}te^{-2t} + \frac{1}{2}t^2e^{-2t}\right]\varepsilon(t)$$

【例 3-28】 如图 3.41 所示的系统,已知乘法器的输入 $f(t) = \dfrac{\sin 2t}{t}$, $s(t) = \cos 3t$ 系统的频率响应 $H(\omega) = \begin{cases} 1, & |\omega| < 3\text{rad/s} \\ 0, & |\omega| > 3\text{rad/s} \end{cases}$,求输出 $y(t)$。

解 由图 3.41 可知,乘法器的输出信号 $x(t) = f(t) \cdot s(t)$,依频域卷积定理可知,其频谱函数
$$X(\omega) = \frac{1}{2\pi} F(\omega) * S(\omega)$$

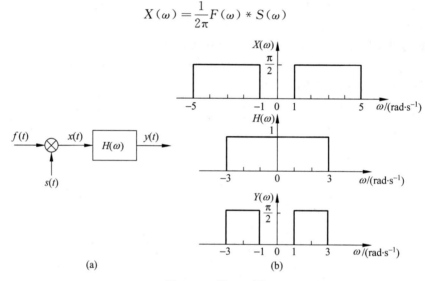

图 3.41 例 3-28 图

式中,$f(t) \leftrightarrow F(\omega)$, $s(t) \leftrightarrow S(\omega)$。由于宽度为 τ 的门函数与其频谱函数的关系为
$$g_\tau(t) \leftrightarrow \tau \frac{\sin\left(\dfrac{\omega\tau}{2}\right)}{\dfrac{\omega\tau}{2}}$$

令 $\dfrac{\omega\tau}{2} = 2\omega$,则 $\tau = 4$,根据对称性可得
$$\frac{2\sin 2t}{t} \leftrightarrow 2\pi g_4(-\omega) = 2\pi g_4(\omega)$$

故得 $f(t)$ 的频谱函数为 $\qquad F(\omega) = \pi g_4(\omega)$

$s(t)$ 的频谱函数为 $\qquad S(\omega) = \pi[\delta(\omega+3) + \delta(\omega-3)]$

因此可得
$$X(\omega) = \frac{1}{2\pi} \times \pi g_4(\omega) * \pi[\delta(\omega+3) + \delta(\omega-3)] = \frac{\pi}{2}[g_4(\omega+3) + g_4(\omega-3)]$$

其频谱如图 3.41(b)所示。系统的频率响应函数可写为

$$H(\omega) = g_6(\omega)$$

所以系统响应 $y(t)$ 的频谱函数为

$$Y(\omega) = H(\omega)X(\omega) = g_6(\omega) \times \frac{\pi}{2}[g_4(\omega+3) + g_4(\omega-3)]$$

$$= \frac{\pi}{2}[g_2(\omega+2) + g_2(\omega-2)]$$

取上式的傅里叶反变换得

$$y(t) = \frac{\sin t}{t} \cdot \cos 2t$$

3.8.2 信号无失真传输

由前面分析可知:对于系统传递函数为 $H(\omega)$ 的一个系统,如果 $F(\omega)$ 和 $Y(\omega)$ 分别表示输入信号和输出信号的频谱,则

$$Y(\omega) = H(\omega)F(\omega)$$

它显示了通过系统后输入信号频谱的形状的变化。由前面分析可知,在传输过程中,输入信号的频谱 $|F(\omega)|$ 到输出端变为 $|H(\omega)F(\omega)|$,式中 $|H(\omega)|$ 是系统的振幅响应。类似地,输入信号的相位谱 $\varphi_f(\omega)$ 到输出端变为 $\varphi_f(\omega) + \varphi(\omega)$,式中 $\varphi(\omega)$ 是系统的相位响应。因此,一般来说,输入信号经过一个系统(信道或某种滤波器)后,输出信号与输入信号的波形并不相同。且系统对于信号的作用是多种多样的,如放大、滤波、时延、移相等。其中,使信号尽可能不失真地传输,则是系统设计的重要问题。

所谓信号无失真传输是指输入信号经过系统后,输出信号与输入信号相比,只有幅度大小和出现时间先后的不同,而没有波形上形状的变化,如图 3.42 所示。若输入信号为 $f(t)$,经系统无失真传输后,其输出信号应为

$$y(t) = Kf(t - t_0) \tag{3.102}$$

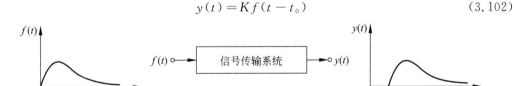

图 3.42 信号无失真传输模型图

即输出信号 $y(t)$ 的幅度是输入信号的 K 倍,而且比输入信号延时了 t_0。将式(3.102)作相应的傅里叶变换,得

$$Y(\omega) = KF(\omega)e^{-j\omega t_0} \tag{3.103}$$

故有

$$H(\omega) = Ke^{-j\omega t_0} \tag{3.104}$$

这是无失真传输所要求的系统函数。由此得到

$$|H(\omega)| = K$$
$$\varphi(\omega) = -\omega t_0 \tag{3.105}$$

因此,系统对信号无失真地传输时应满足两个条件为

(1) 系统的幅频特性 $|H(\omega)|$ 在整个频率范围内应为常数 K,即系统的通频带应为无

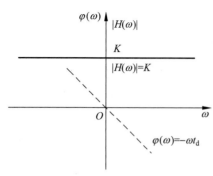

图 3.43 无失真传输系统的幅频特性和相频特性

穷大；

（2）系统的相频特性 $\varphi(\omega)$ 在整个频率范围内与 ω 成正比，即 $\varphi(\omega)=-\omega t_0$，如图 3.43 所示。

为了直观地看清无失真传输系统的相位变化，现以简单的信号加以说明。设

$$f(t)=A_1\sin\omega_1 t+A_2\sin 2\omega_1 t$$

则响应 $y(t)$ 应为

$$y(t)=KA_1\sin(\omega_1 t-\varphi_1)+KA_2\sin(2\omega_1 t-\varphi_2)$$
$$=KA_1\sin\left[\omega_1\left(t-\frac{\varphi_1}{\omega_1}\right)\right]+KA_2\sin\left[2\omega_1\left(t-\frac{\varphi_2}{2\omega_1}\right)\right]$$

为了使基波与二次谐波通过系统后有相同的延迟变化，以保证不产生相位失真，应满足

$$\frac{\varphi_1}{\omega_1}=\frac{\varphi_2}{2\omega_1}=t_0 (常数)$$

因此，相移应满足关系为

$$\frac{\varphi_1}{\varphi_2}=\frac{\omega_1}{2\omega_1}$$

即各频率分量的相移必须与频率成正比。

实际的线性系统，其幅频与相频特性都不可能完全满足不失真传输条件。当系统对信号中各频率分量产生不同程度的衰减，使信号的幅度频谱改变时，会造成幅度失真；当系统对信号中各频率分量产生的相移与频率不成正比时，会使信号的相位频谱改变，造成相位失真。工程上，根据信号传输系统的具体情况或要求，以上条件可以适当放宽。例如，在传输有限带宽的信号时，只要在信号占有频带范围内，系统的幅频、相频特性满足以上条件时，就可以认为是无失真传输系统。

【例 3-29】 已知一 LTI 系统的频率响应为 $H(\omega)=\dfrac{1-\mathrm{j}\omega}{1+\mathrm{j}\omega}$，求系统的幅频响应 $|H(\omega)|$ 和相位响应 $\varphi(\omega)$，并判断系统是否为无失真传输系统。

解 由题知，系统的频率响应为

$$H(\omega)=\mathrm{e}^{-\mathrm{j}2\arctan\omega}$$

所以系统的幅频响应和相位响应分别为

$$|H(\omega)|=1,\quad \varphi(\omega)=-2\arctan\omega$$

由于系统的幅频 $|H(\omega)|$ 对所有的频率都为常数，这类系统也称为全通系统。由于系统的相位响应 $\varphi(\omega)$ 不是 ω 的线性函数，所以系统不是无失真传输系统。

3.8.3 理想低通滤波器的响应

若系统能让某些频率的信号通过，而使其他频率的信号受到抑制，这样的系统就称为滤波器。若系统的幅频特性 $|H(\omega)|$ 在某一频带内保持为常数而在该频带外为零，相频特性 $\varphi(\omega)$ 始终为过原点的一条直线，则这样的系统就称为理想滤波器。

常用的理想滤波器有理想低通、理想高通、理想带通和理想带阻滤波器等类型，它们的

频率特性图如图 3.44 所示。对理想低通滤波器,它将低于某一角频率 ω_c 的信号无失真地传送,而阻止角频率高于 ω_c 的信号通过,其中 ω_c 称为截止角频率。能使信号通过的频率范围称为通带,阻止信号通过的频率范围称为止带或阻带。

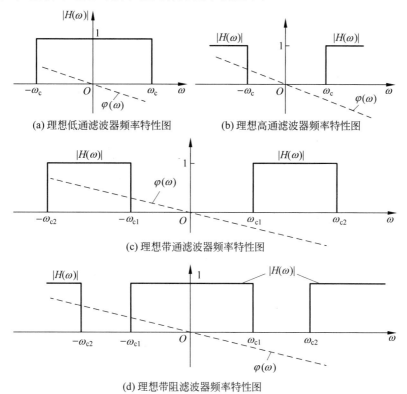

图 3.44 理想滤波器频率特性示意图

下面研究信号通过理想低通滤波器的情况。对于图 3.44(a)所示理想低通滤波器,其频率特性可写为

$$H(\omega) = |H(\omega)| e^{j\varphi(\omega)} = \begin{cases} e^{-j\omega t_0}, & |\omega| < \omega_c \\ 0, & |\omega| > \omega_c \end{cases} \quad (3.106)$$

1. 冲激响应

由前面可知,系统的冲激响应是 $H(\omega)$ 的傅里叶反变换,因此,理想低通滤波器的冲激响应为

$$h(t) = F^{-1}[H(\omega)] = \frac{1}{2\pi}\int_{-\infty}^{\infty} H(\omega) e^{j\omega t} d\omega = \frac{1}{2\pi}\int_{-\omega_c}^{\omega_c} e^{j\omega(t-t_0)} d\omega$$

$$= \frac{1}{\pi(t-t_0)} \sin\omega_c(t-t_0) = \frac{\omega_c}{\pi} \frac{\sin\omega_c(t-t_0)}{\omega_c(t-t_0)}$$

即

$$h(t) = \frac{\omega_c}{\pi} \text{Sa}[\omega_c(t-t_0)] \quad (3.107)$$

其波形如图 3.45(a)所示。由图可见，理想低通滤波器的冲激响应的峰值比输入的 $\delta(t)$ 延迟了 t_0，而且输出脉冲在其建立之前就已出现。对于实际的物理系统，当 $t<0$ 时，输入信号尚未接入，当然不可能有输出。

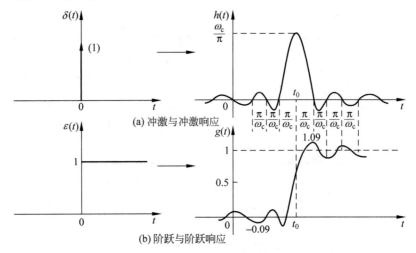

图 3.45　理想低通滤波器的冲激响应与阶跃响应示意图

2. 阶跃响应

设理想低通滤波器的阶跃响应为 $g(t)$，它等于 $h(t)$ 与单位阶跃函数的卷积积分，即

$$g(t)=h(t)*\varepsilon(t)=\int_{-\infty}^{t}h(\tau)\mathrm{d}\tau$$

将 $h(t)$ 代入上式，得

$$g(t)=\int_{-\infty}^{t}\frac{\omega_c}{\pi}\frac{\sin[\omega_c(\tau-t_0)]}{\omega_c(\tau-t_0)}\mathrm{d}\tau$$

令 $\omega_c(\tau-t_0)=x$，则 $\omega_c\mathrm{d}\tau=\mathrm{d}x$，令积分上限为 x_c，$x_c=\omega_c(t-t_0)$，进行变量替换后，得

$$g(t)=\frac{1}{\pi}\int_{-\infty}^{x_c}\frac{\sin x}{x}\mathrm{d}x=\frac{1}{\pi}\int_{-\infty}^{0}\frac{\sin x}{x}\mathrm{d}x+\frac{1}{\pi}\int_{0}^{x_c}\frac{\sin x}{x}\mathrm{d}x$$

因为 $g_\tau(t)\leftrightarrow\tau\dfrac{\sin\left(\dfrac{\omega\tau}{2}\right)}{\dfrac{\omega\tau}{2}}$，将 $\dfrac{\omega\tau}{2}=\omega$，$\tau=2$ 代入得

$$g_2(t)\leftrightarrow 2\frac{\sin\omega}{\omega}$$

$$g_2(t)=\frac{1}{2\pi}\int_{-\infty}^{\infty}\frac{2\sin\omega}{\omega}\mathrm{e}^{\mathrm{j}\omega t}\mathrm{d}\omega=\frac{1}{\pi}\int_{-\infty}^{\infty}\frac{\sin\omega}{\omega}\mathrm{e}^{\mathrm{j}\omega t}\mathrm{d}\omega$$

令 $t=0$，注意到 $g_2(0)=1$，以及被积函数是 ω 的偶函数，得

$$1=g_2(0)=\frac{2}{\pi}\int_{0}^{\infty}\frac{\sin\omega}{\omega}\mathrm{d}\omega$$

函数 $\dfrac{\sin\eta}{\eta}$ 的定积分称为正弦积分（其函数值可以从正弦积分表中查得），用符号 $\mathrm{Si}(x)$ 表示，即

$$\mathrm{Si}(x) = \int_0^x \frac{\sin\eta}{\eta}\mathrm{d}\eta \tag{3.108}$$

由此可得理想低通滤波器的阶跃响应

$$g(t) = \frac{1}{2} + \frac{1}{\pi}\mathrm{Si}(x_c) = \frac{1}{2} + \frac{1}{\pi}\mathrm{Si}[\omega_c(t-t_0)] \tag{3.109}$$

其波形如图 3.45(b)所示。由图可见,理想低通滤波器的阶跃响应不像阶跃信号那样陡直上升,而且在 $-\infty < t < 0$ 区间就已出现,这同样是采用理想化频率响应所致。

3.9 希尔伯特变换

希尔伯特(Hilbert)变换揭示了由傅里叶变换联系的时域和频域之间的一种等价互换关系,它与傅里叶变换的对称性质有紧密的联系。由希尔伯特变换所获得的概念和方法,在信号与系统以及信号处理的理论和实践中有重要的意义和实际应用价值。

3.9.1 因果时间函数的傅里叶变换的实部或虚部自满性

若 $f(t)$ 为一因果时间函数,即 $f(t) = 0, t < 0$,且在 $t = 0$ 处不包含 $\delta(t)$ 及其导数。假设 $f(t)$ 的傅里叶变换表示为实部和虚部形式,即

$$f(t) \leftrightarrow F(\omega) = R(\omega) + \mathrm{j}I(\omega) \tag{3.110}$$

则有

$$R(\omega) = \frac{1}{\pi}\int_{-\infty}^{\infty}\frac{I(\sigma)}{\omega-\sigma}\mathrm{d}\sigma$$

$$I(\omega) = -\frac{1}{\pi}\int_{-\infty}^{\infty}\frac{R(\sigma)}{\omega-\sigma}\mathrm{d}\sigma \tag{3.111}$$

证明 $f(t)$ 可表示为

$$f(t) = f(t)\varepsilon(t) \tag{3.112}$$

对等式两边取傅里叶变换,利用 $\varepsilon(t)$ 的傅里叶变换,并根据频域卷积性质,则有

$$R(\omega) + \mathrm{j}I(\omega) = \frac{1}{2\pi}[R(\omega) + \mathrm{j}I(\omega)] * \left[\pi\delta(\omega) + \frac{1}{\mathrm{j}\omega}\right]$$

$$= \left[\frac{R(\omega)}{2} + \frac{1}{2\pi}I(\omega) * \frac{1}{\omega}\right] + \mathrm{j}\left[\frac{I(\omega)}{2} - \frac{1}{2\pi}R(\omega) * \frac{1}{\omega}\right]$$

上式等号两边实部和虚部应分别相等,整理后分别得到

$$\begin{cases} R(\omega) = \frac{1}{\pi}I(\omega) * \frac{1}{\omega} = \frac{1}{\pi}\int_{-\infty}^{\infty}\frac{I(\sigma)}{\omega-\sigma}\mathrm{d}\sigma \\ I(\omega) = \frac{1}{\pi}R(\omega) * \frac{1}{\omega} = \frac{1}{\pi}\int_{-\infty}^{\infty}\frac{R(\sigma)}{\omega-\sigma}\mathrm{d}\sigma \end{cases} \tag{3.113}$$

因此,式(3.111)得到证明。这两式通常称为希尔伯特变换。它表明,对于满足式(3.112)的任意因果时间函数,无论是实因果时间函数或复的因果时间函数,其傅里叶变换的实部和虚部构成希尔伯特变换对。换言之,它们的实部和虚部相互是不独立的,即实部可由虚部唯一地确定,反之其虚部则由实部唯一地确定。因此,这种因果时间函数的傅里叶变换可仅由其实部或虚部唯一地表示,即

$$F(\omega) = R(\omega) - \mathrm{j}\frac{1}{\pi}\int_{-\infty}^{\infty}\frac{R(\sigma)}{\omega-\sigma}\mathrm{d}\sigma \quad 和 \quad F(\omega) = \frac{1}{\pi}\int_{-\infty}^{\infty}\frac{I(\sigma)}{\omega-\sigma}\mathrm{d}\sigma + \mathrm{j}I(\omega) \quad (3.114)$$

上述特性又称为因果时间函数傅里叶变换的实部自满性或虚部自满性。

3.9.2 连续时间解析信号的希尔伯特变换表示法

对于实信号 $x(t)$，若有 $x(t) \leftrightarrow X(\omega) = R_x(\omega) + \mathrm{j}I_x(\omega)$，根据傅里叶变换对称性质，$X(\omega)$ 的实部和虚部分别是频域上的实偶和实奇函数，即

$$R_x(\omega) = R_x(-\omega)$$
$$I_x(\omega) = -I_x(-\omega)$$

$X(\omega)$ 的正频域部分 $X(\omega)\varepsilon(\omega)$（或负频域部分）就完全代表了该实信号 $x(t)$ 的全部信息，但并不能说 $X(\omega) = 0, \omega < 0$。如果要使一个连续时间信号的傅里叶变换在负频域（或正频域）上为0，该信号必定是一个复信号。

现假设一个复信号 $v(t)$ 表示为实部和虚部形式，且其傅里叶变换为 $V(\omega)$，即

$$v(t) = x(t) + \mathrm{j}\hat{x}(t) \quad (3.115)$$

若实部信号 $x(t)$ 与虚部信号 $\hat{x}(t)$ 之间满足如下希尔伯特变换：

$$\hat{x}(t) = \frac{1}{\pi}\int_{-\infty}^{\infty}\frac{x(\tau)}{t-\tau}\mathrm{d}\tau, \quad x(t) = -\frac{1}{\pi}\int_{-\infty}^{\infty}\frac{\hat{x}(\tau)}{t-\tau}\mathrm{d}\tau \quad (3.116)$$

则该复数信号 $v(t)$ 的傅里叶变换 $V(\omega)$ 之非零部分仅限于正频域，即

$$V(\omega) = X(\omega) + \mathrm{j}\hat{X}(\omega) = 0, \quad \omega < 0 \quad (3.117)$$

也就是说，若一个复时间函数的实部和虚部彼此构成一个希尔伯特变换对，那么在频域上，其傅里叶变换是一个因果连续函数。显然，这个特性与前面讨论的特性，即时域上因果函数的傅里叶变换之实部和虚部构成一个希尔伯特变换对，两者互成对偶。

通常，把实部和虚部满足上述希尔伯特变换关系的复信号 $v(t)$ 称为解析信号，把这个虚部信号 $\hat{x}(t)$（它本身是一个实信号）称为实信号 $x(t)$ 的陪伴虚部信号。用解析信号 $v(t)$ 代表实信号 $x(t)$，使傅里叶变换（解析信号的频谱）只限于正频域部分，这种信号复数化表示法称为解析信号表示法，或称为盖勃表示法。下面证明上述解析信号表示法。

假设复信号 $v(t)$ 为式(3.115)那样，且令

$$x(t) \leftrightarrow X(\omega), \quad \hat{x}(t) \leftrightarrow \hat{X}(\omega) \quad (3.118)$$

$X(\omega), \hat{X}(\omega)$ 均是频域上的共轭偶对称函数，即

$$X(\omega) = X^*(-\omega), \quad \hat{X}(\omega) = \hat{X}^*(-\omega) \quad (3.119)$$

基于上式，若要使 $v(t)$ 的傅里叶变换满足式(3.117)，则 $X(\omega), \hat{X}(\omega)$ 必须满足如下关系：

$$\hat{X}(\omega) = \begin{cases} \mathrm{j}X(\omega), & \omega < 0 \\ -\mathrm{j}X(\omega), & \omega > 0 \end{cases} \quad (3.120)$$

由此可得

$$\hat{X}(\omega) = -\mathrm{j}X(\omega)\mathrm{sgn}(\omega), \quad X(\omega) = \mathrm{j}\hat{X}(\omega)\mathrm{sgn}(\omega) \quad (3.121)$$

若令

$$H(\omega) = -\mathrm{jsgn}(\omega) = \begin{cases} \mathrm{j}, & \omega < 0 \\ -\mathrm{j}, & \omega > 0 \end{cases} \tag{3.122}$$

则式(3.121)可写成为

$$\hat{X}(\omega) = X(\omega)H(\omega), \quad X(\omega) = \hat{X}(\omega)[-H(\omega)] \tag{3.123}$$

上式表明,$\hat{X}(\omega)$ 可由 $X(\omega)$ 通过频率响应为 $H(\omega)$ 的 LTI 系统获得;反过来,$X(\omega)$ 也可以由 $\hat{X}(\omega)$ 通过频率响应为 $-H(\omega)$ 的 LTI 系统得到。具有式(3.122)频率响应的 LTI 系统称为90°移相器,它的频率响应如图 3.46(a)所示。任何实信号通过它后,它的每个正弦频率分量的相位均滞后 $\pi/2$。根据傅里叶变换的时域卷积性质,式(3.123)的时域关系分别为

$$\hat{x}(t) = x(t) * h(t), \quad x(t) = \hat{x}(t) * [-h(t)] \tag{3.124}$$

其中,$h(t)$ 为90°移相器的单位冲激响应。它可用傅里叶变换的频域微分性质求得,即

$$h(t) = \begin{cases} 1/\pi t, & t \neq 0 \\ 0, & t = 0 \end{cases} \tag{3.125}$$

它的波形如图 3.46(b)所示。将上式代入式(3.124),就可证明解析信号 $v(t)$ 的实部和虚部彼此互成希尔伯特变换关系。上述90°移相器也称为希尔伯特变换器。

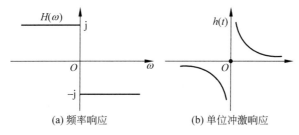

(a) 频率响应　　　　　(b) 单位冲激响应

图 3.46　连续时间 90°移相器

在满足上述希尔伯特变换关系时,可得到解析信号 $v(t)$ 的频谱为

$$V(\omega) = \begin{cases} 2X(\omega), & \omega > 0 \\ 0, & \omega < 0 \end{cases} \tag{3.126}$$

由此看出,解析信号不仅使负频域频谱为 0,而且保留了实信号 $x(t)$ 的全部信息。

3.9.3　希尔伯特变换的性质

假设两连续变量实函数 $x(t)$,$\hat{x}(t)$ 满足连续希尔伯特变换关系,即

$$\hat{x}(t) = H\{x(t)\}, \quad x(t) = -H\{\hat{x}(t)\} \tag{3.127}$$

由它们构成的复解析信号 $v(t)$ 的傅里叶变换在负频域为 0,即

$$v(t) = x(t) + \mathrm{j}\hat{x}(t) \leftrightarrow V(\omega) = 2X(\omega)\varepsilon(\omega) \tag{3.128}$$

其中,$X(\omega)$ 是 $x(t)$ 的频谱,$\varepsilon(\omega)$ 是频域单位阶跃函数。希尔伯特具有以下性质:

(1) 若 $x(t) = x(-t)$,则

$$\hat{x}(t) = -\hat{x}(-t) \tag{3.129}$$

同样,若 $x(t) = -x(-t)$,则

$$\hat{x}(t) = \hat{x}(-t) \tag{3.130}$$

这一性质表明：互成希尔伯特变换对的两个实函数中，若一个为偶函数，则另一个必为奇函数；反之亦然。

(2) 若 $x(t)$ 和 $\hat{x}(t)$ 分别表示成奇偶分量之和，即
$$x(t) = x_{\text{od}}(t) + x_{\text{ev}}(t), \quad \hat{x}(t) = \hat{x}_{\text{od}}(t) + \hat{x}_{\text{ev}}(t)$$

则有
$$\hat{x}_{\text{ev}}(t) = H\{x_{\text{od}}(t)\}, \quad x_{\text{od}}(t) = H\{\hat{x}_{\text{ev}}(t)\} \tag{3.131}$$

即表明：若两个实函数互成希尔伯特变换，它们的偶分量和奇分量也交叉地互成希尔伯特变换对。

(3) 若 $\hat{x}(t) = H\{x(t)\}$，则
$$H\{\hat{x}(t)\} = -x(t) \tag{3.132}$$

即表明：一个实函数经两次希尔伯特变换后，又恢复原来的函数，只差一个符号。

(4)
$$\int_{-\infty}^{\infty} x^2(t)\,\mathrm{d}t = \int_{-\infty}^{\infty} \hat{x}^2(t)\,\mathrm{d}t \tag{3.133}$$

即表明：互成希尔伯特变换对的两个实能量信号具有相同的能量。

(5)
$$\langle x(t), \hat{x}(t) \rangle = \int_{-\infty}^{\infty} x(t)\hat{x}(t)\,\mathrm{d}t = 0 \tag{3.134}$$

即表明：互成希尔伯特变换的两个实函数相互正交，或者说，它们的内积等于 0。

(6) 相关函数和能量密度
$$R_{x\hat{x}}(\tau) = \langle x(t), \hat{x}(t+\tau) \rangle = \hat{R}_x(\tau), \quad R_{\hat{x}x}(\tau) = \langle \hat{x}(t), x(t+\tau) \rangle = \hat{R}_{\hat{x}}(\tau) \tag{3.135}$$
$$R_x(\tau) = R_{\hat{x}}(\tau), \quad \Psi_x(\tau) = \Psi_{\hat{x}}(\tau) \tag{3.136}$$

其中，
$$R_x(\tau) \leftrightarrow \Psi_x(\tau), \quad R_{\hat{x}}(\tau) \leftrightarrow \Psi_{\hat{x}}(\tau)$$

即表明：互成希尔伯特变换的两个实函数的互相关函数，分别等于其中一个自相关函数的希尔伯特变换；这两个实函数的自相关函数和能量谱密度分别相等。

(7) 带通解析信号

若实函数 $x(t)$ 和 $\hat{x}(t)$ 为带限于 ω_m 的带限信号，即
$$X(\omega) = 0, \ |\omega| > \omega_m, \quad \hat{X}(\omega) = 0, \ |\omega| > \omega_m \tag{3.137}$$

此时，解析信号 $v(t) = x(t) + \mathrm{j}\hat{x}(t)$ 称为带限解析信号，即
$$V(\omega) = \{v(t)\}, \quad \omega < 0, \quad \omega > \omega_m \tag{3.138}$$

它的复指数调制信号
$$z(t) = v(t)\mathrm{e}^{\mathrm{j}\omega_0 t}, \quad \omega_0 > \omega_m \tag{3.139}$$

称为带通解析信号，则它的实部 $y(t)$ 和虚部 $\hat{y}(t)$ 互成希尔伯特变换对，亦即
$$y(t) = \mathrm{Re}\{v(t)\mathrm{e}^{\mathrm{j}\omega_0 t}\} = x(t)\cos\omega_0 t - \hat{x}(t)\sin\omega_0 t \tag{3.140}$$
$$\hat{y}(t) = \mathrm{Im}\{v(t)\mathrm{e}^{\mathrm{j}\omega_0 t}\} = x(t)\sin\omega_0 t + \hat{x}(t)\cos\omega_0 t \tag{3.141}$$

两者满足连续希尔伯特变换，即
$$\hat{y}(t) = H\{y(t)\}, \quad y(t) = -H\{\hat{y}(t)\} \tag{3.142}$$

这一性质是单边带(SSB)调制的基本原理(有关这方面的知识，请参考其他有关资料)。

3.10 调制与解调

在许多工程问题中,调制与解调的概念起着十分重要的作用,并有广泛的应用。所谓调制就是用一个信号去控制另一个信号的某个参量,产生已调制信号。其中控制信号称为调制信号,被控制信号称为载波。解调则是相反的过程,即从已调制信号中恢复出原信号。调制和解调是通信技术中最重要的技术之一,在几乎所有实际通信系统中,信号从发送端到接收端,为实现有效、可靠和远距离的信号传输,都需要调制和解调。本节的任务是用信号与系统的理论和方法,简要地介绍有关正弦幅度调制和脉冲幅度调制的基本原理,详细讨论它们是通信原理课程的任务。

3.10.1 正弦幅度调制和解调

幅度调制是傅里叶变换的频域卷积性质(调制性质)的直接应用。连续时间幅度调制的基本模型如图 3.47 所示。$x(t)$ 称为调制信号,$c(t)$ 称为载波信号,两者相乘的输出 $y(t)$ 称为已调制信号。如果载波信号为复指数信号,就称为复指数载波调制;若载波信号是正弦信号,称为正弦幅度调制。

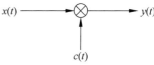

图 3.47 幅度调制的基本模型

1. 正弦幅度调制和同步解调

先讨论复指数载波调制,假设 $x(t)\leftrightarrow X(\omega)$, $y(t)\leftrightarrow Y(\omega)$,连续时间复指数载波为

$$c(t) = e^{j\omega_0 t} \tag{3.143}$$

式中,ω_0 称为载波频率。此时已调制信号为

$$y(t) = x(t)e^{j\omega_0 t} \tag{3.144}$$

直接利用傅里叶变换的频移性质,则有

$$Y(\omega) = X(\omega - \omega_0) \tag{3.145}$$

此式表明:复指数调制将信号频谱 $X(\omega)$ 搬移到载波频率 ω_0 处,如图 3.48 所示。

(a) 频谱 $X(\omega)$ (b) 频谱搬移

图 3.48 复指数载波幅度调制所进行的频谱搬移

根据式(3.144)可知,只要将 $y(t)$ 乘以 $e^{-j\omega_0 t}$,就可以把信号 $x(t)$ 从已调制信号中恢复出来,即

$$x(t) = y(t)e^{-j\omega_0 t} \tag{3.146}$$

这就是复指数幅度调制的解调过程。再一次用傅里叶变换的频移性质,这个解调过程可解释为把已搬移到载频处的信号频谱再搬移回去。

通常调制信号 $x(t)$ 一般为实信号,经复指数载波调制后成为复信号,例如

$$y(t) = x(t)\cos\omega_0 t + \mathrm{j}x(t)\sin\omega_0 t$$

另外,连续时间复指数载波不容易产生,因此,除了在分析中,以及在一些信号处理的中间过程出现外,这种连续时间复指数载波调制在实际中很少应用。实际上,从上式可以看出,$x(t)\mathrm{e}^{\mathrm{j}\omega_0 t}$ 的实部和虚部信号中都包含了 $x(t)$,这启发人们可用正弦载波来实现。连续时间正弦幅度调制和解调的方框图如图 3.49(a) 所示,调制器的输出为

$$y(t) = x(t)\cos\omega_0 t \tag{3.147}$$

它的频谱 $Y(\omega)$ 可利用傅里叶的频域卷积性质求出,即

$$Y(\omega) = \frac{1}{2\pi} X(\omega) * \pi[\delta(\omega+\omega_0) + \delta(\omega-\omega_0)] = \frac{1}{2}[X(\omega+\omega_0) + X(\omega-\omega_0)] \tag{3.148}$$

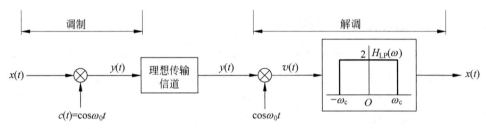

(a) 连续时间信号 $x(t)$ 的调制和解调

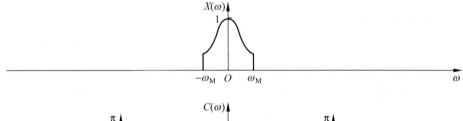

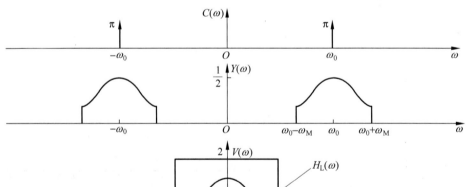

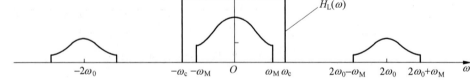

(b) 连续时间信号 $x(t)$ 的信号频谱图

图 3.49 连续时间正弦幅度调制和解调

假设 $x(t)$ 是实的带限信号,即 $X(\omega)=0$,$|\omega|<\omega_\mathrm{M}$,此时,$y(t)$ 将是一个实的带通信号。图 3.49(b) 画出了连续时间正弦幅度调制的信号频谱图,其中,$C(\omega)$ 是 $\cos\omega_0 t$ 的频谱。由此图可知,用正弦载波 $\cos\omega_0 t$ 进行幅度调制,就是把调制信号频谱 $X(\omega)$,对半地分别搬

移到 $\pm\omega_0$ 处。只要 $\omega_0 > \omega_M$，$Y(\omega)$ 就是一个带通频谱。假设传输信道是一个频率范围为 $(\omega_0 - \omega_M, \omega_0 + \omega_M)$ 的实的理想带通信道，就可以无失真地传送已调制信号 $y(t)$。在接收端，解调的任务是从 $y(t)$ 中恢复出 $x(t)$。利用三角恒等公式，不难证明

$$v(t) = y(t)\cos\omega_0 t = x(t)\cos^2\omega_0 t = \frac{1}{2}x(t) + \frac{1}{2}x(t)\cos 2\omega_0 t \qquad (3.149)$$

它的频谱为

$$V(\omega) = \frac{1}{2}X(\omega) + \frac{1}{4}[X(\omega + 2\omega_0) + X(\omega - 2\omega_0)] \qquad (3.150)$$

实际上，对式(3.147)取傅里叶变换，并用频域卷积性质也能得到同样的结果。不难想到，当 $\omega_0 > \omega_M$ 时，若用一个理想低通滤波器 $H_L(\omega)$ 就可完全恢复出 $x(t)$，只要 $H_L(\omega)$ 满足

$$H_L(\omega) = 2H_{LP}(\omega) = \begin{cases} 2, & |\omega| < \omega_C \\ 0, & |\omega| > \omega_C \end{cases}, \quad \omega_M < \omega_C < \omega_0 \qquad (3.151)$$

如图 3.49(b)最下图所示。应该指出，在许多实际的正弦幅度调制系统中，往往 $\omega_0 \gg \omega_M$，此时，一般传输信道的频率范围远远宽于 $(\omega_0 - \omega_M, \omega_0 + \omega_M)$，也并不要求接收端采用理想低通滤波器，一般低通滤波器即可完全满足要求。

以上讨论中，假定了调制时所用载波与解调所用载波是同频的。如果调制时所用载波与解调时所用载波不同频，则由以上分析方法可知，此时从 $v(t)$ 中将不可能分离出只反映 $x(t)$ 的单独一项；从频域分析也可看出，由于调制时频谱的搬移量与解调时频谱的搬移量不同，将不可能在 $\omega = 0$ 附近不失真地重现 $x(t)$ 的频谱，因而也不可能通过理想低通滤波器不失真地解调出 $x(t)$。

如果调制和解调的两个载波信号同频但不同相位（即存在一个相差）。假设调制的载波信号为 $\cos(\omega_0 t + \theta_1)$，解调的载波信号为 $\cos(\omega_0 t + \theta_2)$，式(3.149)变为

$$v(t) = x(t)\cos(\omega_0 t + \theta_1)\cos(\omega_0 t + \theta_2)$$
$$= \left[\frac{1}{2}\cos(\theta_1 - \theta_2)\right]x(t) + \frac{1}{2}x(t)\cos(2\omega_0 t + \theta_1 + \theta_2) \qquad (3.152)$$

由上式可见，只要此时 $\theta_1 - \theta_2$ 是一个不随时间变化的常量，而且 $|\theta_1 - \theta_2| \neq \pi/2$，第二项仍可用低通滤波器 $H_L(\omega)$ 滤除掉，此时，低通滤波器的输出变成为

$$\hat{x}(t) = \left[\frac{1}{2}\cos(\theta_1 - \theta_2)\right]x(t) \qquad (3.153)$$

图 3.49(a)所示正弦调制模型，要求调制时所用载波与解调时所用载波的频率必须严格相同，它们的相位变化必须完全同步，因此这种方式称为同步调制和解调，又称相干调制和解调。在实际工程中，为了达到这一要求，必须采用频率合成技术以保证调制端与解调端载频相同，采用锁相技术保证它们的相位同步。由于采用这些技术设备复杂、成本高，因此这种调制方式主要应用于点对点的通信场合。

2. 调幅和非同步解调

既然载波信号不包含被传送的任何信息，就不必在已调制信号 $y(t)$ 中包含载波信号成分，只要求接收端按约定，在本地提供一个同频同相的本地载波信号即可。但是正如上面所述，这在实现时增加了复杂度。此时，若在发送已调制信号 $x(t)\cos\omega_0 t$ 的同时，把载波信号 $\cos\omega_0 t$ 也传送到接收端，就可以替代在接收端产生本地载波的方案。人们熟悉的调幅

(AM)广播采用的正是这一方法。此时,连续时间调幅传输系统的基本系统模型如图 3.50 所示。由图可以看出,此时已调制信号为

$$y(t) = [A + x(t)]\cos\omega_0 t = A\cos\omega_0 t + x(t)\cos\omega_0 t \tag{3.154}$$

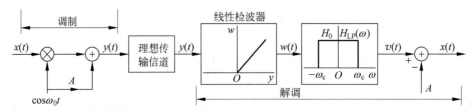

图 3.50 调幅传输系统的基本模型

式中,$x(t)$ 是带限于 ω_M 的带限信号,数乘器的增益 A 应满足

$$A \geqslant \max_{-\infty < t < \infty} \{|x(t)|\}$$

线性检波器为下限幅器,它是一个无记忆系统,其输入输出瞬时值特性为

$$v(t) = \begin{cases} y(t), & y(t) \geqslant 0 \\ 0, & y(t) < 0 \end{cases} \tag{3.155}$$

式(3.154)中第二项代表已调制信号,第一项为伴随其发送的载波信号,调幅波的频谱为

$$Y(\omega) = A\pi[\delta(\omega+\omega_0) + \delta(\omega-\omega_0)] + (1/2)[X(\omega+\omega_0) + X(\omega-\omega_0)] \tag{3.156}$$

它们连同调制信号 $x(t)$ 的波形如图 3.51 所示。

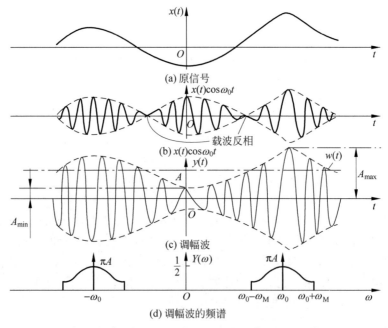

图 3.51 调幅波及其频谱

由图可知,此时已调波的包络完全与调制信号一致。图中 A 为载波振幅,$A_{\max}$ 和 $A_{\min}$ 分别为调幅波最大振幅和最小振幅。调幅波的振幅调制程度通常用调幅指数来表示。它定义为调幅波中振幅最大增量的绝对值与载波振幅的比。由于一般情况下,振幅超过载波振

幅的最大增量 $A_{\max}-A$ 和振幅低于载波振幅的最大增量的绝对值 $A-A_{\min}$ 并不相等,因此就有上调幅指数和下调幅指数之分,它们分别定义如下:

$$m_{\mathrm{a}}=\frac{A_{\max}-A}{A}, \quad m_{\mathrm{b}}=\frac{A-A_{\min}}{A} \tag{3.157}$$

当 $A_{\max}-A=A-A_{\min}$ 时,称为对称调制,此时上、下调幅指数相等,可表示为

$$m=\frac{A_{\max}-A_{\min}}{A_{\max}+A_{\min}} \tag{3.158}$$

可见调幅指数 m 通常应不大于1,如果 $m>1$,则已调波的包络将不再与调制信号的形状相同,此时称为过调幅,是不应该发生的。在调幅指数 $m\leqslant 1$ 时,只要调制信号 $x(t)$ 的变化速率比载波频率低得多,就可用一个称为包络检波器的简单电路,可以足够好地把包络信号 $w(t)$ 提取出来。在图 3.52 中,图(a)给出了简单的二极管检波器,图(b)和图(c)画出了它的工作波形。由于 $\omega_0\gg\omega_M$,二极管检波器的输出 $v(t)$ 和包络信号 $w(t)$ 的差别,只是一些频率为 ω_0 或 $2\omega_0$(绝对值检波器)的起伏,可以通过后接一个普通低通滤波器滤除它们。最后只剩下直流分量 A,用一个隔直流电容就可将其去掉。

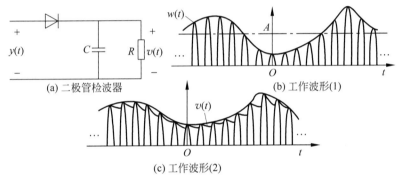

图 3.52 包络检波的工作过程

基于上面的讨论,实现非同步解调是非常简单的,但相比正弦幅度调制的已调制信号,调幅波多出一个载波信号 $A\cos\omega_0 t$,尽管伴随发送这个载波信号并不要求额外的传输频带,但它使发射机发送这种调幅波的发射功率增加一倍以上。这种调制方式正是以牺牲功率为代价换取了解调的简单,因而广泛地应用于诸如广播、电视这类一点对多点的广播式通信场合。可是在另外一些应用中,发射机的功率非常宝贵,例如卫星通信系统中的星上设备,此时采用一个复杂的同步接收机的代价就很值得。

3. 单边带幅度调制

前面已指出,抑制载波幅度调制系统相比于一般的调幅系统,实现了功率上的有效性。对上述几种幅度调制的进一步考察将会发现(见图 3.53):一般的调制信号 $x(t)$ 是一个带限 ω_M 的实信号,它的频谱 $X(\omega)$ 包括正频域和负频域两部分,总的频谱宽度是 $2\omega_M$。根据实信号傅里叶变换的对称性质,$X(\omega)$ 的正、负频域之间有对称关系。一方面,若利用复指数载波进行幅度调制,则 $X(\omega)$ 被搬移到 $+\omega_0$ 处,其频谱宽度仍是 $2\omega_M$,但已调信号却变成了复信号。另一方面,若利用正弦载波进行抑制载波幅度调制,则 $X(\omega)$ 尽管被对半地分别搬移到 $\pm\omega_0$ 处,且分别在 $\pm\omega_0$ 的左、右形成已调信号的上边带和下边带,如图 3.53(b)所示,但 $X(\omega)$ 的正、负频域部分仍保持着以 $\omega=0$ 为中心的共轭偶对称关系,即已调制信号仍

是一个信号,然而在频域上要占据两倍于 $X(\omega)$ 的频谱宽度。这就意味着:从频谱上看,抑制载波幅度调制的已调制信号有多余。可以证明,如果仅保留其正、负频域的上边带部分,如图 3.53(c)所示,或仅保留它们的下边带部分,如图 3.53(d)所示,则仍可利用接收端的同步解调,把 $X(\omega)$ 恢复出来。必须指出,图 3.53(c)和(d)这样的频谱,仍维持着以 $\omega=0$ 为中心的共轭偶对称关系,故它们仍是实信号。

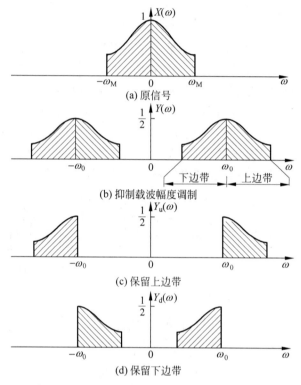

图 3.53 双边带和单边带调幅的已调制信号频谱

在正弦幅度调制中,把 $X(\omega)$ 转换成图 3.53(c)或(d)这样的频谱的调制方式,称为单边带调制,而把图 3.53(b)上、下边带都保留的调制方式称为双边带调制(DSB)。由于它们均不包含载波信号,更准确地,它们分别称为抑制载波单边带调制(SSB/SC)和抑制载波双边带调制(DSB/SC),以便区别于一般的调幅方式。相比于双边带调制,单边带调制可节省一半传输频带,从而提高了频带利用率。频率作为一个有限的资源,具有高的频带利用率,也是通信界一直追求的又一个主要目标。单边带调制在通信技术中有着重要地位,也获得了广泛的应用。例如,现有的公用电话网中的传输设备,都采用单边带调制式。

有一种获得单边带信号的简单方法,即采用一个锐截止带通或低通、高通滤波器,将图 3.53(b)的已调制双边带信号中不需要的边带滤掉。在图 3.54 中,就用一个截止频率为 ω_0 的理想高通滤波器 $H_{HP}(\omega)$,由双边带信号 $y(t)$ 获得只包含上边带的单边带信号。但是,理想滤波器无法实现,即使用一可实现的锐截止滤波器,也很难精确地获得单边带信号,实现高性能的单边带调制。基于 3.9.2 节介绍的解析信号表示法,可开发出获得单边带信号的更好方法。由于 $x(t)$ 是一个带限于 ω_M 的实带限信号,即有

$$x(t) \leftrightarrow \{X(\omega)=0, \ |\omega|>\omega_M\} \tag{3.159}$$

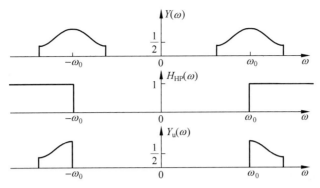

图 3.54 利用理想高通滤波器获得只包含上边带的单边带信号

假设 $\hat{x}(t)$ 是 $x(t)$ 的希尔伯特变换,即

$$\hat{x}(t)=\frac{1}{\pi}\int_{-\infty}^{\infty}\frac{x(\tau)}{t-\tau}\mathrm{d}\tau, \quad x(t)=-\frac{1}{\pi}\int_{-\infty}^{\infty}\frac{\hat{x}(\tau)}{t-\tau}\mathrm{d}\tau \tag{3.160}$$

$x(t)$ 的复解析信号 $v(t)$ 及其频谱 $V(\omega)$ 可分别表示为

$$v(t)=x(t)+\mathrm{j}\hat{x}(t), \quad V(\omega)=\begin{cases}2X(\omega), & \omega>0 \\ 0, & \omega<0\end{cases} \tag{3.161}$$

它的频谱就限于 $(0,\omega_\mathrm{M})$ 范围内,即只占据 ω_M 的带宽。若用该解析信号对复指数载波 $\mathrm{e}^{\mathrm{j}\omega_0 t}$ 进行幅度调制,则得到的已调制信号 $z(t)$ 是一个复信号,它及其频谱 $Z(\omega)$ 分别为

$$z(t)=v(t)\cos\omega_0 t+\mathrm{j}v(t)\sin\omega_0 t, \quad Z(\omega)=V(\omega-\omega_0) \tag{3.162}$$

由式(3.161)可得

$$Z(\omega)=\begin{cases}2X(\omega-\omega_0), & \omega_0<\omega<\omega_0+\omega_\mathrm{M} \\ 0, & \omega<\omega_0,\omega>\omega_0+\omega_\mathrm{M}\end{cases} \tag{3.163}$$

按照 3.9.3 节中希尔伯特变换性质(7),$z(t)$ 称为带通解析信号,它的实部和虚部也互成希尔伯特变换对。根据对解析信号取实部,就可恢复原实信号,如图 3.55 所示。$z(t)$ 的实部是一个只包含上边带的单边带已调信号 $y_\mathrm{u}(t)$,即

$$y_\mathrm{u}(t)=\mathrm{Re}\{z(t)\}=x(t)\cos\omega_0 t-\hat{x}(t)\sin\omega_0 t \tag{3.164}$$

图 3.55 实信号表示为复的解析信号,以及恢复出原实信号的示意图

上式可进一步表示为

$$y_\mathrm{u}(t)=x(t)\cos\omega_0 t+[x(t)*(-1/\pi t)]\sin\omega_0 t \tag{3.165}$$

因此,仅保留下边带的单边带调制器可以用图 3.56 所示的方框图实现,图中 $H(\omega)$ 为 90°移相器(连续时间希尔伯特变换器),即

$$H(\omega)=-\mathrm{jsgn}(\omega) \tag{3.166}$$

若希望仅保留上边带的单边带信号,则只要将图中 $H(\omega)$ 换成另一种 $-90°$ 移相器即可,即

$$H(\omega)=\mathrm{jsgn}(\omega) \tag{3.167}$$

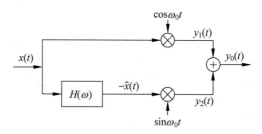

图 3.56 利用希尔伯特变换实现下边带的单边带调制器

3.10.2 脉冲幅度调制

如图 3.47 所示幅度调制基本模型中，如果幅度调制所采用的载波不是正弦信号而是一个矩形窄脉冲串时，就称这种幅度调制为脉冲幅度调制（PAM）。PAM 调制的模型及相关的波形如图 3.57 所示。假设调制信号 $x(t)$ 是带限于 ω_M 的低通带限信号，即

$$x(t) \leftrightarrow \{X(\omega) = 0, \ |\omega| > \omega_M\} \tag{3.168}$$

周期脉冲串 $p(t)$ 是周期为 T，宽度为 τ 的矩形周期脉冲信号，即

$$p(t) = \sum_{k=-\infty}^{\infty} r_\tau(t - kT) \tag{3.169}$$

其傅里叶变换为

$$P(\omega) = 2\pi \sum_{k=-\infty}^{\infty} F_k \delta\left(\omega - \frac{2\pi}{T}k\right) \tag{3.170}$$

式中，F_k 是 $p(t)$ 的傅里叶级数系数

$$F_k = \frac{\tau}{T} \text{Sa}\left(\frac{k\pi\tau}{T}\right) \tag{3.171}$$

PAM 信号 $y(t)$ 则为

$$y(t) = x(t)p(t) \tag{3.172}$$

利用傅里叶变换的频域卷积性质，$y(t)$ 的频谱为

$$Y(\omega) = \frac{1}{2\pi} X(\omega) * P(\omega) = \sum_{k=-\infty}^{\infty} F_k X\left(\omega - \frac{2\pi}{T}k\right) \tag{3.173}$$

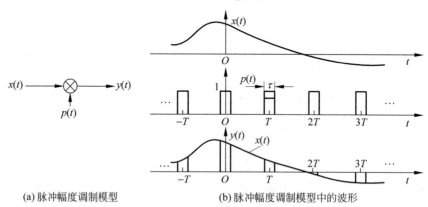

(a) 脉冲幅度调制模型　　(b) 脉冲幅度调制模型中的波形

图 3.57 连续时间脉冲幅度调制及其波形图

图 3.58 中画出了图 3.57(a) 所示的连续时间脉冲幅度调制的频谱示意图。

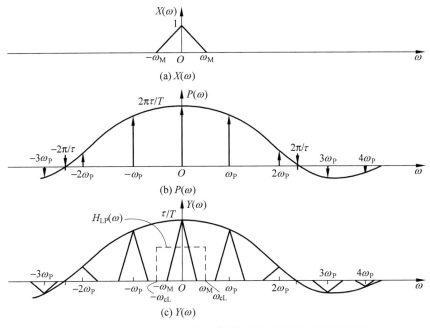

图 3.58　图 3.57(a)中连续时间脉冲幅度调制的频谱示意图

由图 3.58(b)和式(3.173)不难看出,要使 $X(\omega)$ 能够从 $Y(\omega)$ 中提取出来,即 $x(t)$ 能从 PAM 信号 $y(t)$ 中恢复出来,在 $X(\omega)=0$,$|\omega|>\omega_M$ 情况下,仅要求

$$(2\pi/T - \omega_M) \geqslant \omega_M \tag{3.174}$$

或

$$2\pi/T \geqslant 2\omega_M$$

若满足这个条件,就可以用一个截止频率为 ω_{cL},$\omega_M \leqslant \omega_{cL} \leqslant (2\pi/T - \omega_M)$ 的理想低通滤波器,把 $x(t)$ 从 $y(t)$ 中恢复出来。

在以上分析中,上式的条件只和脉冲载波的重复周期 T 有关,而与脉冲宽度 τ 无关,τ 只影响 $Y(\omega)$ 中每个等间隔的 $X(\omega)$ 复制频谱之幅度。只要上式的条件满足,总可以用低通滤波器提供的必要增益(T/τ),并完全恢复 $x(t)$。这表明,周期脉冲宽度 τ 可以任意的窄,都不会影响上述的结果。值得一提的是:脉冲幅度调制中的周期脉冲载波 $p(t)$,并不限于上面已提到的周期矩形脉冲和周期单位冲激串。事实上,任意脉冲形状的周期脉冲信号都可作为 $p(t)$,只要其重复频率($2\pi/T$)满足式(3.174)即可。

3.11　连续时间信号的抽样

3.11.1　周期抽样

抽样过程也就是把一个连续时间函数的信号,变成为具有一定时间间隔才有函数值的离散时间信号的过程。实现抽样的设备称为抽样器。在实际应用中最简单的抽样电路是由开关二极管构成的抽样门。它的作用如同可以开闭的开关,闭合的瞬时对应于抽取那一时刻的信号样值。如果每次开闭的时间间隔 T_s 都一样,则称为周期抽样或均匀抽样,抽样周期等于 T_s。其倒数 $1/T_s$ 表示在单位时间内所抽取的样点数,称为抽样频率,用 f_s 表示。

如果每次抽样间隔不同,称为不均匀抽样。连续的模拟信号经过抽样后,虽然在时间上离散化了,但在取值上还要通过量化、编码过程变换成数字信号,才能适合计算机处理和传输的要求。由此可见,抽样是从连续信号中抽取一系列样本值,实际上就是对信号的一种处理,是信号进行数字处理的一个过程。所产生的抽样信号起着联系模拟信号和数字信号的桥梁作用,因此对抽样信号的分析具有特殊重要的意义。

图 3.59 所示为抽样及抽样信号的波形,其中 $f(t)$ 是连续信号,$p(t)$ 为抽样脉冲信号,它起着是否让连续信号 $f(t)$ 通过的开关作用,所以也可以称 $p(t)$ 为开关函数。图 3.60 所示为实现抽样的原理方框图。

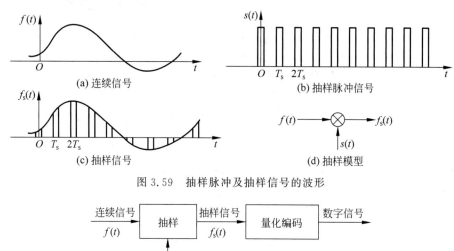

图 3.59　抽样脉冲及抽样信号的波形

图 3.60　抽样的原理方框图

3.11.2　抽样的时域表示

从抽样过程的方框图可以看出,抽样过程是通过抽样脉冲 $p(t)$ 与连续信号 $f(t)$ 相乘来完成的。即满足

$$f_s(t) = f(t) \cdot p(t) \tag{3.175}$$

式中,$p(t)$ 称为抽样脉冲信号,若各脉冲间隔时间相同,均为 T_s,则为周期抽样。T_s 称为抽样周期,$f_s = \dfrac{1}{T_s}$ 称为抽样频率,$\omega_s = 2\pi f_s$ 称为抽样角频率。

因为 $p(t)$ 是周期矩形脉冲,所以 $p(t)$ 的傅里叶变换为

$$P(\omega) = 2\pi \sum_{n=-\infty}^{\infty} p_n \delta(\omega - n\omega_s) \tag{3.176}$$

式中,p_n 是 $p(t)$ 的傅里叶级数的系数,它为

$$p_n = \frac{1}{T_s} \int_{-\frac{T_s}{2}}^{\frac{T_s}{2}} p(t) e^{jn\omega_s t} dt \tag{3.177}$$

根据频域卷积定理,抽样信号 $f_s(t)$ 的傅里叶变换 $F_s(\omega)$ 为

$$F_s(\omega) = F[f(t) \cdot p(t)] = \frac{1}{2\pi} F(\omega) * P(\omega) \tag{3.178}$$

将式(3.176)代入式(3.178),化简后得到抽样信号 $f_s(t)$ 的傅里叶变换为

$$F_s(\omega) = \sum_{n=-\infty}^{\infty} p_n F(\omega - n\omega_s) \quad (3.179)$$

上式表明:信号在时域被抽样后,它的频谱 $F_s(\omega)$ 是连续信号的频谱 $F(\omega)$ 以 ω_s 为间隔周期地重复而得到。在重复的过程中,幅度被 $p(t)$ 的傅里叶级数的系数 p_n 所加权。因为 p_n 只是 n(而不是 ω)的函数,所以 $F(\omega)$ 在重复过程中不会使它的形状发生变化。式(3.179)中的加权系数 p_n 取决于抽样脉冲序列的形状。下面讨论两种典型的抽样。

1. 矩形脉冲抽样

即抽样脉冲 $p(t)$ 是矩形,其幅度为 1,宽度为 τ,抽样的角频率为 ω_s(抽样间隔为 T_s)。由于 $f_s(t) = f(t) \cdot p(t)$,所以抽样信号 $f_s(t)$ 在抽样期间的脉冲顶部是不平的,而是随 $f(t)$ 而变化,如图 3.61 所示。有时称这种抽样为"自然抽样"。在这种情况下,由式(3.177)可以求出

$$p_n = \frac{1}{T_s} \int_{-\frac{T_s}{2}}^{\frac{T_s}{2}} p(t) e^{jn\omega_s t} dt = \frac{1}{T_s} \int_{-\frac{T_s}{2}}^{\frac{T_s}{2}} e^{jn\omega_s t} dt$$

积分后得到

$$p_n = \frac{\tau}{T_s} \mathrm{Sa}\left(\frac{n\omega_s \tau}{2}\right) \quad (3.180)$$

将它代入式(3.179)便可得到矩形抽样信号的频谱为

$$F_s(\omega) = \frac{\tau}{T_s} \sum_{n=-\infty}^{\infty} \mathrm{Sa}\left(\frac{n\omega_s \tau}{2}\right) F(\omega - n\omega_s) \quad (3.181)$$

此式表明,$F_s(\omega)$ 是 $F(\omega)$ 以 $\omega_s(T_s)$ 为周期的重复过程中幅度以 $\mathrm{Sa}\left(\frac{n\omega_s \tau}{2}\right)$ 的规律变化,如图 3.61(c)所示。

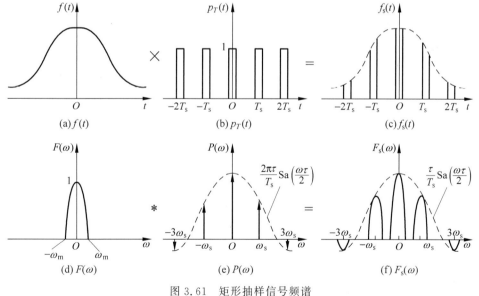

图 3.61 矩形抽样信号频谱

2. 冲激抽样

如果抽样脉冲 $p(t)$ 是冲激序列,这种抽样称为"冲激抽样"或"理想抽样"。因为

$$p(t) = \delta_T(t) = \sum_{n=-\infty}^{\infty} \delta(t - nt_s)$$

则

$$f_s(t) = f(t) \cdot \delta_T(t)$$

所以在这种情况下的抽样信号 $f_s(t)$ 是由一系列冲激函数构成的，每个冲激的间隔为 T_s，强度等于连续信号的抽样值 $f(nT_s)$，如图 3.62 所示。

由式(3.177)可以求出 $\delta_T(t)$ 的傅里叶级数的系数

$$p_n = \frac{1}{T_s}\int_{-\frac{T_s}{2}}^{\frac{T_s}{2}} \delta_T(t) \mathrm{e}^{\mathrm{j}n\omega_s t}\mathrm{d}t = \frac{1}{T_s}\int_{-\frac{T_s}{2}}^{\frac{T_s}{2}} \delta(t) \mathrm{e}^{\mathrm{j}n\omega_s t}\mathrm{d}t = \frac{1}{T_s}$$

代入式(3.179)，即可得冲激抽样的频谱为

$$F_s(\omega) = \frac{1}{T_s}\sum_{n=-\infty}^{\infty} F(\omega - n\omega_s) \tag{3.182}$$

此式表明，由于抽样的冲激序列的傅里叶级数的系数 p_n 为常数，所以抽样信号 $f_s(t)$ 的频谱 $F_s(\omega)$ 是 $F(\omega)$ 以 $\omega_s(T_s)$ 为周期等幅的重复，如图 3.62(c)所示。

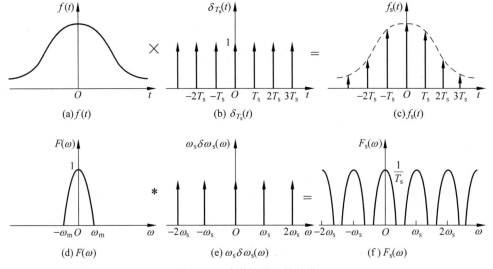

图 3.62 冲激抽样及其频谱

显然，冲激抽样和矩形抽样是式(3.179)的两种特定情况，而前者又是后者的一种极限情况(脉宽 $\tau \to 0$)。在实际中一般采用矩形脉冲抽样，但是为了便于问题的分析，当脉宽 τ 相当窄时，往往近似为冲激抽样。

3.11.3 时域抽样定理

连续信号 $f(t)$ 被抽样后，其部分信息已经丢失，抽样信号 $f_s(t)$ 只是 $f(t)$ 很小的一部分。现在的问题是能否从抽样信号中恢复出原连续信号 $f(t)$。抽样定理从理论上回答了这个问题。

抽样定理：一个频谱有限的信号 $f(t)$，如果其频谱 $F(\omega)$ 只占据 $-\omega_m \sim \omega_m$ 的范围，则信号 $f(t)$ 可以用等间隔的抽样值来唯一的表示，而抽样间隔 T_s 必须不大于 $\dfrac{1}{2f_m}$ (其中 $\omega_m =$

$2\pi f_m$),或者说最低抽样频率为 $2f_m$。

该定理表明,若要求信号 $f(t)$ 抽样后不丢失信息,必须满足两个条件:一是 $f(t)$ 应为带宽有限的,即信号 $f(t)$ 的频谱只在区间$(-\omega_m,\omega_m)$为有限值,而在此区间之外为 0,这样的信号称为有限频带信号或简称带限信号。二是抽样间隔不能过大,必须满足 $T_s \leqslant \dfrac{1}{2f_m}$。最大的抽样间隔 $T_s = \dfrac{1}{2f_m}$ 称为奈奎斯特间隔,$2f_m$ 称为奈奎斯特抽样频率。例如,要传送频带为 10kHz 的音乐信号,其最低的抽样频率应为 $2f_m = 20\text{kHz}$,即至少每秒要抽样 2 万次,如果低于此抽样频率,原信号的信息就会有所丢失。

对于抽样定理,可以从物理意义上做如下解释:由于一个频带受限的信号波形绝不可能在很短的时间之内产生独立的、实质性的变化,它的最高变化速度受最高频率分量 ω_m 的限制。因此为了保留这一频率分量的全部信息,一个周期的间隔内至少应抽样 2 次,即必须满足 $\omega_s \geqslant 2\omega_m$,那么各频移的频谱不会互相重叠,如图 3.63(a)所示。这时就能设法(利用低通滤波器)从抽样信号中恢复原信号。如果 $\omega_s < 2\omega_m$,那么各频移的频谱将相互重叠,如图 3.63(b)所示,这样就不能将它们分开,因而也不能再恢复原信号。频谱重叠的这种现象可称为混叠现象。可见,只要按抽样定理所述抽样频率要求对信号 $f(t)$ 进行等间隔抽样,所得的抽样信号 $f_s(t)$ 将包含原信号 $f(t)$ 的全部信息,因而可利用 $f_s(t)$ 完全恢复出原信号。

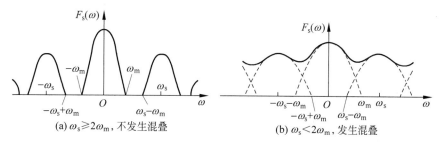

图 3.63 混叠现象

3.11.4 连续时间信号的重建

现在研究连续时间信号的重建问题,即如何从抽样信号 $f_s(t)$ 恢复原信号 $f(t)$。从图 3.62(f)可见,在满足抽样定理的上述两个条件下,为了从频谱 $F_s(\omega)$ 中无失真地选出 $F(\omega)$,可用一截止频率为 $\omega_m \leqslant \omega_c \leqslant \omega_s - \omega_m = \dfrac{1}{2}\omega_s$ 的理想低通滤波器。

图 3.64(d)画出了抽样信号 $f_s(t)$,图 3.64(a)是它的频谱 $F_s(\omega)$。由式(3.182)可见,$F_s(\omega)$ 的幅度是原信号的 $\dfrac{1}{T_s}$ 倍,故选理想低通滤波器的网络函数为

$$H(\omega) = \begin{cases} T_s, & |\omega| < \omega_c \\ 0, & |\omega| > \omega_c \end{cases}$$

若选定 $\omega_m \leqslant \omega_c \leqslant \omega_s - \omega_m = \dfrac{1}{2}\omega_s$,则得

$$F(\omega) = F_s(\omega) \cdot H(\omega)$$

如图 3.64(c)所示。利用傅里叶变换的对称性,可以求得理想低通滤波器的冲激响应为

$$h(t) = T_s \frac{\omega_c}{\pi} \text{Sa}(\omega)$$

若选 $\omega_c = \frac{\omega_s}{2}$,则 $T_s = \frac{2\pi}{\omega_s} = \frac{\pi}{\omega_c}$,得

$$h(t) = \text{Sa}\left(\frac{1}{2}\omega_c t\right) h(t) = \text{Sa}\left(\frac{1}{2}\omega_c t\right)$$

如图 3.64(e)所示。由于抽样信号

$$f_s(t) = f(t) \sum_{n=-\infty}^{\infty} \delta(t-nT_s)$$

$$= \sum_{n=-\infty}^{\infty} f(t)\delta(t-nT_s)$$

$$= \sum_{n=-\infty}^{\infty} f(nT_s)\delta(t-nT_s)$$

根据时域卷积定理,得理想低通滤波器的输出信号为

$$f(t) = f_s(t) * h(t) = \sum_{n=-\infty}^{\infty} f(nT_s)\delta(t-nT_s) * \text{Sa}\left(\frac{1}{2}\omega_c t\right)$$

$$= \sum_{n=-\infty}^{\infty} f(nT_s)\text{Sa}\left(\frac{1}{2}\omega_c (t-nT_s)\right) \qquad (3.183)$$

$$= \sum_{n=-\infty}^{\infty} f(nT_s)\text{Sa}\left(\frac{1}{2}\omega_c t - n\pi\right)$$

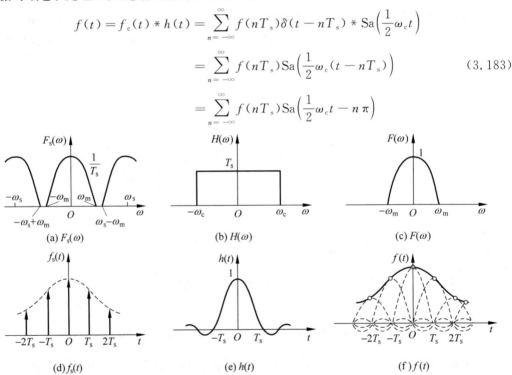

图 3.64 由抽样信号恢复连续信号

式(3.183)表明,连续信号 $f(t)$ 可以展开成正交抽样函数(Sa 函数)的无穷级数,该级数的系数等于抽样值 $f(nT_s)$。也就是说,若在抽样信号 $f_s(t)$ 的每个样点处,画一个峰值为 $f(nT_s)$ 的 Sa 函数波形,那么其合成波就是原信号 $f(t)$,如图 3.64(f)所示。因此,只要已知各抽样值 $f(nT_s)$,就能唯一地确定出原信号 $f(t)$。

应当指出的是,在实际工程中要做到完全不失真地恢复原信号 $f(t)$ 是不可能的。原因

之一是：在有限时间内存在的实际信号，其频谱是无限宽的，故所谓最高频率 $\omega_m(f_m)$ 无法确定。当人们利用有限频带宽度的概念，确定一个最高频率 $\omega_m(f_m)$ 后进行抽样时，只是近似地满足抽样定理的第一个条件。原因之二是：要从抽样信号 $f_s(t)$ 中恢复出原信号 $f(t)$，必须应用理想的低通滤波器，而理想低通滤波器是无法实现的。工程上应用的实际低通滤波器只能做到大致接近理想低通滤波器的特性，因而，即使 $F_s(\omega)$ 中没有频谱混叠现象，实际滤波器也不可能只取出 $F(\omega)$ 的信息，这就导致 $f(t)$ 的恢复必然带有一定的失真。

下面介绍频域抽样定理。根据时域和频域的对偶性，可推出频域的抽样定理。

一个在时域区间 $(-t_m, t_m)$ 以外为零的有限时间信号 $f(t)$ 的频谱为 $F(\omega)$，可唯一地由其在均匀间隔 $f_s\left(f_s \leqslant \dfrac{1}{2}t_m\right)$ 上的样点值所确定，类似的有

$$F(\omega) = \sum_{n=-\infty}^{\infty} F\left(\frac{n\pi}{t_m}\right) \mathrm{Sa}(\omega t_m - n\pi)$$

式中 $t_m = \dfrac{1}{2}f_s$。关于频谱抽样、恢复等的分析与时域抽样类似，这里不再讨论，有兴趣的读者可参考有关书籍。

【例 3-30】 已知带限信号 $f(t)$ 的最高频率为 f_m，若对下列信号进行时域采样，求其最低采样频率 f_s。

(1) $f(3t)$

(2) $f^2(t)$

(3) $f(t) * f(3t)$

(4) $f(t) + f^2(t)$

解 (1) 由于 $f(3t)$ 是将信号 $f(t)$ 在时域上压缩了 3 倍，因此其频谱将扩展 3 倍，使得最高频率为 $3f_m$，故由时域采样定理可知，其 $f_s = 6f_m$。

(2) 由于 $f^2(t)$ 是将信号 $f(t)$ 与信号 $f(t)$ 在时域上进行相乘，在频谱将对应是该信号频谱的卷积 $f^2(t) \Leftrightarrow \dfrac{1}{2\pi}[F(\omega) * F(\omega)]$，使得 $f^2(t)$ 频带为 $f(t)$ 频带的 2 倍，即 $f^2(t)$ 的最高频率为 $2f_m$，故由时域采样定理可知，其 $f_s = 4f_m$。

(3) 由于 $f(3t)$ 是将信号 $f(t)$ 在时域上压缩了 3 倍，因此其频谱将扩展 3 倍，使得最高频率为 $3f_m$；而 $f(t) * f(3t)$ 在时域上进行卷积，在频谱上将对应该信号频谱的乘积 $f(t) * f(3t) \Leftrightarrow F(\omega) \times \dfrac{1}{3}F\left(\dfrac{\omega}{3}\right)$，使得其频带与 $f(t)$ 的频带相同，故由时域采样定理可知，其 $f_s = 2f_m$。

(4) 由于 $f^2(t)$ 频带为 $f(t)$ 频带的两倍，使得 $f(t) + f^2(t)$ 频带也为 $f(t)$ 频带的 2 倍，故由时域采样定理可知，其 $f_s = 4f_m$。

【例 3-31】 求下列信号的奈奎斯特采样频率 ω_s。

(1) $f(t) = \dfrac{\sin 10t}{t}$

(2) $f(t) = \dfrac{\sin 10t}{t} \cos\omega_0 t$

解 (1) 由于宽度为 τ 的门函数与其频谱函数的关系为

$$g_\tau(t) \leftrightarrow \tau \frac{\sin\left(\frac{\omega\tau}{2}\right)}{\frac{\omega\tau}{2}}$$

令 $\frac{\omega\tau}{2}=10\omega$，则 $\tau=20$，根据对称性可得

$$10\frac{\sin(10t)}{10t} \leftrightarrow \pi g_{20}(-\omega) = \pi g_{20}(\omega)$$

故得 $f(t)$ 的频谱函数为 $\qquad F(\omega) = \pi g_{20}(\omega)$

故其最高频率为 $\omega_m=10\text{rad/s}$，故由时域采样定理可知，奈奎斯特采样频率 $\omega_s=2\omega_m=20\text{rad/s}$。

(2) 由于 $y(t)=x(t)\cos\omega_0 t$，它的频谱 $Y(\omega)$ 可利用傅里叶的频域卷积性质求出，即

$$Y(\omega) = \frac{1}{2\pi} X(\omega) * \pi[\delta(\omega+\omega_0)+\delta(\omega-\omega_0)] = \frac{1}{2}[X(\omega+\omega_0)+X(\omega-\omega_0)]$$

故可得

$$f(t) = \frac{\sin 10t}{t}\cos\omega_0 t \leftrightarrow \frac{\pi}{2}[g_{20}(\omega+\omega_0)+g_{20}(\omega-\omega_0)]$$

由此可知，该信号的上限频率为 $(\omega_0+10)\text{rad/s}$，故由时域采样定理可知，奈奎斯特采样频率 $\omega_s = 2\omega_m = (2\omega_0+20)\text{rad/s}$。

【例 3-32】 如图 3.65(a)所示信号处理系统，其中 $H_1(\omega)$ 频谱图如图 3.65(b)所示。

(1) 画出信号 $f(t)$ 的频谱图；

(2) 欲使信号 $f_s(t)$ 中包含信号 $f(t)$ 中的全部信息，则 $\delta_T(t)$ 的最大抽样间隔（即奈奎斯特间隔）T_N 应为多少；

(3) 分别画出在奈奎斯特角频率 $2\omega_m$ 及 $4\omega_m$ 时 $f_s(t)$ 的频谱图；

(4) 在 $4\omega_m$ 的抽样频率时，欲使响应信号 $y(t)=f(t)$，则理想低通滤波器 $H_2(\omega)$ 截止频率 ω_C 的最小值应为多少。

解 (1)

$$f_1(t) = \frac{\omega_m}{\pi}\text{Sa}(\omega_m t) \leftrightarrow F_1(\omega) = g_{2\omega_m}(\omega)$$

$$F(\omega) = H_1(\omega)F_1(\omega)$$

故得信号 $f(t)$ 的频谱图如图 3.65(c)所示。

(2) 由时域采样定理可知，其奈奎斯特频率应该是 $f_N=2f_m$，则有

$$f_N = 2f_m = 2 \times \frac{\omega_m}{2\pi} = \frac{\omega_m}{\pi}$$

即得最大抽样间隔（即奈奎斯特间隔）T_N 为

$$T_N = \frac{1}{f_N} = \frac{\pi}{\omega_m}$$

(3) 奈奎斯特角频率 $2\omega_m$ 及 $4\omega_m$ 时 $f_s(t)$ 的频谱图分别如图 3.65(d)、(e)所示。

(4) 理想低通滤波器 $H_2(\omega)$ 频谱图如图 3.65(f)所示，从频谱图可知截止频率 ω_C 的最小值应为

$$\omega_m \leqslant \omega_C \leqslant 3\omega_m$$

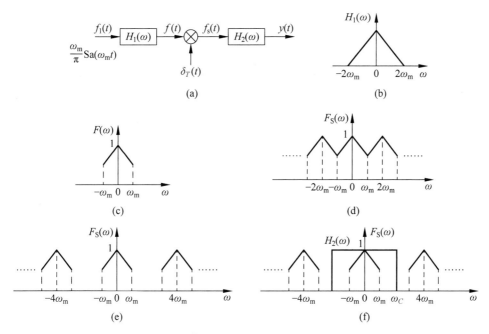

图 3.65 信号处理系统与抽样过程分析图

3.11.5 信号的频域抽样

1. 频域抽样信号的傅里叶反变换

连续频谱 $F(\omega)$ 经理想均匀抽样后得到的抽样频谱可表示为

$$F_s(\omega) = F(\omega)\delta_{\omega_s}(\omega) = \sum_{n=-\infty}^{\infty} F(n\omega_s)\delta(\omega - n\omega_s) \tag{3.184}$$

其中,ω_s 为频率抽样间隔,对应的时域周期为 $T_s = \dfrac{2\pi}{\omega_s}$。

由傅里叶变换的时域卷积定理和周期冲激信号的傅里叶变换可知,抽样频谱傅里叶反变换为

$$f_{T_s}(t) = f(t) * \left[\dfrac{1}{\omega_s}\delta_{T_s}(t)\right] = \dfrac{1}{\omega_s}\sum_{n=-\infty}^{\infty} f(t - nT_s) \tag{3.185}$$

即频域抽样引起了时域周期重复与叠加。

2. 时限信号的频域抽样定理

当非周期连续信号 $f(t)$ 如图 3.66(a)所示时,当 $|t| > t_m$ 时,$f(t) = 0$,$2t_m$ 为信号的连续时间,只要使频率抽样间隔 f_s 不大于信号持续时间的倒数,即 $f_s \leqslant \dfrac{1}{2t_m}$ 或 $T_s \geqslant 2t_m$,则由图 3.66(b)可知,非周期信号只发生周期延拓而成为周期连续信号,不发生时域混叠,此时,该周期信号的基周期是原信号;并且只要截取该周期信号的基周期即可将其乘以时宽为 T_s 的矩形窗 $\omega_s G_{T_s}(t)$ 就可无失真复原原始信号的连续频谱。因为当 $T_s \geqslant 2t_m$ 时,有

$$\omega_s G_{T_s}(t) f_{T_s}(t) = \sum_{n=-\infty}^{\infty} G_{T_s}(t) f(t - nT_s) = f(t) \tag{3.186}$$

$$\mathrm{Sa}\left(\frac{\omega T_s}{2}\right) * \sum_{n=-\infty}^{\infty} F(n\omega_s)\delta(\omega - n\omega_s) = \sum_{n=-\infty}^{\infty} F(n\omega_s)\mathrm{Sa}\left(\frac{T_s(\omega - n\omega_s)}{2}\right) = F(\omega)$$
(3.187)

式(3.187)表明,时限信号的频谱可由它的等间隔(频率抽样间隔要足够小)抽样值唯一地无失真复原。相反,如果频率抽样间隔足够小这一条件未被满足,则一定会出现时域混叠,便不可能由信号频谱的样本值无失真地复原原始信号频谱。

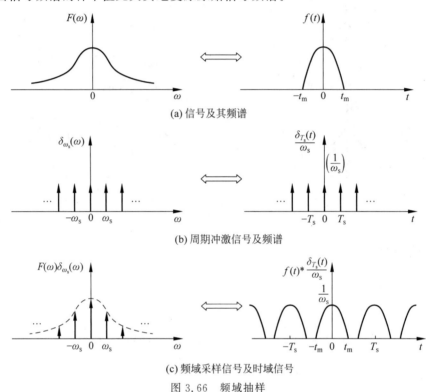

(a) 信号及其频谱

(b) 周期冲激信号及频谱

(c) 频域采样信号及时域信号

图 3.66 频域抽样

需要指出的是,周期连续信号的离散谱和傅里叶级数展开实质上就是时限信号用等于基频的频率抽样间隔进行等间隔频域抽样的结果。

3.12 用 MATLAB 进行连续时间信号与系统的频域分析

3.12.1 周期信号的傅里叶级数 MATLAB 实现

【例 3-33】 利用 MATLAB 画出图 3.67 所示的周期三角波信号的频谱。

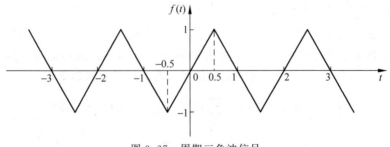

图 3.67 周期三角波信号

解 MATLAB 程序如下：

```
% 三角形脉冲信号的傅里叶级数实现
N = 10;
n1 = -N:-1; c1 = -4*j*sin(n1*pi/2)/pi^2./n1.^2;   % 计算 n = -N 到 -1 时的傅里叶级数系数
c0 = 0;                                            % 计算 n = 0 时的傅里叶级数系数
n2 = 1:N; c2 = -4*j*sin(n2*pi/2)/pi^2./n2.^2;     % 计算 n = 1 到 N 时的傅里叶级数系数
cn = [c1 c0 c2]; n = -N:N;
subplot 211; stem(n,abs(cn)); ylabel('Cn 的幅度');
subplot 212; stem(n,angle(cn)); ylabel('Cn 的相位');
xlabel('\omega/\omega_0')
```

程序运行结果如图 3.68 所示。

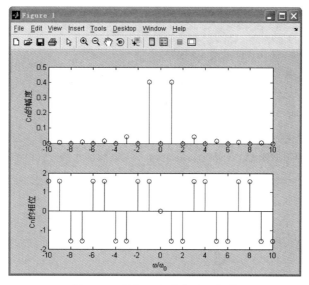

图 3.68 周期三角波信号的频谱

【例 3-34】 周期矩形脉冲如图 3.69(a)所示，其幅度为 1，脉冲宽度为 tao=1，周期 T=5*tao，试用 MATLAB 求出该图信号三角形式的傅里叶系数，并绘出各次谐波叠加的傅里叶综合波形图。

解 MATLAB 程序如下：

```
% 周期矩形脉冲函数的合成
function [A_sym,B_sym] = CTFShchsym
% 采用符号计算，求一个周期内连续时间函数 f 的三角级数展开系数，再用这些
% 展开系数合成连续时间函数 f。傅里叶级数系数的输入输出都是数值量
%  Nf = 6      谐波的阶数
%  Nn          输出数据的准确位数
%  A_sym       第 1 元素是直流项，其后元素依次是 1,2,3,…次谐波 cos 项展开系数
%  B_sym       第 2,3,4,…元素依次是 1,2,3,…次谐波 sin 项展开系数
%  tao = 1     tao/T = 0.2
syms  t  n  k  x
T = 5; tao = 0.2*T; a = 0.5;
if   nargin<4; Nf = 6; end
if   nargin<5; Nn = 32; end
x = time_fun_x(t);
A0 = 2*int(x,t,-a,T-a)/T;                          % 求出三角函数展开系数 A0
As = int(2*x*cos(2*pi*n*t/T)/T,t,-a,T-a);          % 求出三角函数展开系数 As
```

```
    Bs = int(2*x*sin(2*pi*n*t/T)/T,t,-a,T-a);      % 求出三角函数展开系数 Bs
    A_sym(1) = double(vpa(A0,Nn));                  % 获取串数组 A0 所对应的 ASC2 码数值数组
    for k = 1:Nf
      A_sym(k+1) = double(vpa(subs(As,n,k),Nn));    % 获取串数组 A 所对应的 ASC2 码数值数组
      B_sym(k+1) = double(vpa(subs(Bs,n,k),Nn)); end % 获取串数组 B 所对应的 ASC2 码数值数组
    if nargout == 0
    c = A_sym; disp(c)      % 输出 c 为三角级数展开系数:第 1 元素是直流项,其后元素依次是 1,2,
                            %   3,…次谐波 cos 项展开系数
    d = B_sym; disp(d)      % 输出 d 为三角级数展开系数:第 2,3,4,…元素依次是 1,2,3,…次谐波
                            %   sin 项展开系数
      t = -8*a:0.01:T-a;
    f1 = 0.2/2 + 0.1871.*cos(2*pi*1*t/5) + 0.*sin(2*pi*1*t/5);;    % 基波
    f2 = 0.1514.*cos(2*pi*2*t/5) + 0.*sin(2*pi*2*t/5);;            % 2 次谐波
    f3 = 0.1009.*cos(2*pi*3*t/5) + 0.*sin(2*pi*3*t/5);             % 3 次谐波
    f4 = 0.0468.*cos(2*pi*4*t/5) + 0.*sin(2*pi*4*t/5);;            % 4 次谐波
    f5 = -0.0312.*cos(2*pi*6*t/5) + 0.*sin(2*pi*6*t/5);            % 6 次谐波
  f6 = f1 + f2;             % 基波 + 2 次谐波
  f7 = f6 + f3;             % 基波 + 2 次谐波 + 3 次谐波
  f8 = f7 + f4 + f5;        % 基波 + 2 次谐波 + 3 次谐波 + 4 次谐波 + 6 次谐波
subplot(2,2,1)
plot(t,f1),hold on
y = time_fun_e(t)           % 调用连续时间函数 - 周期矩形脉冲
plot(t,y,'r:')
title('周期矩形波的形成——基波')
axis([-4,4.5,-0.1,1.1])
subplot(2,2,2)
plot(t,f6),hold on
y = time_fun_e(t)
plot(t,y,'r:')
title('周期矩形波的形成——基波 + 2 次谐波')
axis([-4,4.5,-0.1,1.1])
subplot(2,2,3)
plot(t,f7),hold on
y = time_fun_e(t)
plot(t,y,'r:')
title('基波 + 2 次谐波 + 3 次谐波')
axis([-4,4.5,-0.1,1.1])
subplot(2,2,4)
plot(t,f8),hold on
y = time_fun_e(t)
plot(t,y,'r:')
title('基波 + 2 次谐波 + 3 次谐波 + 4 次谐波 + 6 次谐波')
axis([-4,4.5,-0.1,1.1])
end

% ------------------------------------------
function x = time_fun_x(t)
  % 该函数是 CTFShchsym.m 的子函数。它由符号变量和表达式写成
  h = 1;
  x1 = sym('Heaviside(t + 0.5)')*h;
  x = x1 - sym('Heaviside(t - 0.5)')*h;

% ------------------------------------------
function y = time_fun_e(t)
  % 该函数是 CTFShchsym.m 的子函数,它由符号函数和表达式写成
  a = 0.5; T = 5; h = 1; tao = 0.2*T; t = -8*a:0.01:T-a;
  e1 = 1/2 + 1/2.*sign(t + tao/2);
```

```
e2 = 1/2 + 1/2. * sign(t - tao/2);
y = h. * (e1 - e2);          % 连续时间函数-周期矩形脉冲
```

程序运行的结果如下所示，其频谱如图 3.69(b)所示。

三角级数展开系数为：
```
ans =
    0.4000    0.3742    0.3027    0.2018    0.0935    0.0000   -0.0624
```

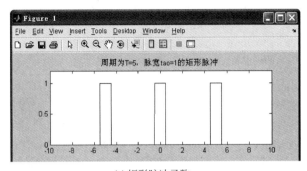

(a) 矩形脉冲函数

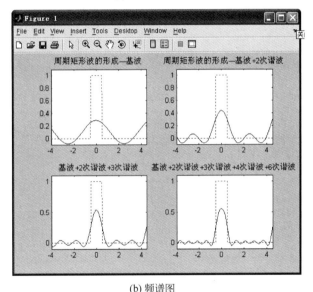

(b) 频谱图

图 3.69 周期矩形脉冲函数及其合成图

3.12.2 周期信号频谱分析 MATLAB 实现

【例 3-35】 已知周期方波脉冲信号如图 3.70 所示，其幅度为 1，脉冲宽度（占空比）duty=1/2，周期 $T=5$。试用 MATLAB 编程绘出该周期信号的频谱。

解 周期方波脉冲的单边频谱 MATLAB 程序如下：

```
% 周期方波脉冲的单边频谱
function [A_sym,B_sym] = CTFSdbfb(T,Nf,Nn)
% 采用符号计算求[0,T]内时间函数的三角级数展开系数
%                函数的输入输出都是数值量
%    Nf          谐波的阶数
%    Nn          输出数据的准确位数
```

```
%    A_sym   第 1 元素是直流项,其后元素依次是 1,2,3,…次谐波 cos 项展开系数
%    B_sym   第 2,3,4,…元素依次是 1,2,3,…次谐波 sin 项展开系数
syms t  n  k  y
T = 5;
if nargin<4; Nf = input('pleas Input 所需展开的最高谐波次数:'); end
T = 5;
if nargin<5; Nn = 32; end
y = time_fun_s(t);
A0 = 2 * int(y,t,0,T)/T;
As = int(2 * y * cos(2 * pi * n * t/T)/T,t,0,T);
Bs = int(2 * y * sin(2 * pi * n * t/T)/T,t,0,T);
A_sym(1) = double(vpa(A0,Nn));
for k = 1:Nf
   A_sym(k + 1) = double(vpa(subs(As,n,k),Nn));
   B_sym(k + 1) = double(vpa(subs(Bs,n,k),Nn)); end
   if nargout == 0
       S1 = fliplr(A_sym)              % 对 A_sym 阵左右对称交换
       S1(1,k + 1) = A_sym(1)          % A_sym 的 1 * k 阵扩展为 1 * (k + 1)阵
       S2 = fliplr(1/2 * S1)           % 对扩展后的 S1 阵左右对称交换回原位置
       S3 = fliplr(1/2 * B_sym)        % 对 B_sym 阵左右对称交换
       S3(1,k + 1) = 0                 % B_sym 的 1 * k 阵扩展为 1 * (k + 1)阵
       S4 = fliplr(S3)                 % 对扩展后的 S3 阵左右对称交换回原位置
    S5 = S2 - i * S4;
    N = Nf * 2 * pi/T;
    k2 = 0:2 * pi/T:N;
   subplot 211
     x = squ_timefun(t,T)              % 调用连续时间函数 - 周期方波脉冲
     T = 5; t = - 2 * T:0.01:2 * T;
     plot(t,x)
     title('周期方波脉冲')
     axis([-10,10,-1,1.2])
     line([-10,10],[0,0])
    subplot 212
     stem(k2,abs(S5));    % 画出周期方波脉冲的频谱(脉宽 a = T/2)
     title('周期方波脉冲的单边频谱')
     axis([0,60,0,0.6])
     end
% --------------------------------------------
function y = time_fun_s(t)
% 该函数是 CTFSdbfb.m 的子函数。它由符号变量和表达式写成
syms a a1
T = 5; a = T/2;
y1 = sym('Heaviside(t)') * 2 - sym('Heaviside(t - a1)');
y = y1 - sym('Heaviside(t + a1)');
y = subs(y,a1,a);
y = simple(y);


% -----------------------------
function x = squ_timefun(t,T)
% 该函数是 CTFSdbfb.m 的子函数,它由方波脉冲函数写成
%    t       是时间数组
%    T       是周期      duty "占空比":信号为正的区域在一个周期内所占的百分比
T = 5; t = - 2 * T:0.01:2 * T; duty = 50;
x = square(t,duty);
```

程序运行结果如图 3.70 所示。

第3章 连续时间信号与系统的频域分析

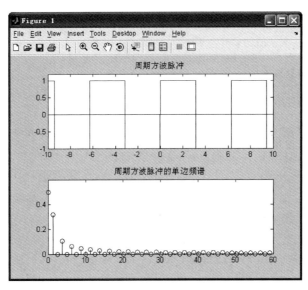

图 3.70 周期方波脉冲及单边频谱图

周期方波脉冲的双边频谱 MATLAB 程序如下：

```
% 周期方波脉冲的双边频谱
function [A_sym,B_sym] = CTFSdbfb(T,Nf,Nn)
% 采用符号计算求[0,T]内时间函数的三角级数展开系数
%          函数的输入输出都是数值量
%   Nf     谐波的阶数
%   Nn     输出数据的准确位数
%   A_sym  第1元素是直流项,其后元素依次是1,2,3,…次谐波cos项展开系数
%   B_sym  第2,3,4,…元素依次是1,2,3,…次谐波sin项展开系数
syms t n k y
T = 5;
if nargin<4; Nf = input('pleas Input 所需展开的最高谐波次数:'); end
T = 5;
if nargin<5; Nn = 32; end
y = time_fun_s(t);
A0 = 2 * int(y,t,0,T)/T;
As = int(2 * y * cos(2 * pi * n * t/T)/T,t,0,T);
Bs = int(2 * y * sin(2 * pi * n * t/T)/T,t,0,T);
A_sym(1) = double(vpa(A0,Nn));
for k = 1:Nf
   A_sym(k + 1) = double(vpa(subs(As,n,k),Nn));
   B_sym(k + 1) = double(vpa(subs(Bs,n,k),Nn)); end
   if nargout == 0
     S1 = fliplr(A_sym)            % 对 A_sym 阵左右对称交换
     S1(1,k + 1) = A_sym(1)        % A_sym 的 1*k 阵扩展为 1*(k+1)阵
     S2 = fliplr(1/2 * S1)         % 对扩展后的 S1 阵左右对称交换回原位置
     S3 = fliplr(1/2 * B_sym)      % 对 B_sym 阵左右对称交换
     S3(1,k + 1) = 0               % B_sym 的 1*k 阵扩展为 1*(k+1)阵
     S4 = fliplr(S3)               % 对扩展后的 S3 阵左右对称交换回原位置
S5 = S2 - i * S4;
S6 = fliplr(S5);
 N = Nf * 2 * pi/T;
  k2 = - N:2 * pi/T:N;
  S7 = [S6,S5(2:end)];
```

```
    subplot 211
    x = squ_timefun(t,T)              % 调用连续时间函数-周期方波脉冲
    T = 5; t = -2*T:0.01:2*T;
    plot(t,x)
    title('周期方波脉冲')
    axis([-10,10,-1,1.2])
    line[-10,10],[0,0])
    subplot 212
    stem(k2,abs(S7));                 % 画出周期方波脉冲的频谱(脉宽 a = T/2)
    title('周期方波脉冲的单边频谱')
    axis([-60,60,0,0.6])
    end
% --------------------------------------------
function y = time_fun_s(t)
% 该函数是 CTFSdbfb.m 的子函数。它由符号变量和表达式写成
syms a a1
T = 5; a = T/2;
y1 = sym('Heaviside(t)')*2 - sym('Heaviside(t-a1)');
y = y1 - sym('Heaviside(t+a1)');
y = subs(y,a1,a);
y = simple(y);

% --------------------------------
function x = squ_timefun(t,T)
% 该函数是 CTFSdbfb.m 的子函数,它由方波脉冲函数写成
%   t 是时间数组
%   T 是周期,duty 为占空比(信号为正的区域在一个周期内所占的百分比)
T = 5; t = -2*T:0.01:2*T; duty = 50;
x = square(t,duty);
```

程序运行结果如图 3.71 所示。

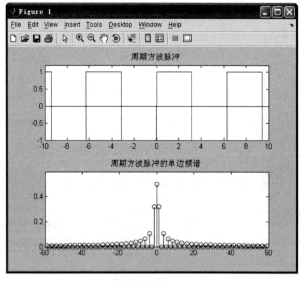

图 3.71 周期方波脉冲及频谱图

【例 3-36】 已知周期三角波形脉冲如图 3.72 所示,周期 T＝5,其幅度为±1,试用 MATLAB 绘出该信号的频谱。

解 周期三角波双边脉冲单边频谱 MATLAB 实现程序如下:

```matlab
% 周期三角波双边脉冲单边频谱
function [A_sym,B_sym] = CTFSsjbshb(T,Nf)
% 采用符号计算求[0,T]内时间函数的三角级数展开系数
%              函数的输入输出都是数值量
%   Nf      谐波的阶次
%   Nn      输出数据的准确位数
%   A_sym   第1元素是直流项,其后元素依次是1,2,3,…次谐波cos项展开系数
%   B_sym   第2,3,4,…元素依次是1,2,3,…次谐波sin项展开系数
syms t n k y
T = 5;
if nargin<4; Nf = input('pleas Input 所需展开的最高谐波次数:'); end
T = 5;
if nargin<5; Nn = 32; end
y = time_fun_s(t);
A0 = 2 * int(y,t,0,T)/T;
As = int(2 * y * cos(2 * pi * n * t/T)/T,t,0,T);
Bs = int(2 * y * sin(2 * pi * n * t/T)/T,t,0,T);
A_sym(1) = double(vpa(A0,Nn));
for k = 1:Nf
    A_sym(k + 1) = double(vpa(subs(As,n,k),Nn));
    B_sym(k + 1) = double(vpa(subs(Bs,n,k),Nn)); end
    if nargout == 0
        S1 = fliplr(A_sym)                  % 对A_sym阵左右对称交换
        S1(1,k + 1) = A_sym(1)              % A_sym的1*k阵扩展为1*(k+1)阵
        S2 = fliplr(1/2 * S1)               % 对扩展后的S1阵左右对称交换回原位置
        S3 = fliplr(1/2 * B_sym)            % 对B_sym阵左右对称交换
        S3(1,k + 1) = 0                     % B_sym的1*k阵扩展为1*(k+1)阵
        S4 = fliplr(S3)                     % 对扩展后的S3阵左右对称交换回原位置
        S5 = S2 - i * S4;                   % 用三角函数展开系数A、B值合成傅里叶指数系数
        % S6 = fliplr(S5);                  % 对傅里叶指数复系数S6阵左右对称交换位置
        N = Nf * 2 * pi/T;
        k2 = 0:2 * pi/T:N;                  % 形成-N:N的变量
        % S7 = [S6,S5(2:end)];              % 形成-N:N的傅里叶指数对称复系数
        subplot 211
        x = sjb_timefun(t,T)                % 调用连续时间函数-周期三角波脉冲
        T = 5; t = -2 * T:0.01:2 * T;
        plot(t,x)
        title('连续时间函数-周期三角波脉冲')
        axis([-10,10,-1,1.2])
        line([-10,10],[0,0])
        subplot 212
        stem(k2,abs(S5));                   % 画出周期三角脉冲的频谱(脉宽 a = T/2)
    title('连续时间函数周期三角脉冲的单边幅度谱')
    axis([0,80,0,0.25])
    end
    % ------------------------------------------
function y = time_fun_s(t)
% 该函数是CTFSsjbshb.m的子函数。它由符号变量和表达式写成
syms a a1
T = 5; a = T/2;
y1 = sym('Heaviside(t + a1)') * (2 * t/a1 + 1) + sym('Heaviside(t - a1)') * (2 * t/a1 - 1);
y = y1 - sym('Heaviside(t)') * (4 * t/a1);
y = subs(y,a1,a);
y = simple(y);

% -----------------------------
function x = sjb_timefun(t,T)
```

```
% 该函数是 CTFSsjbshb.m 的子函数。它由三角波脉冲函数写成
T = 5; t = -2*T:0.01:2*T;
x = sawtooth(t-2*T/3,0.5);
```

程序运行结果如图 3.72 所示。

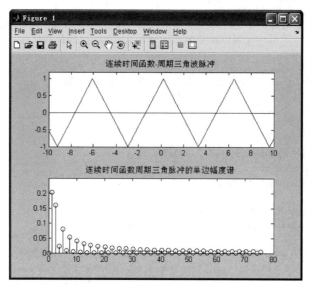

图 3.72　周期三角波双边脉冲及单边频谱图

周期三角波双边脉冲双边频谱 MATLAB 实现程序。

```
% 周期三角波双边脉冲频谱
function [A_sym,B_sym] = CTFSsjbshb(T,Nf)
% 采用符号计算求[0,T]内时间函数的三角级数展开系数
%             函数的输入输出都是数值量
%   Nf      谐波的阶数
%   Nn      输出数据的准确位数
%   A_sym   第 1 元素是直流项,其后元素依次是 1,2,3,…次谐波 cos 项展开系数
%   B_sym   第 2,3,4,…元素依次是 1,2,3,…次谐波 sin 项展开系数
syms t n k y
T = 5;
if nargin<4; Nf = input('pleas Input 所需展开的最高谐波次数:'); end
T = 5;
if nargin<5; Nn = 32; end
y = time_fun_s(t);
A0 = 2*int(y,t,0,T)/T;
As = int(2*y*cos(2*pi*n*t/T)/T,t,0,T);
Bs = int(2*y*sin(2*pi*n*t/T)/T,t,0,T);
A_sym(1) = double(vpa(A0,Nn));
for k = 1:Nf
    A_sym(k+1) = double(vpa(subs(As,n,k),Nn));
    B_sym(k+1) = double(vpa(subs(Bs,n,k),Nn)); end
    if nargout == 0
       S1 = fliplr(A_sym)              % 对 A_sym 阵左右对称交换
       S1(1,k+1) = A_sym(1)            % A_sym 的 1*k 阵扩展为 1*(k+1)阵
       S2 = fliplr(1/2*S1)             % 对扩展后的 S1 阵左右对称交换回原位置
       S3 = fliplr(1/2*B_sym)          % 对 B_sym 阵左右对称交换
       S3(1,k+1) = 0                   % B_sym 的 1*k 阵扩展为 1*(k+1)阵
       S4 = fliplr(S3)                 % 对扩展后的 S3 阵左右对称交换回原位置
```

```
        S5 = S2 - i * S4;                    % 用三角函数展开系数 A、B 值合成傅里叶指数系数
        S6 = fliplr(S5);                     % 对傅里叶指数复系数 S6 阵左右对称交换位置
        N = Nf * 2 * pi/T;
        k2 = - N:2 * pi/T:N;                 % 形成 - N:N 的变量
        S7 = [S6,S5(2:end)];                 % 形成 - N:N 的傅里叶指数对称复系数
         subplot 211
        x = sjb_timefun(t,T);                % 调用连续时间函数 - 周期三角波脉冲
        T = 5; t = - 2 * T:0.01:2 * T;
        plot(t,x)
        title('连续时间函数 - 周期三角波脉冲')
        axis([ - 10,10, - 1,1.2])
        line([ - 10,10],[0,0])
        subplot 212
         stem(k2,abs(S7));   % 画出周期三角脉冲的频谱(脉宽 a = T/2)
     title('连续时间函数周期三角脉冲的双边幅度谱')
        axis([ - 80,80,0,0.25])
        end
        % -----------------------------------------
function y = time_fun_s(t)
% 该函数是 CTFSsjbshb.m 的子函数。它由符号变量和表达式写成
syms a a1
T = 5; a = T/2;
y1 = sym('Heaviside(t + a1)') * (2 * t/a1 + 1) + sym('Heaviside(t - a1)') * (2 * t/a1 - 1);
y = y1 - sym('Heaviside(t)') * (4 * t/a1);
y = subs(y,a1,a);
y = simple(y);
```
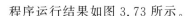
```
function x = sjb_timefun(t,T)
% 该函数是 CTFSsjbshb.m 的子函数。它由三角波脉冲函数写成
T = 5; t = - 2 * T:0.01:2 * T;
x = sawtooth(t - 2 * T/3,0.5);
```

程序运行结果如图 3.73 所示。

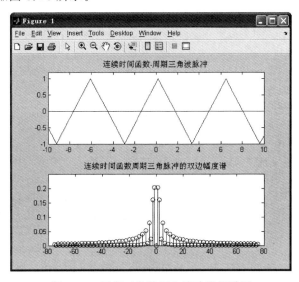

图 3.73 周期三角波双边脉冲及频谱图

【例 3-37】 用 FFT 求图 3.74 所示的周期矩形脉冲函数的频谱,并绘出频谱图。其幅度为 1,脉冲宽度为 tao=1(周期 T=5 * tao)。

解　MATLAB 程序如下：

```matlab
% 用 FFT 分析周期矩形脉冲及其频谱
% [CTFSfft.m]    这是计算周期矩形脉冲双边频谱的程序
function [A,B,C,fn,t,x] = CTFSfft(T,M,Nf)
% 利用 FFT,计算[0,T]区间上定义的时间波形的傅里叶级数展开系数 A,B 和频谱 C,fn
%   T      时间波形周期
%   M      用作 2 的幂次
%   Nf     输出谐波的阶次,决定 A,B 的长度为(Nf + 1)。Nf 不要超 2^(M-1)
%   A,B    分别是傅里叶级数中 cos,sin 展开项的系数。A(1)是直流量
%   C      是定义在[-fs/2,fs/2]上的频谱
%   t,x    是原时间波形数据对
T = 5;
if (nargin<2 | isempty(M)); M = 8; end
if nargin<3; Nf = input('pleas Input 所需展开的最高谐波次数:Nf = '); end
N = 2^M;                        % 使总抽样点是 2 的整数倍
f = 1/T;                        % 被变换函数的频率
w0 = 2*pi*f;
dt = T/N;                       % 时间分辨率
n = 0:1:(N-1);                  % 抽样点序列
t = n*dt;                       % 抽样时间序列
x = time_fun(t,T);              % 被变换时间函数的抽样序列,调用 CTFSfft.m 的子函数
W = fft(x);                     % 给出 n = 0,1,…,N-1 上的 DFT 数据值
cn = W/N;                       % 据式计算 n = 0,1,…,N-1 上的 FS 系数
z_cn = find(abs(cn)<1.0e-10);   % 寻找有限字长运算而产生(原应为 0)的"小"复数
cn(z_cn) = zeros(length(z_cn),1); % 强制那些"小"复数为 0
cn_SH = fftshift(cn);           % 据式计算 n = -N/2,…,-1,0,1,…,(N/2)-1 上的 FS 系数
C = [cn_SH cn_SH(1)];           % 形成关于 0 对称的(N+1)个 FS 系数
A(1) = C(N/2+1);
A(2:N/2+1) = 2*real(C((N/2+2):end));
B(2:N/2+1) = -2*imag(C((N/2+2):end));
if Nf>N/2; error(['第三输入宗量 Nf 应小于 ' int2str(N/2-1)]); end
A(Nf+2:end) = [];
B(Nf+2:end) = [];
n1 = -N/2*2*pi/T:2*pi/T:N/2*2*pi/T;   % 产生总点数为(N+1)个关于 0 对称的 FS 系数
fn = n1*f;                      % 关于 0 对称的频率分度序列
y = time_fun_e(t)               % 调用 CTFSfft.m 的子函数
subplot 212
stem(n1,abs(C));
title('周期矩形脉冲频谱')
axis([-150,150,0,0.12])
hold off
% ------------------------
function  x = time_fun(t,T)
% 该函数是 CTFSfft.m 的子函数
%   t      是时间数组
%   T      是周期
A = 1; tao = 1; T = 5;
x = zeros(size(t)); ii = find(t>=-tao/2 & t<=tao/2);
x(ii) = ones(size(ii)).*A; x(t==0) = 1;

% ------------------------
function y = time_fun_e(t)
% 该函数是 CTFSfft.m 的子函数。它由符号变量和表达式写成
%   t      是时间数组
%   T      是周期    duty = tao/T = 0.2
T = 5; t = -2*T:0.01:2*T; tao = T/5;
```

```
y = rectpuls(t,1);                % 产生一个宽度 tao = 1 的矩形脉冲
subplot 211
plot(t,y)
hold on
y = rectpuls(t-5,1);              % 产生一个宽度 tao = 1 的矩形脉冲,中心位置在 t = 5 处
plot(t,y)
hold on
y = rectpuls(t+5,1);              % 产生一个宽度 tao = 1 的矩形脉冲,中心位置在 t = -5 处
plot(t,y)
title('周期为 T = 5,脉宽 tao = 1 的矩形脉冲')
axis([-10,10,0,1.2])
```

程序运行结果如图 3.74 所示。

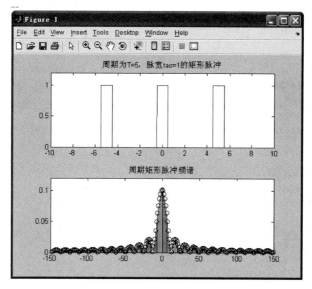

图 3.74 周期矩形脉冲及其用 FFT 分析的频谱图

【例 3-38】 试用 MATLAB 实现脉冲宽度与频谱的关系。

解 MATLAB 程序如下:

```
% 脉冲宽度与频谱的关系实现程序
function [A_sym,B_sym] = CTFSigsym
% 采用符号计算求[0,T]内时间函数的三角级数展开系数
%                 函数的输入输出都是数值量
%   Nn      输出数据的准确位数
%   A_sym   第 1 元素是直流项,其后元素依次是 1,2,3,…次谐波 cos 项展开系数
%   B_sym   第 2,3,4,…元素依次是 1,2,3,…次谐波 sin 项展开系数
%   T       T = m * tao,   信号周期
%   Nf      谐波的阶数
%   Nn      输出数据的准确位数
%   m (m = T/tao)周期与脉冲宽度之比,如 m = 4,8,16,100 等
%   tao     脉宽:tao = T/m
syms t n y
if nargin<3; Nf = input('please Input 所需展开的最高谐波次数:Nf = '); end
T = input('pleas Input 信号的周期 T = ');
if nargin<5; Nn = 32; end
y = time_fun_s(t);
A0 = 2 * int(y,t,0,T)/T;
As = int(2 * y * cos(2 * pi * n * t/T)/T,t,0,T);
```

```
            Bs = int(2 * y * sin(2 * pi * n * t/T)/T,t,0,T);
        A_sym(1) = double(vpa(A0,Nn));
        for k = 1:Nf
            A_sym(k + 1) = double(vpa(subs(As,n,k),Nn));
            B_sym(k + 1) = double(vpa(subs(Bs,n,k),Nn)); end
        if nargout == 0
            S1 = fliplr(A_sym)                    % 对 A_sym 阵左右对称交换
            S1(1,k + 1) = A_sym(1)                % A_sym 的 1 * k 阵扩展为 1 * (k + 1)阵
            S2 = fliplr(1/2 * S1)                 % 对扩展后的 S1 阵左右对称交换回原位置
            S3 = fliplr(1/2 * B_sym)              % 对 B_sym 阵左右对称交换
            S3(1,k + 1) = 0                       % B_sym 的 1 * k 阵扩展为 1 * (k + 1)阵
            S4 = fliplr(S3)                       % 对扩展后的 S3 阵左右对称交换回原位置
            S5 = S2 - i * S4;                     % 用三角函数展开系数 A、B 值合成傅里叶指数系数
            N = Nf * 2 * pi/T;
            k2 = 0:2 * pi/T:N;
            x = time_fun_e(t)                     % 调用连续时间函数 - 周期矩形脉冲
        subplot 212
        stem(k2,abs(S5));                         % 画出周期矩形脉冲的频谱(T = m * tao)
        title('连续时间函数周期矩形脉冲的单边幅度谱')
            axis([0,80,0,0.12])
            line([0,80],[0,0])
        line([0,0],[0,0.12])
        end


            % -----------------------------------------
        function y = time_fun_s(t)
        % 该函数是 CTFStpshsym.m 的子函数。它由符号变量和表达式写成
        syms a a1
        T = input('please Input 信号的周期 T = ');
        M = input('周期与脉冲宽度之比 M = ');
        A = 1; tao = T/M; a = tao/2;
        y1 = sym('Heaviside(t + a1)') * A;
        y = y1 - sym('Heaviside(t - a1)') * A;
        y = subs(y,a1,a);
        y = simple(y);


            % -----------------------------
        function x = time_fun_e(t)
        % 该函数是 CTFStpshsym.m 的子函数。它由符号变量和表达式写成
        %    t       是时间数组
        %    T       是周期    duty = tao/T
        M = input('周期与脉冲宽度之比 M = ');
        T = 5; t = - 2 * T:0.01:2 * T; tao = T/M;
        x = rectpuls(t,tao);                      % 产生一个宽度 tao = T/m 的矩形脉冲
        subplot 211
        plot(t,x)
        hold on
        x = rectpuls(t - 5,tao);                  % 产生一个宽度 tao = T/m 的矩形脉冲,中心位置在 t = 5 处
        plot(t,x)
        hold on
        x = rectpuls(t + 5,tao);                  % 产生一个宽度 tao = T/m 的矩形脉冲,中心位置在 t = - 5 处
        plot(t,x)
        title('周期为 T = 5,脉宽 tao = T/m 的矩形脉冲')
        axis([ - 10,10,0,1.2])
```

运行程序,对应于 $T=5, m=4, 8, 16$ 的频谱分别如图 3.75 所示。

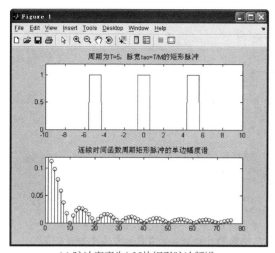

(a) 脉冲宽度为1.25的矩形脉冲频谱

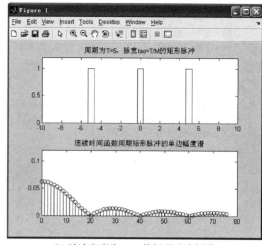

(b) 脉冲宽度为0.625的矩形脉冲频谱

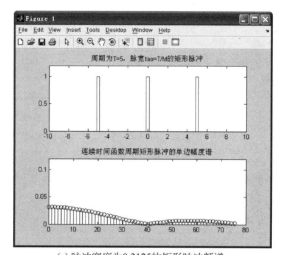

(c) 脉冲宽度为0.3125的矩形脉冲频谱

图 3.75 脉冲宽度与频谱关系图(周期为5)

【例 3-39】 试用 MATLAB 实现周期与频谱的关系。

解 MATLAB 程序如下：

```
% 周期与频谱的关系实现程序
function [A_sym,B_sym] = CTFSigsym
% 采用符号计算求[0,T]内时间函数的三角级数展开系数
%           函数的输入输出都是数值量
%   Nn      输出数据的准确位数
%   A_sym   第1元素是直流项,其后元素依次是1,2,3,…次谐波 cos 项展开系数
%   B_sym   第2,3,4,…元素依次是1,2,3,…次谐波 sin 项展开系数
%   T       T = m * tao,  信号周期
%   Nf      谐波的阶数
%   Nn      输出数据的准确位数
%   m       (m = T/tao)周期与脉冲宽度之比,如 m = 4,8,16,100 等
%   tao     脉宽:tao = T/M
syms t n y
if nargin<3; Nf = input('pleas Input 所需展开的最高谐波次数:Nf = '); end
T = input('pleas Input 信号的周期 T = ');
```

```
        if nargin<5; Nn = 32; end
        y = time_fun_s(t);
        A0 = 2 * int(y,t,0,T)/T;
        As = int(2 * y * cos(2 * pi * n * t/T)/T,t,0,T);
        Bs = int(2 * y * sin(2 * pi * n * t/T)/T,t,0,T);
        A_sym(1) = double(vpa(A0,Nn));
        for k = 1:Nf
            A_sym(k + 1) = double(vpa(subs(As,n,k),Nn));
            B_sym(k + 1) = double(vpa(subs(Bs,n,k),Nn)); end
        if nargout == 0
            S1 = fliplr(A_sym)              % 对 A_sym 阵左右对称交换
            S1(1,k + 1) = A_sym(1)          % A_sym 的 1 * k 阵扩展为 1 * (k + 1)阵
            S2 = fliplr(1/2 * S1)           % 对扩展后的 S1 阵左右对称交换回原位置
            S3 = fliplr(1/2 * B_sym)        % 对 B_sym 阵左右对称交换
            S3(1,k + 1) = 0                 % B_sym 的 1 * k 阵扩展为 1 * (k + 1)阵
            S4 = fliplr(S3)                 % 对扩展后的 S3 阵左右对称交换回原位置
            S5 = S2 - i * S4;               % 用三角函数展开系数 A、B 值合成傅里叶指数系数
            N = Nf * 2 * pi/T;
            k2 = 0:2 * pi/T:N;
            x = time_fun_e(t)               % 调用连续时间函数 - 周期矩形脉冲
        subplot 212
        stem(k2,abs(S5));                   % 画出周期矩形脉冲的频谱(T = m * tao)
        title('连续时间函数周期矩形脉冲的单边幅度谱')
            axis([0,80,0,0.12])
            line([0,80],[0,0])
        line([0,0],[0,0.12])
        end

        %-----------------------------------------
        function y = time_fun_s(t)
        % 该函数是 CTFStpshsym.m 的子函数。它由符号变量和表达式写成
        syms a a1
        T = input('pleas Input 信号的周期 T = ');
        M = input('周期与脉冲宽度之比 M = ');
        A = 1; tao = T/M; a = tao/2;
        y1 = sym('Heaviside(t + a1)') * A;
        y = y1 - sym('Heaviside(t - a1)') * A;
        y = subs(y,a1,a);
        y = simple(y);

        %----------------------------
        function x = time_fun_e(t)
        % 该函数是 CTFStpshsym.m 的子函数。它由符号变量和表达式写成
        %    t 是时间数组
        %    T 是周期 duty = tao/T
        T = input('pleas Input 信号的周期 T = ');
        M = input('周期与脉冲宽度之比 M = ');
        t = -2 * T:0.01:2 * T; tao = T/M;
        x = rectpuls(t,tao);                % 产生一个宽度 tao = T/m 的矩形脉冲
        subplot 211
        plot(t,x)
        hold on
        x = rectpuls(t - T,tao);            % 产生一个宽度 tao = T/m 的矩形脉冲,中心位置在 t = T 处
        plot(t,x)
        hold on
        x = rectpuls(t + T,tao);            % 产生一个宽度 tao = T/m 的矩形脉冲,中心位置在 t = - T 处
        plot(t,x)
```

```
title('周期为 T,脉宽 tao = T/m 的矩形脉冲')
axis([ -10 - T,10 + T,0,1.2])
```

运行程序,对应于 m=4,8,16,100 的频谱分别如图 3.76 所示。

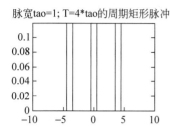
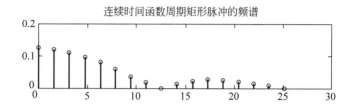

(a) 周期T=4*tao=4的矩形脉冲频谱

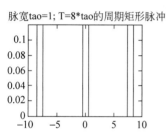
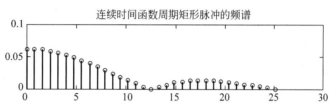

(b) 周期T=8*tao=8的矩形脉冲频谱

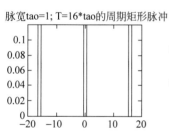
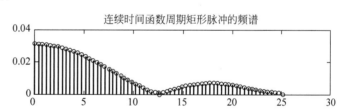

(c) 周期T=16*tao=16的矩形脉冲频谱

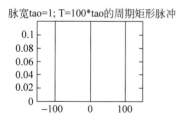
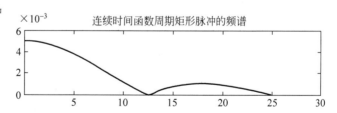

(d) 周期T=100*tao=100的矩形脉冲频谱

图 3.76 周期与频谱关系图(tao=1)

3.12.3 非周期信号频谱分析 MATLAB 实现

在信号的频域分析中,常需要进行许多复杂的运算。MATLAB 提供了许多数值计算的工具,利用 quad8 和 quad1 函数可以计算非周期信号的频谱。

quad8 函数调用形式为

```
y = quad8('func',a,b)
```

y = quad8('func',a,b,TOL,TRACE,p1,p2,…)

其中,func 是一个字符串,表示被积函数的.m 文件名;a,b 分别表示定积分的下限和上限;TOL 表示指定允许的相对或绝对积分误差,非零的 TRACE 表示以被积函数的点绘图形式来跟踪该 quad8 函数生成的返回值,如果 TOL 和 TRACE 均赋以空矩阵,则两者均自动使用默认值;p1,p2,… 表示被积函数所需的多个额外输入参数。

quadl 函数调用形式为

y = quadl(fun,a,b)
y = quadl(fun,a,b,TOL,TRACE,p1,p2,…)

其中,fun 为指定被积函数。

【例 3-40】 利用 MATLAB 采用数值方法近似计算三角波信号 $f(t)=\begin{cases}1-|t|, & |t|\leqslant 1\\ 0, & |t|>1\end{cases}$ 的频谱。

解 MATLAB 源程序如下:

```
% 非周期三角波的频谱实现程序
w = linspace(-6*pi,6*pi,512);
N = length(w); F = zeros(1,N);
for k = 1:N
    F(k) = quad8('sf1',-1,1,[],[],w(k));
end
plot(w,real(F));
xlabel('\omega');
ylabel('F(j\omega)');
```

程序运行结果如图 3.77 所示。

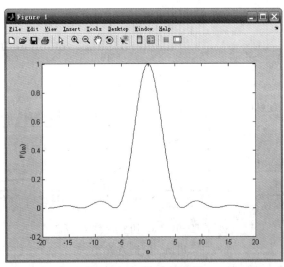

图 3.77 三角波频谱图

【例 3-41】 利用 MATLAB 画出信号 $f(t)=\dfrac{1}{2}e^{-2t}\varepsilon(t)$ 及其幅频谱图。

解 MATLAB 源程序如下:

```
% 单边指数信号的波形及其幅频图实现程序;
syms t v w x;
```

```
x = 1/2 * exp( - 2 * t) * sym('Heaviside(t)');
F = fourier(x);
subplot(211);
ezplot(x);
subplot(212);
ezplot(abs(F));
```

程序运行结果如图 3.78 所示。

【例 3-42】 利用 MATLAB 画出门信号 $f(t)=g_2(t)=\begin{cases}1, & |t|<1 \\ 0, & |t|>1\end{cases}$ 及其傅里叶变换。

解 MATLAB 源程序如下：

```
% 门信号的波形及其频谱实现程序
R = 0.02; t = -2:R:2;
f = heaviside(t + 1) - heaviside(t - 1);
w1 = 2 * pi * 5;                             % 频率宽度
N = 500; k = 0:N; w = k * w1/N;              % N 为抽样点,w 为频率正半轴的抽样点
F = f * exp( - j * t' * w) * R;              % 求 F(jw)
F = real(F);
W = [ - fliplr(w),w(2:501)];                 % 形成负半轴及正半轴的 2N+1 个频率点 w
F = [fliplr(F),F(2:501)];                    % 形成对应于 w 的 F(jw)的值
subplot 211;
plot(t,f,'r');
xlabel('t'); ylabel('f(t)');
title('f(t) = u(t + 1) - u(t - 1)');
subplot 212;
plot(W,F,'b');
xlabel('w'); ylabel('F(w)');
title('f(t)的傅里叶变换 F(w)');
```

程序运行结果如图 3.79 所示。

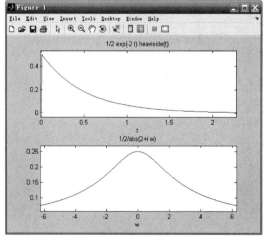

图 3.78 单边指数信号的波形及其幅频图

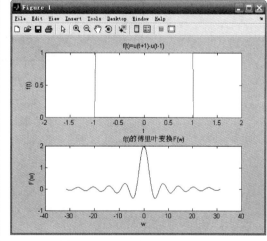

图 3.79 门信号的时域波形及其频谱曲线

【例 3-43】 利用 MATLAB 画出信号 $f(t)=\frac{1}{2}e^{-2t}\varepsilon(t)$ 及其频谱（幅值谱及相位谱）。

解 MATLAB 源程序如下：

```
% 指数信号的波形及其傅里叶变换
```

```
r = 0.02;
t = -5:r:5;
N = 200;
W = 2*pi*1;
k = -N:N;
w = k*W/N;
f1 = 1/2*exp(-2*t).*heaviside(t);
F = r*f1*exp(-j*t'*w);
F1 = abs(F);
P1 = angle(F);
subplot(311);
plot(t,f1);
grid on;
xlabel('t');
ylabel('f(t)');
title('f(t)');
subplot(312);
plot(w,F1);
xlabel('w');
grid on;
ylabel('F(jw)');
subplot(313);
plot(w,P1*180/pi);
grid on;
xlabel('w');
ylabel('P(度)');
```

程序运行结果如图 3.80 所示。

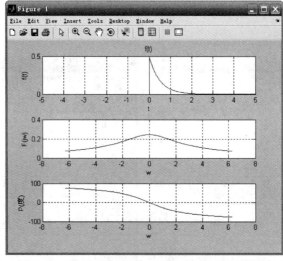

图 3.80　指数信号的波形及其幅值谱与相位谱图

3.12.4　傅里叶变换性质 MATLAB 实现

【例 3-44】　试用 MATLAB 实现傅里叶变换的时移特性。

解　MATLAB 源程序如下：

```
% 傅里叶变换的时移(右移)特性实现程序
r = 0.02;
```

```
t = -2:r:2;
N = 200;
W = 2*pi*1;
k = -N:N;
w = k*W/N;
f1 = 1/2*exp(-2*(t-0.3)).*heaviside(t-0.3);
F = r*f1*exp(-j*t'*w);
F1 = abs(F);
P1 = angle(F);
subplot 311;
plot(
grid
xlab
ylab
titl
subp
plot(
grid;
xlabel
ylabel
subpl
plot(w,
grid;
xlabel(
ylabel(
```

程序运

同理,当

```
% 傅里叶
r = 0.02;
t = -2:r
N = 200;
W = 2*pi
k = -N:N;
w = k*W/N
f1 = 1/2*
F = r*f1*
F1 = abs(F)
P1 = angle(
subplot(311
plot(t,f1);
grid;
xlabel('t');
ylabel('f(t)
title('f(t)
subplot(312)
plot(w,F1);
grid;
xlabel('w');
ylabel('幅度');
subplot(313);
plot(w,P1*180/pi);
grid;
xlabel('w');
ylabel('相位(度)');
```

程序运行结果如图 3.81(b)所示。

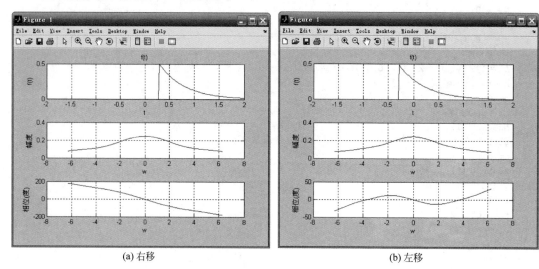

(a) 右移　　　　　　　　　　　　(b) 左移

图 3.81　傅里叶变换的时移特性实现例子

【例 3-45】　试用 MATLAB 实现傅里叶变换的对称特性。

解　MATLAB 源程序如下：

```
% 傅里叶变换的对称特性实现程序;
r = 0.01;
t = -15:r:15;
f = sinc(t);
f1 = pi.*(heaviside(t+1) - heaviside(t-1));
N = 500;
W = 5*pi*1;
k = -N:N;
w = k*W/N;
F = r*sinc(t/pi)*exp(-j*t'*w);
F1 = r.*f1*exp(-j*t'*w);
subplot(221);
plot(t,f);
xlabel('t');
ylabel('f(t)');
subplot(222);
plot(w,real(F));
axis([-2 2 -1 4]);
xlabel('w');
ylabel('F(w)');
subplot(223);
plot(t,f1);
axis([-2 2 -1 4]);
xlabel('t');
ylabel('f1(t)');
subplot(224);
plot(w,real(F1));
axis([-20 20 -3 7]);
xlabel('w');
ylabel('F1(w)');
```

程序运行结果如图 3.82 所示。

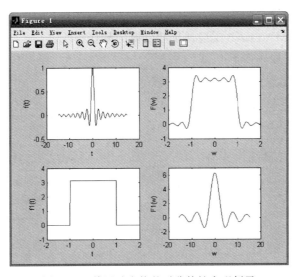

图 3.82 傅里叶变换的对称特性实现例子

【例 3-46】 试用 MATLAB 实现傅里叶变换时域微分特性。

解 MATLAB 源程序如下:

```
% 傅里叶变换的时域微分特性实现程序
r = 0.01;
t = -5:r:5;
f1 = heaviside(t + pi) - heaviside(t - pi);
f2 = heaviside(t + pi) - 2 * heaviside(t) + heaviside(t - pi);
f = pi/2 * (sawtooth(t + pi,0.5) + 1). * f1;
w1 = 2 * pi * 5;
N = 200;
k = -N:N;
w = k * w1/N;
F = r * f * exp(-j * t' * w);
F2 = r. * f2 * exp(-j * t' * w)
F3 = F2./(j * w);
subplot(411);
plot(t,f2);
set(gca,'box','off')
xlabel('t');
ylabel('f2(t)');
subplot(412);
plot(t,f);
set(gca,'box','off')
xlabel('t');
ylabel('f(t)');
subplot(413);
plot(w,real(F));
set(gca,'box','off')
xlabel('w');
ylabel('F(jw)');
subplot(414);
plot(w,real(F3));
set(gca,'box','off')
xlabel('w');
ylabel('F3(jw)');
```

程序运行结果如图 3.83 所示。

【例 3-47】 试用 MATLAB 实现傅里叶变换的频移特性。

解 MATLAB 源程序如下:

```
% 傅里叶变换的频移特性实现程序
R = 0.02; t = -2:R:2;
f = heaviside(t+1) - heaviside(t-1);
f1 = f.*exp(-j*20*t);
f2 = f.*exp(j*20*t);
W1 = 2*pi*5;
N = 500; k = -N:N; W = k*W1/N;
F1 = f1*exp(-j*t'*W)*R;
F2 = f2*exp(-j*t'*W)*R;
F1 = real(F1);
F2 = real(F2);
subplot(121);
plot(W,F1);
xlabel('w');
ylabel('F1(jw)');
title('F(w)左移到 w = 20 处的频谱 F1(jw)');
subplot(122);
plot(W,F2);
xlabel('w');
ylabel('F2(jw)');
title('F(w)右移到 w = 20 处的频谱 F2(jw)');
```

程序运行结果如图 3.84 所示。

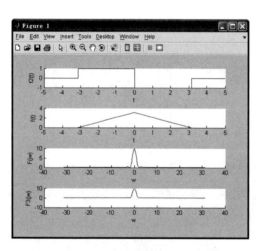

图 3.83　傅里叶变换的时域微分特性实现例子

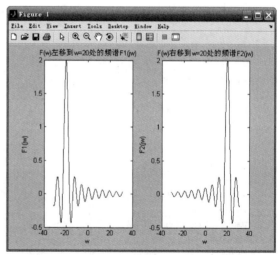

图 3.84　傅里叶变换的频移特性实现例子

【例 3-48】 试用 MATLAB 实现傅里叶变换的时域卷积特性。

解 MATLAB 源程序如下:

```
% 傅里叶变换的时域卷积特性实现程序
R = 0.05; t = -2:R:2;
f = heaviside(t+1) - heaviside(t-1);
subplot(321)
plot(t,f)
xlabel('t');
```

```
ylabel('f(t)');
y = R * conv(f,f);
n = -4:R:4;
subplot(322);
plot(n,y);
xlabel('t');
ylabel('y(t) = f(t) * f(t)');
axis([-3 3 -1 3]);
W1 = 2 * pi * 5;
N = 200;
k = -N:N;
W = k * W1/N;
F = f * exp(-j * t' * W) * R;
F = real(F);
Y = y * exp(-j * n' * W) * R;
Y = real(Y);
F1 = F.* F
subplot(323);
plot(W,F);
xlabel('w');
ylabel('F(jw)');
subplot(324);
plot(W,F1);
xlabel('w');
ylabel('F(jw).F(jw)');
axis([-20 20 0 4]);
subplot(325);
plot(W,Y);
xlabel('w');
ylabel('Y(jw)');
axis([-20 20 0 4]);
```

程序运行结果如图 3.85 所示。

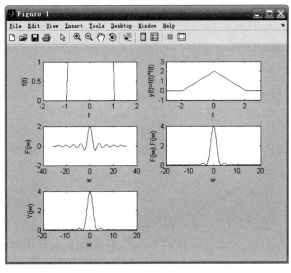

图 3.85 傅里叶变换的时域卷积特性实现例子

【例 3-49】 试用 MATLAB 实现傅里叶变换的尺度特性。

解 MATLAB 源程序如下:

```
% 傅里叶变换的尺度特性；
R = 0.02; t = -2:R:2;
f = heaviside(2*t+1) - heaviside(2*t-1);
W1 = 2*pi*5;
N = 500; k = 0:N; W = k*W1/N;
F = f*exp(-j*t'*W)*R;
F = real(F);
W = [-fliplr(W),W(2:501)];
F = [fliplr(F),F(2:501)];
subplot(2,1,1); plot(t,f);
xlabel('t'); ylabel('f(t)');
title('f(t) = u(2*t+1) - u(2*t-1)');
subplot(2,1,2); plot(W,F);
xlabel('w'); ylabel('F(w)');
title('f(t)的傅里叶变换 F(w)');
```

程序运行结果如图 3.86 所示。

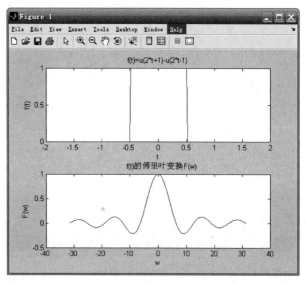

图 3.86 傅里叶变换的尺度特性实现例子

3.12.5 系统的频率特性的 MATLAB 实现

MATLAB 提供了专门对连续系统频率响应 $H(\omega)$ 进行分析的函数 freqs()。该函数可以求出系统的频率响应的数值解，并可绘出系统的幅频及相频响应的曲线。其调用格式有如下 4 种情况：

h = freqs(b,a,w)

该调用格式中，b 为对应于式(3.98)的向量 $[b_1,b_2,\cdots,b_m]$，a 为对应于式(3.98)的向量 $[a_1,a_2,\cdots,a_n]$，w 为形如 w1:p:w2 的冒号运算定义的系统频率响应的频率范围，w1 为频率初始值，w2 为频率终止值，p 为频率抽样间隔。向量 h 则返回在向量 w 所定义的频率点上，系统频率响应的样值。

[h,w] = freqs(b,a)

该调用格式将计算默认频率范围内 200 个频率点的系统频率响应的样值，并赋值给返回变量 h,200 个频率点记录在 w 中。

[h,w] = freqs(b,a,n)

该调用格式将计算默认频率范围内 n 个频率点的系统频率响应的样值,并赋值给返回变量 h,n 个频率点记录在 w 中。

freqs(b,a)

该调用格式并不返回系统频率响应的样值,而是以对数坐标的方式给出系统的幅频响应和相频响应曲线。

【例 3-50】 试用 MATLAB 实现系统函数为 $H(\omega) = \dfrac{1}{0.08(j\omega)^2 + 0.4(j\omega) + 1}$ 的频率响应。

解 实现该系统响应的程序如下:

```
% 低通滤波器的幅频及相频特性;
b = [0 0 1];
a = [0.08 0.4 1];
[h,w] = freqs(b,a,100);
h1 = abs(h);
h2 = angle(h);
subplot(211);
plot(w,h1);
grid
xlabel('角频率(w)');
ylabel('幅度');
title('H(jw)的幅频特性');
subplot(212);
plot(w,h2 * 180/pi);
grid
xlabel('角频率(w)');
ylabel('相位(度)');
title('H(jw)的相频特性');
```

程序运行结果如图 3.87 所示。

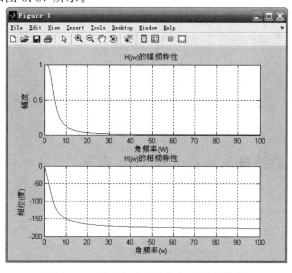

图 3.87 低通滤波器的幅频及相频特性

【例 3-51】 试用 MATLAB 实现系统函数 $H(\omega)=\dfrac{-2(\mathrm{j}\omega)+10}{2(\mathrm{j}\omega)+10}$ 的频率响应。

解 实现该系统响应的程序如下：

```
% 全通网络的幅频及相频特性
b = [-2 10];
a = [2 10];
[h,w] = freqs(b,a,150);
h1 = abs(h);
h2 = angle(h);
subplot(211);
plot(w,h1);
axis([0 100 0 1.5]);
grid
xlabel('角频率(w)');
ylabel('幅度');
title('H(jw)的幅频特性');
subplot(212);
plot(w,h2 * 180/pi);
grid
xlabel('角频率(w)');
ylabel('相位(度)');
title('H(jw)的相频特性');
```

程序运行结果如图 3.88 所示。

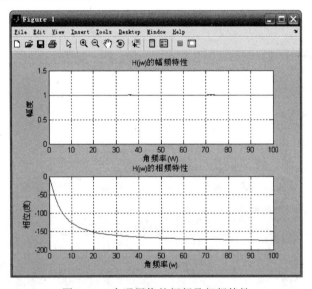

图 3.88 全通网络的幅频及相频特性

3.12.6 连续信号的抽样及重构 MATLAB 实现

【例 3-52】 设 $f(t)=\mathrm{Sa}(t)$，抽样间隔 $T_s=\pi$，对 $f(t)$ 进行抽样（临界抽样），试由该抽样信号重构原信号。

解 实现该系统响应的程序如下：

```
% Sa(t)的临界抽样及重构
wm = 1;
```

```
wc = wm;
Ts = pi/wm;
ws = 2 * pi/Ts;
n = -100:100;
nTs = n * Ts
f = sinc(nTs/pi);
Dt = 0.005; t = -15:Dt:15;
fa = f * Ts * wc/pi * sinc((wc/pi) * (ones(length(nTs),1) * t - nTs' * ones(1,length(t))));
t1 = -15:0.5:15;
f1 = sinc(t1/pi);
subplot(211);
stem(t1,f1);
xlabel('kTs');
ylabel('f(kTs)');
title('sa(t) = sinc(t/pi)的临界抽样信号');
subplot(212);
plot(t,fa)
xlabel('t');
ylabel('fa(t)');
title('由 sa(t) = sinc(t/pi)的临界抽样信号重构 sa(t)');
grid;
```

程序运行结果如图 3.89 所示。

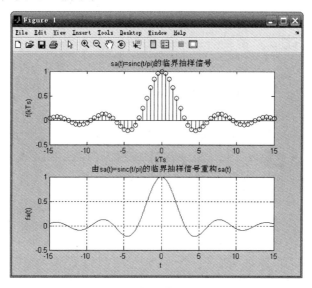

图 3.89 临界抽样信号及信号恢复

【例 3-53】 设 $f(t) = \mathrm{Sa}(t)$，抽样间隔 $T_s = 0.7\pi$，对 $f(t)$ 进行抽样（过抽样），试由该抽样信号重构原信号并求两信号的绝对误差。

解 实现该系统响应的程序如下：

```
% Sa(t)的过抽样及重构
wm = 1;
wc = 1.1 * wm;
Ts = 0.7 * pi/wm;
ws = 2 * pi/Ts;
n = -100:100;
nTs = n * Ts
f = sinc(nTs/pi);
```

```
Dt = 0.005; t = -15:Dt:15;
fa = f * Ts * wc/pi * sinc((wc/pi) * (ones(length(nTs),1) * t - nTs' * ones(1,length(t))));
error = abs(fa - sinc(t/pi));
t1 = -15:0.5:15;
f1 = sinc(t1/pi);
subplot(311);
stem(t1,f1);
xlabel('kTs');
ylabel('f(kTs)');
title('sa(t) = sinc(t/pi)的抽样信号');
subplot(312);
plot(t,fa)
xlabel('t');
ylabel('fa(t)');
title('由 sa(t) = sinc(t/pi)的过抽样信号重构 sa(t)');
grid;
subplot(313);
plot(t,error);
xlabel('t');
ylabel('error(t)');
title('过抽样信号与原信号的误差 error(t)');
```

程序运行结果如图 3.90 所示。

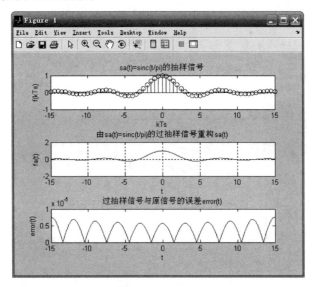

图 3.90 过抽样信号、重构信号及两信号的绝对误差

【例 3-54】 设 $f(t)=\text{Sa}(t)$，抽样间隔 $T_s=1.5\pi$，对 $f(t)$ 进行抽样（欠抽样），试由该抽样信号重构原信号并求两信号的绝对误差。

解 实现该系统响应的程序如下：

```
% Sa(t)的欠抽样及重构
wm = 1;
wc = wm;
Ts = 1.5 * pi/wm;
ws = 2 * pi/Ts;
n = -100:100;
nTs = n * Ts
f = sinc(nTs/pi);
```

```
Dt = 0.005; t = -15:Dt:15;
fa = f * Ts * wc/pi * sinc((wc/pi) * (ones(length(nTs),1) * t - nTs' * ones(1,length(t))));
error = abs(fa - sinc(t/pi));
t1 = -15:0.5:15;
f1 = sinc(t1/pi);
subplot(311);
stem(t1,f1);
xlabel('kTs');
ylabel('f(kTs)');
title('sa(t) = sinc(t/pi)的抽样信号');
subplot(312);
plot(t,fa)
xlabel('t');
ylabel('fa(t)');
title('由 sa(t) = sinc(t/pi)的欠抽样信号重构 sa(t)');
grid;
subplot(313);
plot(t,error);
xlabel('t');
ylabel('error(t)');
title('欠抽样信号与原信号的误差 error(t)');
```

程序运行结果如图 3.91 所示。

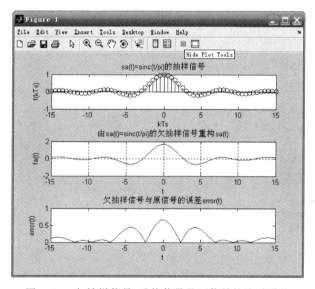

图 3.91　欠抽样信号、重构信号及两信号的绝对误差

3.12.7　利用 MATLAB 实现连续时间信号的相关分析

　　MATLAB 信号处理工具箱提供了计算随机信号相关函数 XCORR 和协方差的函数 XCOV。

　　函数 XCORR 用于计算随机序列自相关和互相关函数。其调用格式为

```
c = xcorr(x,y)
c = xcorr(x,y,'option')
c = xcorr(x,y,maxlags,'option')
[c,lags] = xcorr(x,y,maxlags,'option')
```

其中,x 和 y 为两个独立的随机信号序列,长度均为 N 的向量;c 为 x,y 的互相关函数估计。

Option 为选择项:

(1) 默认时,函数 xcorr 按下式执行归一化计算行相关

$$c_{xy} = \begin{cases} \sum_{n=0}^{N-|m|-1} x_{n+1} y_{n+m+1}^{*}, & m \geqslant 0 \\ c_{yx}^{*}(-m), & m < 0 \end{cases}$$

(2) biased。计算有偏互相关函数估计 $c_{xy,\text{biased}}(m) = \dfrac{1}{N} c_{xy}(m)$。

(3) unbiased。计算有偏互相关函数估计 $c_{xy,\text{unbiased}}(m) = \dfrac{1}{N-|m|} c_{xy}(m)$。

(4) coeff。序列归一化,使零延迟的自相关函数为 1。

(5) none。缺省情况。

Maxlags 为 x 和 y 之间的最大延迟,若该项缺省时,函数返回值 c 长度是 $2N-1$;若该项不缺省时,函数返回值 c 长度是 $2*\text{Maxlags}+1$。

该函数也可用于求一个随机信号序列 $x(n)$ 的自相关函数,调用格式为

```
c = xcorr(x)
c = xcorr(x,maxlags)
```

【例 3-55】 求带有白噪声干扰正弦信号和白噪声信号的自相关函数并进行比较。

解 MATLAB 源程序如下:

```
% 带有白噪声干扰正弦信号和白噪声信号的自相关
clf
N = 1000; n = 0:N-1;
Fs = 500; t = n/Fs;
Lag = 100;
x = sin(2*pi*10*t) + 0.5*randn(1,length(t));
[c,lags] = xcorr(x,Lag,'unbiased');
subplot 221
plot(t,x);
xlabel('t'); ylabel('x(t)');
title('Original signal x');
grid on;
subplot 222
plot(lags/Fs,c);
xlabel('t'); ylabel('Rx(t)');
title('Autocorrelation');
grid on;
x1 = randn(1,length(t));
[c,lags] = xcorr(x1,Lag,'unbiased');
subplot 223
plot(t,x1);
xlabel('t'); ylabel('x1(t)');
title('Original signal x1');
grid on;
subplot 224
plot(lags/Fs,c);
xlabel('t'); ylabel('Rx1(t)');
title('Autocorrelation');
grid on;
```

程序运行结果如图 3.92 所示。

【例 3-56】 已知周期信号 $x(t)=\sin 2\pi f t$，其中，$f=10\text{Hz}$，求自相关函数 $R_x(\tau)$。

解 MATLAB 源程序如下：

```
% 正弦信号自相关
clf
N = 200; n = 0:N-1;
Fs = 500; t = n/Fs;
Lag = 100;
x = sin(2 * pi * 10 * t);
[c,lag] = xcorr(x);
subplot 121
plot(t,x);
xlabel('t'); ylabel('x(t)');
title('Original signal x');
grid on;
subplot 122
plot(lag/Fs,c);
xlabel('t'); ylabel('Rx(t)');
title('Autocorrelation');
grid on;
```

程序运行结果如图 3.93 所示。

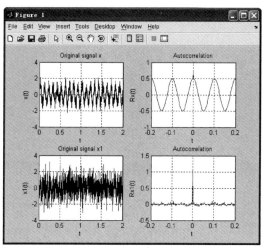

图 3.92 不同信号的自相关函数

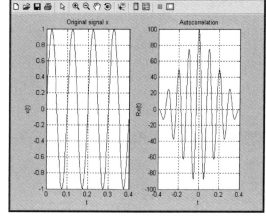

图 3.93 周期信号的自相关

【例 3-57】 求白噪声信号自相关函数。

解 MATLAB 源程序如下：

```
% 随机信号自相关
clf
N = 200; n = 0:N-1;
Fs = 500; t = n/Fs;
Lag = 100;
x = randn(1,length(t));
[c,lag] = xcorr(x);
subplot 121
plot(t,x);
xlabel('t'); ylabel('x(t)');
```

```
title('Original signal x');
grid on;
subplot 122
plot(lag/Fs,c);
xlabel('t'); ylabel('Rx(t)');
title('Autocorrelation');
grid on;
```

程序运行结果如图 3.94 所示。

【例 3-58】 已知周期信号 $x(t)=\sin 2\pi ft$，$y(t)=0.5\sin\left(2\pi ft+\dfrac{\pi}{2}\right)$，其中，$f=10\,\mathrm{Hz}$，求互相关函数 $R_{xy}(\tau)$。

解 MATLAB 源程序如下：

```
% 两周期信号互相关
clf
N = 1000; n = 0:N-1;
Fs = 500; t = n/Fs;
Lag = 200;
x = sin(2 * pi * 10 * t);
y = 0.5 * sin(2 * pi * 10 * t + pi/2);
[c,lag] = xcorr(x,y,Lag,'unbiased');
subplot 121
plot(t,x,'r');
xlabel('t'); ylabel('x(t)y(t)');
title('Original signal x');
grid on;
subplot 122
plot(lag/Fs,c,'r');
xlabel('t'); ylabel('Rxy(t)');
title('Correlation');
grid on;
```

程序运行结果如图 3.95 所示。

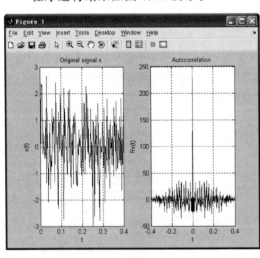

图 3.94 白噪声自相关

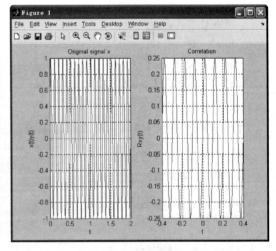

图 3.95 同频率周期信号互相关函数

由以上情况可见，含有周期成分和干扰噪声信号的自相关函数在 $\tau=0$ 时具有最大值，且在 τ 较大时仍具有明显周期性，其频率和周期成分的周期相同；而不含周期成分的纯噪

声信号在 $\tau=0$ 时也具有最大值,但在 τ 稍大时明显衰减至零。自相关函数的这一性质被用来识别随机信号中是否含有周期信号成分和它们的频率。两个均值为零且频率相同的周期信号,其互相关函数保留原信号频率、相位差和幅值信息。

【例 3-59】 两个 sinc 信号有 0.2s 的时移(用 MATLAB 程序产生),用互相关函数计算时移大小。

解 MATLAB 源程序如下:

```
% 利用互相关函数计算时移量大小
clf
N = 200; n = 0:N-1;
Fs = 500; t = n/Fs;
Lag = 200;
x = sinc(2*pi*(n-0.1*Fs));
y = sinc(2*pi*(n-0.3*Fs));
[c,lag] = xcorr(x,y,Lag,'unbiased');
subplot 121
plot(t,x,'r');
hold on;
plot(t,y,'b');
xlabel('t'); ylabel('x(t),y(t)');
title('Original signal');
grid on;
hold off;
subplot 122
plot(lag/Fs,c,'r');
xlabel('t'); ylabel('Rxy(t)');
title('Correlation');
grid on;
```

程序运行结果如图 3.96 所示。由图可知,其 $R_{xy}(\tau)$ 的峰值出现在 0.2s 处,说明原信号 $x(t),y(t)$ 的时差为 0.2s。

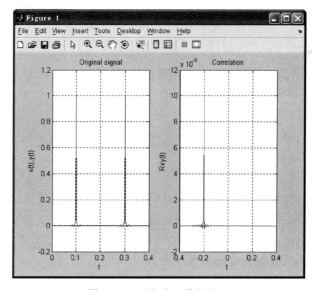

图 3.96 互相关函数的应用

习 题

3.1 如习题图 3.1 所示信号 $f(t)$，求指数型与三角型傅里叶级数，并画出频谱图。

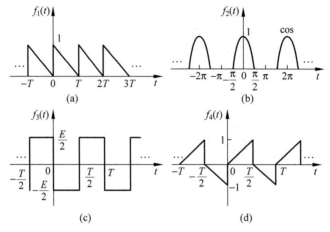

习题图 3.1

3.2 已知某 LTI 系统的单位冲激响应为 $h(t)=e^{-4t}\varepsilon(t)$，对下列输入信号，求输出响应 $y(t)$ 的傅里叶级数表示式。

(1) $f(t)=\cos 2\pi t$ (2) $f(t)=\delta(t-t_0)$

3.3 (1) 证明：以 T 为周期有信号 $f(t)$ 如果是偶信号，即 $f(t)=f(-t)$，则其三角函数形式的傅里叶级数表示式中只含有余弦分量；如果 $f(t)$ 是奇信号，即 $f(t)=-f(-t)$，则其三角函数形式的傅里叶级数中只含有正弦分量。

(2) 如果以 T 为周期的信号 $f(t)$ 同时满足 $f(t)=f\left(t-\dfrac{T}{2}\right)$，则称 $f(t)$ 为偶谐信号；如果同时满足 $f(t)=-f\left(t-\dfrac{T}{2}\right)$，则称 $f(t)$ 为奇谐信号。证明偶谐信号的傅里叶级数中只包含偶次谐波；奇谐信号的傅里叶级数中只包含奇次谐波。

(3) 如果 $f(t)$ 是周期为 2 的奇谐信号，且 $f(t)=t,0<t<1$，画出 $f(t)$ 的波形，并求出它的傅里叶级数系数。

3.4 已知周期信号 $f(t)$ 一个周期 $(0<t<T)$ 前四分之一波形如习题图 3.2 所示。就下列情况画出一个周期内完整的波形。

(1) $f(t)$ 是偶信号，只含偶次谐波；
(2) $f(t)$ 是偶信号，只含奇次谐波；
(3) $f(t)$ 是偶信号，含有偶次和奇次谐波；
(4) $f(t)$ 是奇信号，只含有偶次谐波；
(5) $f(t)$ 是奇信号，只含有奇次谐波；
(6) $f(t)$ 是奇信号，含有偶次和奇次谐波。

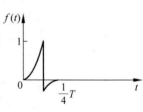

习题图 3.2

3.5 求习题图 3.3 所示信号的傅里叶变换。

3.6 设 $F(\omega) \Leftrightarrow F[f(t)]$，试用 $F(\omega)$ 表示下列各信号的频谱。

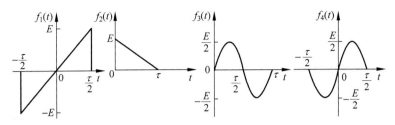

习题图 3.3

(1) $f^2(t)+f(t)$
(2) $[1+mf(t)]\cos\omega_0 t$
(3) $\int_{-\infty}^{t}\tau f(\tau)\mathrm{d}\tau$
(4) $f(6-3t)$
(5) $(t+2)f(t)$
(6) $(1-t)f(1-t)$
(7) $f(t)*f(t-1)$
(8) $f'(t)+f(3t-2)\mathrm{e}^{-\mathrm{j}t}$

3.7 先求出习题图 3.4 所示信号 $f(t)$ 的频谱 $F(\omega)$ 的具体表达式,再利用傅里叶变换的性质由 $F(\omega)$ 求出其余信号频谱的具体表达式。

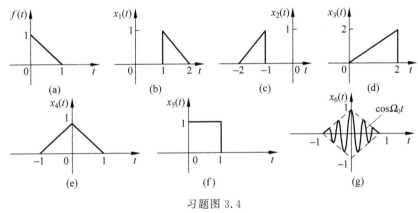

习题图 3.4

3.8 应用傅里叶变换的唯一性,证明下面信号的极限信号为单位冲激信号。

(1) $f(t,a)=\begin{cases}\dfrac{1}{a}\left[1-\dfrac{|t|}{a}\right], & |t|\leqslant a \\ 0, & |t|>a, a>0, \text{当 } a\to 0 \text{ 时}\end{cases}$

(2) $f(t,a)=\dfrac{a}{2}[\mathrm{e}^{at}\varepsilon(-t)+\mathrm{e}^{-at}\varepsilon(t)]$, $a>0$,当 $a\to\infty$ 时

3.9 求下列信号的频谱。

(1) $f(t)=G_\tau(t)$
(2) $f(t)=G_\tau(t)*\delta(t-t_0)$
(3) $f(t)=G_\tau(t)*[\delta(t-t_0)+\delta(t+t_0)]$

3.10 已知 $f(t)=\begin{cases}\mathrm{e}^{-(t-1)}, & 0\leqslant t\leqslant 1 \\ 0, & \text{其他}\end{cases}$,求下列各信号的频谱的具体表达式。

(1) $f_1(t)=f(t)$
(2) $f_2(t)=f(t)+f(-t)$
(3) $f_3(t)=f(t)-f(-t)$
(4) $f_4(t)=f(t)+f(t-1)$
(5) $f_5(t)=tf(t)$

3.11 用傅里叶变换的对称特性,求下列信号的频谱。

(1) $\dfrac{\sin 2\pi(t-2)}{\pi(t-2)}$

(2) $\dfrac{2\alpha}{\alpha^2+t^2}$, $\alpha>0$

(3) $\left(\dfrac{\sin 2\pi t}{2\pi t}\right)^2$

(4) $\dfrac{1}{\alpha+\mathrm{j}t}$

3.12 证明:$F\left[G_\tau(t)*\displaystyle\sum_{n=-N}^{N}\delta(t-nT)\right]=\dfrac{\sin\left(N+\dfrac{1}{2}\right)\omega T}{\sin\dfrac{\omega T}{2}}\cdot\tau\mathrm{Sa}\left(\dfrac{\omega t}{2}\right)$, $\tau<T$。

3.13 求习题图 3.5 所示信号的傅里叶变换。

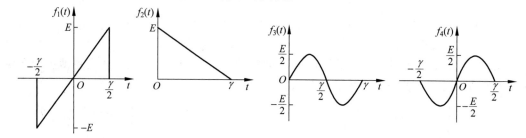

习题图 3.5

3.14 求下列各 $F(\omega)$ 的原函数 $f(t)$。

(1) $F(\omega)=\delta(\omega-\omega_0)$

(2) $F(\omega)=\varepsilon(\omega+\omega_0)-\varepsilon(\omega-\omega_0)$

(3) $F(\omega)=\begin{cases}\dfrac{\omega_0}{\pi}, & |\omega|<\omega_0 \\ 0, & \text{其他}\end{cases}$

(4) $F(\omega)=\dfrac{1}{(\mathrm{j}\omega+\alpha)^2}$

3.15 已知实偶信号 $f(t)$ 的频谱满足 $\ln|F(\omega)|=-|\omega|$,求 $f(t)$。

3.16 $F(\omega)$ 的图形如习题图 3.6 所示,求其反变换 $f(t)$。

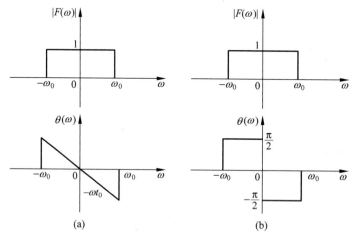

习题图 3.6

3.17 求 $\dfrac{\sin 2\pi t}{2\pi t}*\dfrac{\sin 8\pi t}{8\pi t}$。

3.18 已知 $F(\omega)=4\text{Sa}(\omega)\cos 2\omega$，求反变换 $f(t)$，并画出 $f(t)$ 的波形。

3.19 习题图 3.7(a)所示为非周期信号 $f_0(t)$，设其频谱为 $F_0(\omega)$；习题图 3.7(b)所示为周期为 T 的周期信号 $f(t)$，设其复数振幅为 A_n。试证明：

$$A_n=\frac{2}{T}F_0(\omega)\big|_{\omega=n\Omega}, \quad \Omega=\frac{2\pi}{T}$$

3.20 设 $f(t)$ 为限带信号，频带宽度为 ω_m，其频谱 $F(\omega)$ 如习题图 3.8 所示。

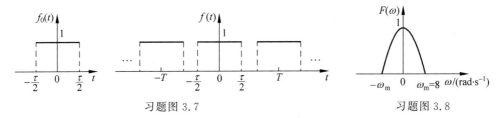

习题图 3.7　　　　　　　习题图 3.8

(1) 求 $f(2t)$, $f\left(\dfrac{1}{2}t\right)$ 的带宽、奈奎斯特抽样频率 Ω_N, f_N 与奈奎斯特间隔 T_N。

(2) 设用抽样序列 $\delta_T(t)=\displaystyle\sum_{n=-\infty}^{\infty}\delta(t-nT_N)$ 对信号 $f(t)$ 进行抽样，得抽样信号 $f_s(t)$，求 $f_s(t)$ 的频谱 $F_s(\omega)$，画出频谱图。

(3) 若用同一个 $\delta_T(t)$ 对 $f(2t)$, $f\left(\dfrac{1}{2}t\right)$ 分别进行抽样，试画出两个抽样信号 $f_s(2t)$, $f_s\left(\dfrac{1}{2}t\right)$ 的频谱图。

3.21 已知系统的单位冲激响应 $h(t)=e^{-at}\varepsilon(t)$，并设其频谱为 $H(\omega)=R(\omega)+jX(\omega)$。
(1) 求 $R(\omega)$, $X(\omega)$；
(2) 证明 $R(\omega)=\dfrac{1}{\pi\omega}*X(\omega)$, $X(\omega)=-\dfrac{1}{\pi\omega}*R(\omega)$。

3.22 求习题图 3.9 所示电路的频域系统函数 $H_1(\omega)=\dfrac{U_C(\omega)}{F(\omega)}$, $H_2(\omega)=\dfrac{I(\omega)}{F(\omega)}$ 及相应的单位冲激响应 $h_1(t)$ 与 $h_2(t)$。

3.23 求习题图 3.10 所示电路的频域系统函数 $H(\omega)=\dfrac{U_2(\omega)}{U_1(\omega)}$。

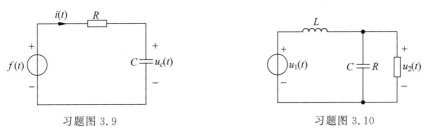

习题图 3.9　　　　　　　习题图 3.10

3.24 已知系统函数 $H(\omega)=\dfrac{j\omega}{-\omega^2+j5\omega+6}$，系统的初始状态 $y(0)=2$, $y'(0)=1$，激励 $f(t)=e^{-t}\varepsilon(t)$。求全响应 $y(t)$。

3.25 求习题图 3.11 所示各系统的系统函数 $H(\omega)$ 及冲激响应 $h(t)$。

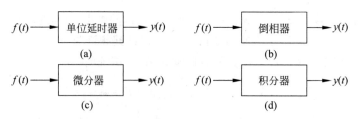

习题图 3.11

3.26 如习题图 3.12(a)所示系统,已知信号 $f(t)$ 如习题图 3.12(b)所示,$f_1(t)=\cos\omega_0 t$,$f_2(t)=\cos 2\omega_0 t$。求响应 $y(t)$ 的频谱函数。

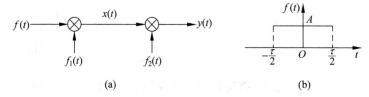

习题图 3.12

3.27 一理想低通滤波器的频率响应

$$H(\omega)=\begin{cases} e^{j\frac{\pi}{2}}, & -6\,\text{rad/s}<\omega<0 \\ e^{-j\frac{\pi}{2}}, & 0<\omega<6\,\text{rad/s} \\ 0, & \text{其他} \end{cases}$$

若输入 $f(t)=\dfrac{\sin 3t}{t}\cos 5t$,求该系统的输出 $y(t)$。

3.28 习题图 3.13 所示的调幅系统,当输入 $f(t)$ 和载频信号 $s(t)$ 加到乘法器后,其输出 $y(t)=f(t)s(t)$。该系统是线性的吗?

(1) 如 $f(t)=5+2\cos 10t+3\cos 20t$,$s(t)=\cos 200t$,试画出 $y(t)$ 的频谱图。

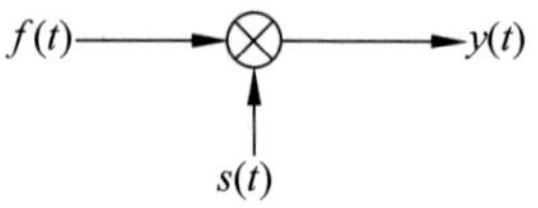

(2) 如 $f(t)=\dfrac{\sin t}{t}$,$s(t)=\cos 3t$,试画出 $y(t)$ 的频谱图。

习题图 3.13

3.29 为了通信保密,可将语音信号在传输前进行倒频,接收端收到倒频信号后,再设法恢复原频谱。习题图 3.14(b)是一倒频系统。如输入带限信号 $f(t)$ 的频谱如习题图 3.14(a)所示,其最高角频率为 ω_m。已知 $\omega_b>\omega_m$,图(b)中 HP 是理想高通滤波器,其截止角频率为 ω_b,即

$$H_1(\omega)=\begin{cases} K_1, & |\omega|>\omega_b \\ 0, & |\omega|<\omega_b \end{cases}$$

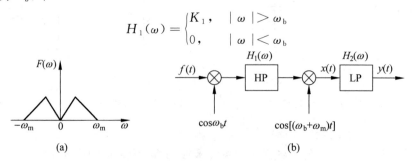

习题图 3.14

图中 LP 为理想低通滤波器,截止角频率为 ω_m,即

$$H_2(\omega) = \begin{cases} K_2, & |\omega| < \omega_m \\ 0, & |\omega| > \omega_m \end{cases}$$

画出 $x(t), y(t)$ 的频谱图。

3.30 如习题图 3.15 所示系统,已知 $f(t) = \dfrac{2}{\pi}\text{Sa}(2t)$,$H(\omega) = \text{jsgn}(\omega)$,求系统的输出 $y(t)$。

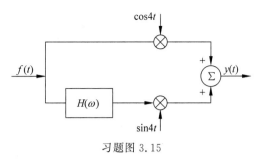

习题图 3.15

3.31 如习题图 3.16 所示的系统,带通滤波器的频率响应如图(b)所示,其相频特性 $\varphi(\omega) = 0$,若输入 $f(t) = \dfrac{\sin 2t}{2\pi t}$,$s(t) = \cos 1000t$,求输出信号 $y(t)$。

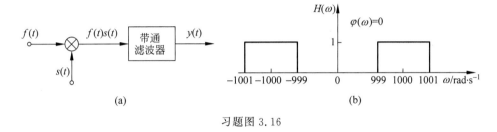

习题图 3.16

MATLAB 实验

M3.1 推导 M 题图 3.1 所示的 4 种周期方波信号的傅里叶级数表达式。由程序画出由傅里叶级数表达式中前 3 项、前 5 项和前 31 项所构成的 $f(t)$ 的近似波形,并将结果加以讨论和比较。

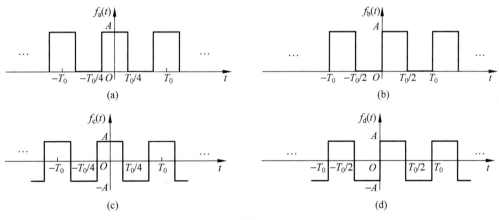

M 题图 3.1

M3.2 求 M 题图 3.2 所示方波信号的幅值谱,并画出频谱图。分别取 $T = 2\tau$、$T = 4\tau$ 和 $T = 8\tau$,讨论周期 T 与频谱的关系。

M3.3 设有两个稳定的 LTI 系统,可分别由下列微分来描述:

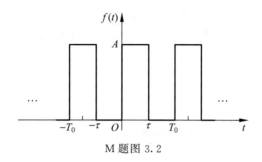

M 题图 3.2

(1) $\dfrac{dy(t)}{dt}+3y(t)=3f(t)$

(2) $3\dfrac{d^2y(t)}{dt^2}+4\dfrac{dy(t)}{dt}+y(t)=\dfrac{d^2f(t)}{dt^2}+5f(t)$

试分别画出它们的系统频率响应的幅值和相位特性曲线。

M3.4 信号 $f_1(t)$ 和 $f_2(t)$ 如 M 题图 3.3 所示。

(1) 取 $t=0:0.005:2.5$,计算信号 $f(t)=f_1(t)+f_2(t)\cos 50t$ 的值并画出波形;

(2) 一可实现的实际系统的 $H(\omega)$ 为

$$H(\omega)=\dfrac{10^4}{(j\omega)^4+26.131(j\omega)^3+3.4142\times10^2(j\omega)^2+2.6131\times10^3(j\omega)+10^4}$$

用 freqs() 函数画出 $H(\omega)$ 的幅度和相位曲线。

(3) 用 lsim() 函数求出信号 $f(t)$ 和 $f(t)\cos 50t$ 通过系统 $H(\omega)$ 的响应 $y_1(t)$ 和 $y_2(t)$,并根据理论知识解释所得的结果。

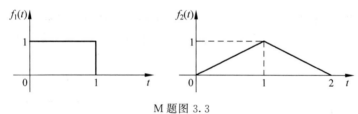

M 题图 3.3

M3.5 $f(t)$ 的波形如 M 题图 3.4 所示。且 $f_1(t)=f(t-2)\cos 100t$,$f_2(t)=f(t-2)$,试用连续信号的傅里叶变换数值法,求:

(1) $f_1(t)$ 的傅里叶变换 $F_1(\omega)$ 的幅度及相位。

(2) $f_2(t)$ 的傅里叶变换 $F_2(\omega)$ 的幅度及相位。

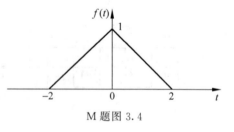

M 题图 3.4

(3) $f(t)$ 的傅里叶变换 $F(\omega)$ 的幅度及相位。

分别比较它们之间的幅度及相位,验证傅里叶变换的相关特性。

M3.6 已知 $f_1(t)=\varepsilon(t)-\varepsilon(t-1)$,且 $f_1(t)\leftrightarrow F_1(\omega)$,设 $f(t)=f_1(t)*f_1(t)\leftrightarrow F(\omega)$,试用 MATLAB 给出 $f_1(t)$,$f(t)$ 及 $F_1(\omega)$,$F(\omega)$,并验证时域卷积定理。

第 4 章

连续时间信号与系统的复频域分析

内容提要

本章的核心内容是介绍利用拉普拉斯变换求解线性系统的响应。讲述数学知识——拉普拉斯变换(包括常用信号的拉普拉斯变换、性质、反变换)、利用拉普拉斯进行连续时间信号的复频域分析;在此基础上分析了系统函数及其与系统特性的关系,并介绍系统的复频域方框图表示。

线性时不变系统的分析基础是把输入信号用基本信号单元的线性组合来表示,然后根据系统对基本信号单元的响应,再利用系统的线性与时不变性求得整个系统的输出响应。在第 3 章中讨论的傅里叶变换及连续时间信号与系统的频域分析,揭示了信号与系统的内在频率特性,是信号与系统分析的重要方法。但频域分析也存在一些不足。其一,某些信号不存在傅里叶变换,因而无法利用频域分析法;其二,系统频域分析法只能求解系统的零状态响应,系统的零输入响应仍需按时域方法求解;其三,频域分析中,傅里叶反变换一般较为复杂。为此,本章介绍一种新的方法——拉普拉斯变换。

4.1 拉普拉斯变换

4.1.1 拉普拉斯变换的定义

1. 从傅里叶积分到双边拉普拉斯变换

从第 3 章可知,当信号 $f(t)$ 满足绝对可积条件时,可以进行以下傅里叶变换和反变换:

$$\begin{cases} F(\omega) = \int_{-\infty}^{\infty} f(t) e^{-j\omega t} dt \\ f(t) = \dfrac{1}{2\pi} \int_{-\infty}^{\infty} F(\omega) e^{j\omega t} d\omega \end{cases} \quad (4.1)$$

但有些信号不能满足绝对可积条件,不能用上式直接进行傅里叶变换。主要原因在于这些信号衰减太慢或者不衰减。为了克服以上困难,可用一个收敛因子 $e^{-\sigma t}$ 与 $f(t)$ 相乘,只要 σ 值选择合适,就能保证 $f(t)e^{-\sigma t}$ 满足绝对可积条件,从而可求出 $f(t)e^{-\sigma t}$ 的傅里叶

变换,即

$$F[f(t)\mathrm{e}^{-\sigma t}] = \int_{-\infty}^{\infty} f(t)\mathrm{e}^{-\sigma t}\mathrm{e}^{-\mathrm{j}\omega t}\mathrm{d}t = \int_{-\infty}^{\infty} f(t)\mathrm{e}^{-(\sigma+\mathrm{j}\omega)t}\mathrm{d}t \tag{4.2}$$

将上式与傅里叶变换定义式相比,可得

$$F[f(t)\mathrm{e}^{-\sigma t}] = F(\sigma + \mathrm{j}\omega)$$

它的傅里叶反变换为

$$f(t)\mathrm{e}^{-\sigma t} = \frac{1}{2\pi}\int_{-\infty}^{\infty} F(\sigma+\mathrm{j}\omega)\mathrm{e}^{\mathrm{j}\omega t}\mathrm{d}\omega$$

将上式两边乘以 $\mathrm{e}^{\sigma t}$,则得

$$f(t) = \frac{1}{2\pi}\int_{-\infty}^{\infty} F(\sigma+\mathrm{j}\omega)\mathrm{e}^{(\sigma+\mathrm{j}\omega)t}\mathrm{d}\omega \tag{4.3}$$

令 $s=\sigma+\mathrm{j}\omega$,从而 $\mathrm{d}s=\mathrm{j}\mathrm{d}\omega$,当 $\omega=\pm\infty$ 时,$s=\sigma\pm\mathrm{j}\infty$,于是式(4.2)、式(4.3)改写为

$$F(s) = \int_{-\infty}^{\infty} f(t)\mathrm{e}^{-st}\mathrm{d}t \tag{4.4}$$

$$f(t) = \frac{1}{2\pi\mathrm{j}}\int_{\sigma-\mathrm{j}\infty}^{\sigma+\mathrm{j}\infty} F(s)\mathrm{e}^{st}\mathrm{d}s \tag{4.5}$$

式(4.4)和式(4.5)是一对拉普拉斯变换。式(4.4)称为 $f(t)$ 的双边拉普拉斯变换,它是一个含参量 s 的积分,把关于时间 t 为变量的函数变换为关于 s 为变量的函数 $F(s)$,称 $F(s)$ 为 $f(t)$ 的复频域函数(象函数);反之,由式(4.5)把复频域函数 $F(s)$ 变为对应的时域函数 $f(t)$ 称为拉普拉斯反变换,称 $f(t)$ 为 $F(s)$ 的原函数。

2. 单边拉普拉斯变换

考虑到在实际问题中,人们用物理手段和实验方法所能记录与产生的一切信号都是有起始时刻的(有始信号),即 $f(t)=f(t)\varepsilon(t)$,则式(4.4)写为

$$F(s) = \int_{0_-}^{\infty} f(t)\mathrm{e}^{-st}\mathrm{d}t \tag{4.6}$$

上式称为 $f(t)$ 的单边拉普拉斯变换。式中积分下限用 0^-,是考虑到 $f(t)$ 中可能包含冲激函数及其各阶导数,一般情况下,认为 0 和 0^- 是等同的。

值得明确的是:

(1) 为适应实际工程中使用的信号都有开始时刻,定义了单边拉普拉斯变换,但在理论问题研究中,可能遇到的信号就不仅是因果信号,可能会有反因果信号、双边信号($-\infty<t<\infty$)、时限信号等,如图 4.1 所示。对求单边拉普拉斯变换来说,积分区间都在 $0_-\sim\infty$,就是说,信号在 $t<0$ 的部分对求单边拉普拉斯变换是无贡献的。只要 $0_-\sim\infty$ 的函数形式相同。如果它们的拉普拉斯存在,就具有相同的象函数。如图 4.1(a)信号与图 4.1(c)信号,在 $t<0$ 时两者是不同的,而在 $0_-\sim\infty$ 两者的函数相同,则应有 $F_1(s)=F_3(s)$。图 4.1(b)信号是反因果信号,在 $0_-\sim\infty$ $f_2(t)=0$,所以 $F_2(s)=0$。反因果信号求单边拉普拉斯变换就无意义。如图 4.1(d)所示信号的非零值区间是 t 为 $[-1,2]$,但对它求单边拉普拉斯变换的积分限只能是在 $0_-\sim 2$。即

$$F_4(s) = \int_{0_-}^{2} A\mathrm{e}^{-st}\mathrm{d}t$$

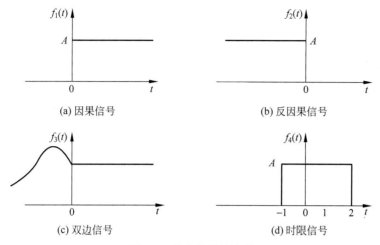

图 4.1 几种信号的波形

(2) 若信号在 $t=0$ 处不包含冲激函数及其导数项,在求该信号的单边拉普拉斯变换时,积分下限写为"0_-"或"0_+"是一样的。

单边拉普拉斯变换的反变换式为

$$f(t) = \frac{1}{2\pi j}\int_{\sigma-j\infty}^{\sigma+j\infty} F(s)e^{st}ds, \quad t \geqslant 0 \tag{4.7}$$

通常拉普拉斯变换与反变换用简记的形式表达,即

$$\begin{cases} F(s) = L[f(t)] \\ f(t) = L^{-1}[F(s)] \end{cases} \tag{4.8}$$

上述变换对也可用双箭头表示,$f(t)$ 与 $F(s)$ 是一对拉普拉斯变换

$$f(t) \leftrightarrow F(s) \tag{4.9}$$

本章主要讨论单边拉普拉斯变换,如不特别指出,本书中的拉普拉斯变换均为单边(unilateral Laplace transform)。

3. 拉普拉斯变换与傅里叶变换的关系

由上面分析可知,傅里叶变换和拉普拉斯变换是双边拉普拉斯变换的特殊情况,双边或单边拉普拉斯变换是傅里叶变换的推广,如图 4.2 所示。

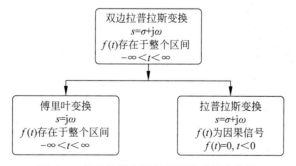

图 4.2 拉普拉斯变换与傅里叶变换的关系

拉普拉斯变换与傅里叶变换表示信号的差别如表 4.1 所示。

表 4.1 拉普拉斯变换与傅里叶变换表示信号的差别

傅里叶变换	拉普拉斯变换
信号表示成指数 $e^{j\omega t}$ 分量的连续和	信号表示成指数 e^{st} 分量的连续和
基本信号为：等幅的正弦信号	基本信号为：指数增长的正弦信号
振幅为 $\dfrac{\|F(j\omega)\|d\omega}{2\pi}$ 无穷小	振幅为 $\dfrac{\|F(s)\|ds}{2\pi}e^{\sigma t}$ 无穷小
频率分布于整个区间	频率分布于整个区间

4.1.2 拉普拉斯变换的收敛域

从上面的讨论可知，当信号 $f(t)$ 乘以收敛因子 $e^{-\sigma t}$ 后，就有可能满足绝对可积的条件。然而，是否一定满足，还要看 $f(t)$ 的性质与 σ 值的相对关系而定。也就是说，对于某一函数 $f(t)$，通常并不是所有的 σ 值都能使 $f(t)e^{-\sigma t}$ 为有限值。即并不是对所有的 σ 值而言函数 $f(t)$ 都存在拉普拉斯变换。通常把使 $f(t)e^{-\sigma t}$ 满足绝对可积条件的 σ 值的范围称为拉普拉斯变换的收敛域，简记为 ROC，常用 S 平面的阴影部分表示。$F(s)$ 存在的条件是被积函数为收敛函数，即 $\int_{0^-}^{\infty}|f(t)e^{-\sigma t}|dt < \infty$。故取决于 s 值的选择，也就是 σ 值的选择。要求满足条件

$$\lim_{t\to\infty}f(t)e^{-\sigma t}=0 \tag{4.10}$$

式(4.10)是拉普拉斯变换(简称拉氏变换)存在的充要条件。

在 S 平面(以 σ 为横轴，$j\omega$ 为纵轴的复平面)上，收敛域是一个区域，客观存在是由收敛坐标 σ_0 决定的，σ_0 的取值与信号 $f(t)$ 有关。过 σ_0 平行于虚轴的一条直线称为收敛轴或收敛边界。对有始信号 $f(t)$，若满足下列条件：

$$\lim_{t\to\infty}f(t)e^{-\sigma t}=0, \quad \sigma > \sigma_0 \tag{4.11}$$

则收敛条件为 $\sigma > \sigma_0$，在 S 平面的收敛域如图 4.3 所示。

(a) 单边拉普拉斯变换的收敛域图　　　　(b) 双边拉普拉斯变换的收敛域图

图 4.3 收敛域图

凡是满足式(4.11)的信号称为"指数阶函数"，意思是可借助于指数函数的衰减作用将函数 $f(t)$ 可能存在的发散性压下去，使之成为收敛函数。因此，它的收敛域都位于收敛轴的右边。

第4章 连续时间信号与系统的复频域分析

对于一个信号 $f(t)$ 若存在两个常数 σ_1 和 σ_2，使得 $\lim\limits_{t\to\infty}f(t)\mathrm{e}^{-\sigma t}=0,\sigma>\sigma_1$

$$\lim_{t\to-\infty}f(t)\mathrm{e}^{-\sigma t}=0,\quad \sigma<\sigma_2$$

则收敛条件为 $\sigma_1<\sigma<\sigma_2$，在 S 平面的收敛域如图 4.3(b)。

关于收敛域几点说明：

(1) 信号 $f(t)$ 的拉普拉斯变换仅在收敛域内存在，故求 $F(s)$ 时应指明其收敛域；

(2) 在实际存在的有始信号，只要 σ 取得足够大，总是满足绝对可积条件的，故单边拉普拉斯变换一定存在，所以，单边拉普拉斯变换一般不说明收敛域；

(3) 两个函数的拉普拉斯变换可能一样，但时间函数相差很大，这主要区别在于收敛域；

(4) 如果拉普拉斯变换的收敛域不包括 $j\omega$ 轴，那么其傅里叶变换也不收敛；

(5) 信号 $f(t)$ 的拉普拉斯变换若存在多个收敛域时，取其公共部分(重叠部分)为其收敛域。

下面讨论几种典型信号的拉普拉斯变换收敛域。

【例 4-1】 信号 $f(t)=t^n(n>0)$，求收敛域。

解
$$\lim_{t\to\infty}t^n\mathrm{e}^{-\sigma t}=\lim_{t\to\infty}\frac{t^n}{\mathrm{e}^{\sigma t}}=\lim_{t\to\infty}\frac{n!}{\sigma^n\mathrm{e}^{\sigma t}}=0,\quad \sigma>0$$

即 $\sigma_0=0$，收敛坐标位于坐标原点，收敛轴即虚轴，收敛域为 S 平面的右半部。

【例 4-2】 求下列信号的收敛域。

(1) $f(t)=\mathrm{e}^{-at}\varepsilon(t)\quad(a>0)$

(2) $f(t)=\mathrm{e}^{at}\varepsilon(t)\quad(a>0)$

解 (1)
$$\lim_{t\to\infty}\mathrm{e}^{-at}\mathrm{e}^{-\sigma t}=\lim_{t\to\infty}\mathrm{e}^{-(a+\sigma)t}=0,\quad \sigma+a>0$$

即收敛域为 $\sigma>-a$，$\sigma_0=-a$。其收敛域图如图 4.4(a)所示。

(2)
$$\lim_{t\to\infty}\mathrm{e}^{at}\mathrm{e}^{-\sigma t}=\lim_{t\to\infty}\mathrm{e}^{-(\sigma-a)t}=0,\quad \sigma-a>0$$

即收敛域为 $\sigma>a$，$\sigma_0=a$。其收敛域图如图 4.4(b)所示。

【例 4-3】 求下列信号的收敛域。

(1) $f(t)=-\mathrm{e}^{-at}\varepsilon(-t)\,(a>0)$

(2) $f(t)=\mathrm{e}^{-t}\varepsilon(t)+\mathrm{e}^{-2t}\varepsilon(t)$

解 (1) $\lim\limits_{t\to-\infty}f(t)\mathrm{e}^{-\sigma t}=\lim\limits_{t\to-\infty}-\mathrm{e}^{-at}\mathrm{e}^{-\sigma t}=-\lim\limits_{t\to-\infty}-\mathrm{e}^{-(a+\sigma)t}=0,a+\sigma<0$

即收敛域为 $\sigma<-a$，$\sigma_0=-a$。其收敛域图如图 4.4(c)所示。

(2) 对于第一项有
$$\lim_{t\to\infty}\mathrm{e}^{-t}\mathrm{e}^{-\sigma t}=\lim_{t\to\infty}\mathrm{e}^{-(1+\sigma)t}=0,\quad \sigma+1>0$$

即收敛域为 $\sigma>-1$，$\sigma_0=-1$。

对于第二项有
$$\lim_{t\to\infty}\mathrm{e}^{-2t}\mathrm{e}^{-\sigma t}=\lim_{t\to\infty}\mathrm{e}^{-(2+\sigma)t}=0,\quad \sigma+2>0$$

即收敛域为 $\sigma>-2$，$\sigma_0=-2$。

为保证收敛，取公共收敛域，故其收敛为 $\sigma>-1$，$\sigma_0=-1$，其收敛域图如图 4.4(d)所示。

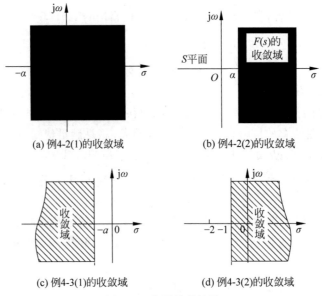

(a) 例4-2(1)的收敛域　　(b) 例4-2(2)的收敛域

(c) 例4-3(1)的收敛域　　(d) 例4-3(2)的收敛域

图 4.4　信号收敛域图

【例 4-4】　信号 $f(t)=A\varepsilon(t)-A\varepsilon(t-\tau)$，求收敛域。

解
$$\lim_{t\to\infty} 0 \cdot e^{-\sigma t}=0 \quad \sigma>-\infty$$

即对 σ_0 没有要求，全平面收敛。一般而言，对于任何有界的非周期信号，其能量有限，都为无条件收敛。

由上例可以看出，对于典型特性的信号，其收敛域具有如下若干特性。

(1) 如果信号 $f(t)$ 在时间区间 (t_1,t_2) 内 $f(t)\neq 0$，而在此区间外 $f(t)=0$，即是一个有限长信号，则其在 S 平面的收敛域为全平面，即 $\sigma>-\infty$；

(2) 如果信号 $f(t)$ 在时间 $t>t_1$（且 $t_1\geqslant 0$）内 $f(t)\neq 0$，而在此区间外 $f(t)=0$，即是一个右边信号，则其在 S 平面的收敛域为 $\sigma>\sigma_0$；

(3) 如果信号 $f(t)$ 在时间 $t<t_2$（且 $t_2\leqslant 0$）内 $f(t)\neq 0$，而在此区间外 $f(t)=0$，即是一个左边信号，则其在 S 平面的收敛域为 $\sigma<\sigma_0$ 且 $\sigma_0<0$；

(4) 如果信号 $f(t)$ 在时间域上是一个双边信号，则其在 S 平面的收敛域为一条带状区域。

由上例可以看出，对一些比指数函数增长更快的函数，例如 e^{t^2}，t^t，这些信号找不到它们的收敛坐标，因而，不存在拉普拉斯变换。但在实际工程上常见的有始信号其拉普拉斯变换总是存在的，且收敛域总在 $\sigma>\sigma_0$ 的区域，因此以后不再一一注明。

4.1.3　常用信号的拉普拉斯变换

下面按拉普拉斯变换的定义式(4.4)来推导一些常用信号的拉普拉斯变换。

1. 单位冲激信号 $\delta(t)$

$$F(s)=L[\delta(t)]=\int_{0^-}^{\infty} \delta(t)e^{-st}dt=e^{-st}|_{t=0}=1$$

即

$$\delta(t)\leftrightarrow 1 \qquad (4.12)$$

2. 单位阶跃信号 ε(t)

$$F(s) = L[\varepsilon(t)] = \int_{0^-}^{\infty} \varepsilon(t) e^{-st} dt = \int_{0}^{\infty} e^{-st} dt = -\frac{1}{s} e^{-st} \Big|_{0}^{\infty} = \frac{1}{s}$$

即

$$\varepsilon(t) \leftrightarrow \frac{1}{s} \tag{4.13}$$

由于 $f(t)$ 的单边拉普拉斯变换其积分区间为 $[0^-, \infty)$，故对定义在 $(-\infty, \infty)$ 上的实函数 $f(t)$ 进行单边拉普拉斯变换时，相当于 $f(t)\varepsilon(t)$ 的变换。所以常数 1 的拉普拉斯变换与 $\varepsilon(t)$ 的拉普拉斯变换相同，即有 $1 \leftrightarrow \frac{1}{s}$，同理，常数 A 的拉普拉斯变换为

$$A \leftrightarrow \frac{A}{s} \tag{4.14}$$

3. 指数信号 $e^{-at}\varepsilon(t)$

$$F(s) = L[e^{-at}\varepsilon(t)] = \int_{0^-}^{\infty} e^{-at} e^{-st} dt = \int_{0^-}^{\infty} e^{-(a+s)t} dt = \frac{1}{s+a}$$

即

$$e^{-at}\varepsilon(t) \leftrightarrow \frac{1}{s+a} \tag{4.15}$$

4. 单边正弦信号 $\sin(\omega t)\varepsilon(t)$

由于

$$\sin(\omega t) = \frac{1}{2j}(e^{j\omega t} - e^{-j\omega t})$$

故 $F(s) = L[\sin(\omega t)\varepsilon(t)] = L\left[\frac{1}{2j}(e^{j\omega t} - e^{-j\omega t})\varepsilon(t)\right] = \frac{1}{2j}\left(\frac{1}{s-j\omega} - \frac{1}{s+j\omega}\right) = \frac{\omega}{s^2 + \omega^2}$

即

$$\sin\omega t \varepsilon(t) \leftrightarrow \frac{\omega}{s^2 + \omega^2} \tag{4.16}$$

5. 单边余弦信号 $\cos(\omega t)\varepsilon(t)$

$$F(s) = L[\cos(\omega t)\varepsilon(t)] = L\left[\frac{1}{2}(e^{j\omega t} + e^{-j\omega t})\varepsilon(t)\right] = \frac{1}{2}\left(\frac{1}{s-j\omega} + \frac{1}{s+j\omega}\right) = \frac{s}{s^2 + \omega^2}$$

即

$$\cos(\omega t)\varepsilon(t) \leftrightarrow \frac{s}{s^2 + \omega^2} \tag{4.17}$$

6. 单边衰减正弦信号 $e^{-at}\sin(\omega t)\varepsilon(t)$

由于

$$e^{-at}\sin(\omega t) = \frac{1}{2j} e^{-at}(e^{j\omega t} - e^{-j\omega t}) = \frac{1}{2j}[e^{-(a-j\omega)t} - e^{-(a+j\omega)t}]$$

则

$$F(s) = L[e^{-at}\sin(\omega t)\varepsilon(t)] = \frac{1}{2j} L[e^{-(a-j\omega)t} - e^{-(a+j\omega)t}]\varepsilon(t)$$

$$= \frac{1}{2j}\left[\frac{1}{s+(a-j\omega)} - \frac{1}{s+(a+j\omega)}\right] = \frac{\omega}{(s+a)^2 + \omega^2}$$

即

$$e^{-at}\sin(\omega t)\varepsilon(t) \leftrightarrow \frac{\omega}{(s+a)^2+\omega^2} \tag{4.18}$$

7. 单边衰减余弦信号 $e^{-at}\cos(\omega t)\varepsilon(t)$

由于 $e^{-at}\cos(\omega t) = \frac{1}{2}e^{-at}(e^{j\omega t}+e^{-j\omega t}) = \frac{1}{2}[e^{-(a-j\omega)t}+e^{-(a+j\omega)t}]$

可得

$$e^{-at}\cos(\omega t)\varepsilon(t) \leftrightarrow \frac{s+a}{(s+a)^2+\omega^2} \tag{4.19}$$

8. t 的正幂信号 $t^n\varepsilon(t)$（n 为正整数）

$$F(s) = L[t^n\varepsilon(t)] = \int_{0^-}^{\infty} t^n e^{-st} dt = -\frac{t^n}{s}e^{-st}\Big|_{0^-}^{\infty} + \frac{n}{s}\int_{0^-}^{\infty} t^{n-1}e^{-st}dt = \frac{n}{s}\int_{0^-}^{\infty} t^{n-1}e^{-st}dt$$

即

$$L[t^n\varepsilon(t)] = \frac{n}{s}L[t^{n-1}\varepsilon(t)]$$

以此类推，可得

$$L[t^n\varepsilon(t)] = \frac{n}{s}L[t^{n-1}\varepsilon(t)]$$
$$= \frac{n}{s}\cdot\frac{n-1}{s}L[t^{n-2}\varepsilon(t)]$$
$$= \frac{n}{s}\cdot\frac{n-1}{s}\cdot\cdots\cdot\frac{2}{s}\cdot\frac{1}{s}\cdot\frac{1}{s} = \frac{n!}{s^{n+1}}$$

即

$$t^n\varepsilon(t) \leftrightarrow \frac{n!}{s^{n+1}} \tag{4.20}$$

当 $n=1$，即为单位斜坡函数时，有

$$t\varepsilon(t) \leftrightarrow \frac{1}{s^2} \tag{4.21}$$

为了使用方便，将一些常用信号的拉普拉斯变换列于表 4.2 中，以备查用。

表 4.2 常用信号的拉普拉斯变换

序号	$f(t)$ （$t>0$）	$F(s)=L[f(t)]$
1	$\delta(t)$	1
2	$\varepsilon(t)$	$\frac{1}{s}$
3	e^{-at}	$\frac{1}{s+a}$
4	t^n（n 是正整数）	$\frac{n!}{s^{n+1}}$
5	$\sin(\omega t)$	$\frac{\omega}{s^2+\omega^2}$
6	$\cos(\omega t)$	$\frac{s}{s^2+\omega^2}$

续表

序 号	$f(t)$ ($t>0$)	$F(s)=L[f(t)]$
7	$e^{-at}\sin(\omega t)$	$\dfrac{\omega}{(s+a)^2+\omega^2}$
8	$e^{-at}\cos(\omega t)$	$\dfrac{s+a}{(s+a)^2+\omega^2}$
9	$t\,e^{-at}$	$\dfrac{1}{(s+a)^2}$
10	$t^n e^{-at}$ (n 是正整数)	$\dfrac{n!}{(s+a)^{n+1}}$
11	$t\sin(\omega t)$	$\dfrac{2\omega s}{(s^2+\omega^2)^2}$
12	$t\cos(\omega t)$	$\dfrac{s^2-\omega^2}{(s^2+\omega^2)^2}$
13	$\text{sh}(at)$	$\dfrac{a}{s^2-a^2}$
14	$\text{ch}(at)$	$\dfrac{s}{s^2-a^2}$

4.2 拉普拉斯变换的性质

拉普拉斯变换建立了信号在时域和复频域之间的对应关系，故变换本身的一些性质反映了信号的时域特性和复频域特性的关系。掌握这些性质不但为求解一些较复杂信号的拉普拉斯变换带来方便，而且有助于求解拉普拉斯反变换。这些性质与傅里叶变换的性质在很多情况下是相似的。

4.2.1 线性性质

若有 $f_1(t)\leftrightarrow F_1(s),\sigma>\sigma_1$ 和 $f_2(s)\leftrightarrow F_2(s),\sigma>\sigma_2$，则

$$a_1 f_1(t)+a_2 f_2(t)\leftrightarrow a_1 F_1(s)+a_2 F_2(s),\quad \sigma \supset \sigma_1 \bigcap \sigma_2 \tag{4.22}$$

其中，a_1 和 a_2 为任意常数，收敛域为两函数收敛域的重叠部分。

证明

$$\begin{aligned}L[a_1 f_1(t)+a_2 f_2(t)]&=\int_{0^-}^{\infty}[a_1 f_1(t)+a_2 f_2(t)]e^{-st}dt\\&=a_1\int_{0^-}^{\infty}f_1(t)e^{-st}dt+a_2\int_{0^-}^{\infty}f_2(t)e^{-st}dt\\&=a_1 F_1(s)+a_2 F_2(s)\end{aligned}$$

线性性质表明，如果一个信号能分解为若干个基本信号之和，那么该信号的拉普拉斯变换可以通过各个基本信号的拉普拉斯变换相加而获得，反之亦然。这一性质应用甚多，4.1节在求一些常用信号的拉普拉斯变换时曾多次地应用了这一性质。

【例 4-5】 求信号 $f(t)=(1-e^{-at})\varepsilon(t)$ 的拉普拉斯变换 $F(s)$。

解 已知 $f(t)=(1-e^{-at})\varepsilon(t)=\varepsilon(t)-e^{-at}\varepsilon(t)$

由常用信号变换对有

$$\varepsilon(t)\leftrightarrow \frac{1}{s},\quad e^{-at}\varepsilon(t)\leftrightarrow \frac{1}{s+a}$$

由线性性质得

$$F(s) = \frac{1}{s} - \frac{1}{s+a} = \frac{a}{s(s+a)}$$

4.2.2 时移（延时）特性

若有
$$f(t) \leftrightarrow F(s), \quad \sigma > \sigma_0$$
则
$$f(t-t_0)\varepsilon(t-t_0) \leftrightarrow F(s)\mathrm{e}^{-st_0}, \quad \sigma > \sigma_0, t_0 > 0 \tag{4.23}$$

证明

$$L[f(t-t_0)\varepsilon(t-t_0)] = \int_{0^-}^{\infty} f(t-t_0)\varepsilon(t-t_0)\mathrm{e}^{-st}\mathrm{d}t = \int_{t_0}^{\infty} f(t-t_0)\mathrm{e}^{-st}\mathrm{d}t$$

令 $t-t_0 = x$，则 $t = x+t_0$，$\mathrm{d}x = \mathrm{d}t$，上式改写为

$$L[f(t-t_0)\varepsilon(t-t_0)] = \int_{0}^{\infty} f(x)\mathrm{e}^{-s(x+t_0)}\mathrm{d}x = \mathrm{e}^{-st_0}\int_{0}^{\infty} f(x)\mathrm{e}^{-sx}\mathrm{d}x = \mathrm{e}^{-st_0}F(s)$$

上式规定 $t_0 > 0$，即限定波形沿时间轴向右平移。在使用这一性质时，要注意区分下列不同的 4 个时间函数：$f(t-t_0)$、$f(t-t_0)\varepsilon(t)$、$f(t)\varepsilon(t-t_0)$ 和 $f(t-t_0)\varepsilon(t-t_0)$。其中，只有最后一个函数才是原始信号 $f(t)\varepsilon(t)$ 延时 t_0 后所得的延时信号，只有它的拉普拉斯变换才能应用延时特性来求取。

【例 4-6】 已知斜坡信号 $t\varepsilon(t)$ 的拉普拉斯变换为 $\frac{1}{s^2}$，即 $t\varepsilon(t) \leftrightarrow F(s)$。试分别求 $f_1(t) = t - t_0$，$f_2(t) = (t-t_0)\varepsilon(t)$，$f_3(t) = t\varepsilon(t-t_0)$，$f_4(t) = (t-t_0)\varepsilon(t-t_0)$ 的拉普拉斯变换。

解 4 种信号波形图如图 4.5 所示。由图可见，$f_1(t)$ 和 $f_2(t)$ 两种信号，在 $t \geqslant 0$ 时，二者的波形相同，所以它们的拉普拉斯变换也相同，即

$$F_1(s) = L[f_1(t)] = L[t-t_0] = \frac{1}{s^2} - \frac{t_0}{s} = \frac{1-st_0}{s^2}$$

$$F_2(s) = L[f_2(t)] = L[(t-t_0)\varepsilon(t)] = F_1(s) = \frac{1-st_0}{s^2}$$

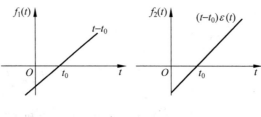

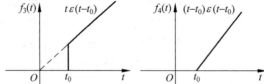

图 4.5 例 4-6 的 4 种信号的波形图

信号 $f_3(t)$ 的拉普拉斯变换为

$$F_3(s)=L[f_3(t)]=\int_0^\infty t\varepsilon(t-t_0)\mathrm{e}^{-st}\mathrm{d}t=\int_{t_0}^\infty t\,\mathrm{e}^{-st}\mathrm{d}t=-\frac{t}{s}\mathrm{e}^{-st}\Big|_{t_0}^\infty+\frac{1}{s}\int_{t_0}^\infty \mathrm{e}^{-st}\mathrm{d}t$$

$$=\frac{t_0\mathrm{e}^{-st_0}}{s}-\frac{1}{s^2}\mathrm{e}^{-st}\Big|_{t_0}^\infty=\frac{t_0\mathrm{e}^{-st_0}}{s}+\frac{1}{s^2}\mathrm{e}^{-st_0}$$

信号 $f_4(t)$ 的拉普拉斯变换为

$$F_4(s)=L[f_4(t)]=\int_{t_0}^\infty (t-t_0)\mathrm{e}^{-st}\mathrm{d}t=\int_{t_0}^\infty t\,\mathrm{e}^{-st}\mathrm{d}t-t_0\int_{t_0}^\infty \mathrm{e}^{-st}\mathrm{d}t$$

$$=\frac{t_0}{s}\mathrm{e}^{-st_0}+\frac{1}{s^2}\mathrm{e}^{-st_0}-\frac{t_0}{s}\mathrm{e}^{-st_0}=\frac{1}{s^2}\mathrm{e}^{-st_0}=\mathrm{e}^{-st_0}F(s)$$

$F_4(s)$ 的结果表明,$f_4(t)=(t-t_0)\varepsilon(t-t_0)$ 正是 $t\varepsilon(t)$ 沿 t 轴向右平移 t_0 所得的信号,如图 4.6 所示。因此只有 $f_4(t)$ 才可以直接应用延时特性求得变换式。

延时特性的一个重要应用是求有始周期信号的拉普拉斯变换。设 $f(t)$ 为如图 4.7 所示以 T 为周期的周期信号,它的第一周、第二周、第三周、……的波形分别用 $f_1(t),f_2(t),f_3(t),\cdots$ 表示,则可将 $f(t)$ 分解表示为

$$f(t)=f_1(t)+f_2(t)+f_3(t)+\cdots$$
$$=f_1(t)+f_1(t-T)\varepsilon(t-T)+f_1(t-2T)\varepsilon(t-2T)+\cdots$$

若 $f_1(t)\leftrightarrow F_1(s)$,则根据延时特性可写出 $f(t)$ 的象函数为

$$F(s)=L[f(t)]=(1+\mathrm{e}^{-sT}+\mathrm{e}^{-2sT}+\cdots)F_1(s)=\frac{1}{1-\mathrm{e}^{-sT}}F_1(s) \qquad (4.24)$$

上式表明,周期信号的拉普拉斯变换等于其第一周期波形的拉普拉斯变换式乘以 $\frac{1}{1-\mathrm{e}^{-sT}}$。

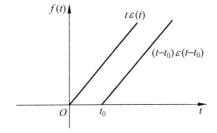

图 4.6 $t\varepsilon(t)$ 与 $f_4(t)$ 信号之间的关系图

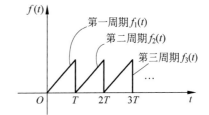

图 4.7 有始周期信号示意图

【例 4-7】 求图 4.8 所示矩形脉冲序列的拉普拉斯变换。

解 该周期信号可写作

$$f_\tau(t)=\sum_{n=0}^\infty f_0(t-nT)\varepsilon(t-nT)$$

其中,$f_0(t)=\varepsilon(t)-\varepsilon(t-\tau)$ 为单个矩形脉冲,其拉普拉斯变换为

$$F_0(s)=L[f_0(t)]=L[\varepsilon(t)]-L[\varepsilon(t-\tau)]=\frac{1-\mathrm{e}^{-s\tau}}{s}$$

利用时移特性则得矩形脉冲序列的拉普拉斯变换为

$$F(s)=L[f_\tau(t)]=L\Big[\sum_{n=0}^\infty f_0(t-nT)\varepsilon(t-nT)\Big]$$

$$= \frac{1}{1-e^{-sT}}F_0(s) = \frac{1-e^{-s\tau}}{s(1-e^{-sT})}$$

【例 4-8】 求图 4.9 所示正弦脉冲信号的拉普拉斯变换。

解 由于

$$f(t) = \sin(\pi t)\varepsilon(t) + \sin[\pi(t-1)]\varepsilon(t-1)$$

又因为

$$\sin(\pi t)\varepsilon(t) \leftrightarrow \frac{\pi}{s^2+\pi^2}$$

由拉普拉斯变换时移性质有 $\sin[\pi(t-1)]\varepsilon(t-1) \leftrightarrow \frac{\pi}{s^2+\pi^2}e^{-s}$

应用线性性质有

$$f(t) \leftrightarrow \frac{\pi}{s^2+\pi^2}(1+e^{-s})$$

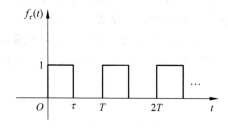

图 4.8 矩形脉冲序列的波形图

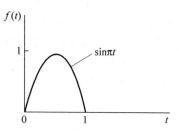

图 4.9 正弦脉冲信号图

4.2.3 尺度变换（展缩性质）

若有

$$f(t) \leftrightarrow F(s), \quad \sigma > \sigma_0$$

则

$$f(at) \leftrightarrow \frac{1}{a}F\left(\frac{s}{a}\right), \quad \sigma > a\sigma_0, a > 0 \quad (4.25)$$

证明

$$L[f(at)] = \int_{0^-}^{\infty} f(at)e^{-st}dt$$

令 $x = at, dx = a\,dt$，则

$$L[f(at)] = \int_{0^-}^{\infty} f(x)e^{-\frac{s}{a}x}\frac{1}{a}dx = \frac{1}{a}\int_{0^-}^{\infty} f(x)e^{-\frac{s}{a}x}dx = \frac{1}{a}F\left(\frac{s}{a}\right)$$

式中规定 $a > 0$ 是必需的，因为 $f(t)$ 是有始信号，若 $a < 0$，则 $f(at)$ 在 $t > 0$ 区间为零，从而使 $L[f(at)] = 0$，而不能应用上式。

如果信号函数既有时移又有变换时间尺度，其拉普拉斯变换结果具有普遍意义，即

若有

$$f(t) \leftrightarrow F(s), \quad \sigma > \sigma_0$$

则

$$f(at-t_0)\varepsilon(at-t_0) \leftrightarrow \frac{1}{a}F\left(\frac{s}{a}\right)e^{-\frac{s}{a}t_0}, \quad \sigma > \sigma_0 \quad (4.26)$$

证明

$$f(at-t_0)\varepsilon(at-t_0) = f\left[a\left(t-\frac{t_0}{a}\right)\right]\varepsilon\left[a\left(t-\frac{t_0}{a}\right)\right]$$

由尺度变换特性有

$$f(at)\varepsilon(at) \leftrightarrow \frac{1}{a}F\left(\frac{s}{a}\right)$$

由时移特性有

$$f\left[a\left(t-\frac{t_0}{a}\right)\right]\varepsilon\left[a\left(t-\frac{t_0}{a}\right)\right] \leftrightarrow \frac{1}{a}F\left(\frac{s}{a}\right)e^{-s\frac{t_0}{a}}$$

4.2.4 频移特性

若有 $\qquad f(t) \leftrightarrow F(s), \quad \sigma > \sigma_0$

则 $\qquad f(t)e^{\pm s_0 t} \leftrightarrow F(s \mp s_0), \quad \sigma \mp a_0 > \sigma_0, \quad s_0 = a_0 + j\omega_0 \qquad (4.27)$

证明

$$L[f(t)e^{\pm s_0 t}] = \int_0^\infty f(t)e^{\pm s_0 t}e^{-st}dt = \int_0^\infty f(t)e^{-(s\mp s_0)t}dt = F(s \mp s_0)$$

此性质表明：时间函数乘以 $e^{\pm s_0 t}$，其变换式在 s 域内移动 $\mp s_0$。式中 s_0 可为实数或复数。

如果信号函数既有时移又有复频移，其结果也具有一般性，即

若有 $\qquad f(t) \leftrightarrow F(s), \quad \sigma > \sigma_0$

则

$$e^{-s_0(t-t_0)}f(t-t_0)\varepsilon(t-t_0) \leftrightarrow e^{-st_0}F(s+s_0), \quad \sigma + a_0 > \sigma_0 \qquad (4.28)$$

证明

$$L[e^{-s_0(t-t_0)}f(t-t_0)\varepsilon(t-t_0)] = \int_{t_0}^\infty e^{-s_0(t-t_0)}f(t-t_0)e^{-st}dt$$

令 $x = t - t_0, dx = dt$，则

$$L[e^{-s_0(t-t_0)}f(t-t_0)\varepsilon(t-t_0)] = \int_{t_0}^\infty e^{-s_0(t-t_0)}f(t-t_0)e^{-st}dt$$

$$= \int_{0^-}^\infty e^{-s_0 x}f(x)e^{-sx}e^{-st_0}dx$$

$$= e^{-st_0}\int_{0^-}^\infty f(x)e^{-(s+s_0)x}dx = e^{-st_0}F(s+s_0)$$

4.2.5 时域微分定理

若有 $f(t) \leftrightarrow F(s), \sigma > \sigma_0$，且 $\dfrac{df(t)}{dt}$ 存在，则

$$\frac{df(t)}{dt} \leftrightarrow sF(s) - f(0^-) \qquad (4.29)$$

证明 由拉普拉斯变换定义有

$$L\left[\frac{df(t)}{dt}\right] = \int_{0^-}^\infty \frac{df(t)}{dt}e^{-st}dt = f(t)e^{-st}\Big|_{0^-}^\infty + s\int_{0^-}^\infty f(t)e^{-st}dt$$

因为 $f(t)$ 是指数阶信号，在收敛域内有 $\lim\limits_{t\to\infty}f(t)e^{-st}=0$，所以

$$L\left[\frac{df(t)}{dt}\right] = sF(s) - f(0^-)$$

由此可以推导得出

$$\frac{\mathrm{d}^n f(t)}{\mathrm{d}t^n} \leftrightarrow s^n F(s) - s^{n-1} f(0^-) - s^{n-2} f'(0^-) - \cdots - f^{(n-1)}(0^-) \quad (4.30)$$

如果 $f(t)$ 为一有始函数,则有 $f(0^-),f'(0^-),\cdots,f^{(n-1)}(0^-)$ 均为 0,则式(4.29)和式(4.30)可化简为

$$\begin{aligned}\frac{\mathrm{d}f(t)}{\mathrm{d}t} &\leftrightarrow sF(s) \\ \frac{\mathrm{d}^n f(t)}{\mathrm{d}t^n} &\leftrightarrow s^n F(s)\end{aligned} \quad (4.31)$$

【例 4-9】 已知 $f(t)=\mathrm{e}^{-at}\varepsilon(t)$,试求其导数 $\dfrac{\mathrm{d}f(t)}{\mathrm{d}t}$ 的拉普拉斯变换。

解 可用两种方法求解。

解法一 由基本定义式求:

因为 $f(t)$ 导数为

$$\frac{\mathrm{d}}{\mathrm{d}t}[\mathrm{e}^{-at}\varepsilon(t)]=\delta(t)-a\mathrm{e}^{-at}\varepsilon(t)$$

所以

$$L\left[\frac{\mathrm{d}f(t)}{\mathrm{d}t}\right]=L[\delta(t)]-L[a\mathrm{e}^{-at}\varepsilon(t)]=1-\frac{a}{s+a}=\frac{s}{s+a}$$

解法二 由微分性质求:

已知 $f(t)\leftrightarrow F(s)=\dfrac{1}{s+a}, f(0^-)=0$,则

$$L\left[\frac{\mathrm{d}f(t)}{\mathrm{d}t}\right]=sF(s)=\frac{s}{s+a}$$

两种方法结果相同,但后者考虑了 $f(0^-)$。

【例 4-10】 $f_1(t)$ 和 $f_2(t)$ 的波形如图 4.10(a)、(b)所示,求 $f_1(t),f_2(t)$ 信号及它们一阶导数的拉普拉斯变换。

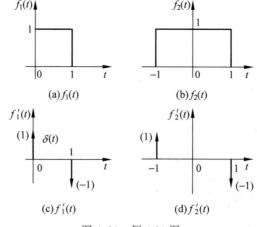

图 4.10 例 4-10 图

解 (1) 求 $f_1(t)$ 和 $f_2(t)$ 的拉普拉斯变换。

因为 $f_1(t)=\varepsilon(t)-\varepsilon(t-1)$,由时移特性、线性性质,可得

$$F_1(s)=\frac{1}{s}(1-\mathrm{e}^{-s})$$

由于单边拉普拉斯变换的积分是从 $t=0_-$ 开始的,故 $f_2(t)$ 与 $f_1(t)$ 两者的拉普拉斯变换相同,即

$$F_2(s) = \frac{1}{s}(1-e^{-s})$$

(2) 求 $f'_1(t)$ 和 $f'_2(t)$ 的拉普拉斯变换。

由时域微分性质可得

$$f'_1(t) \leftrightarrow sF_1(s) - f_1(0_-), \quad f'_2(t) \leftrightarrow sF_2(s) - f_2(0_-)$$

由图可知 $f_1(0_-)=0, f_2(0_-)=1$,代入上式即得

$$f'_1(t) \leftrightarrow sF_1(s) - f_1(0_-) = s \cdot \frac{1}{s}(1-e^{-s}) = 1-e^{-s}$$

$$f'_2(t) \leftrightarrow sF_2(s) - f_2(0_-) = s \cdot \frac{1}{s}(1-e^{-s}) - 1 = -e^{-s}$$

从上述讨论可知:$f_1(t)$ 与 $f_2(t)$ 的拉普拉斯变换是相同的,但它们导函数的拉普拉斯变换是不同的。特别注意的是,当函数具有间断点时,其导函数在间断点处必然出现冲激函数。

4.2.6 时域积分定理

若有 $f(t) \leftrightarrow F(s), \sigma > \sigma_0$,则

$$\int_{-\infty}^{t} f(x)dx \leftrightarrow \frac{F(s)}{s} + \frac{1}{s} f^{(-1)}(0_-) \tag{4.32}$$

其中,$f^{(-1)}(0) = \int_{-\infty}^{0_-} f(t)dt$ 为 $f(t)$ 积分的初始值。

证明 因为

$$\int_{-\infty}^{t} f(x)dx = \int_{-\infty}^{0_-} f(x)dx + \int_{0_-}^{t} f(x)dx$$

所以 $L\left[\int_{-\infty}^{t} f(x)dx\right] = L\left[\int_{-\infty}^{0_-} f(x)dx\right] + L\left[\int_{0_-}^{t} f(x)dx\right]$,其中右端第一项积分为常数,即

$$L\left[\int_{-\infty}^{0_-} f(x)dx\right] = \frac{1}{s} f^{(-1)}(0_-)$$

第二项积分由分部积分公式可得

$$L\left[\int_{0_-}^{t} f(x)dx\right] = \int_{0_-}^{\infty} \left(\int_{0_-}^{t} f(x)dx\right) e^{-st} dt = \left[-\frac{e^{-st}}{s} \int_{0_-}^{t} f(x)dx\right]_{0_-}^{\infty} + \frac{1}{s} \int_{0_-}^{\infty} f(t)e^{-st} dt$$

$$= 0 + \frac{1}{s} F(s)$$

所以 $L\left[\int_{-\infty}^{t} f(x)dx\right] = \frac{F(s)}{s} + \frac{1}{s} f^{(-1)}(0_-)$,如果函数积分区间从 0 开始,则有

$$\int_{0}^{t} f(x)dx \leftrightarrow \frac{F(s)}{s} \tag{4.33}$$

同理可推证

$$f^{(-n)}(t) = \left(\int_{-\infty}^{t}\right)^n f(x)\,\mathrm{d}x \leftrightarrow \frac{F(s)}{s^n} + \sum_{m=1}^{n} \frac{1}{s^{n-m+1}} f^{(-m)}(0^-) \quad (4.34)$$

$$\left(\int_0^t\right)^n f(x)\,\mathrm{d}x \leftrightarrow \frac{F(s)}{s^n} \quad (4.35)$$

【例 4-11】 已知 $\varepsilon(t) \leftrightarrow \dfrac{1}{s}$，试利用阶跃信号的积分求 $t^n \varepsilon(t)$ 的拉普拉斯变换。

解 由于

$$\int_0^t \varepsilon(x)\,\mathrm{d}x = t\varepsilon(t)$$

$$\left(\int_0^t\right)^2 \varepsilon(x)\,\mathrm{d}x = \int_0^t x\varepsilon(x)\,\mathrm{d}x = \frac{1}{2} t^2 \varepsilon(t)$$

$$\left(\int_0^t\right)^3 \varepsilon(x)\,\mathrm{d}x = \int_0^t \frac{1}{2} x^2 \varepsilon(x)\,\mathrm{d}x = \frac{1}{3\times 2} t^3 \varepsilon(t)$$

$$\vdots$$

可以推得

$$\left(\int_0^t\right)^n \varepsilon(x)\,\mathrm{d}x = \frac{1}{n!} t^n \varepsilon(t)$$

利用积分特性式，考虑 $\varepsilon(t) \leftrightarrow \dfrac{1}{s}$，则得

$$L\left[\frac{t^n}{n!} \varepsilon(t)\right] = L\left[\left(\int_0^t\right)^n \varepsilon(x)\,\mathrm{d}x\right] = \frac{1}{s^n} \cdot \frac{1}{s} = \frac{1}{s^{n+1}}$$

即

$$t^n \varepsilon(t) \leftrightarrow \frac{n!}{s^{n+1}}$$

【例 4-12】 求图 4.11(a)所示信号的象函数 $F(s)$。

解 由图可知三角信号的表达式为

$$f(t) = \begin{cases} \dfrac{1}{2} t, & 0 < t \leqslant 2 \\ -\dfrac{1}{2}(t-4), & 2 < t \leqslant 4 \\ 0, & \text{其他} \end{cases}$$

则有

$$\frac{\mathrm{d}f(t)}{\mathrm{d}t} = \begin{cases} \dfrac{1}{2}, & 0 < t \leqslant 2 \\ -\dfrac{1}{2}, & 2 < t \leqslant 4 \\ 0, & \text{其他} \end{cases}$$

$\dfrac{\mathrm{d}f(t)}{\mathrm{d}t} = f'(t)$ 的图形如图 4.11(b)所示，即可表示为

$$f'(t) = \frac{1}{2} \varepsilon(t) - \varepsilon(t-2) + \frac{1}{2} \varepsilon(t-4)$$

由单位阶跃信号变换对及延时性质、线性性质可得

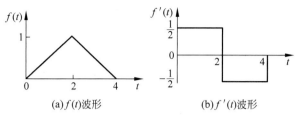

(a) $f(t)$ 波形　　(b) $f'(t)$ 波形

图 4.11　信号 $f(t)$ 和 $f'(t)$ 的波形

$$f'(t) \leftrightarrow \frac{1}{2} \cdot \frac{1}{s} - \frac{1}{s}e^{-2s} + \frac{1}{2} \cdot \frac{1}{s}e^{-4s} = \frac{1}{2s}(1-e^{-2s})^2$$

由图可见，$f'(t)$ 是一个因果信号，所以由时域积分性质可得

$$F(s) = \frac{1}{s} \cdot \frac{1}{2s}(1-e^{-2s})^2 = \frac{1}{2s^2}(1-e^{-2s})^2$$

【例 4-13】　求图 4.12(a)所示信号的象函数 $F(s)$。

解　由图可知信号的表达式为

$$f(t) = \begin{cases} t+1, & t > -1 \\ 0, & t \leqslant -1 \end{cases}$$

对其求一阶导数得

$$f'(t) = \begin{cases} 1, & t > -1 \\ 0, & t \leqslant -1 \end{cases}$$

其波形如图 4.12(b)所示，其函数可表示为

$$f'(t) = \varepsilon(t+1)$$

考虑拉普拉斯变换定义中积分限是 $(0_-, \infty)$，所以有 $\varepsilon(t+1) \leftrightarrow \frac{1}{s}$，又

$$\int_{-\infty}^{0_-} \varepsilon(\tau+1)\mathrm{d}\tau = \int_{-1}^{0_-} 1\mathrm{d}\tau = 1$$

应用时域积分性质，得

$$F(s) = \frac{1}{s} \cdot \frac{1}{s} + \frac{1}{s} \cdot 1 = \frac{1+s}{s^2}$$

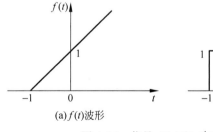

(a) $f(t)$ 波形　　(b) $f'(t)$ 波形

图 4.12　信号 $f(t)$ 和 $f'(t)$ 的波形

4.2.7　S 域微分定理

若有
$$f(t) \leftrightarrow F(s), \quad \sigma > \sigma_0$$

则

$$-tf(t) \leftrightarrow \frac{\mathrm{d}F(s)}{\mathrm{d}s} \tag{4.36}$$

$$(-t)^n f(t) \leftrightarrow \frac{\mathrm{d}^n F(s)}{\mathrm{d}s^n} \tag{4.37}$$

证明 根据定义 $F(s) = \int_{0^-}^{\infty} f(t)\mathrm{e}^{-st}\mathrm{d}t$，可得

$$\frac{\mathrm{d}F(s)}{\mathrm{d}s} = \frac{\mathrm{d}}{\mathrm{d}s}\int_{0^-}^{\infty} f(t)\mathrm{e}^{-st}\mathrm{d}t$$

$$= \int_{0^-}^{\infty} f(t)\frac{\mathrm{d}}{\mathrm{d}s}\mathrm{e}^{-st}\mathrm{d}t = \int_{0^-}^{\infty} [-tf(t)]\mathrm{e}^{-st}\mathrm{d}t = L[-tf(t)]$$

同理可推出

$$\frac{\mathrm{d}^n F(s)}{\mathrm{d}s^n} = \int_0^{\infty} (-t)^n f(t)\mathrm{e}^{-st}\mathrm{d}t = L[(-t)^n f(t)]$$

4.2.8　S 域积分定理

若有 $\quad f(t) \leftrightarrow F(s), \quad \sigma > \sigma_0$

则

$$\frac{f(t)}{t} \leftrightarrow \int_s^{\infty} F(s_1)\mathrm{d}s_1 \tag{4.38}$$

证明

$$\int_s^{\infty} F(s_1)\mathrm{d}s_1 = \int_s^{\infty}\left[\int_{0^-}^{\infty} f(t)\mathrm{e}^{-s_1 t}\mathrm{d}t\right]\mathrm{d}s_1 = \int_{0^-}^{\infty} f(t)\left[\int_s^{\infty} \mathrm{e}^{-s_1 t}\mathrm{d}s_1\right]\mathrm{d}t$$

$$= \int_{0^-}^{\infty} f(t)\frac{1}{t}\mathrm{e}^{-st}\mathrm{d}t = L\left[\frac{f(t)}{t}\right]$$

【例 4-14】 求 $f(t) = \frac{\sin t}{t}\varepsilon(t)$ 的拉普拉斯变换。

解 因为 $\sin t\,\varepsilon(t) \leftrightarrow \frac{1}{s^2+1}$，由此可得

$$L\left[\frac{\sin t}{t}\varepsilon(t)\right] = \int_s^{\infty}\frac{1}{s_1^2+1}\mathrm{d}s_1 = \arctan s_1\bigg|_s^{\infty} = \frac{\pi}{2} - \arctan s = \operatorname{arccot} s$$

4.2.9　初值定理

若有 $f(t) \leftrightarrow F(s), \sigma > \sigma_0$ 且 $f(t)$ 连续可导和 $\lim_{s\to\infty} sF(s)$ 存在,则

$$f(0^+) = \lim_{t\to 0^+} f(t) = \lim_{s\to\infty} sF(s) \tag{4.39}$$

证明 由时域微分定理可知

$$sF(s) - f(0^-) = \int_{0^-}^{\infty}\frac{\mathrm{d}f(t)}{\mathrm{d}t}\mathrm{e}^{-st}\mathrm{d}t = \int_{0^-}^{0^+}\frac{\mathrm{d}f(t)}{\mathrm{d}t}\mathrm{e}^{-st}\mathrm{d}t + \int_{0^+}^{\infty}\frac{\mathrm{d}f(t)}{\mathrm{d}t}\mathrm{e}^{-st}\mathrm{d}t$$

因为在区间 $(0^-, 0^+), t=0, \mathrm{e}^{-st}\big|_{t=0} = 1$，所以

$$sF(s) - f(0^-) = f(t)\bigg|_{0^-}^{0^+} + \int_{0^+}^{\infty}\frac{\mathrm{d}f(t)}{\mathrm{d}t}\mathrm{e}^{-st}\mathrm{d}t = f(0^+) - f(0^-) + \int_{0^+}^{\infty}\frac{\mathrm{d}f(t)}{\mathrm{d}t}\mathrm{e}^{-st}\mathrm{d}t$$

对上式两边令 $s \to \infty$，取极限有
$$f(0^+) = \lim_{s \to \infty} sF(s)$$

4.2.10 终值定理

若有 $f(t) \leftrightarrow F(s), \sigma > \sigma_0$，且 $\lim_{t \to \infty} f(t)$ 存在，则
$$f(\infty) = \lim_{t \to \infty} f(t) = \lim_{s \to 0} sF(s) \tag{4.40}$$

证明 仍利用时域微分性质
$$L\left[\frac{\mathrm{d}f(t)}{\mathrm{d}t}\right] = \int_{0^-}^{\infty} \frac{\mathrm{d}f(t)}{\mathrm{d}t} \mathrm{e}^{-st} \mathrm{d}t = sF(s) - f(0^-)$$

上式两边取 s 趋于 0 的极限，此时 $\mathrm{e}^{-st}|_{s=0} = 1$，即
$$\lim_{s \to 0} \int_{0^-}^{\infty} \frac{\mathrm{d}f(t)}{\mathrm{d}t} \mathrm{e}^{-st} \mathrm{d}t = \lim_{s \to 0} [sF(s) - f(0^-)]$$

因为
$$\lim_{s \to 0} \int_{0^-}^{\infty} \frac{\mathrm{d}f(t)}{\mathrm{d}t} \mathrm{e}^{-st} \mathrm{d}t = \lim_{s \to 0} \int_{0^-}^{\infty} \frac{\mathrm{d}f(t)}{\mathrm{d}t} \mathrm{d}t = \lim_{t \to \infty} [f(t) - f(0^-)]$$

于是
$$\lim_{t \to \infty} [f(t) - f(0^-)] = \lim_{s \to 0} [sF(s) - f(0^-)]$$

即
$$f(\infty) = \lim_{t \to \infty} f(t) = \lim_{s \to 0} sF(s)$$

4.2.11 时域卷积定理

若有 $f_1(t) \leftrightarrow F_1(s), \sigma > \sigma_1$ 和 $f_2(t) \leftrightarrow F_2(s), \sigma > \sigma_2$，则
$$f_1(t) * f_2(t) \leftrightarrow F_1(s) \cdot F_2(s), \quad \sigma \supset \sigma_1 \cap \sigma_2 \tag{4.41}$$

证明
$$L[f_1(t) * f_2(t)] = \int_0^{\infty} \left[\int_0^{\infty} f_1(\tau) f_2(t-\tau) \mathrm{d}\tau\right] \mathrm{e}^{-st} \mathrm{d}t$$

因为 $t - \tau < 0, t < \tau$ 时 $f_2(t - \tau) = 0$。令
$$t - \tau = x, \quad \mathrm{d}x = \mathrm{d}t$$

则
$$L[f_1(t) * f_2(t)] = \int_0^{\infty} f_1(\tau) \mathrm{e}^{-s\tau} \mathrm{d}\tau \cdot \int_0^{\infty} f_2(x) \mathrm{e}^{-sx} \mathrm{d}x = F_1(s) \cdot F_2(s)$$

【例 4-15】 已知 $F(s) = \dfrac{s^2}{(s^2 + 1)^2}$，试利用卷积定理求原函数 $f(t)$。

解
$$F(s) = \frac{s^2}{(s^2 + 1)^2} = \frac{s}{s^2 + 1} \cdot \frac{s}{s^2 + 1} = F_1(s) \cdot F_2(s)$$

将 $F_1(s)$ 的反变换记为 $f_1(t)$，即有 $f_1(t) = L^{-1}[F_1(s)] = L^{-1}\left[\dfrac{s}{s^2 + 1}\right] = \cos t$，故
$$f_2(t) = f_1(t) = \cos t$$

所以
$$f(t) = f_1(t) * f_2(t) = \int_0^t \cos\tau \cos(t - \tau) \mathrm{d}\tau$$
$$= \frac{1}{2} \int_0^t [\cos t + \cos(2\tau - t)] \mathrm{d}\tau = \frac{1}{2}(t\cos t + \sin t)$$

现将拉普拉斯变换的一些性质列于表 4.3 中。这些性质在计算拉普拉斯变换及其反变换中很有用处。

表 4.3 拉普拉斯变换的性质

名 称	结 论
线性性质	$a_1 f_1(t) + a_2 f_2(t) \leftrightarrow a_1 F_1(s) + a_2 F_2(s)$
时移（延时）特性	$f(t-t_0)\varepsilon(t-t_0) \leftrightarrow F(s)\mathrm{e}^{-st_0}$
尺度变换（展缩性质）	$f(at) \leftrightarrow \dfrac{1}{a} F\left(\dfrac{s}{a}\right)$
频移特性	$f(t)\mathrm{e}^{\pm s_0 t} \leftrightarrow F(s \mp s_0)$
时域微分定理	$\dfrac{\mathrm{d}f(t)}{\mathrm{d}t} \leftrightarrow sF(s) - f(0^-)$ $\dfrac{\mathrm{d}^n f(t)}{\mathrm{d}t^n} \leftrightarrow s^n F(s) - s^{n-1} f(0^-) - s^{n-2} f'(0^-) - \cdots - f^{(n-1)}(0^-)$
时域积分定理	$\displaystyle\int_{-\infty}^{t} f(x)\mathrm{d}x \leftrightarrow \dfrac{F(s)}{s} + \dfrac{1}{s} f^{(-1)}(0^-)$ $f^{(-n)}(t) = \left(\displaystyle\int_{-\infty}^{t}\right)^n f(x)\mathrm{d}x \leftrightarrow \dfrac{F(s)}{s^n} + \displaystyle\sum_{m=1}^{n} \dfrac{1}{s^{n-m+1}} f^{(-m)}(0^-)$
S 域微分定理	$-tf(t) \leftrightarrow \dfrac{\mathrm{d}F(s)}{\mathrm{d}s}$ $(-t)^n f(t) \leftrightarrow \dfrac{\mathrm{d}^n F(s)}{\mathrm{d}s^2}$
S 域积分定理	$\dfrac{f(t)}{t} \leftrightarrow \displaystyle\int_{s}^{\infty} F(s_1)\mathrm{d}s_1$
初值定理	$f(0^+) = \lim\limits_{t \to 0^+} f(t) = \lim\limits_{s \to \infty} sF(s)$
终值定理	$f(\infty) = \lim\limits_{t \to \infty} f(t) = \lim\limits_{s \to 0} sF(s)$
时域卷积定理	$f_1(t) * f_2(t) \leftrightarrow F_1(s) \cdot F_2(s)$
复频域卷积定理	$f_1(t) \cdot f_2(t) \leftrightarrow \dfrac{1}{2\pi\mathrm{j}} F_1(s) * F_2(s)$

4.3 拉普拉斯反变换

应用拉普拉斯变换法求解系统的时域响应时，不仅要根据已知的激励信号求其象函数，还必须把响应的象函数再反变换为时间函数，这就是拉普拉斯反变换。求拉普拉斯反变换最简单的方法是利用拉普拉斯变换表，但它只适用于有限的一些简单变换式，而从系统求得的象函数一般并非表中所列的形式。为此，下面将介绍对实用中常遇到的 $F(s)$ 求拉普拉斯反变换的几种一般性方法。

4.3.1 逆变换表法

如果 $F(s)$ 是一些比较简单的函数，可利用常见信号的拉普拉斯变换表（见表 4.1），查出对应的原函数信号，或者借助拉普拉斯变换若干性质，配合查表，求出原时间信号。

【例 4-16】 已知拉普拉斯变换 $F(s)=2+\dfrac{s+2}{(s+2)^2+2^2}$，求其原函数 $f(t)$。

解 由变换表可知

$$2 \leftrightarrow 2\delta(t)$$

$$\frac{s+2}{(s+2)^2+2^2} \leftrightarrow \mathrm{e}^{-2t}\cos 2t\,\varepsilon(t)$$

所以

$$f(t)=L^{-1}[F(s)]=2\delta(t)+\mathrm{e}^{-2t}\cos 2t\,\varepsilon(t)$$

【例 4-17】 求 $F(s)=\dfrac{1}{s^3}(1-\mathrm{e}^{-st_0})$ 的原函数。

解 因为 $F(s)=\dfrac{1}{s^3}(1-\mathrm{e}^{-st_0})=\dfrac{1}{s^2}\cdot\dfrac{1}{s}(1-\mathrm{e}^{-st_0})$

其中，$\dfrac{1}{s^2}\leftrightarrow t\varepsilon(t)$ 与 $\dfrac{1}{s}(1-\mathrm{e}^{-st_0})\leftrightarrow \varepsilon(t)-\varepsilon(t-t_0)$。

由卷积定理可知

$$f(t)=L^{-1}[F(s)]=[t\varepsilon(t)]*[\varepsilon(t)-\varepsilon(t-t_0)]$$

$$=\frac{1}{2}t^2\varepsilon(t)-\frac{1}{2}(t-t_0)^2\varepsilon(t-t_0)$$

4.3.2 部分分式展开法（海维塞展开法）

对线性系统而言，响应的象函数 $F(s)$ 常具有有理分式的形式，它可以表示为两个实系数的 s 的多项式之比，即

$$F(s)=\frac{N(s)}{D(s)}=\frac{b_m s^m+b_{m-1}s^{m-1}+\cdots+b_1 s+b_0}{a_n s^n+a_{n-1}s^{n-1}+\cdots+a_1 s+a_0} \tag{4.42}$$

式中，$a_n,a_{n-1},\cdots,a_1,a_0$ 和 $b_m,b_{m-1},\cdots,b_1,b_0$ 均为实系数，n 和 m 为正整数，分母多项式 $D(s)$ 称为系统的特征多项式，方程 $D(s)=0$ 称为特征方程，它的根称为特征根（系统的固有频率或自然频率）。若 $m<n$，则 $F(s)$ 为有理真分式。对此形式的象函数可以用部分分式展开法（或称分解定理）将其表示为许多简单分式之和的形式，而这些简单项的反变换都可以在拉普拉斯变换表中找到。部分分式展开法简单易行，避免了应用式(4.5)求反变换时要计算复变函数的积分问题。若 $m\geqslant n$ 时，则 $F(s)$ 是假分式，在将式(4.42)展开成部分分式之前，需要用长除法将其分成多项式与真分式之和，即

$$F(s)=\frac{N(s)}{D(s)}=B_0+B_1 s+\cdots+B_{m-n}s^{m-n}+\frac{Q(s)}{D(s)} \tag{4.43}$$

令 $B(s)=B_0+B_1 s+\cdots+B_{m-n}s^{m-n}$，由于多项式 $B(s)$ 的拉普拉斯反变换是冲激函数及其各阶导数，它们可直接求得，即为

$$L^{-1}[B(s)]=B_0\delta(t)+B_1\delta'(t)+\cdots+B_{m-n}\delta^{(m-n)}(t)$$

所以只需要确定 $\dfrac{Q(s)}{D(s)}$ 反变换就可以，故下面着重讨论 $F(s)$ 是真分式时的拉普拉斯反变换，可以将其分为几种情况讨论。

1. D(s)= 0 的所有根均为单实根

若 $D(s)=0$ 的 n 个单实根分别为 $s_1, s_2, \cdots, s_n$,则 $F(s)$ 可分解形式为

$$F(s) = \frac{N(s)}{D(s)} = \frac{K_1}{s-s_1} + \frac{K_2}{s-s_2} + \cdots + \frac{K_n}{s-s_n} \tag{4.44}$$

式中,$K_1, K_2, \cdots, K_n$ 为待定系数。这些系数可以按下述方法确定:将上式两边乘以因子 $(s-s_i)$,再令 $s=s_i (i=1,2,\cdots,n)$,于是上式右边仅留下 K_i 项,即

$$K_i = (s-s_i) \frac{N(s)}{D(s)} \Big|_{s=s_i}, \quad i=1,2,\cdots,n \tag{4.45}$$

将 K_i 代入式(4.44),查表可求其反变换(时域函数)为

$$f(t) = \sum_{i=1}^{n} K_i e^{s_i t} \varepsilon(t) \tag{4.46}$$

【例 4-18】 求 $F(s) = \dfrac{s^4 + 2s^3 - 2}{s^3 + 2s^2 - s - 2}$ 的原函数 $f(t)$。

解 由于 $F(s)$ 是一个假分式,首先分解出真分式,为此采用长除法运算

$$\begin{array}{r} s \\ s^3+2s^2-s-2 \overline{\smash{\big)}\, s^4+2s^3 -2} \\ \underline{s^4+2s^3-s^2-2s} \\ s^2+2s-2 \end{array}$$

得

$$F(s) = s + \frac{s^2 + 2s - 2}{s^3 + 2s^2 - s - 2}$$

其中,真分式又可展成以下部分分式 $\dfrac{N(s)}{D(s)} = \dfrac{s^2+2s-2}{(s+1)(s+2)(s-1)} = \dfrac{K_1}{s+1} + \dfrac{K_2}{s+2} + \dfrac{K_3}{s-1}$,由式(4.45)可求得系数为

$$K_1 = (s+1) \frac{N(s)}{D(s)} \Big|_{s=-1} = \frac{s^2+2s-2}{(s+2)(s-1)} \Big|_{s=-1} = \frac{3}{2}$$

$$K_2 = (s+2) \frac{N(s)}{D(s)} \Big|_{s=-2} = \frac{s^2+2s-2}{(s+1)(s-1)} \Big|_{s=-2} = -\frac{2}{3}$$

$$K_3 = (s-1) \frac{N(s)}{D(s)} \Big|_{s=1} = \frac{s^2+2s-2}{(s+2)(s+1)} \Big|_{s=1} = \frac{1}{6}$$

代入原式可得 $F(s) = s + \dfrac{3}{2} \dfrac{1}{s+1} - \dfrac{2}{3} \dfrac{1}{s+2} + \dfrac{1}{6} \dfrac{1}{s-1}$,故

$$f(t) = \delta'(t) + \frac{3}{2} e^{-t} - \frac{2}{3} e^{-2t} + \frac{1}{6} e^{t}, \quad t \geqslant 0$$

2. D(s)= 0 具有共轭复根且无重复根

若

$$D(s) = a_n(s-s_1)(s-s_2) \cdots (s-s_{n-2})(s^2 + bs + c) = D_1(s)(s^2 + bs + c) \tag{4.47}$$

式中,$D_1(s) = a_n(s-s_1)(s-s_2) \cdots (s-s_{n-2})$,$s_1, s_2, \cdots, s_{n-2}$ 为 $D(s)=0$ 的互不相等的实根。二次多项式 s^2+bs+c 中,若 $b^2 < 4c$,则构成一对共轭复根。

因为 $F(s)$ 可写成
$$F(s)=\frac{N(s)}{D(s)}=\frac{As+B}{s^2+bs+c}+\frac{N_1(s)}{D_1(s)} \tag{4.48}$$

上式右边第二项展开为部分分式的方法如前面所述，对于右边第一项，一旦求得 $\frac{N_1(s)}{D_1(s)}$，就可应用对应系数相等的方法求得系数 A 和 B，而 $F_c(s)=\frac{As+B}{s^2+bs+c}$ 的反变换则可用配方法或部分分式展开法。假设其共轭复根为：$s_1=\alpha+j\omega$ 与 $s_2=\alpha-j\omega$，则其展式为

$$F_c(s)=\frac{K_1}{s-\alpha-j\omega}+\frac{K_2}{s-\alpha+j\omega}=\frac{Ms+N}{(s-\alpha)^2+\omega^2} \tag{4.49}$$

引入式(4.45)求得 K_1，K_2 为

$$K_1=(s-\alpha-j\omega)F(s)\big|_{s=\alpha+j\omega}=\frac{N(\alpha+j\omega)}{2j\omega}$$

$$K_2=(s-\alpha+j\omega)F(s)\big|_{s=\alpha-j\omega}=\frac{N(\alpha-j\omega)}{-2j\omega}$$

不难看出，K_1 与 K_2 呈共轭关系，假定

$$K_1=|K_1|\angle\theta=A+jB \tag{4.50}$$

则
$$K_2=K_1^*=|K_1|\angle-\theta=A-jB \tag{4.51}$$

如果把式(4.48)中共轭复数极点有关部分的反变换以 $f_c(t)$ 表示，则有以下 3 种形式。

原函数形式一为

$$\begin{aligned}f_c(t)&=L^{-1}\left[\frac{K_1}{s-\alpha-j\omega}+\frac{K_2}{s-\alpha+j\omega}\right]=K_1e^{(\alpha+j\omega)t}+K_2e^{(\alpha-j\omega)t}\\&=|K_1|e^{j\theta}e^{(\alpha+j\omega)t}+|K_1|e^{-j\theta}e^{(\alpha-j\omega)t}=|K_1|e^{\alpha t}\left[e^{j(\omega t+\theta)}+e^{-j(\omega t+\theta)}\right]\\&=2|K_1|e^{\alpha t}\cos(\omega t+\theta)\varepsilon(t)\end{aligned} \tag{4.52}$$

原函数形式二为

$$\begin{aligned}f_c(t)&=L^{-1}\left[\frac{K_1}{s-\alpha-j\omega}+\frac{K_2}{s-\alpha+j\omega}\right]=e^{\alpha t}(K_1e^{j\omega t}+K_1^*e^{-j\omega t})\\&=2e^{\alpha t}(A\cos\omega t-B\sin\omega t)\end{aligned} \tag{4.53}$$

原函数形式三为

$$\frac{s-\alpha}{(s-\alpha)^2+\omega^2}\leftrightarrow e^{\alpha t}\cos\omega t\varepsilon(t) \qquad \frac{\omega}{(s-\alpha)^2+\omega^2}\leftrightarrow e^{\alpha t}\sin\omega t\varepsilon(t)$$

【例 4-19】 求 $F(s)=\dfrac{s}{s^2+2s+5}$ 的拉普拉斯反变换。

解 （1）方法一：配方法。

$$F(s)=\frac{s}{s^2+2s+5}=\frac{s}{(s+1)^2+2^2}=\frac{s+1}{(s+1)^2+2^2}-\frac{1}{2}\frac{2}{(s+1)^2+2^2}$$

可得

$$f(t)=e^{-t}\left(\cos 2t-\frac{1}{2}\sin 2t\right), \quad t\geqslant 0$$

(2) 方法二：部分分式展开法。

本例 $D(s)=s^2+2s+5$ 有共轭复根：$s_{1,2}=-1\pm j2$，故 $F(s)$ 可以展开为

$$F(s)=\frac{s}{s^2+2s+5}=\frac{K_1}{s+1-j2}+\frac{K_2}{s+1+j2}$$

可得

$$K_1=(s+1-j2)\frac{s}{s^2+2s+5}\bigg|_{s=-1+j2}=\frac{1}{4}(2+j)$$

$$K_2=(s+1+j2)\frac{s}{s^2+2s+5}\bigg|_{s=-1-j2}=\frac{1}{4}(2-j)$$

也即 $A=\frac{1}{2}$，$B=\frac{1}{4}$，借助式(4.53)得到其反变换为

$$f(t)=e^{-t}\left(\cos 2t-\frac{1}{2}\sin 2t\right),\quad t\geqslant 0$$

3. $D(s)=0$ 仅含有重根

若 $D(s)=0$ 只有一个 p 重根 s_1，则 $D(s)$ 可写为

$$D(s)=a_n(s-s_1)^p(s-s_{p+1})\cdots(s-s_n)$$

$F(s)$ 展成的部分分式为

$$\begin{aligned}F(s)&=\frac{N(s)}{D(s)}\\&=\frac{K_{11}}{(s-s_1)^p}+\frac{K_{12}}{(s-s_1)^{p-1}}+\cdots+\frac{K_{1(p-1)}}{(s-s_1)^2}+\frac{K_{1p}}{s-s_1}+\frac{K_{p+1}}{s-s_{p+1}}\\&\quad+\cdots+\frac{K_{n-1}}{s-s_{n-1}}+\frac{K_n}{s-s_n}\end{aligned}\quad(4.54)$$

上式 $D(s)$ 的非重根因子组成的部分分式的系数 $K_{p+1},K_{p+2},\cdots,K_{n-1},K_n$ 的求法与前述相同，下面重点介绍重根项部分分式系数的求法。

为了确定系数 $K_{1p},K_{1(p-1)},\cdots,K_{12},K_{11}$，可通过下列步骤求得。将上式两边乘以 $(s-s_1)^p$，得

$$\begin{aligned}(s-s_1)^p F(s)&=K_{11}+K_{12}(s-s_1)+\cdots+K_{1(p-1)}(s-s_1)^{p-2}+K_{1p}(s-s_1)^{p-1}\\&\quad+(s-s_1)^p\left[\frac{K_{p+1}}{s-s_{p+1}}+\cdots+\frac{K_{n-1}}{s-s_{n-1}}+\frac{K_n}{s-s_n}\right]\end{aligned}\quad(4.55)$$

令 $s=s_1$ 代入上式，可得

$$K_{11}=(s-s_1)^p\frac{N(s)}{D(s)}\bigg|_{s=s_1}$$

将式(4.55)两边对 s 求导后，令 $s=s_1$ 可得

$$K_{12}=\frac{\mathrm{d}}{\mathrm{d}s}\left[(s-s_1)^p\frac{N(s)}{D(s)}\right]\bigg|_{s=s_1}$$

以此类推，可得求重根项的部分分式系数的一般公式为

$$K_{1i}=\frac{1}{(i-1)!}\left\{\frac{\mathrm{d}^{i-1}}{\mathrm{d}s^{i-1}}\left[(s-s_1)^p\frac{N(s)}{D(s)}\right]\right\}\bigg|_{s=s_1}\quad(4.56)$$

当全部系数确定后，由于

$$\frac{K}{(s-s_1)^i} \leftrightarrow \frac{K}{(i-1)!}t^{i-1}\mathrm{e}^{s_1 t} \tag{4.57}$$

则得

$$L^{-1}[F(s)] = L^{-1}\left[\frac{N(s)}{D(s)}\right]$$

$$= \left[\frac{K_{11}}{(p-1)!}t^{p-1} + \frac{K_{12}}{(p-2)!}t^{p-2} + \cdots + \frac{K_{1(p-1)}}{1!}t + K_{1p}\right]\mathrm{e}^{s_1 t} + \sum_{i=p+1}^{n}K_i\mathrm{e}^{s_i t} \tag{4.58}$$

【例 4-20】 求 $F(s) = \dfrac{s+2}{s(s+3)(s+1)^2}$ 的原函数 $f(t)$。

解 先对 $F(s)$ 进行部分分式展开

$$F(s) = \frac{K_{11}}{(s+1)^2} + \frac{K_{12}}{s+1} + \frac{K_3}{s+3} + \frac{K_4}{s}$$

$$K_{12} = \left\{\frac{\mathrm{d}}{\mathrm{d}s}[(s+1)^2 F(s)]\right\}\bigg|_{s=-1} = \left\{\frac{\mathrm{d}}{\mathrm{d}s}\left[\frac{s+2}{(s+3)s}\right]\right\}\bigg|_{s=-1} = -\frac{3}{4}$$

$$K_3 = [(s+3)F(s)]|_{s=-3} = \left[\frac{s+2}{(s+1)^2 s}\right]\bigg|_{s=-3} = \frac{1}{12}$$

$$K_4 = [sF(s)]|_{s=0} = \left[\frac{s+2}{(s+1)^2(s+3)}\right]\bigg|_{s=0} = \frac{2}{3}$$

所以

$$F(s) = -\frac{1}{2}\cdot\frac{1}{(s+1)^2} - \frac{3}{4}\cdot\frac{1}{s+1} + \frac{1}{12}\cdot\frac{1}{s+3} + \frac{2}{3}\cdot\frac{1}{s}$$

故其原函数

$$f(t) = \left(-\frac{1}{2}t\mathrm{e}^{-t} - \frac{3}{4}\mathrm{e}^{-t} + \frac{1}{12}\mathrm{e}^{-3t} + \frac{2}{3}\right)\varepsilon(t)$$

4.3.3 围线积分法（留数法）

留数法就是直接计算下面的积分式：

$$f(t) = \frac{1}{2\pi\mathrm{j}}\int_{\sigma-\mathrm{j}\infty}^{\sigma+\mathrm{j}\infty}F(s)\mathrm{e}^{st}\mathrm{d}s, \quad t \geqslant 0 \tag{4.59}$$

这是复变函数积分问题。根据复变函数理论中的留数定理知，若函数 $f(z)$ 在区域 D 内除有限个奇点外处处有定义，c 为 D 内包围奇点的一条正向简单闭合曲线，则有

$$\oint_c f(z)\mathrm{d}z = 2\pi\mathrm{j}\sum \mathrm{Res}[f(z), z_i]$$

为了能用留数定理计算式(4.59)的积分，可从 $\sigma-\mathrm{j}\infty$ 到 $\sigma+\mathrm{j}\infty$ 补足一条积分路径，构成一闭合围线积分，如图 4.13 所示。补足的这条路径 c，是半径为 ∞ 的圆弧，可以证明，沿该圆弧的积分应为零，即 $\int_c F(s)\mathrm{e}^{st}\mathrm{d}s = 0$，这样

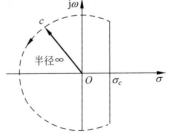

图 4.13 围线积分路径

上面的积分就可用留数定理求出，它等于围线中被积函数 $F(s)\mathrm{e}^{st}$ 所有极点的留数和，即

$$f(t) = L^{-1}[F(s)] = \sum_{\text{极点}} [F(s)\mathrm{e}^{st} \text{ 的留数}] \tag{4.60}$$

下面给出留数法求拉普拉斯反变换的公式：

(1) $F(s) = \dfrac{N(s)}{D(s)}$ 为有理真分式，且有 n 个单根时，有

$$\begin{aligned} f(t) &= \sum_{i=1}^{n} \text{Res}[F(s)\mathrm{e}^{st}, s_i] \\ &= \sum_{i=1}^{n} [(s-s_i)F(s)\mathrm{e}^{st}]\,|_{s=s_i} \end{aligned} \tag{4.61}$$

(2) $F(s) = \dfrac{N(s)}{D(s)}$ 为 n 阶有理真分式，且有 p 阶重根 s_1 及 $(n-p)$ 阶单根时，有

$$f(t) = \frac{1}{(p-1)!} \lim_{s \to s_1} \frac{\mathrm{d}^{(p-1)}}{\mathrm{d}s^{(p-1)}} \left[(s-s_1)^p \frac{N(s)}{D(s)}\mathrm{e}^{st}\right] + \sum_{i=n-p}^{n} [(s-s_i)F(s)\mathrm{e}^{st}]\,|_{s=s_i} \tag{4.62}$$

【例 4-21】 求 $F(s) = \dfrac{s+2}{s(s+3)(s+1)^2}$ 的拉普拉斯反变换 $f(t)$。

解 $F(s)$ 有两个单根 $s_1 = 0$，$s_2 = -3$ 和一个二重根 $s_3 = -1$，它们的留数分别为

$$\text{Res}_1 = [(s-s_1)F(s)\mathrm{e}^{st}]\,|_{s=s_1} = \left.\frac{(s+2)\mathrm{e}^{st}}{(s+3)(s+1)^2}\right|_{s=0} = \frac{2}{3}$$

$$\text{Res}_2 = [(s-s_2)F(s)\mathrm{e}^{st}]\,|_{s=s_2} = \left.\frac{(s+2)\mathrm{e}^{st}}{s(s+1)^2}\right|_{s=-3} = \frac{1}{12}\mathrm{e}^{-3t}$$

$$\begin{aligned} \text{Res}_3 &= \frac{1}{1}\frac{\mathrm{d}}{\mathrm{d}s}[(s-s_3)^2 F(s)\mathrm{e}^{st}]\,|_{s=s_3} \\ &= \frac{1}{1}\frac{\mathrm{d}}{\mathrm{d}s}\left[(s+1)^2 \frac{(s+2)\mathrm{e}^{st}}{s(s+3)(s+1)^2}\right]\bigg|_{s=-1} = \left(-\frac{t}{2} - \frac{3}{4}\right)\mathrm{e}^{-t} \end{aligned}$$

所以

$$f(t) = \left[\frac{2}{3} + \frac{1}{12}\mathrm{e}^{-3t} - \left(\frac{t}{2} + \frac{3}{4}\right)\mathrm{e}^{-t}\right]\varepsilon(t)$$

与例 4-20 计算结果相同。当象函数 $F(s)$ 为有理分式时，用留数法求拉普拉斯反变换并无突出的优点，但当 $F(s)$ 不能展开为部分分式时，就只能用留数法了。

对于 $F(s)$ 含有非整幂的无理函数，不能展开成简单的部分分式。欲求其反变换，必须通过复变函数理论来求。但有些简单的无理函数的反变换可用级数展开方式求出。因本书篇幅有限，请读者参考有关文献。

4.3.4 应用拉普拉斯变换的性质求反变换

下面以几个例子来说明如何利用拉普拉斯变换的性质求反变换。

【例 4-22】 已知 $F(s) = \dfrac{s\mathrm{e}^{-s}}{s^2 + 5s + 6}$，求拉普拉斯反变换 $f(t)$。

解

$$F(s) = \left(\frac{K_1}{s+2} + \frac{K_2}{s+2}\right)\mathrm{e}^{-s}$$

$$K_1 = \left.\frac{s}{s+3}\right|_{s=-2} = -2 \quad K_1 = \left.\frac{s}{s+2}\right|_{s=-3} = 3$$

应用时移性质,得 $f(t)=-2\mathrm{e}^{-2(t-1)}\varepsilon(t-1)+3\mathrm{e}^{-3(t-1)}\varepsilon(t-1)$

【例 4-23】 已知 $F(s)=\left(\dfrac{1-\mathrm{e}^{-s}}{s}\right)^2$,求拉普拉斯反变换 $f(t)$。

解 $F(s)=\left(\dfrac{1-\mathrm{e}^{-s}}{s}\right)^2=\dfrac{1-2\mathrm{e}^{-s}+\mathrm{e}^{-2s}}{s^2}=\dfrac{1}{s^2}-\dfrac{2\mathrm{e}^{-s}}{s^2}+\dfrac{\mathrm{e}^{-2s}}{s^2}$

应用时移性质,得 $f(t)=t\varepsilon(t)-2(t-1)\varepsilon(t-1)+(t-2)\varepsilon(t-2)$

【例 4-24】 已知 $F(s)=\dfrac{s}{(s+a)^2}$,求拉普拉斯反变换 $f(t)$。

解 因为 $t\mathrm{e}^{-at}\leftrightarrow\dfrac{1}{(s+a)^2}$

应用时域微分性 $\mathrm{e}^{-at}-t\mathrm{e}^{-at}(-a)\leftrightarrow\dfrac{s}{(s+a)^2}-[t\mathrm{e}^{-at}]_{t=0}$

故 $f(t)=(1+at)\mathrm{e}^{-at}\varepsilon(t)$

【例 4-25】 已知 $F(s)=\dfrac{1-\mathrm{e}^{-(s+1)}}{(s+1)(1-\mathrm{e}^{-2s})}$,求拉普拉斯反变换 $f(t)$。

解 令 $F_1(s)=\dfrac{1-\mathrm{e}^{-(s+1)}}{(s+1)}$ 则得 $F(s)=\dfrac{F_1(s)}{(1-\mathrm{e}^{-2s})}$

已知 $\dfrac{1-\mathrm{e}^{-s}}{s}\leftrightarrow\varepsilon(t)-\varepsilon(t-1)$

根据频移特性 $F_1(s)=\dfrac{1-\mathrm{e}^{-(s+1)}}{(s+1)}\leftrightarrow[\varepsilon(t)-\varepsilon(t-1)]\mathrm{e}^{-t}$

根据周期函数的拉普拉斯变换性质,即得

$$f(t)=\mathrm{e}^{-t}[\varepsilon(t)-\varepsilon(t-1)]+\mathrm{e}^{-(t-2)}[\varepsilon(t-2)-\varepsilon(t-3)]+\cdots$$

4.4 LTI 系统的复频域分析

在第 2 章的讨论中已知,当用时域法求解 LTI 系统的线性微分方程时,要分别求出系统的零输入响应和零状态响应,然后相加才得到全响应。当用拉普拉斯变换分析法求解常系数线性微分方程时,其特点是:

(1) 拉普拉斯变换分析法能将时域中的微分方程变换为复频域中的代数方程,使求解简化;

(2) 微分方程的初始条件可以自动地包含到象函数中,从而可一举求得方程的完全解;

(3) 用拉普拉斯变换分析电网络系统时,甚至不必列写出系统的微分方程,而直接利用电路的 S 域模型列写其电路方程,就可以获得响应的象函数 $F(s)$,再反变换就可得原函数 $f(t)$。

4.4.1 微分方程的拉普拉斯变换解法

设线性时不变系统的输入(激励)为 $f(t)$,输出(响应)为 $y(t)$,描述 n 阶系统的输入输出微分方程的一般形式可写为

$$\sum_{i=0}^{n} a_i y^{(i)}(t) = \sum_{j=0}^{m} b_j f^{(j)}(t) \tag{4.63}$$

式中，系数 $a_i(i=0,1,\cdots,n)$，$b_j(j=0,1,\cdots,m)$ 均为实数，设系统的初始状态为 $y(0_-)$，$y'(0_-),\cdots,y^{(n-1)}(0_-)$。

令 $f(t) \leftrightarrow F(s)$，$y(t) \leftrightarrow Y(s)$。根据时域微分定理，$y(t)$ 及其各阶导数的拉普拉斯变换为

$$\frac{d^i y(t)}{dt^i} \leftrightarrow s^i Y(s) - s^{i-1} y(0_-) - s^{i-2} y'(0_-) - \cdots - y^{(i-1)}(0_-), \quad i=0,1,2,\cdots,n \tag{4.64}$$

由于 $f(t)$ 是在 $t=0$ 时接入，因而在 $t=0_-$ 时 $f(t)$ 及其各阶导数均为 0。则 $f(t)$ 及其各阶导数的拉普拉斯变换为

$$\frac{d^j f(t)}{dt^j} \leftrightarrow s^j F(s), \quad j=0,1,2,\cdots,m \tag{4.65}$$

对微分方程两边取拉普拉斯变换并将式(4.64)和式(4.65)代入，得

$$\sum_{i=0}^{n} a_i \left[s^i Y(s) - \sum_{p=0}^{i-1} s^{i-1-p} y^{(p)}(0_-) \right] = \sum_{j=0}^{m} b_j s^j F(s)$$

由此可得

$$Y(s) = \frac{\sum_{i=0}^{n} a_i \left[\sum_{p=0}^{i-1} s^{i-1-p} y^{(p)}(0_-) \right]}{\sum_{i=0}^{n} a_i s^i} + \frac{\sum_{j=0}^{m} b_j s^j}{\sum_{i=0}^{n} a_i s^i} F(s) \tag{4.66}$$

由此可知，其第 1 项仅与系统的初始状态有关而与输入无关，因而是零输入响应 $y_{zi}(t)$ 的象函数 $Y_{zi}(s)$；其第 2 项仅与输入有关而与系统的初始状态无关，因而是零状态响应 $y_{zs}(t)$ 的象函数 $Y_{zs}(s)$。于是式(4.66)可写为

$$Y(s) = Y_{zi}(s) + Y_{zs}(s)$$

取上式的反变换，得系统的全响应为

$$y(t) = y_{zi}(t) + y_{zs}(t)$$

现以具体例子说明其解法过程。

【例 4-26】 描述某线性时不变系统的微分方程为 $y''(t) + 3y'(t) + 2y(t) = f(t)$，已知输入 $f(t) = e^{-3t}$，$y(0_-) = 1$，$y'(0_-) = 1$，求系统的全响应。

解 对原微分方程两边逐项取拉普拉斯变换，可得

$$s^2 Y(s) - sy(0_-) - y'(0_-) + 3sY(s) - 3y(0_-) + 2Y(s) = F(s)$$

现将 $y(0_-)=1$，$y'(0_-)=1$，$F(s) = L[e^{-3t}] = \dfrac{1}{s+3}$ 代入上式，则得

$$(s^2 + 3s + 2)Y(s) = \frac{1}{s+3} + s + 4$$

即

$$Y(s) = \frac{s^2 + 7s + 13}{(s+3)(s^2+3s+2)} = \frac{K_1}{s+1} + \frac{K_2}{s+2} + \frac{K_3}{s+3}$$

解得 $K_1 = \dfrac{7}{2}$，$K_2 = -3$，$K_3 = \dfrac{1}{2}$，故

$$Y(s) = \frac{s^2 + 7s + 13}{(s+3)(s^2 + 3s + 2)} = \frac{7}{2} \frac{1}{s+1} - 3 \frac{1}{s+2} + \frac{1}{2} \frac{1}{s+3}$$

再取反变换就得

$$y(t) = \left(\frac{7}{2} e^{-t} - 3e^{-2t} + \frac{1}{2} e^{-3t}\right) \varepsilon(t)$$

【例 4-27】 如图 4.14 所示电路,求回路电流 $i(t)$。已知 $t=0$ 时开关闭合,电感有初始电流 $i(0^-)$,电容有初始电压 $U_C(0^-)$。

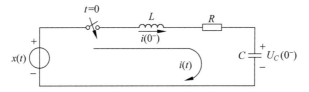

图 4.14 例 4-27 的电路图

解 利用基尔霍夫定律可得系统的数学模型为

$$Ri(t) + L \frac{\mathrm{d}i(t)}{\mathrm{d}t} + \frac{1}{C} \int_{-\infty}^{t} i(\tau) \mathrm{d}\tau = x(t)$$

利用拉普拉斯变换的微分、积分性质,对上式逐项进行拉普拉斯变换,得

$$RI(s) + LsI(s) - Li(0^-) + \frac{I(s)}{Cs} + \frac{\int_{-\infty}^{0^-} i(\tau)\mathrm{d}\tau}{Cs} = X(s)$$

其中,$I(s)$,$X(s)$ 分别为 $i(t)$,$x(t)$ 的拉普拉斯变换,而

$$\frac{1}{C} \int_{-\infty}^{0^-} i(\tau) \mathrm{d}\tau = U_C(0^-)$$

即

$$I(s) = \frac{X(s)}{R + Ls + \frac{1}{Cs}} + \frac{Li(0^-) - \frac{U_C(0^-)}{s}}{R + Ls + \frac{1}{Cs}}$$

对上式进行拉普拉斯反变换,即可得系统的回路电流 $i(t) = \mathcal{L}^{-1}[I(s)]$。

由上面两例可见,用拉普拉斯变换求解微分方程步骤如下:
(1) 对微分方程逐项取拉普拉斯变换,利用微分、积分性质代入初始状态;
(2) 对拉普拉斯变换方程进行代数运算,求出响应的象函数;
(3) 对响应的象函数进行拉普拉斯反变换,得到全响应的时域表示。

4.4.2 拉普拉斯变换法分析电路、S域元件模型

对于一个具体的电网络,可以不采用例 4-23 的步骤,而可利用电路的复频域模型(S 域电路模型)直接列写复频域方程,从而求得所需响应的象函数。

1. 电路基本元件的 S 域模型

1) 电阻元件 R

电阻 R 上的时域电压-电流关系为一个代数方程

$$u(t) = Ri(t) \tag{4.67}$$

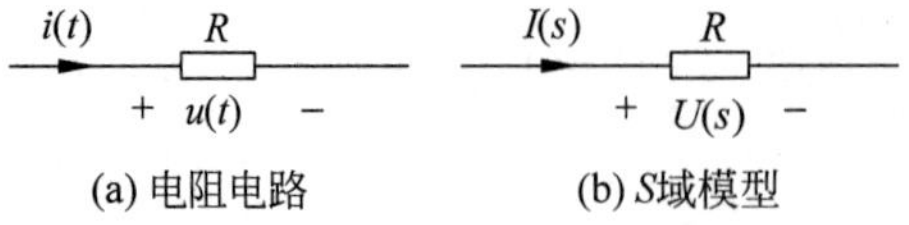

图 4.15 电阻及其 S 域模型

两边取拉普拉斯变换就得复频域(S 域)中电阻 R 上的电压-电流象函数关系为

$$U(s) = RI(s) \quad (4.68)$$

式(4.68)称为电阻 R 的 S 域模型。如图 4.15(b)所示,其元件的象电压(电压象函数)与象电流(电流象函数)之比定义为元件的运算阻抗。所以电阻 R 的运算阻抗可表示为

$$R = \frac{U(s)}{I(s)} \quad (4.69)$$

2) 电容元件 C

图 4.16(a)所示电容 C 上时域电压-电流关系为

$$i(t) = C \frac{\mathrm{d}u_C(t)}{\mathrm{d}t} \quad (4.70)$$

两边取拉普拉斯变换,利用微分性质得

$$I(s) = sCU_C(s) - Cu_C(0^-)$$

或

$$U_C(s) = \frac{1}{Cs}I(s) + \frac{u_C(0^-)}{s} \quad (4.71)$$

由此可得相应的 S 域模型如图 4.16(b)和(c)所示。其中 $\frac{1}{Cs}$ 和 Cs 分别称为电容的 S 域阻抗和 S 域导纳,或称为运算阻抗和运算导纳。而 $Cu_C(0^-)$ 和 $\frac{u_C(0^-)}{s}$ 则分别为与 C 上初始电压 $u_C(0^-)$ 有关的附加电流源和附加电压源的量值。反映了 C 上初始储能对响应的影响。

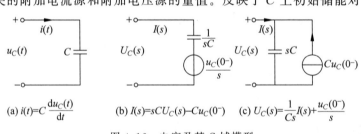

(a) $i(t) = C \dfrac{\mathrm{d}u_C(t)}{\mathrm{d}t}$ (b) $I(s) = sCU_C(s) - Cu_C(0^-)$ (c) $U_C(s) = \dfrac{1}{Cs}I(s) + \dfrac{u_C(0^-)}{s}$

图 4.16 电容及其 S 域模型

3) 电感元件 L

图 4.17(a)所示电感 L 上时域电压-电流关系为

$$u(t) = L \frac{\mathrm{d}i_L(t)}{\mathrm{d}t} \quad (4.72)$$

两边取拉普拉斯变换,就可得出复频域内的电压-电流关系为

$$\begin{cases} U(s) = LsI_L(s) - Li_L(0^-) \\ I_L(s) = \dfrac{1}{Ls}U(s) + \dfrac{i_L(0^-)}{s} \end{cases} \quad (4.73)$$

由此可得相应的 S 域模型如图 4.17(b)和(c)所示。其中 Ls 和 $\dfrac{1}{Ls}$ 分别为电感的运算阻抗和运算导纳,$Li_L(0^-)$ 和 $\dfrac{i_L(0^-)}{s}$ 分别表示与电感中初始电流 $i_L(0^-)$ 有关的附加电压源和附

加电流源的量值。它同样反映了 L 中的初始储能对响应的影响。

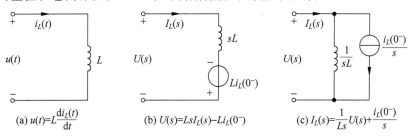

图 4.17 电感及其 S 域模型

4) 耦合电感

用与电感相似的处理方法可以获得耦合电感的 S 域模型,如图 4.18 所示。其中 sM 称为互感运算阻抗,两电压源分别为

$$\begin{cases} U_{1M}(s) = L_1 i_1(0^-) + M i_2(0^-) \\ U_{2M}(s) = L_2 i_2(0^-) + M i_1(0^-) \end{cases} \quad (4.74)$$

2. S 域中的电路定律

在 S 域中分析电路,仍然离不开基尔霍夫定律。

基尔霍夫电流定律(KCL)指出:对任意结点,在任一时刻流入(或流出)该结点电流的代数和恒等于 0,即

$$\sum i(t) = 0 \quad (4.75)$$

基尔霍夫电压定律(KVL)提出:对于任意回路,有

$$\sum u(t) = 0 \quad (4.76)$$

分别对两式取拉普拉斯变换,可得基尔霍夫定律的 S 域形式:

$$\sum I(s) = 0, \quad \sum U(s) = 0 \quad (4.77)$$

该式表明:对任意结点,流出(或流入)该结点的象电流的代数和恒等于 0;对任意回路,沿该回路闭合巡行一周,各段电路象电压的代数和恒等于 0。

3. 拉普拉斯变换法分析电路

利用拉普拉斯变换分析线性时不变电路时,首先把电路中的元件用 S 域模型表示;再把电路中已知的电压源、电流源和其他的各电压、电流均用象函数表示,这样便可得到与原时域模型电路相对应的 S 域模型电路。如图 4.19(a) 所示的时域模型电路,它的 S 域模型电路如图 4.19(b) 所示。

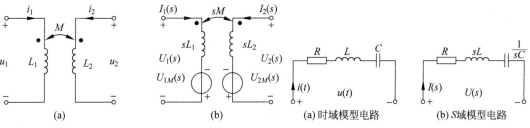

图 4.18 耦合电感及其 S 域模型　　图 4.19 RLC 串联电路图与 S 域模型

在建立了电路的 S 域模型之后,依据基本元件上电压、电流象函数关系,基尔霍夫定律 S 域形式,使用电阻电路中所讲述的分析线性时不变电路的各种方法、定理,解出所求量的象函数,取其拉普拉斯反变换便可得到所需要求的响应时间函数。下面举例说明拉普拉斯变换法分析电路的基本步骤与过程。

【例 4-28】 如图 4.20 所示电路,$C=1F, R_1=\frac{1}{5}\Omega, R_2=1\Omega, L=\frac{1}{2}H, u_C(0^-)=5V$,$i_L(0^-)=4A$。当 $f(t)=10V$,求全响应电流 $i_1(t)$。

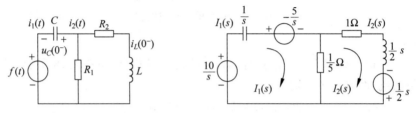

图 4.20 例 4-28 题电路图

解 将电路元件用其 S 域模型替代,激励用其象函数替代,作出该电路的运算等效电路。由基尔霍夫定律的 S 域形式可得

$$\begin{cases} \left(\frac{1}{5}+\frac{1}{s}\right)I_1(s)-\frac{1}{5}I_2(s)=\frac{10}{s}+\frac{5}{s} \\ -\frac{1}{5}I_1(s)+\left(\frac{1}{5}+1+\frac{1}{2}s\right)I_2(s)=2 \end{cases}$$

消去 $I_2(s)$,整理得

$$I_1(s)=-\frac{57}{s+3}+\frac{136}{s+4}$$

求 $I_1(s)$ 的拉普拉斯反变换得 $\quad i_1(t)=(-57e^{-3t}+136e^{-4t})\varepsilon(t)$

【例 4-29】 如图 4.21(a)所示电路,$t<0$ 时开关 K 位于"1"端,电路的状态已经稳定,$t=0$ 时开关 K 从"1"端倒向"2"端,求 $i_L(t)$。

解 由题意知 $i_L(0^-)=-\frac{E_1}{R_1}$,画出网络的 S 域模型如图 4.21(b)所示。为方便,采用了电流源模型。由图 4.21(b)可见。

$$I_L(s)=I_{L0}(s)-\frac{E_1}{R_1 s}$$

$$I_{L0}(s)=\frac{E_1/R_1 s+E_2/R_2 s}{1/R_0+1/R_2+1/Ls}\cdot\frac{1}{Ls}$$

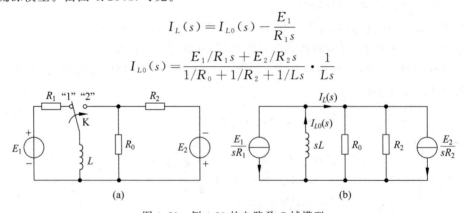

图 4.21 例 4-29 的电路及 S 域模型

令 $\tau = \dfrac{L(R_0+R_2)}{R_0 R_2}$,则

$$I_{L0}(s) = \frac{E_1/R_1 + E_2/R_2}{s(s\tau+1)} = (E_1/R_1 + E_2/R_2)\left[\frac{1}{s} - \frac{1}{s+1/\tau}\right]$$

$$I_L(s) = \frac{E_2/R_2}{s} - (E_1/R_1 + E_2/R_2)\frac{1}{s+1/\tau}$$

$$i_L(t) = [E_2/R_2 - (E_1/R_1 + E_2/R_2)e^{-\frac{t}{\tau}}]\varepsilon(t)$$

【例 4-30】 图 4.22(a) 所示电路,开关在 $t=0$ 合上前已处于稳态,求 $t\geqslant 0$ 时的 $i_2(t)$。

解 由题意知 $i_1(0^-)=2\text{A}$ 和 $i_2(0^-)=0$。

从而可得原电路的 S 域模型,如图 4.22(b) 所示。其网孔方程为

$$\begin{cases}(s+2)I_1(s)+sI_2(s)=\dfrac{10}{s}+2 \\ sI_1(s)+(s+5)I_2(s)=2\end{cases}$$

解方程组得 $I_2(s)$ 为

$$I_2(s) = \frac{-6}{7s+10} = \frac{-6/7}{s+10/7}$$

对上式求拉普拉斯反变换得 $\qquad i_2(t) = -\dfrac{6}{7}e^{-\frac{10}{7}t}\varepsilon(t)$

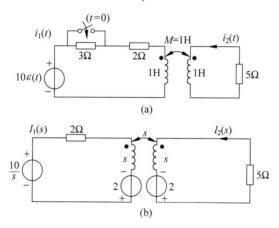

图 4.22 例 4-30 电路图与 S 域模型

4.5 系统函数 $H(s)$

4.5.1 $H(s)$ 的定义与性质

如前所述,线性 LTI 系统,其输入信号 $f(t)$ 与输出信号 $y(t)$ 之间的关系可由 n 阶常系数线性微分方程描述,即

$$a_n y^{(n)}(t) + a_{n-1} y^{(n-1)}(t) + \cdots + a_1 y^{(1)}(t) + a_0 y(t) = b_m f^{(m)}(t) + b_{m-1} f^{(m-1)}(t) \\ + \cdots + b_1 f^{(1)}(t) + b_0 f(t)$$

(4.78)

设输入 $f(t)$ 为在 $t=0$ 时刻加入的有始信号，且系统为零状态，则有
$$f(0^-)=f^{(1)}(0^-)=\cdots=f^{(m)}(0^-)=0$$
$$y(0^-)=y^{(1)}(0^-)=\cdots=y^{(n-1)}(0^-)=0$$

对式(4.78)两边进行拉普拉斯变换，根据微分性质，可得系统的零状态响应 $y_{zs}(t)$ 的象函数为

$$Y_{zs}(s)=\frac{N(s)}{D(s)}F(s) \tag{4.79}$$

式中，$F(s)$ 是激励 $f(t)$ 的象函数，$N(s)$，$D(s)$ 分别为

$$\begin{cases} N(s)=b_m s^m+b_{m-1}s^{m-1}+\cdots+b_1 s+b_0 \\ D(s)=a_n s^n+a_{n-1}s^{n-1}+\cdots+a_1 s+a_0 \end{cases} \tag{4.80}$$

显然，联系 LTI 系统零状态响应的象函数 $Y_{zs}(s)$ 与激励信号的象函数 $F(s)$ 的方程为一个代数方程。由此可以定义系统函数如下：

系统函数 $H(s)$ 定义为系统的零状态响应的象函数 $Y_{zs}(s)$ 与激励的象函数 $F(s)$ 之比，即

$$H(s) \stackrel{\text{定义}}{=} \frac{Y_{zs}(s)}{F(s)} \tag{4.81}$$

由式(4.79)知，$H(s)$ 的一般形式是两个 s 的多项式之比，即

$$H(s)=\frac{N(s)}{D(s)} \tag{4.82}$$

可见，系统函数 $H(s)$ 与系统的激励和响应的形式无关，只取决于输入和输出所构成的系统本身，因此它决定了系统特性。一般情况下，$H(s)$ 的分母多项式与系统的特征多项式对应。故一旦系统的拓扑结构已定，$H(s)$ 就可以计算出来。

若系统函数 $H(s)$ 和输入信号象函数 $F(s)$ 已知，则零状态响应的象函数可写为

$$Y_{zs}(s)=H(s)F(s) \tag{4.83}$$

可见 $H(s)$ 直接联系了 S 域中输入输出关系。这一结果并不是偶然的，由第 2 章可知冲激响应 $h(t)$ 与输入 $f(t)$ 的卷积为 $y_{zs}(t)$，即

$$y_{zs}(t)=h(t)*f(t) \tag{4.84}$$

由卷积定理知，式(4.83)正是式(4.84)取拉普拉斯变换的结果。其中，

$$H(s)=L[h(t)] \tag{4.85}$$

即

$$H(s)=\int_0^\infty h(t)\mathrm{e}^{-st}\mathrm{d}t \tag{4.86}$$

上式表明：系统冲激响应 $h(t)$ 的拉普拉斯变换即为系统函数 $H(s)$；系统函数 $H(s)$ 的拉普拉斯反变换即为系统冲激响应 $h(t)$。即 $h(t)$ 与 $H(s)$ 构成拉普拉斯变换对。由此可得时域分析和 S 域分析二者的对应关系，如图 4.23 所示。

当系统的激励为 e^{st} 时，系统的零状态响应可由时域内的卷积求得为

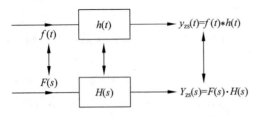

图 4.23 时域分析和 S 域分析对应关系示意图

$$y_{zs}(t)=\int_{0}^{\infty}h(\tau)e^{s(t-\tau)}d\tau=H(s)e^{st} \tag{4.87}$$

上式表明,若激励信号是指数函数 e^{st},则系统零状态响应仍是相同复频率的指数函数,只是"幅度"变化了 $H(s)$。

综上所述,系统函数 $H(s)$可以由零状态下系统模型求得,也可以由系统冲激响应 $h(t)$取拉普拉斯变换求得。当已知 $H(s)$时,其拉普拉斯反变换就是冲激响应 $h(t)$。

归纳以上分析,系统函数有如下性质:

(1) $H(s)$取决于系统的结构与元件参数,它确定了系统在 S 域的特征;

(2) $H(s)$是一个实系数有理分式,其分子分母多项式的根均为实数或共轭复数;

(3) 系统函数 $H(s)$为系统冲激响应的拉普拉斯变换。

4.5.2 利用系统函数 H(s)求解连续时间 LTI 系统的响应

如前分析可知:系统函数 $H(s)$是系统零状态响应的象函数与激励的象函数之比,故求系统零状态响应的复频域分析法步骤如下:

(1) 计算 $H(s)$;

(2) 求激励 $f(t)$的象函数 $F(s)$;

(3) 按式(4.83)求出响应 $y_{zs}(t)$的象函数 $Y_{zs}(s)$;

(4) 对 $Y_{zs}(s)$求拉普拉斯反变换即得时域响应 $y_{zs}(t)$。

以上过程可用图 4.24 所示框图来描述。

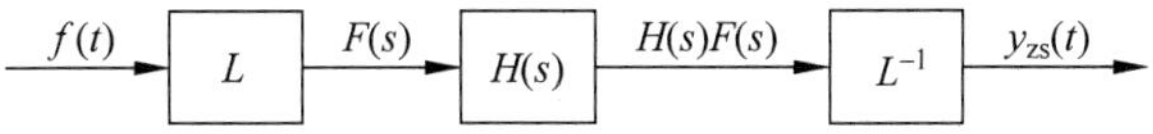

f(t)
L
F(s)
H(s)
H(s)F(s)
L^-1
yzs(t)

图 4.24　系统零状态响应的复频域分析法过程示意图

【例 4-31】 常用的有源系统工的等效电路如图 4.25 所示,设 $R=1\Omega$,$C=1F$,试求系统的电压传递函数 $H(s)=\dfrac{U_2(s)}{U_1(s)}$;当 $K=3$ 时,求冲激响应 $h(t)$和阶跃响应 $g(t)$。

解　由图可得

$$\begin{cases}\dfrac{U_1(s)-U_2(s)}{R}+Cs[U_2(s)-U_1(s)]=\dfrac{U_a(s)-U_b(s)}{R}\\ CsU_b(s)=\dfrac{U_a(s)-U_b(s)}{R}\\ U_2(s)=KU_b(s)\end{cases}$$

联立上述三式求解,并代入参数,可得

$$H(s)=\frac{U_2(s)}{U_1(s)}=\frac{K}{s^2+(3-K)s+1}$$

当 $K=3$ 时,得

$$H(s)=\frac{K}{s^2+1}=\frac{3}{s^2+1}$$

故 $$h(t)=3\sin t\varepsilon(t)$$

因为 $$g(t)=\int_{0^-}^{t}h(t)dt$$

1F
1Ω
a
1Ω
b
+
u1
1F
u
Ku
+
u2

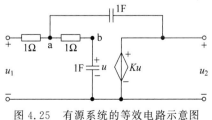

图 4.25　有源系统的等效电路示意图

故从积分定理可得
$$G(s) = \frac{1}{s}H(s) = \frac{3}{s(s^2+1)}$$

故得阶跃响应
$$g(t) = 3(1-\cos t)\varepsilon(t)$$

【例 4-32】 设 LTI 系统的阶跃响应 $g(t) = (1-e^{-2t})\varepsilon(t)$，为使系统的零状态响应 $y_{zs}(t) = (1-e^{-2t}-te^{-2t})\varepsilon(t)$，问系统的输入信号 $f(t)$ 应是什么？

解 首先由阶跃响应求冲激响应，即
$$h(t) = g'(t) = 2e^{-2t}\varepsilon(t)$$

故
$$H(s) = L[h(t)] = \frac{2}{s+2}$$

又因
$$Y_{zs}(s) = L[y_{zs}(t)] = \frac{1}{s} - \frac{1}{s+2} - \frac{1}{(s+2)^2}$$

所以
$$F(s) = \frac{Y_{zs}(s)}{H(s)} = \frac{\frac{1}{s} - \frac{1}{s+2} - \frac{1}{(s+2)^2}}{\frac{2}{s+2}} = \frac{1}{s} - \frac{1}{2(s+2)}$$

求上式拉普拉斯反变换，得
$$f(t) = \left(1 - \frac{1}{2}e^{-2t}\right)\varepsilon(t)$$

【例 4-33】 设有 $f(t) = t\varepsilon(t)$ 加到如图 4.26 所示 RC 串联电路输入端，求电容上的电压 $u_C(t)$。

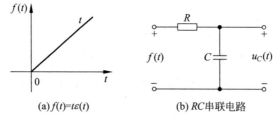

(a) $f(t)=t\varepsilon(t)$ (b) RC 串联电路

图 4.26 例 4-33 图

解 由运算等效电路模型可得
$$U_C(s) = \frac{\frac{1}{Cs}}{R + \frac{1}{Cs}} F(s)$$

所以
$$H(s) = \frac{U_C(s)}{F(s)} = \frac{\frac{1}{Cs}}{R + \frac{1}{Cs}} = \frac{1}{RC} \cdot \frac{1}{s + \frac{1}{RC}}$$

又因为
$$F(s) = L[t\varepsilon(t)] = \frac{1}{s^2}$$

则
$$U_C(s) = H(s)F(s) = \frac{1}{RC\left(s + \frac{1}{RC}\right)s^2} = \frac{RC}{s + \frac{1}{RC}} + \frac{1}{s^2} - \frac{RC}{s}$$

所以
$$u_C(t) = \left[t - RC(1 - e^{-\frac{1}{RC}t})\right]\varepsilon(t)$$

【例 4-34】 已知系统函数 $H(s)=\dfrac{s}{s^2+4s+3}$,零输入响应初始值为 $y(0_-)=1$,$y'(0_-)=-2$,今欲使系统的全响应 $y(t)=0$,求激励 $f(t)$。

解 由系统函数得系统的特征根为 $\lambda_1=-1$,$\lambda_2=-3$

故零输入响应为 $y_{zi}(t)=C_1\mathrm{e}^{-t}+C_2\mathrm{e}^{-3t}$

代入初始值得 $y_{zi}(0_-)=C_1+C_2=1$,$y'_{zi}(0_-)=-C_1-3C_2=-2$

得 $C_1=C_2=\dfrac{1}{2}$,故 $y_{zi}(t)=\dfrac{1}{2}(\mathrm{e}^{-t}+\mathrm{e}^{-3t})\varepsilon(t)$

因为 $y(t)=y_{zs}(t)+y_{zi}(t)$,由题意得 $y_{zs}(t)=-y_{zi}(t)=-\dfrac{1}{2}(\mathrm{e}^{-t}+\mathrm{e}^{-3t})\varepsilon(t)$

即 $Y_{zs}(s)=-\dfrac{1}{2}\left(\dfrac{1}{s+1}+\dfrac{1}{s+3}\right)=-\dfrac{1}{2}\dfrac{2s+4}{(s+1)(s+3)}$

由系统响应定义有 $H(s)=\dfrac{Y_{zs}(s)}{F(s)}$,即得 $F(s)=\dfrac{Y_{zs}(s)}{H(s)}=-\dfrac{1}{2}\dfrac{2s+4}{s^2}=-\dfrac{1}{2}\left(\dfrac{2}{s}+\dfrac{4}{s^2}\right)$

故得激励为 $f(t)=-\dfrac{1}{2}(2+4t)\varepsilon(t)=-(1+2t)\varepsilon(t)$

【例 4-35】 已知某系统当激励 $f_1(t)=\delta(t)$ 时,全响应为 $y_1(t)=\delta(t)+\mathrm{e}^{-t}\varepsilon(t)$;当激励 $f_2(t)=\varepsilon(t)$ 时,全响应为 $y_2(t)=3\mathrm{e}^{-t}\varepsilon(t)$。求

(1) 系统的冲激响应 $h(t)$ 与零输入响应 $y_{zi}(t)$;

(2) 当激励为如图 4.27 所示 $f(t)$ 时的全响应 $y(t)$。

图 4.27 激励图

解 (1) 因为 $y(t)=y_{zs}(t)+y_{zi}(t)$ 即有 $Y(S)=Y_{zs}(s)+Y_{zi}(s)=H(s)F(s)+Y_{zi}(s)$

当激励 $f_1(t)=\delta(t)$ 时,有 $1+\dfrac{1}{s+1}=H(s)+Y_{zi}(s)$

当激励 $f_2(t)=\varepsilon(t)$ 时,有 $\dfrac{3}{s+1}=\dfrac{1}{s}H(s)+Y_{zi}(s)$

联立上面两式,即可得 $H(s)=\dfrac{s}{s+1}$ $Y_{zi}(s)=\dfrac{2}{s+1}$

即得,系统的冲激响应 $h(t)=\delta(t)-\mathrm{e}^{-t}\varepsilon(t)$

系统的零输入响应 $y_{zi}(t)=2\mathrm{e}^{-t}\varepsilon(t)$

(2) 由图可得激励为 $f(t)=t\varepsilon(t)-(t-1)\varepsilon(t-1)-\varepsilon(t-1)$

即可得 $F(s)=\dfrac{1}{s^2}-\dfrac{1}{s^2}\mathrm{e}^{-s}-\dfrac{1}{s}\mathrm{e}^{-s}$

故有 $Y_{zs}(s)=H(s)F(s)=\left(\dfrac{s}{s+1}\right)\left(\dfrac{1}{s^2}-\dfrac{1}{s^2}\mathrm{e}^{-s}-\dfrac{1}{s}\mathrm{e}^{-s}\right)=\dfrac{1}{s}-\dfrac{1}{s}\mathrm{e}^{-s}-\dfrac{1}{s+1}$

即得,系统的零状态响应为 $y_{zs}(s)=\varepsilon(t)-\varepsilon(t-1)-\mathrm{e}^{-t}\varepsilon(t)$

系统的全响应为 $y(t)=y_{zs}(t)+y_{zi}(t)=\varepsilon(t)-\varepsilon(t-1)+\mathrm{e}^{-t}\varepsilon(t)$

4.5.3 系统的方框图表示与模拟

用方框图表示一个系统,可以直观地反映其输入与输出间的传递关系。对一个较复杂

的系统,通常可由许多子系统互联组成,每个子系统可以用相应的方框表示。下面研究互联系统的系统函数。前面曾经指出,子系统的基本联接方式有级联、并联及反馈3种。

1. 级联

如图4.28(a)所示。两个子系统的系统函数分别为$H_1(s)$和$H_2(s)$,整个系统的系统函数为

$$H(s) = \frac{Y(s)}{X(s)} = \frac{Y(s)}{Y_1(s)} \frac{Y_1(s)}{X(s)} = H_1(s)H_2(s) \tag{4.88}$$

即,若干子系统级联时,总系统函数为各个子系统函数之积。

2. 并联

当系统由两个子系统并联构成时,如图4.28(b)所示。图中$\sum$表示加法器或称"和点",在$X(s)$右侧的A点叫作"分点"。则有

$$Y(s) = X(s)H_1(s) + X(s)H_2(s) = X(s)[H_1(s) + H_2(s)]$$

故得

$$H(s) = \frac{Y(s)}{X(s)} = H_1(s) + H_2(s) \tag{4.89}$$

即,子系统并联时,总系统函数为各个子系统函数之和。

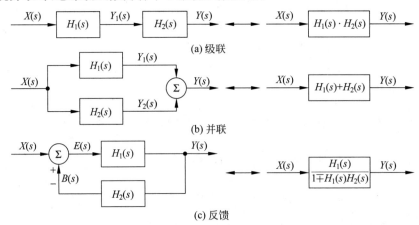

图4.28 系统基本连接方式示意图

3. 反馈

当两个子系统反馈连接时,如图4.28(c)所示,其中,$H_1(s)$称为正向通路的系统函数,$H_2(s)$称为反馈通路的系统函数。子系统$H_1(s)$的输出通过子系统$H_2(s)$反馈到输入端,$H_1(s)$的输出称为反馈信号。"+"代表正反馈,即输入信号与反馈信号相加;"-"代表负反馈,即输入信号与反馈信号相减。没有反馈通路的系统称为开环系统,具有反馈通路的系统称为闭环系统。对于反馈系统,则有

$$Y(s) = H_1(s)E(s) = H_1(s)[X(s) \pm H_2(s)Y(s)]$$

故有

$$Y(s) = \frac{H_1(s)}{1 \mp H_1(s)H_2(s)} X(s)$$

从而得整个系统的系统函数为

$$H(s) = \frac{Y(s)}{X(s)} = \frac{H_1(s)}{1 \mp H_1(s)H_2(s)} \tag{4.90}$$

对于负反馈的情况,上式分母中取正号;对于正反馈的情况,上式分母中取负号。常见的方框图简化规则列于表 4.4 中。表 4.4 的最后 4 行说明了移动和点与分点的规则,它们能保证移动前后整个系统的输入输出关系不变。

表 4.4 框图化简规则

原 框 图	等 效 框 图	备 注
$X(s) \to [H_1(s)] \to [H_2(s)] \to Y(s)$	$X(s) \to [H_1(s) \cdot H_2(s)] \to Y(s)$	级联 $\dfrac{Y(s)}{X(s)} = H_1(s) \cdot H_2(s)$
$X(s)$ 分别经 $H_1(s)$、$H_2(s)$ 后求和 $\to Y(s)$	$X(s) \to [H_1(s)+H_2(s)] \to Y(s)$	并联 $\dfrac{Y(s)}{X(s)} = H_1(s) + H_2(s)$
反馈结构($H_1(s)$ 前向,$H_2(s)$ 反馈)	$X(s) \to \left[\dfrac{H_1(s)}{1 \pm H_1(s)H_2(s)}\right] \to Y(s)$	反馈 $\dfrac{Y(s)}{X(s)} = \dfrac{H_1(s)}{1 \mp H_1(s)H_2(s)}$
$X(s)$ 与 $Q(s)$ 先求和再经 $H(s)$ 得 $Y(s)$	$X(s)$ 经 $H(s)$ 后与 $Q(s)/H(s)$ 求和 $\to Y(s)$	和点前移 $Y(s) = H(s)X(s) + Q(s) = H(s)\left[X(s) + \dfrac{1}{H(s)}Q(s)\right]$
$X(s)$ 与 $Q(s)$ 先求和再经 $H(s)$ 得 $Y(s)$	$X(s)$ 经 $H(s)$,$Q(s)$ 经 $H(s)$,然后求和 $\to Y(s)$	和点后移 $Y(s) = [X(s)+Q(s)]H(s) = X(s)H(s) + Q(s)H(s)$
$X(s) \to [H(s)] \to Y(s)$,分出 $Y(s)$	$X(s)$ 分两路,各经 $H(s)$ 输出 $Y(s)$	分点前移 $Y(s) = H(s)X(s)$
$X(s)$ 一路 $\to Y(s)$,另一路直接 $X(s)$	$X(s) \to [H(s)] \to Y(s)$,另一路经 $1/H(s)$ 得 $X(s)$	分点后移 $Y(s) = H(s)X(s)$,$X(s) = X(s)H(s)\dfrac{1}{H(s)}$

为了研究实际系统的特性,有时需要进行实验模拟。所谓模拟是指用一些基本的运算单元相互连接构成一个系统,使之与所讨论的实际系统具有相同的数学模型。这样就可观察和分析系统的各处参数变化对响应的影响程度,这种方法对系统的设计有重大意义。

(a) $y(t)=f_1(t)+f_2(t),\ Y(s)=F_1(s)+F_2(s)$

(b) $y(t)=Kf(t),\ Y(s)=KF(s)$

(c) $y(t)=\int_0^t f(\tau)\mathrm{d}\tau,\ Y(s)=\frac{1}{s}F(s)$

图 4.29 运算器在时域、S 域中的表示符号

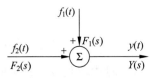

连续 LTI 系统的模拟通常由加法器、标量乘法器(数乘器)、积分器三种运算器组成。它们的符号与功能如图 4.29 所示。

作系统的模拟图时,一般通过 $H(s)$ 进行最为方便。设系统函数

$$H(s)=\frac{b_m s^m+b_{m-1}s^{m-1}+\cdots+b_1 s+b_0}{s^n+a_{n-1}s^{n-1}+\cdots+a_1 s+a_0}$$

令 $m=n$,并不失一般性,可将上式改写为

$$H(s)=\frac{b_n+b_{n-1}s^{-1}+\cdots+b_1 s^{-n+1}+b_0 s^{-n}}{1+a_{n-1}s^{-1}+\cdots+a_1 s^{-n+1}+a_0 s^{-n}}=\frac{N(s)}{D(s)}$$

故响应

$$Y(s)=H(s)F(s)=N(s)\frac{F(s)}{D(s)}$$

设一中间变量 $X(s)=\dfrac{F(s)}{D(s)}$,则有

$$F(s)=D(s)X(s)$$

$$Y(s)=N(s)X(s)$$

展开上式,得

$$F(s)=(1+a_{n-1}s^{-1}+\cdots+a_1 s^{-n+1}+a_0 s^{-n})X(s) \tag{4.91}$$

$$Y(s)=(b_n+b_{n-1}s^{-1}+\cdots+b_1 s^{-n+1}+b_0 s^{-n})X(s) \tag{4.92}$$

由式(4.91)得

$$X(s)=F(s)-(a_{n-1}s^{-1}+\cdots+a_1 s^{-n+1}+a_0 s^{-n})X(s) \tag{4.93}$$

由式(4.92)和式(4.93)可得出系统的模拟图,如图 4.30 所示。

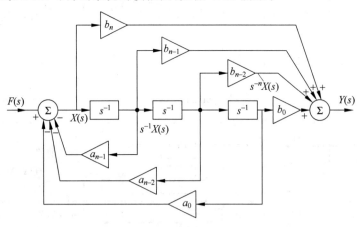

图 4.30 系统的 S 域模拟图

【例 4-36】 已知某连续系统的系统函数

$$H(s)=\frac{1}{s^3+3s^2+2s+1}$$

试画出该系统的 S 域模拟框图。

解 由系统函数定义知

$$H(s) = \frac{Y_{zs}(s)}{F(s)} = \frac{1}{s^3 + 3s^2 + 2s + 1}$$

由此得

$$s^3 Y_{zs}(s) = -3s^2 Y_{zs}(s) - 2s Y_{zs}(s) - Y_{zs}(s) + F(s)$$

由此可得零状态条件下的模拟框图如图 4.31 所示。

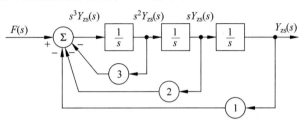

图 4.31 系统的 S 域模拟框图

【例 4-37】 图 4.32(a)为某线性时不变连续系统的模拟框图。试求：
(1) 系统函数和冲激响应 $h(t)$；
(2) 写出系统的微分方程；
(3) 若输入 $f(t) = e^{-3t}\varepsilon(t)$，求零状态响应 $y_{zs}(t)$。

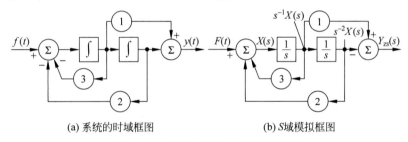

(a) 系统的时域框图　　　　(b) S 域模拟框图

图 4.32 系统的时域与 S 域模拟框图

解 (1) 假设零状态，画 S 域模拟框图如图 4.32(b)所示。设图 4.32(b)左边输入端加法器的输出为 $X(s)$，各积分器的输出如图中所示。由图可知

$$X(s) = F(s) - 3s^{-1}X(s) - 2s^{-2}X(s)$$

由此可得

$$X(s) = \frac{1}{1 + 3s^{-1} + 2s^{-2}} F(s)$$

输出端的加法器输出为

$$Y_{zs}(s) = s^{-1}X(s) - s^{-2}X(s) = (s^{-1} - s^{-2})X(s)$$

即可得

$$Y_{zs}(s) = \frac{s^{-1} - s^{-2}}{1 + 3s^{-1} + 2s^{-2}} F(s)$$

由此得系统函数

$$H(s) = \frac{Y_{zs}(s)}{F(s)} = \frac{s^{-1} - s^{-2}}{1 + 3s^{-1} + 2s^{-2}} = \frac{s - 1}{s^2 + 3s + 2}$$

将系统函数求拉普拉斯反变换即得冲激响应

$$h(t) = (3e^{-2t} - 2e^{-t})\varepsilon(t)$$

(2) 因 $H(s) = \dfrac{Y_{zs}(s)}{F(s)} = \dfrac{s-1}{s^2+3s+2}$,则有

$$(s^2 + 3s + 2)Y_{zs}(s) = (s-1)F(s)$$

由此可得

$$s^2 Y_{zs}(s) + 3s Y_{zs}(s) + 2Y_{zs}(s) = sF(s) - F(s)$$

即得系统的微分方程为

$$y''(t) + 3y'(t) + 2y(t) = f'(t) - f(t)$$

(3) 当 $f(t) = e^{-3t}\varepsilon(t)$ 时,输入的象函数为 $F(s) = \dfrac{1}{s+3}$,由系统函数定义可得

$$Y_{zs}(s) = H(s)F(s) = \dfrac{s-1}{(s+3)(s^2+3s+2)} = \dfrac{-1}{s+1} + \dfrac{3}{s+2} + \dfrac{2}{s+3}$$

对上式求拉普拉斯反变换即得系统的零状态响应

$$y_{zs}(t) = (2e^{-3t} + 3e^{-2t} - e^{-t})\varepsilon(t)$$

4.5.4 系统函数的零、极点与系统特性的关系

1. 零点与极点的概念

由前面分析可知,一个 n 系统的系统函数 $H(s)$ 一定是有理分式,即可用两个多项式之比来表示,如式(4.82)所示。将该系统函数的分子、分母进行因式分解,可得

$$H(s) = \dfrac{N(s)}{D(s)} = H_0 \dfrac{(s-z_1)(s-z_2)\cdots(s-z_m)}{(s-p_1)(s-p_2)\cdots(s-p_n)} = H_0 \dfrac{\prod\limits_{j=1}^{m}(s-z_j)}{\prod\limits_{i=1}^{n}(s-p_i)} \quad (4.94)$$

式中,$H_0 = \dfrac{b_m}{a_n}$ 是一常数;$z_1, z_2, \cdots, z_m$ 是系统函数分子多项式 $N(s)=0$ 的根,称为系统函数的零点;$p_1, p_2, \cdots, p_n$ 是系统函数分母多项式 $D(s)=0$ 的根,称为系统函数的极点。由此可知,零点使函数 $H(s)$ 的值等于零,极点使函数 $H(s)$ 的值为无穷大。

当一个系统函数的全部零、极点及 H_0 确定后,那么系统函数就完全确定。由于 H_0 只是一个比例常数,对 $H(s)$ 的函数没有影响,所以一个系统随变量 s 变化的特性完全可由其零、极点表示。为了掌握系统函数零、极点的分布情况,经常将系统函数的零、极点在 S 平面上标出,这个图称为系统函数的零、极点分布图。其中零点用"○"表示,极点用"×"表示。若为 n 重零点或极点,则注以 (n)。

一个实际电系统的参数(如 R、L、C 等)必为实数,故系统函数 $H(s)$ 的分子分母多项式系数 b_m 和 a_n 等必为实数,因而实际系统的系统函数必定是复变量 s 的实有理函数,它的零点或极点一定是实数或成对出现的共轭复数。

例如,某系统的系统函数为 $H(s) = \dfrac{s[(s-1)^2+1]}{(s+1)^2(s^2+4)}$,将其分子分母多项式进行因子分解,变成 $H(s) = \dfrac{s(s-1-j)(s-1+j)}{(s+1)^2(s+2j)(s-2j)}$ 的形式,可看出其零点为 $z_1=0, z_2=1+j, z_3=1-j$;极点为 $p_1=-1, p_2=-2j, p_3=2j$。其中 $p_1=-1$ 为 $H(s)$ 分母多项式 $D(s)=0$ 的二重根,即是 $H(s)$ 的二重极点。该系统的零、极点分布图如图 4.33 所示。

2. 系统零、极点分布对系统时域响应特性的影响

1) 由系统函数的零、极点分布确定系统的冲激响应的模式

系统函数 $H(s)$ 与冲激响应 $h(t)$ 是一拉普拉斯变换对，因此根据 $H(s)$ 的零、极点分布就可以确定系统的冲激响应的模式。

① 单阶极点。若 $H(s)$ 的极点位于 S 平面的原点处，此时 $p_i=0$，则 $H(s)$ 的形式为 $\dfrac{1}{s}$，其对应的 $h(t)=\varepsilon(t)$，即冲激响应的模式为阶跃函数。

若 $H(s)$ 的极点位于 S 平面实轴上，此时 $p_i=a$（a 为实数），则 $H(s)=\dfrac{1}{s-a}$，则 $h(t)=e^{at}\varepsilon(t)$。当 $a>0$ 时，极点位于 S 平面的正实轴上，冲激响应的模式为增长指数函数；当 $a<0$ 时，极点位于 S 平面的负实轴上，冲激响应的模式为衰减指数函数。

若 $H(s)$ 的极点位于 S 平面的虚轴（极点必以共轭形式出现）上，如 $H(s)=\dfrac{\omega_0}{s^2+\omega_0^2}$，则 $h(t)=\sin(\omega_0 t)\varepsilon(t)$，冲激响应的模式为等幅振荡。

若 $H(s)$ 极点位于 S 平面的共轭复数处。(a) $H(s)$ 共轭极点位于 S 右半平面，如 $H(s)=\dfrac{\omega_0}{(s-a)^2+\omega_0^2}$ ($a>0$)，则 $h(t)=e^{at}\sin(\omega_0 t)\varepsilon(t)$，冲激响应的模式为增幅振荡；(b) $H(s)$ 共轭极点位于 S 左半平面，如 $H(s)=\dfrac{\omega_0}{(s+a)^2+\omega_0^2}$ ($a>0$)，则 $h(t)=e^{-at}\sin(\omega_0 t)\varepsilon(t)$，冲激响应的模式为减幅振荡。

以上分析结果如图 4.34 所示，这里都是单极点的情况。

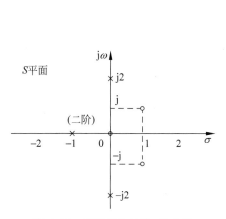

图 4.33 系统函数的零、极点图

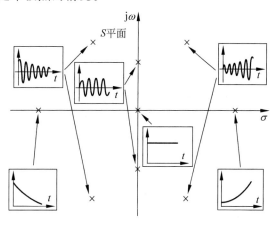

图 4.34 因果系统 $H(s)$ 的单极点与时域函数关系

② 多重极点。若极点在坐标原点处。(a) 当极点是二重极点时，则 $h(t)=t\varepsilon(t)$；(b) 当极点是三重极点时，则 $h(t)=t^2\varepsilon(t)$。

位于实轴上的二重极点，则其 $h(t)$ 是 t 与指数函数的乘积，如 $H(s)=\dfrac{1}{(s-a)^2}$，则 $h(t)=te^{at}\varepsilon(t)$。

位于虚轴上的二重共轭极点给出幅度线性增长的振荡。如 $H(s)=\dfrac{2\omega_0 s}{(s^2+\omega_0^2)^2}$，则

$h(t) = t\sin(\omega_0 t)\varepsilon(t)$。

综合以上讨论,可以得出如下结论:

(1) 当系统函数 $H(s)$ 的极点位于左半 S 平面时,系统单位冲激响应 $h(t)$ 满足 $\lim_{t \to \infty} h(t) \to 0$。

(2) 若系统函数 $H(s)$ 的极点落在 $j\omega$ 轴上,当极点为单极点时,系统单位冲激响应 $h(t)$ 的模式是等幅振荡或直流;若为重极点时,$h(t)$ 为增幅响应。

(3) 若系统函数 $H(s)$ 的极点有一个落在 S 右半平面,则系统单位冲激响应 $h(t)$ 就是增幅响应。

最后还要强调指出的是,$H(s)$ 的零点分布可影响系统单位冲激响应 $h(t)$ 的幅度和相位,但不影响系统单位冲激响应的模式。

2) 由系统函数的零、极点分布确定系统全响应模式

如前所述,系统的全响应为

$$Y(s) = Y_{zs}(s) + Y_{zi}(s) \tag{4.95}$$

其中零状态响应

$$Y_{zs}(s) = H(s)F(s) \tag{4.96}$$

系统函数

$$H(s) = \frac{N(s)}{D(s)} = H_0 \frac{(s-z_1)(s-z_2)\cdots(s-z_m)}{(s-p_1)(s-p_2)\cdots(s-p_n)} = H_0 \frac{\prod_{r=1}^{m}(s-z_r)}{\prod_{i=1}^{n}(s-p_i)} \tag{4.97}$$

令

$$F(s) = \frac{\prod_{l=1}^{u}(s-z_l)}{\prod_{k=1}^{v}(s-p_k)} \tag{4.98}$$

式中,z_r 和 z_l 分别表示 $H(s)$ 和 $F(s)$ 的第 r 个或第 l 个零点,零点数目为 m 和 u 个;p_i 和 p_k 分别表示 $H(s)$ 和 $F(s)$ 第 i 个或第 k 个极点,极点数目为 n 和 v 个。若 $Y_{zs}(s)$ 函数中不含有多重极点,可展成部分分式

$$Y_{zs}(s) = \sum_{i=1}^{n} \frac{K_i}{s-p_i} + \sum_{k=1}^{v} \frac{K_k}{s-p_k} \tag{4.99}$$

取拉普拉斯反变换,得到零状态响应

$$y_{zs}(t) = \sum_{i=1}^{n} K_i e^{p_i t} + \sum_{k=1}^{v} K_k e^{p_k t} \tag{4.100}$$

故零状态响应的模式由 $H(s)$ 和 $F(s)$ 的极点共同确定。式(4.100)中的和式 $\sum_{i=1}^{n} K_i e^{p_i t}$ 是 $y_{zs}(t)$ 的自然响应,其变化规律只取决于系统函数的极点在 S 平面的位置,体现了系统本身的特点,与激励函数的形式无关;和式 $\sum_{k=1}^{v} K_k e^{p_k t}$ 是 $y_{zs}(t)$ 的强制响应,其变化规律只取决于激励的极点在 S 平面的位置。但是系数 K_i、K_k 与 $H(s)$ 和 $F(s)$ 的零、极点分布都有关系。

当 $H(s)$ 的极点与 $F(s)$ 的零点或 $H(s)$ 的零点与 $F(s)$ 的极点相消时,就会使 $H(s)$ 的极点所对应的自然响应模式或 $F(s)$ 的极点所对应的强制响应模式消失。

例如,若 $H(s)=\dfrac{s}{s+1}$,$F(s)=\dfrac{s+1}{(s+1)^2+1}$,则

$$Y_{zs}(s)=H(s)F(s)=\dfrac{s}{(s+1)^2+1}=\dfrac{s+1}{(s+1)^2+1}-\dfrac{1}{(s+1)^2+1}$$

所以

$$y_{zs}(t)=\sqrt{2}\,e^{-t}\cos(t+45°)\varepsilon(t)$$

因为消去了 $H(s)$ 的极点 $p_1=-1$,所以零状态响应中只有 $F(s)$ 的极点所对应的强制响应模式,而失去了 $H(s)$ 的极点所对应的自然响应模式 $e^{-t}\varepsilon(t)$。

因为零输入响应为 $Y_{zi}(s)=\sum\limits_{i=0}^{n-1}A_i(s)y^{(i)}(0^-)$,即 $y_{zi}(t)=L^{-1}[Y_{zi}(s)]$。其中,

$$A_0(s)=a_n s^{n-1}+a_{n-1}s^{n-2}+\cdots+a_1$$
$$A_1(s)=a_n s^{n-2}+a_{n-1}s^{n-3}+\cdots+a_2$$
$$\vdots$$
$$A_{n-2}(s)=a_n s+a_{n-1}$$
$$A_{n-1}(s)=a_n$$

故零输入响应(自然响应)的模式由 $D(s)=0$ 的根确定,它的幅度和相位与初始状态有关。这里 $D(s)=0$ 称为系统的特征方程,其根称为特征根或系统的固有频率。可以说,零输入响应的模式由系统的固有频率确定。如果 $H(s)$ 没有零、极点相消,则特征方程 $D(s)=0$ 的根也就是 $H(s)$ 的极点,则零输入响应的模式由 $H(s)$ 的极点确定。但是,当 $H(s)$ 的零极点相消时,系统的某些固有频率在 $H(s)$ 的极点中将不再出现,这时零输入响应的模式不再由 $H(s)$ 的极点确定,故 $H(s)$ 的零极点是否相消,并不影响零状态响应的模式。这一现象说明,系统函数 $H(s)$ 一般只用于研究系统的零状态响应。

3. 系统函数的零、极点位置与频域特性的对应关系

由前面 4.4 节分析可知,正弦稳态情况下系统的频率特性 $H(\omega)$ 可以直接由系统函数 $H(s)$ 表达式中令 $s=j\omega$ 得到,即

$$H(\omega)=H(s)\big|_{s=j\omega} \tag{4.101}$$

$H(\omega)$ 一般是复数,可表示为

$$H(\omega)=|H(\omega)|e^{j\varphi(\omega)} \tag{4.102}$$

通常把 $|H(\omega)|$ 随 ω 变化的关系称为系统的幅频特性,$\varphi(\omega)$ 随 ω 变化的关系称为系统的相频特性。由于 $H(\omega)$ 是 $H(s)$ 在 $s=j\omega$ 时的一个特例,因此可以推知系统的频率特性与相应 $H(s)$ 的零、极点有着密切的关系。将 $s=j\omega$ 代入式(4.98)即有

$$H(\omega)=H_0\dfrac{\prod\limits_{r=1}^{m}(j\omega-z_r)}{\prod\limits_{i=1}^{n}(j\omega-p_i)} \tag{4.103}$$

由此可写出系统的幅频特性为

$$|H(\omega)| = H_0 \frac{\prod_{r=1}^{m}|(j\omega - z_r)|}{\prod_{i=1}^{n}|(j\omega - p_i)|} \tag{4.104}$$

相频特性为

$$\varphi(\omega) = \sum_{j=1}^{m}\arg(j\omega - z_r) - \sum_{i=1}^{n}\arg(j\omega - p_i) \tag{4.105}$$

为了更为直观地看出零、极点对系统频率特性的影响,还可以通过在 S 平面上作图的方法定性绘出频率特性。式(4.104)表明 $H(\omega)$ 完全取决于 $H(s)$ 的零、极点位置。先来分析一下分子的任一因子$(j\omega - z_r)$。由于 $j\omega$ 和 z_r 都是复数,可以将这两个复数的相减用向量之差来表示,如图 4.35(a)所示。若把向量差写作极坐标形式,则

$$j\omega - z_r = N_r e^{j\alpha_r} \tag{4.106}$$

式中,$N_r = |j\omega - z_r|$,α_r 为向量$(j\omega - z_r)$与实轴正方向的夹角。

同理,因子$(j\omega - p_i)$可表示成

$$j\omega - p_i = D_i e^{j\beta_i} \tag{4.107}$$

式中,$D_i = |j\omega - p_i|$,β_i 为向量$(j\omega - p_i)$与实轴正方向的夹角。如图 4.35(b)所示。把式(4.106)和式(4.107)代入式(4.104)得

$$\begin{aligned}H(\omega) &= H_0 \frac{N_1 N_2 \cdots N_m}{D_1 D_2 \cdots D_n} e^{j(\alpha_1 + \alpha_2 + \cdots + \alpha_m - \beta_1 - \beta_2 - \cdots - \beta_n)} \\ &= H_0 \frac{\prod_{r=1}^{m} N_r}{\prod_{i=1}^{n} D_i} e^{j\left[\sum_{j=1}^{m}\alpha_j - \sum_{i=1}^{n}\beta_i\right]}\end{aligned} \tag{4.108}$$

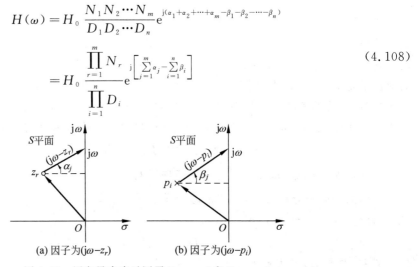

图 4.35 用向量来表示因子$(j\omega - z_r)$和$(j\omega - p_i)$

于是

$$|H(\omega)| = H_0 \frac{\prod_{r=1}^{m} N_r}{\prod_{i=1}^{n} D_i} \tag{4.109}$$

$$\varphi(\omega) = \sum_{r=1}^{m}\alpha_r - \sum_{i=1}^{n}\beta_i$$

当角频率 ω 从 0 起渐渐增大并最后趋于无穷大时,对应动点 $j\omega$ 自原点沿虚轴向上移动

直到无限远。在此过程中各个向量的长度和夹角也随之改变,因而可用图解的方法,定性地画出$|H(\omega)|$随ω变化的曲线。

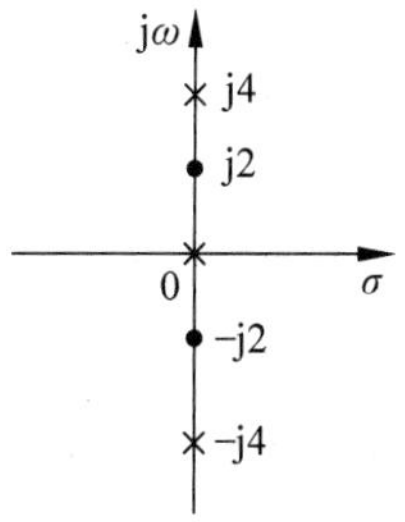

【例 4-38】 已知系统函数的零、极点如图 4.36 所示,已知$h(0_+)=1$,若激励$f(t)=\varepsilon(t)$,求零状态响应$y_{zs}(t)$。

解 由零、极点图得系统函数为

$$H(s) = H_0 \frac{(s+j2)(s-j2)}{s(s+j4)(s-j4)} = H_0 \frac{s^2+4}{s(s^2+16)}$$

图 4.36 系统函数的零、极点图

又因为
$$h(0_+) = \lim_{t \to 0} h(t) = \lim_{s \to \infty} sH(s) = 1$$

可得
$$H_0 = 1$$

故
$$H(s) = \frac{s^2+4}{s(s^2+16)}$$

由于$f(t)=\varepsilon(t)$,即得
$$F(s) = \frac{1}{s}$$

又由于
$$Y_{zs}(s) = H(s)F(s) = \frac{s^2+4}{s^2(s^2+16)} = \frac{1}{4}\frac{1}{s^2} + \frac{3}{16}\frac{4}{s^2+16}$$

故得零状态响应
$$y_{zs}(t) = \left(\frac{1}{4}t + \frac{3}{16}\sin 4t\right)\varepsilon(t)$$

4.6 系统的稳定性

4.6.1 系统稳定的概念

直观地看,当一个系统受到某种干扰信号作用时,其所引起的系统响应在干扰消失后会最终消失,即系统仍能回到干扰作用前的原状态,则系统就是稳定的。稳定性是系统本身的特性,与输入信号无关。但任何系统要能正常工作,都必须以系统稳定为先决条件。所以设法判定系统的稳定与否是十分重要的。

由于冲激函数$\delta(t)$是在瞬时作用又立即消失的信号,若把它视为"干扰",则冲激响应的变化模式完全可以说明系统的稳定性。这是因为冲激响应及其对应的系统函数$H(s)$都反映系统本身的属性。由上节系统函数$H(s)$的极点位置与$h(t)$对应关系可知,若系统函数$H(s)$的所有极点位于S的左半平面,则对应的$h(t)$将随时间t逐渐衰减,当$t \to \infty$时,$h(t)$消失,这样的系统称为稳定系统。若$H(s)$仅有$s=0$的一阶极点,则对应的$h(t)$是一阶跃函数,随t的增长,响应恒定,而当$H(s)$仅有虚轴上的一阶共轭极点时,其响应$h(t)$将为等幅振荡,以上这两种情况对应的关系称为临界(边界)稳定。若$H(s)$有极点位于S的右半平面,或者在原点和虚轴上有二阶或二阶以上的重极点时,对应的$h(t)$为单调增长或增幅振荡,这类系统称为不稳定系统。

可以证明,对一般系统,稳定的充要条件是冲激响应$h(t)$绝对可积,即

$$\int_{-\infty}^{\infty} |h(t)| \mathrm{d}t < \infty$$

综上所述,由$H(s)$的极点分布可以给出系统稳定性的如下结论:

(1) 稳定：若 $H(s)$ 的全部极点位于 S 的左半平面,则系统是稳定的；

(2) 临界稳定：若 $H(s)$ 在虚轴上有 $p=0$ 的单极点或一对共轭单极点,其余极点全在 S 的左半平面,则系统是临界稳定的；

(3) 不稳定：$H(s)$ 只要有一个极点位于 S 的右半平面,或在虚轴上有二阶或二阶以上的重极点,则系统是不稳定的。

【例 4-39】 已知某线性时不变系统的系统函数为

$$H(s)=\frac{s}{s^2+2s+6}, \quad \text{Re}[s]>-1$$

试判断该系统是否是稳定系统。

解 令 $A(s)=s^2+2s+6=0$,应用二次求根公式得 $p_{1,2}=\dfrac{-2\pm\sqrt{2^2-4\times 6}}{2}=-1\pm\mathrm{j}\sqrt{5}$,两极点均在左半平面,故判断该系统是稳定的。

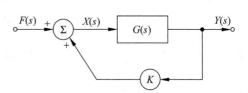

图 4.37 系统 S 域模拟框图

【例 4-40】 图 4.37 为反馈系统的 S 域模拟框图,已知 $G(s)=s/(s^2+4s+4)$,K 为实常数。为使系统是稳定的,试确定 K 值的允许范围。

解 由图可知

$$X(s)=F(s)+KY_{zs}(s), \quad Y_{zs}(s)=G(s)X(s)$$

由上式可得

$$\frac{Y_{zs}(s)}{F(s)}=\frac{G(s)}{1-KG(s)}=H(s)$$

将 $G(s)$ 代入上式,得

$$H(s)=\frac{s}{s^2+(4-K)s+4}$$

求得其极点为

$$p_{1,2}=-\frac{4-K}{2}\pm\sqrt{\frac{(4-K)^2}{4}-4}$$

由上式可以看出,为使系统稳定,极点应全部在 S 左半平面,应要求 $4-K>0$,即 $K<4$。故当 $K<4$ 时系统是稳定的。

4.6.2 稳定性判据

应用前面判断系统稳定性的条件,需要求出系统函数的全部极点,然后才能判断系统稳定与否。这对于二阶及其以下系统是可行的,但对三阶以上的高阶系统,人工求解极点一般说来很困难。于是人们希望寻求一种不需要求解高阶代数方程而能判断系统稳定与否的间接方法。劳斯-赫尔维茨提供了一种简便的代数判别法。

1. 劳斯判据

(1) 设线性连续系统函数为 $H(s)$,则系统稳定的必要条件是 $H(s)$ 的分母多项式

$$D(s)=a_n s^n+a_{n-1}s^{n-1}+\cdots+a_1 s+a_0$$

的全部系数非零且均为正实数。

(2) 对于三阶系统,设 $H(s)$ 的分母多项式
$$D(s) = a_n s^n + a_{n-1} s^{n-1} + \cdots + a_1 s + a_0$$
则系统稳定的充要条件是 $D(s)$ 的各项系数全为正,且满足:$(a_1 a_2 - a_0 a_3) > 0$。

2. 赫尔维茨判据

将系统的特征方程写成如下标准形式:
$$D(s) = a_n s^n + a_{n-1} s^{n-1} + \cdots + a_1 s + a_0 = 0$$
现将它的各项系数写成如下行列式:

$$\Delta_n = \begin{vmatrix} a_1 & a_0 & 0 & 0 & 0 & \cdots \\ a_3 & a_2 & a_1 & a_0 & 0 & \cdots \\ a_5 & a_4 & a_3 & a_2 & a_1 & \cdots \\ a_7 & a_6 & a_5 & a_4 & a_3 & \cdots \\ a_9 & a_8 & a_7 & a_6 & a_5 & \cdots \\ \vdots & \vdots & \vdots & \vdots & \vdots & \\ 0 & 0 & 0 & 0 & 0 & a_n \end{vmatrix}$$

行列式中,对角线上各元为特征方程中自第二项开始的各项系数。每行以对角线上各元为准,写对角线左方各元时,系数 a 的脚标递增;写对角线右方各元时,系数 a 的脚标递减。当写到特征方程中不存在系数时,则以零来代替。

赫尔维茨判据描述如下:系统稳定的充分必要条件在 $a_0 > 0$ 的情况下是,上述行列式的各阶主子式均大于零,即对稳定系统来说要求

$$\Delta_1 = a_1 > 0, \quad \Delta_2 = \begin{vmatrix} a_1 & a_0 \\ a_3 & a_2 \end{vmatrix} > 0, \quad \Delta_3 = \begin{vmatrix} a_1 & a_0 & 0 \\ a_3 & a_2 & a_1 \\ a_5 & a_4 & a_3 \end{vmatrix} > 0$$

$$\vdots$$

$$\Delta_n > 0$$

【例 4-41】 设反馈控制系统如图 4.38 所示,求满足稳定要求时 K 的临界值。

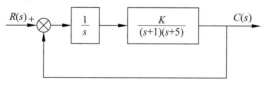

图 4.38 反馈控制系统图

解 闭环系统函数是
$$\frac{C(s)}{R(s)} = \frac{K}{s(s+1)(s+5) + K}$$
其特征方程为
$$D(s) = s(s+1)(s+5) + K = 0$$
或
$$s^3 + 6s^2 + 5s + K = 0$$
由此可知

$$a_0 = K, \quad a_1 = 5, \quad a_2 = 6, \quad a_3 = 1$$

根据劳斯判据全部系数应非零且均为正实数,得 $K>0$,由赫尔维茨判据知:

$$\Delta_2 = \begin{vmatrix} a_1 & a_0 \\ a_3 & a_2 \end{vmatrix} = \begin{vmatrix} 5 & K \\ 1 & 6 \end{vmatrix} = 30 - K > 0$$

得 $K<30$,由此,满足稳定要求时 K 的临界值为 $0<K<30$。

4.7 用 MATLAB 进行连续时间信号与系统的复频域分析

4.7.1 用 MATLAB 绘制拉普拉斯变换的曲面图

【例 4-42】 已知连续时间信号 $f(t)=\sin(t)\varepsilon(t)$,求出该信号的拉普拉斯变换,并用 MATLAB 绘制拉普拉斯变换的曲面图。

解 实现信号的拉普拉斯变换及曲面图程序如下:

```
% 绘制单边正弦信号拉普拉斯变换曲面图程序
clf;
a = -0.5:0.08:0.5;
b = -1.99:0.08:1.99;
[a,b] = meshgrid(a,b);
d = ones(size(a));
c = a + i * b;                    % 确定绘制曲面图的复平面区域
c = c.*c;
c = c + d;
c = 1./c;
c = abs(c);                       % 计算拉普拉斯变换的样值
mesh(a,b,c);                      % 绘制曲面图
surf(a,b,c);
axis([-0.5,0.5,-2,2,0,15]);
title('单边正弦信号拉普拉斯变换曲面图');
colormap(hsv)
```

程序运行结果如图 4.39 所示。

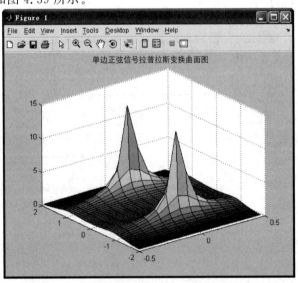

图 4.39 单边正弦信号拉普拉斯变换曲面图

【例 4-43】 试用 MATLAB 绘制信号 $f(t)=\varepsilon(t)-\varepsilon(t-2)$ 拉普拉斯变换的曲面图,观察其曲面图在虚轴剖面上的曲线,并将其与信号傅里叶变换绘制幅值谱进行比较。

解 实现上述过程的 MATLAB 程序如下:

```
% 绘制矩形信号拉普拉斯变换曲面程序
clf;
a=-0:0.1:5;
b=-20:0.1:20;
[a,b]=meshgrid(a,b);
c=a+i*b;                    % 确定绘图区域
c=(1-exp(-2*c))./c;
c=abs(c);                   % 计算拉普拉斯变换
mesh(a,b,c);                % 绘制曲面图
surf(a,b,c);
view(-60,20)                % 调整观察视角
axis([-0,5,-20,20,0,2]);
title('拉普拉斯变换(S域象函数)');
colormap(hsv);
```

程序运行结果如图 4.40 所示。

信号傅里叶变换绘制幅值谱 MATLAB 程序如下:

```
% 绘制矩形信号傅里叶变换曲线程序
w=-20:0.1:20;               % 确定频率范围
Fw=(2*sin(w).*exp(i*w))./w; % 计算傅里叶变换
plot(w,abs(Fw))             % 绘制信号的幅频谱曲线
title('傅里叶变换(幅频谱曲线)');
xlabel('频率 w');
```

程序运行结果如图 4.41 所示。

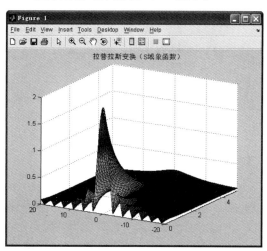
图 4.40 矩形信号拉普拉斯变换曲面图

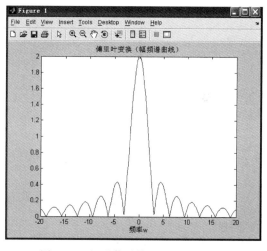
图 4.41 矩形信号傅里叶变换曲线图

4.7.2 用 MATLAB 实现拉普拉斯变换零、极点分布对曲面图的影响

【例 4-44】 试用 MATLAB 绘制拉普拉斯变换信号 $F(s)=\dfrac{2(s-3)(s+3)}{(s-5)(s^2+10)}$ 的曲面图。

解 实现该信号的拉普拉斯变换的曲面图程序如下:

```
% 观察拉普拉斯变换零、极点对曲面图影响程序
clf;
a = -6:0.48:6;
b = -6:0.48:6;
[a,b] = meshgrid(a,b);
c = a + i * b;
d = 2 * (c - 3). * (c + 3);
e = (c. * c + 10). * (c - 5);
c = d./e;
c = abs(c);
mesh(a,b,c);
surf(a,b,c);
axis([-6,6,-6,6,0,3]);
title('拉普拉斯变换曲面图');
colormap(hsv);
view(-25,30)
```

程序运行结果如图 4.42 所示。由图可知，信号拉普拉斯变换的零、极点位置，决定了其曲面图的峰点和谷点位置。

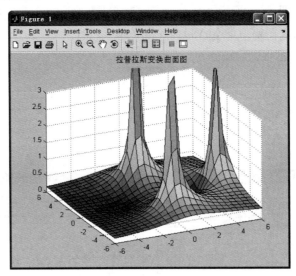

图 4.42　拉普拉斯变换曲面图

4.7.3　利用 MATLAB 绘制连续系统零、极点图

【例 4-45】 已知连续系统的系统函数为 $H(s) = \dfrac{s-1}{s^2+2s+2}$，试用 MATLAB 绘制系统的零、极点图。

解　实现过程的程序如下：

```
% 绘制系统的零、极点
b = [1 -1];
a = [1 2 2];
zs = roots(b);
ps = roots(a);
plot(real(zs),imag(zs),'o',real(ps),imag(ps),'rx','markersize',12);
axis([-2 2 -2 2]); grid;
legend('零点','极点');
```

程序运行结果如图 4.43 所示。

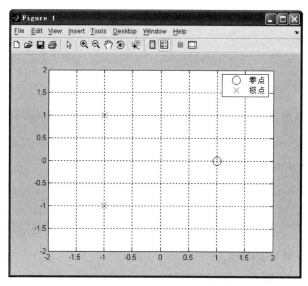

图 4.43　连续系统零、极点图

4.7.4　利用 MATLAB 实现拉普拉斯反变换

【例 4-46】 已知连续信号的拉普拉斯变换为 $F(s)=\dfrac{(s+1)^2}{s(s+1)}$，试用 MATLAB 求其拉普拉斯反变换。

解　实现过程的程序如下：

```
% 用部分分式展开法求拉普拉斯反变换
num = [1 -2];
a = conv([1 0],[1 1]); b = conv([1 1],[1 1]);
den = conv(a,b);
[r,p] = residue(num,den)
```

运行结果如下：

```
r =
    2.0000
    2.0000
    3.0000
   -2.0000
p =
   -1.0000
   -1.0000
   -1.0000
        0
```

4.7.5　利用 MATLAB 实现连续系统零、极点分布与系统冲激响应时域特性关系

【例 4-47】 已知系统函数为 $H(s)=\dfrac{1}{s}$，试用 MATLAB 绘制冲激响应时域波形。

解 绘制冲激响应时域波形的 MATLAB 程序如下：

```
% 零、极点分布与系统冲激响应时域特性实现
a = [1 0];
b = [1];
impulse(b,a)
```

程序运行结果如图 4.44 所示。

【例 4-48】 已知系统函数为 $H(s) = \dfrac{1}{s+\alpha}, \alpha = 2$，试用 MATLAB 绘制冲激响应时域波形。

解 绘制冲激响应时域波形的 MATLAB 程序如下：

```
% 零、极点分布与系统冲激响应时域特性实现
a = [1 2];
b = [1];
impulse(b,a)
```

程序运行结果如图 4.45 所示。

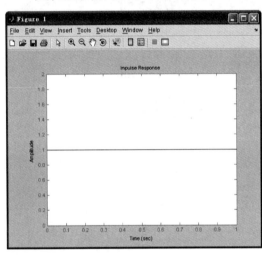
图 4.44 系统冲激响应时域波形图 1

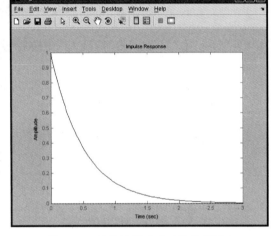
图 4.45 系统冲激响应时域波形图 2

【例 4-49】 已知系统函数为 $H(s) = \dfrac{1}{s+\alpha}, \alpha = -2$，试用 MATLAB 绘制冲激响应时域波形。

解 绘制冲激响应时域波形的 MATLAB 程序如下：

```
% 零、极点分布与系统冲激响应时域特性实现
a = [1 -2];
b = [1];
impulse(b,a)
```

程序运行结果如图 4.46 所示。

【例 4-50】 已知系统函数为 $H(s) = \dfrac{1}{(s+\alpha)^2+\beta^2}, \alpha = 0.5, \beta = 4$，试用 MATLAB 绘制冲激响应时域波形。

解 绘制冲激响应时域波形的 MATLAB 程序如下：

```
% 零、极点分布与系统冲激响应时域特性实现
a = [1 1 16.25];
b = [1];
impulse(b,a,5)
```

程序运行结果如图 4.47 所示。

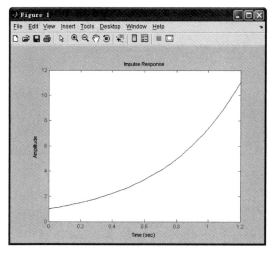

图 4.46　系统冲激响应时域波形图 3

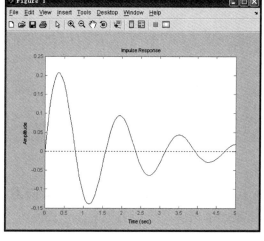

图 4.47　系统冲激响应时域波形图 4

【例 4-51】 已知系统函数为 $H(s)=\dfrac{1}{(s+\alpha)^2+\beta^2}$, $\alpha=0, \beta=4$, 试用 MATLAB 绘制冲激响应时域波形。

解　绘制冲激响应时域波形的 MATLAB 程序如下：

```
% 零、极点分布与系统冲激响应时域特性实现
a = [1 0 16];
b = [1];
impulse(b,a,5)
```

程序运行结果如图 4.48 所示。

【例 4-52】 已知系统函数为

$$H(s)=\dfrac{1}{(s+\alpha)^2+\beta^2}, \quad \alpha=-0.5, \beta=4$$

试用 MATLAB 绘制冲激响应时域波形。

解　绘制冲激响应时域波形的 MATLAB 程序如下：

```
% 零、极点分布与系统冲激响应时域特性实现
a = [1 -1 16.25];
b = [1];
impulse(b,a,5)
```

程序运行结果如图 4.49 所示。

从上述程序运行结果和绘制的系统冲激响应曲线，可以得出以下规律：系统冲激响应 $h(t)$ 的时域特性完全由系统函数 $H(s)$ 的极点位置决定，$H(s)$ 位于 S 平面左半平面的极点决定了 $h(t)$ 随时间衰减的信号分量，位于 S 平面虚轴上的极点决定了冲激响应的稳态信号分量，位于 S 平面右半平面的极点决定了冲激响应随时间增长的信号分量。

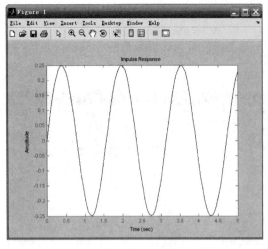   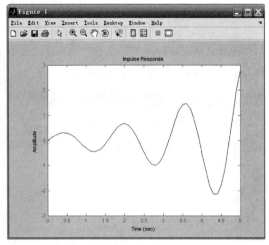

图 4.48　系统冲激响应时域波形图 5　　　图 4.49　系统冲激响应时域波形图 6

4.7.6　利用 MATLAB 实现几何向量法分析连续系统频率响应

几何向量法是一种通过系统函数零、极点分布来分析连续系统频率 $H(\omega)$ 的直观而又简便的方法。该方法将系统函数的零极点视为 S 平面上的向量,通过对这些向量(零极点)的模和相角的分析,即可快速确定系统的幅频率响应和相频响应。

用 MATLAB 实现已知系统零极点分布,求系统频率响应,并绘制其幅频特性和相频特性曲线的程序流程如下:

① 定义包含系统所有零点和极点位置的行向量 q 和 p;

② 定义绘制系统频率响应曲线的频率范围向量 f_1,f_2,频率取样间隔 k,并产生频率等分点向量 f;

③ 求出系统所有零点和极点到这些等分点的距离;

④ 求出系统所有零点和极点到这些等分点的向量的相角;

⑤ 根据式(4.109)求出 $f_1 \sim f_2$ 频率范围内各频率等分点的 $|H(\omega)|$ 和 $\varphi(\omega)$ 的值;

⑥ 绘制 $f_1 \sim f_2$ 频率范围内系统的幅频率特性曲线和相频特性曲线。

实现上述分析过程的 MATLAB 实用函数 splxy() 如下:

```
function splxy(f1,f2,k,p,q)
% 根据系统零、极点分布绘制系统频率响应曲线程序
% f1,f2:绘制频率响应曲线的频率范围(即频率起始和终止点,单位为赫兹)
% p、q:系统函数极点和零点位置的行向量
% k:绘制频率响应曲线的频率取样间隔
p = p';
q = q';
f = f1:k:f2;                            % 定义绘制系统频率响应曲线的频率范围
w = f * (2 * pi);
y = i * w;
n = length(p);
m = length(q);
if n == 0                               % 如果系统无极点
    yq = ones(m,1) * y;
    vq = yq - q * ones(1,length(w));
```

```
            bj = abs(vq);
            ai = 1;
    elseif m == 0                              % 如果系统无零点
            yp = ones(n,1) * y;
            vp = yp - p * ones(1,length(w));
            ai = abs(vp);
            bj = 1;
    else
            yp = ones(n,1) * y;
            yq = ones(m,1) * y;
            vp = yp - p * ones(1,length(w));
            vq = yq - q * ones(1,length(w));
            ai = abs(vp);
            bj = abs(vq);
    end
    Hw = prod(bj,1)./prod(ai,1);
    plot(f,Hw);
    title('连续系统幅频响应曲线')
    xlabel('频率 w(单位:赫兹)')
    ylabel('F(jw)')
```

下面举例说明如何运用该程序分析系统的频率特性。

【例 4-53】 已知某二阶系统的零极点分别为 $p_1=-\alpha_1, p_2=-\alpha_2, q_1=q_2=0$(二重零点)。试用 MATLAB 分别绘出该系统在下列 3 种情况时,系统在 0~1kHz 频率范围内的幅频响应曲线,说明该系统的作用,并分析极点位置对系统频率响应的影响。

(1)$\alpha_1=100, \alpha_2=200$; (2)$\alpha_1=500, \alpha_2=1000$; (3)$\alpha_1=2000, \alpha_2=4000$。

解 实现上述过程的程序如下:

```
% 连续系统的零、极点分布与幅频响应曲线关系
q = [0 0];
p = [-100 -200];
f1 = 0;
f2 = 1000;
k = 0.1;
subplot 131
splxy(f1,f2,k,p,q)
p = [-500 -1000];
subplot 132
splxy(f1,f2,k,p,q)
p = [-2000 -4000];
subplot 133
splxy(f1,f2,k,p,q)
```

程序运行结果如图 4.50 所示。由此可知,该系统呈高通特性,是一个二阶高通滤波器。当系统极点位置发生变化时,其高通特性也随之发生改变,当 α_1, α_2 离原点较近时,高通滤波器的截止频率也较低;当 α_1, α_2 离原点较远时,高通滤波器的截止频率也随之向高频方向移动。因此,可以通过改变系统的极点位置来设计不同通带范围的高通滤波器。

【例 4-54】 已知连续系统的零、极点分布分别如图 4.51 所示。试根据系统零极点分析的几何向量分析法的原理,用 MATLAB 绘出系统的幅频响应曲线,并根据系统的幅频响应曲线分析系统的作用。

解 由图可知,图 4.51(a)~(d)所示的系统零、极点分别为

(1) 图 4.51(a)所示零、极点: $q_1=0, p_1=-50, p_2=-100$。

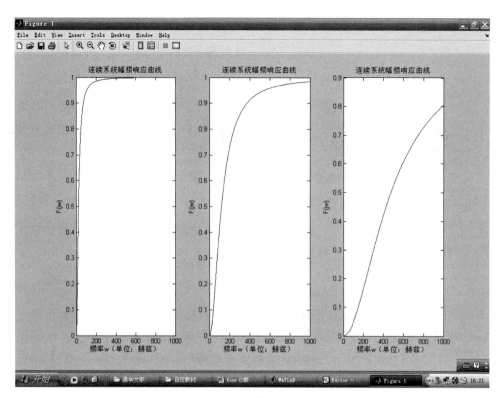

图 4.50 系统幅频响应曲线

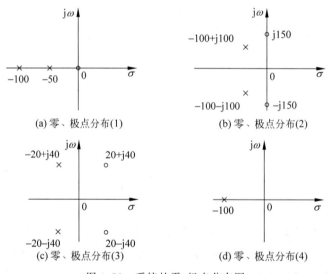

图 4.51 系统的零、极点分布图

(2) 图 4.51(b)所示零、极点：$q_1=j150, q_2=-j150, p_1=-100+j100, p_2=-100-j100$。

(3) 图 4.51(c)所示零、极点：$q_1=20+j40, q_2=20-j40, p_1=-20+j40, p_2=-40-j40$。

(4) 图 4.51(d)所示零、极点：$p_1=-100$。

通过调用 splxy() 函数来绘制系统的幅频响应曲线程序如下：

```
% 连续系统的零、极点分布与幅频响应曲线关系
q=[0];
```

```
p = [ - 50 - 100];
f1 = 0;
f2 = 100;
k = 0.1;
subplot 221
splxy(f1,f2,k,p,q)
q = [i * 150 - i * 150];
p = [ - 100 + i * 100 - 100 - i * 100];
subplot 222
splxy(f1,f2,k,p,q)
q = [20 + i * 40 20 - i * 40];
p = [ - 20 + i * 40 - 20 - i * 40];
subplot 223
splxy(f1,f2,k,p,q)
q = [ ];
p = [ - 100];
subplot 224
splxy(f1,f2,k,p,q)
```

程序运行结果如图 4.52 所示。

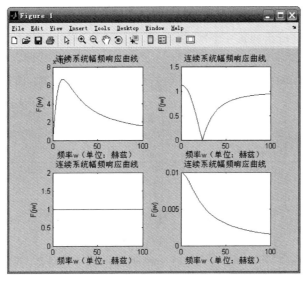

图 4.52 系统的幅频响应曲线

由图可知,对于图 4.51(a)所示系统,该系统呈带通特性,是一个带通滤波器;对于图 4.51(b)所示系统,该系统呈带阻特性,是一个带阻滤波器;对于图 4.51(c)所示系统,该系统的幅频响应为常数 1,是一个全通滤波器;对于图 4.51(d)所示系统,该系统呈低通特性,是一个低通滤波器。

习　题

4.1　求下列信号的拉普拉斯变换及其收敛域,并画出零、极点图和收敛域。

(1) $e^{-at}\varepsilon(t)$, $a<0$ 　　　　　(2) $-e^{at}\varepsilon(-t)$, $a>0$

(3) $e^{at}\varepsilon(t)$, $a>0$ 　　　　　(4) $e^{-a|t|}$, $a>0$

(5) $\varepsilon(t-4)$ (6) $\delta(t-\tau)$
(7) $e^{-t}\varepsilon(t)+e^{-2t}\varepsilon(t)$ (8) $\cos(\omega_0 t+\varphi)\varepsilon(t)$

4.2 求习题图 4.1 所示信号的拉普拉斯变换。

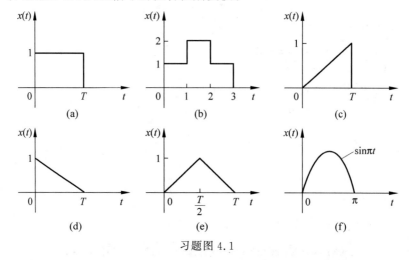

习题图 4.1

4.3 习题图 4.2 所示的每一个零、极点图,确定满足下述情况的收敛域。
(1) $f(t)$ 的傅里叶变换存在 (2) $f(t)e^{2t}$ 的傅里叶变换存在
(3) $f(t)=0$, $t>0$ (4) $f(t)=0$, $t<5$

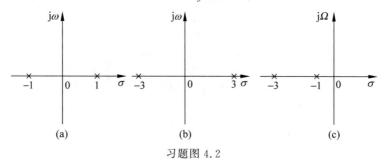

习题图 4.2

4.4 针对习题图 4.3 所示的每一个信号的有理拉普拉斯变换的零、极点图,确定:
(1) 拉普拉斯变换式;
(2) 零、极点图可能的收敛域,并指出相应信号的特征。

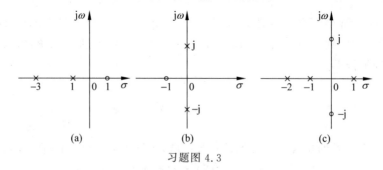

习题图 4.3

4.5 对于下列信号,判断拉普拉斯变换是否存在。若存在,求出其拉普拉斯变换式及收敛域。

(1) $t\varepsilon(t)$ (2) $t^2\varepsilon(t)$ (3) $t\mathrm{e}^{-2t}\varepsilon(t)$

(4) $\mathrm{e}^{t^2}\varepsilon(t)$ (5) $\mathrm{e}^{\mathrm{e}^t}\varepsilon(t)$ (6) $f(t)=\begin{cases}\mathrm{e}^{-t},&t<0\\ \mathrm{e}^{t},&t>0\end{cases}$

4.6 利用拉普拉斯变换的性质，求下列信号的拉普拉斯变换，并画出零、极点图。

(1) $(t+1)\varepsilon(t-1)$ (2) $t\mathrm{e}^{-t}\varepsilon(t-\tau)$

(3) $(t+1)\mathrm{e}^{-t}\varepsilon(t)$ (4) $t^2\mathrm{e}^{-at}\varepsilon(t)$

(5) $\sin\pi t[\varepsilon(t)-\varepsilon(t-1)]$ (6) $\sin\omega t\cos\omega t\varepsilon(t)$

(7) $\sin\omega t\varepsilon(t-\tau)$ (8) $\sin\omega(t-\tau)\varepsilon(t)$

(9) $\sin^2 t\varepsilon(t)$ (10) $|\sin t|\varepsilon(t)$

(11) $t\mathrm{e}^{-at}\cos\omega t\varepsilon(t)$ (12) $\dfrac{\sin at}{t}\varepsilon(t)$

(13) $\displaystyle\int_0^t \sin\pi\tau\,\mathrm{d}\tau$ (14) $\displaystyle\int_0^t\int_0^\tau \sin\pi x\,\mathrm{d}x\,\mathrm{d}\tau$

(15) $\dfrac{\mathrm{d}}{\mathrm{d}t}[\mathrm{e}^{-at}\sin\omega t\varepsilon(t)]$ (16) $\mathrm{e}^{-a(t-t_0)}\sin(\omega t+\theta)\varepsilon(t)$

(17) $\dfrac{\mathrm{d}^2}{\mathrm{d}t^2}[\sin\pi t\varepsilon(t)]$ (18) $\dfrac{\mathrm{d}^2\sin\pi t}{\mathrm{d}t^2}\varepsilon(t)$

(19) $\displaystyle\int_0^t \tau\sin\tau\,\mathrm{d}\tau$ (20) $\mathrm{e}^{-at}f\left(\dfrac{t}{b}\right)\varepsilon(t)$

4.7 求习题图 4.4 所示单边周期信号的拉普拉斯变换。

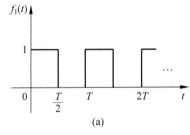
(a)

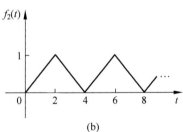
(b)

习题图 4.4

4.8 求下列象函数的拉普拉斯反变换 $f(t)$。

(1) $F(s)=\dfrac{s+3}{s^2+2s+2}$ (2) $F(s)=\dfrac{s^2\mathrm{e}^{-s}}{s^2+2s+5}$

(3) $F(s)=\dfrac{s}{(s+1)(s+2)}$ (4) $F(s)=\dfrac{s^2}{s^3+3s^2+7s+5}$

(5) $F(s)=\ln\dfrac{s-1}{s}$ (6) $F(s)=\dfrac{s^2-s+1}{s^3-s^2}$

4.9 求下列各象函数的原函数 $f(t)$ 的初值与终值。

(1) $F(s)=\dfrac{s+3}{s^2+3s+2}$ (2) $F(s)=\dfrac{s^2+5}{s(s^2+2s+4)}$

(3) $F(s)=\dfrac{s}{s^4+5s^2+4}$ (4) $F(s)=\dfrac{\mathrm{e}^{-s}}{5s^2(s-2)^3}$

(5) $F(s) = \dfrac{s+3}{(s+1)^2(s+2)}$ \qquad (6) $F(s) = \dfrac{1}{s} + \dfrac{1}{s+1}$

4.10 已知 LTI 因果系统的系统函数 $H(s)$ 及输入信号 $f(t)$，求系统的响应 $y(t)$。

(1) $H(s) = \dfrac{2s+3}{s^2+6s+8}, f(t) = \varepsilon(t)$ \qquad (2) $H(s) = \dfrac{s+4}{s(s^2+3s+2)}, f(t) = \mathrm{e}^{-t}\varepsilon(t)$

(3) $H(s) = \dfrac{s^2+2s}{s(s^2+9)}, f(t) = \mathrm{e}^{-2t}\varepsilon(t)$ \qquad (4) $H(s) = \dfrac{s+1}{s^2+5s+6}, f(t) = t\mathrm{e}^{-t}\varepsilon(t)$

4.11 计算下列微分方程描述的因果系统的系统函数 $H(s)$。若系统最初是松弛的，而且 $f(t) = \varepsilon(t)$，求系统的响应 $y(t)$。

(1) $y''(t) + 4y'(t) + 3y(t) = f'(t) + f(t)$

(2) $y''(t) + 4y'(t) + 5y(t) = f'(t)$

如果 $f(t) = \mathrm{e}^{-t}\varepsilon(t)$，系统的响应 $y(t)$ 又是什么？

4.12 对一个 LTI 系统，已知：输入信号 $f(t) = 4\mathrm{e}^{2t}\varepsilon(-t)$；输出响应 $y(t) = \mathrm{e}^{2t}\varepsilon(-t) + \mathrm{e}^{-2t}\varepsilon(t)$

(1) 确定系统的系统函数 $H(s)$ 及收敛域；

(2) 求系统的单位冲激响应 $h(t)$；

(3) 如果输入信号 $f(t)$ 为 $f(t) = \mathrm{e}^{-t}, -\infty < t < \infty$，求输出 $y(t)$。

4.13 描述某 LTI 系统的微分方程为 $y'(t) + 2y(t) = f'(t) + f(t)$，求下列激励下的零状态响应。

(1) $f(t) = \varepsilon(t)$ \qquad (2) $f(t) = \mathrm{e}^{-t}\varepsilon(t)$

(3) $f(t) = \mathrm{e}^{-2t}\varepsilon(t)$ \qquad (4) $f(t) = t\varepsilon(t)$

4.14 描述某 LTI 系统的微分方程为 $y''(t) + 3y'(t) + 2y(t) = f'(t) + 4f(t)$，求在下列条件下的零输入响应和零状态响应。

(1) $f(t) = \varepsilon(t), y(0_-) = 0, y'(0_-) = 1$

(2) $f(t) = \mathrm{e}^{-2t}\varepsilon(t), y(0_-) = 1, y'(0_-) = 1$

4.15 求下列方程所描述 LTI 系统的冲激响应 $h(t)$ 和阶跃响应 $g(t)$。

(1) $y''(t) + 4y'(t) + 3y(t) = f'(t) - 3f(t)$

(2) $y''(t) + y'(t) + y(t) = f'(t) + f(t)$

4.16 已知某 LTI 系统的阶跃响应 $g(t) = (1 - \mathrm{e}^{-2t})\varepsilon(t)$，欲使系统的零状态响应

$$y_{zs}(t) = (1 - \mathrm{e}^{-2t} + t\mathrm{e}^{-2t})\varepsilon(t)$$

求系统的输入信号 $f(t)$。

4.17 某 LTI 系统，当输入 $f(t) = \mathrm{e}^{-t}\varepsilon(t)$ 时其零状态响应 $y_{zs}(t) = (\mathrm{e}^{-t} - 2\mathrm{e}^{-2t} + 3\mathrm{e}^{-3t})\varepsilon(t)$，求该系统的阶跃响应 $g(t)$。

4.18 电路如习题图 4.5 所示。在 $t = 0$ 之前开关 K 位于"1"端，电路已进入稳态，$t = 0$ 时刻开关从"1"转至"2"，试求 $u_C(t), i_C(t)$。

4.19 已知如习题图 4.6(b) 所示 RC 电路，激励信号 $e(t) = \sum\limits_{n=0}^{\infty} \delta(t-n)$，波形如习题图 4.6(a) 所示，试求零状态响应 $u_C(t)$，并指出瞬态响应分量和稳态响应分量。

4.20 电路如习题图 4.7 所示，在 $t = 0$ 以前开关 K 位于"1"，且电路已达到稳态。$t = 0$

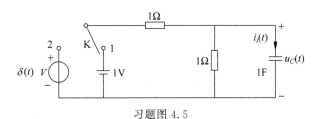

习题图 4.5

(a)

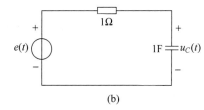

(b)

习题图 4.6

时刻开关倒向"2"。试求对于下列 e_1,e_2 时电容两端电压 $u_C(t)$。

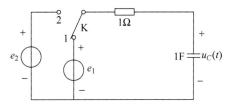

习题图 4.7

(1) $e_1=0\text{V}, e_2=\text{e}^{-2t}\varepsilon(t)$ 　　(2) $e_1=1\text{V}, e_2=0\text{V}$
(3) $e_1=1\text{V}, e_2=\text{e}^{-2t}\varepsilon(t)$ 　　(4) $e_1=1\text{V}, e_2=2\text{V}$

4.21 如习题图 4.8 所示双口网络,已知其 S 域阻抗矩阵为 $\mathbf{Z}(s)=\begin{bmatrix}\dfrac{2}{s+1} & \dfrac{1}{s+1}\\[4pt]\dfrac{1}{s+1} & \dfrac{1}{s+1}\end{bmatrix}$,且 $R_L=1\Omega, R_s=2\Omega$,试求输出电压的冲激响应 $h(t)$。

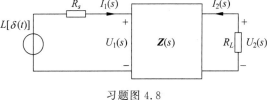

习题图 4.8

4.22 如习题图 4.9 所示零状态电路,图中 $ku_2(t)$ 是受控源,试求:
(1) 系统函数 $H(s)=\dfrac{U_3(s)}{U_1(s)}$;
(2) k 为何值时系统稳定;
(3) 取 $k=2, u_1(t)=\sin t\varepsilon(t)$ 时,求响应 $u_3(t)$;
(4) 取 $k=3, u_1(t)=\cos t\varepsilon(t)$ 时,求响应 $u_3(t)$;
(5) 取 $k=3, u_1(t)=\cos 2t\varepsilon(t)$ 时,求响应 $u_3(t)$。

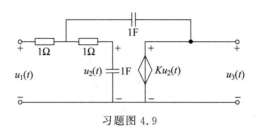

习题图 4.9

MATLAB 实验

M4.1 已知连续时间信号的 S 域表示式如下，试用 residue 求出 $F(s)$ 的部分分式展开式，并写出 $f(t)$ 的表达式(实数)。

(1) $F(s) = \dfrac{41.6667}{s^3 + 3.744s^2 + 25.7604s + 41.6667}$

(2) $F(s) = \dfrac{s^3}{(s+5)(s^2+5s+25)}$

M4.2 已知描述某连续时间系统的微分方程为

$$y''(t) + 4y'(t) + 3y(t) = 2f'(t) + f(t)$$

$f(t) = \varepsilon(t), y(0^-) = 1, y'(0^-) = 2$，试求系统的零输入响应、零状态响应和完全响应，并画出相应的波形。

M4.3 已知系统函数为 $H(s) = \dfrac{1}{s^2 + 2as + 1}$，试分别画出 $a = 0, 1/4, 1, 2$ 时系统的零、极点图。如果系统是稳定的，画出系统的幅频特性曲线。系统极点的位置对系统幅频特性有何影响？

M4.4 已知系统函数为 $H(s) = \dfrac{s+2}{s^3 + 2s^2 + 2s + 1}$，试画出系统的零极点分布图，求出系统的冲激响应、阶跃响应和频率响应。

第5章

离散时间系统的时域与频域分析

内 容 提 要

本章主要介绍离散时间系统的基本概念及其数学模型——差分方程、线性时不变离散系统的时域分析、频域分析以及用 MATLAB 进行离散时间系统的时域与频域分析的基本方法。

5.1 离散时间系统

5.1.1 离散时间系统的基本概念

一个系统,若其输入信号和输出信号都是连续信号,则称为连续时间系统。与此类似,若系统的输入信号和输出信号都是离散信号,则称为离散时间系统(简称离散系统),通常可用图 5.1 所示的示意图来描述。大家熟悉的电子计算机、数据控制系统和数字通信系统的核心部分都是离散系统。由于离散系统在精度、可靠性、小型化等方面比连续系统有更大的优越性,所以,自 20 世纪 60 年代以后,离散系统的应用越来越广泛。

图 5.1 中,$f[n]$ 为系统的输入(激励),$y[n]$ 为系统的输出(响应)。与连续系统一样,离散系统的响应 $y[n]$ 也可分为零输入响应 $y_{zi}[n]$ 和零状态响应 $y_{zs}[n]$,即

$$y[n] = y_{zi}[n] + y_{zs}[n]$$

图 5.1 离散系统框图

当系统具有多个初始状态时,若其零输入响应既是齐次的又是可加的,则称为零输入线性。当系统具有多个输入时,若其零状态响应既是齐次的又是可加的,则称为零状态线性。

一个离散系统,如果具有零输入线性和零状态线性,则称其为线性离散系统;否则称为非线性离散系统。

如果系统的输入延时 k_0,其零状态响应也延时 k_0,即当输入为 $f[n-k_0]$ 时,系统的零状态响应为 $y_{zs}[n-k_0]$,则称该系统为时不变离散系统。本书只讨论线性时不变离散系统。

响应不出现在激励之前的系统称为因果系统,就是说,对于因果系统,若在 $n<k_0$ 时,激励 $f[n]=0$,则在 $n<k_0$ 时,该激励所引起的响应 $y_{zs}[n]$ 也必然等于 0。

5.1.2 离散时间系统的描述

连续系统以微分方程描述,离散系统则以差分方程描述。描述线性时不变离散系统的是常系数线性差分方程。

在离散系统中,信号的自变量 n 是离散变量,离散变量 n 一般取整数。差分方程由未知序列 $y[n]$ 及其序数增加和减少的移位序列 $(\cdots,y[n+2],y[n+1],y[n-1],y[n-2],\cdots)$,以及已知的序列 $f[n]$ 所构成,有时还包括 $f[n]$ 的移位序列。下面以具体例子说明,如何用差分方程来描述离散系统。

【例 5-1】 一质点沿水平方向做直线运动,其在某一秒内所走过的距离等于前一秒所行距离的 2 倍,试列出描述该质点行程的方程式。

解 令 $y[n]$ 表示质点在第 n 秒末的行程,则根据题意,有
$$y[n+2]-y[n+1]=2[y[n+1]-y[n]]$$
即
$$y[n+2]-3y[n+1]+2y[n]=0$$
上式中待求变量的序号 $(n+2,n+1,n)$ 最多相差 2,称为二阶差分方程。

一般而言,描述线性时不变离散系统的差分方程为
$$y[n+k]+a_{k-1}y[n+k-1]+a_{k-2}y[n+k-2]+\cdots+a_1y[n+1]+a_0y[n]$$
$$=b_mf[n+m]+b_{m-1}f[n+m-1]+\cdots+b_1f[n+1]+b_0f[n]$$
或写作
$$\sum_{i=0}^{k}a_iy[n+i]=\sum_{j=0}^{m}b_jf[n+j] \tag{5.1}$$

对于因果系统,式中, $m\leqslant k$。方程中未知序列的序号 $(n+k,n+k-1,\cdots,n)$ 最多相差 k,则称该差分方程为 k 阶差分方程。即差分方程的阶数是未知序列的序号中最高与最低值之差。对于时不变系统,各未知函数的系数均为常数。

另外,差分方程中未知序列的序号是由 n 以递减方式列出的,称为后向形式的(或向右移序的)差分方程。可写作
$$\sum_{i=0}^{k}a_iy[n-i]=\sum_{j=0}^{m}b_jf[n-j] \tag{5.2}$$

差分方程式(5.1)中未知序列的序号是以递增方式列出的,称为前向形式的(或向左移序的)差分方程。

【例 5-2】 如图 5.2 是电阻梯形网络。图中 α 为常数。各结点对地的电压为 $u[k]$,其中 $k=0,1,2,\cdots,N$ 是各结点的序号,求任一结点电压应满足的差分方程。

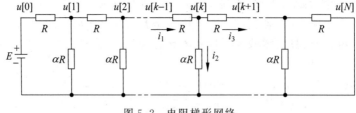

图 5.2 电阻梯形网络

解 根据基尔霍夫电流定律,对于结点 k 有
$$i_1=i_2+i_3$$
再将各电阻的伏安关系代入,可得方程

$$\frac{u[k-1]-u[k]}{R} = \frac{u[k]}{\alpha R} + \frac{u[k]-u[k+1]}{R}$$

整理后可得

$$\alpha u[k+1] - (2\alpha+1)u[k] + \alpha u[k-1] = 0$$

这是二阶差分方程。显然，这里的离散自变量 k 并非时间，而是代表网络中结点顺序的编号。可见，离散自变量并不限于时间变量，其自变量将根据所描述的具体系统而异。

另外，对于离散时间系统的基本性质及其时域模拟已在第 1 章介绍过，在此不再赘述。

5.1.3 差分方程算子表示形式

定义算子 q 表示将序列向前(左)移一个时间间隔的运算，即有

$$qf[n] = f[n+1], \quad q^2 f[n] = f[n+2], \cdots$$

定义算子 q^{-1} 表示将序列向后(右)移一个时间间隔的运算，即有

$$q^{-1} f[n] = f[n-1], \quad q^{-2} f[n] = f[n-2], \cdots$$

则由此可得，差分方程式(5.1)、式(5.2)的算子形式分别为

$$(q^k + a_{k-1} q^{k-1} + \cdots + a_1 q + a_0) y[n] = (b_m q^m + b_{m-1} q^{m-1} + \cdots + b_1 q + b_0) f[n]$$
$$(a_0 + a_1 q^{-1} + \cdots + a_{k-1} q^{-(k-1)} + a_k q^{-k}) y[n] =$$
$$(b_0 + b_1 q^{-1} + \cdots + b_{m-1} q^{-(m-1)} + a_m q^{-m}) f[n]$$

也可以分别写成以下形式：

$$y[n] = \frac{b_m q^m + b_{m-1} q^{m-1} + \cdots + b_1 q + b_0}{q^k + a_{k-1} q^{k-1} + \cdots + a_1 q + a_0} f[n] = \frac{N[q]}{D[q]} f[n] = H[q] f[n]$$

$$y[n] = \frac{b_0 + b_1 q^{-1} + \cdots + b_{m-1} q^{-(m-1)} + a_m q^{-m}}{a_0 + a_1 q^{-1} + \cdots + a_{k-1} q^{-(k-1)} + a_k q^{-k}} f[n] = \frac{N[q^{-1}]}{D[q^{-1}]} f[n] = H[q^{-1}] f[n]$$

其中，定义 $H[q]$ 与 $H[q^{-1}]$ 为系统的转移算子。

5.2 离散时间系统的时域分析

离散系统的时域分析是对描述系统的差分方程或离散卷积和等时域数学模型的求解，以达到分析离散系统时间特性的目的。一般求解线性常系数差分方程方法有迭代法、经典解法，以及分别求零输入响应和零状态响应等方法。

5.2.1 迭代法

离散系统的输入、输出关系可以用一个线性常系数差分方程来描述。若已知输入和过去的输出就可以求出即时的输出。由于系统的输出与过去的历史状态有关，它们之间存在着迭代或递归的关系，所以对差分方程的求解可以直接采用递推的办法。

【例 5-3】 已知一阶差分方程为 $y[n] = ay[n-1] + f[n]$，求该系统的单位响应 $h[n]$。

解 为了求解单位响应 $h[n]$，令输入激励 $f[n] = \delta[n]$，因为系统在冲激序列 $\delta[n]$ 的激励下的零状态响应就为单位响应 $h[n]$。即隐含初始条件为 $n<0$ 时 $y[n]=0$。则给定的差分方程变为

$$h[n] = ah[n-1] + \delta[n]$$

可依次迭代得

$$h[0] = ah[-1] + \delta[0] = 1$$
$$h[1] = ah[0] + \delta[1] = a$$
$$h[2] = ah[1] + \delta[2] = a^2$$
$$\vdots$$
$$h[n] = ah[n-1] + 0 = a^n$$

由初始条件可得差分方程所描述系统的单位响应是

$$h[n] = a^n \varepsilon[n]$$

从原则上说，用迭代法可以求得任意阶系统的单位响应，但对于二阶以上的系统，往往难以得到解析式解答。不过此方法概念清楚，步骤简便，常用来人工计算逐次代入求解或利用计算机求解。

5.2.2 经典解法

一般而言，一个线性时不变系统的激励为 $f[n]$，其全响应为 $y[n]$，那么描述该系统的是 k 阶差分方程（如式(5.1)或式(5.2)所示）。与连续系统的经典解法类似，差分方程的解由齐次解 $y_h[n]$ 和特解 $y_p[n]$ 构成，即

$$y[n] = y_h[n] + y_p[n]$$

1. 齐次解

差分方程齐次解有两种情况：

1) 特征根均为单根

如果齐次方程的全部 k 个特征根都不相同，则差分方程的齐次解为

$$y_h[n] = A_1 p_1^n + A_2 p_2^n + \cdots + A_k p_k^n = \sum_{i=1}^{k} A_i p_i^n$$

式中，常数 $A_i (i=1,2,\cdots,k)$ 由初始条件确定，p_i 为系统差分方程的特征根。

2) 特征根有重根

若 p_1 是特征方程的 r 重根，即有 $p_1 = p_2 = \cdots = p_r$，而其余 $k-r$ 个根是单根，则差分方程的齐次解为

$$y_h[n] = \sum_{i=1}^{r} A_i n^{r-i} p_1^n + \sum_{j=r+1}^{k} A_j p_j^n$$

式中，A_i，A_j 均由初始条件确定。

3) 特征根为复根

如果特征根为复根 p，则一定有一对共轭复根，即有 $p = |p| e^{\pm j\theta}$，则差分方程的齐次解为

$$y_h[n] = A_1 |p|^n e^{jn\theta} + A_2 |p|^n e^{-jn\theta} = |p|^n (A_1 \cos n\theta + jA_1 \sin n\theta + A_2 \cos n\theta - jA_2 \sin n\theta)$$
$$= |p|^n [(A_1 + A_2) \cos n\theta + j(A_1 - A_2) \sin n\theta] = |p|^n [D_1 \cos n\theta + D_2 \sin n\theta]$$

2. 特解

特解的函数形式与激励函数形式有关。表 5.1 列出了几种典型的激励所对应的特解。选定特解后，将它代入原差分方程，求出其待定系数 P_i，就可得出方程的特解。

表 5.1　不同激励所对应的特解

激励 $f(n)$	特解 $y_p(n)$	
n^m	$p_m n^m + p_{m-1} n^{m-1} + \cdots + p_1 n + p_0$	所有特征根均不等于 1 时
	$n^r \lfloor p_m n^m + p_{m-1} n^{m-1} + \cdots + p_1 n + p_0 \rfloor$	当有 r 重等于 1 的特征根时
a^n	$p a^n$	当 a 不等于特征根时
	$p_1 n a^n + p_0 a^n$	当 a 是特征单根时
	$p_r n^r a^n + p_{r-1} n^{r-1} a^n + \cdots + p_1 n a^n + p_0 a^n$	当 a 是 r 重特征根时
$\cos\beta n$ 或 $\sin\beta n$	$p\cos\beta n + q\sin\beta n$ 或 $A\cos(\beta n - \theta)$ 其中 $A e^{j\theta} = p + jq$	当所有特征根均不等于 $e^{\pm j\beta}$ 时

【例 5-4】 若描述某离散系统的差分方程为 $y[n] + 3y[n-1] + 2y[n-2] = f[n]$，激励 $f[n] = 2^n, n \geq 0$，初始条件 $y[0] = 0, y[1] = 2$，试求系统的全解。

解 首先求齐次解。齐次差分方程为

$$y[n] + 3y[n-1] + 2y[n-2] = 0$$

其特征方程为

$$p^2 + 3p + 2 = 0$$

其特征根 $p_1 = -1, p_2 = -2$。方程的齐次解为

$$y_h[n] = A_1 (-1)^n + A_2 (-2)^n$$

根据激励 $f[n]$ 的形式，查表 5.1，得方程的特解

$$y_p[n] = P(2)^n$$

将它代入原差分方程中，得

$$P(2)^n + 3P(2)^{n-1} + 2P(2)^{n-2} = (2)^n$$

消去 $(2)^n$，求得 $P = \dfrac{1}{3}$，于是方程的特解为

$$y_p[n] = P(2)^n = \frac{1}{3}(2)^n$$

将齐次解与特解相加，得方程的全解

$$y[n] = y_h[n] + y_p[n] = A_1 (-1)^n + A_2 (-2)^n + \frac{1}{3}(2)^n$$

将已知的初始条件代入上式，得

$$y[0] = A_1 + A_2 + \frac{1}{3} = 0$$

$$y[1] = -A_1 - 2A_2 + \frac{2}{3} = 2$$

由以上两式可解得 $A_1 = \dfrac{2}{3}, A_2 = -1$。将它们代入全解式，得

$$y[n] = \frac{2}{3}(-1)^n - (-2)^n + \frac{1}{3}(2)^n$$

此即为原差分方程的全解。一般差分方程的齐次解又称为系统的自由响应，特解又称为系统的强迫响应。

5.2.3 零输入响应和零状态响应

线性非时变系统的完全响应 $y[n]$ 也可分为零输入响应和零状态响应。零输入响应是输入为零时仅由初始状态所引起的响应,用 $y_{zi}[n]$ 表示;零状态响应是系统的初始状态为零时,仅由输入信号 $f[n]$ 所引起的响应,用 $y_{zs}[n]$ 表示。这样线性非时变系统的完全响应 $y[n]$ 将是零输入响应与零状态响应之和,即

$$y[n] = y_{zi}[n] + y_{zs}[n]$$

1. 零输入响应

在零输入的条件下,差分方程的右端的激励项均为 0,变成了齐次方程,可以利用求齐次解的方法求得零输入响应。

1) 特征根均为单根

即 k 个特征根都不相同,则差分方程的零输入响应为

$$y_{zi}[n] = A_1 p_1^n + A_2 p_2^n + \cdots + A_k p_k^n = \sum_{i=1}^{k} A_i p_i^n$$

式中,常数 $A_i(i=1,2,\cdots,k)$ 由初始条件确定,p_i 为系统差分方程的特征根。

2) 特征根有重根

若 p_1 是特征方程的 r 重根,即有 $p_1 = p_2 = \cdots = p_r$,而其余 $k-r$ 个根是单根,则差分方程的零输入响应为

$$y_{zi}[n] = \sum_{i=1}^{r} A_i n^{r-i} p_1^n + \sum_{j=r+1}^{k} A_j p_j^n$$

式中,各 A_i, A_j 均由初始条件确定。

3) 特征根为复根

如果特征根为复根 p,则差分方程的零输入响应为

$$y_h[n] = |p|^n [D_1 \cos n\theta + D_2 \sin n\theta]$$

2. 零状态响应

求零状态响应所对应的差分方程是非齐次的,仍可以利用经典的方法求得,也可以利用卷积和来求出零状态响应。因为线性时不变离散系统的零状态响应 $y_{zs}[n]$ 等于输入激励序列 $f[n]$ 与系统单位响应 $h[n]$ 的卷积和(后面将介绍)。

$$y_{zs}[n] = y_{zsh}[n] + y_{zsp}[n]$$

【**例 5-5**】 若描述某系统的差分方程为 $y[n] + 3y[n-1] + 2y[n-2] = f[n]$,激励 $f[n] = 2^n, n \geqslant 0$,初始状态 $y[-1] = 0, y[-2] = \dfrac{1}{2}$,试求系统的全响应。

解 (1) 零输入响应:

差分方程的特征根为 $p_1 = -1, p_2 = -2$,其零输入响应为

$$y_{zi}[n] = A_1(-1)^n + A_2(-2)^n$$

将初始条件 $y[-1] = 0, y[-2] = \dfrac{1}{2}$ 代入上式,得

$$y[-1] = y_{zi}[-1] = -A_1 - \frac{1}{2}A_2 = 0$$

$$y[-2] = y_{zi}[-2] = A_1 + \frac{1}{4}A_2 = \frac{1}{2}$$

解得 $A_1 = 1, A_2 = -2$，则零输入响应为

$$y_{zi}[n] = (-1)^n - 2(-2)^n$$

(2) 零状态响应：

求零状态响应对应的非齐次的差分方程，它的解是齐次解和特解之和，在例 5-4 中已求出方程的特解为 $y_p[n] = \frac{1}{3}(2)^n$，所以零状态响应为

$$y_{zs}[n] = A_3(-1)^n + A_4(-2)^n + \frac{1}{3}(2)^n$$

代入零状态条件，有

$$\begin{cases} y_{zs}[-1] = -A_3 - \frac{1}{2}A_4 + \frac{1}{6} = 0 \\ y_{zs}[-2] = A_3 + \frac{1}{4}A_4 + \frac{1}{12} = 0 \end{cases}$$

解上式可以得到 $A_3 = -\frac{1}{3}, A_4 = 1$，于是零状态响应为

$$y_{zs}[n] = -\frac{1}{3}(-1)^n + (-2)^n + \frac{1}{3}(2)^n$$

系统的全响应是零输入响应与零状态响应之和

$$y[n] = y_{zi}[n] + y_{zs}[n] = \frac{2}{3}(-1)^n - (-2)^n + \frac{1}{3}(2)^n, \quad n \geqslant 0$$

3. 离散系统初始状态讨论

正如连续系统中 0_+ 和 0_- 初始值不同一样，离散系统的初始值也有两个，即零输入初始值 $y_{zi}[0]$ 和系统的初始值 $y[0]$。其中，$y_{zi}[0]$ 表示激励信号作用之前（零输入）系统的初始条件，它与系统的激励信号无关，是系统的初始储能、历史的记忆，即是系统真正的初始状态。$y[0]$ 则表示系统在有了激励信号之后系统的初始条件，它既有零输入时初始状态（初始储能），又有激励信号的贡献。在离散系统中，几个初始值的关系为

$$y[0] = y_{zi}[0] + y_{zs}[0]$$

其中，$y_{zs}[0]$ 表示零状态的初始值，它仅由激励信号产生。

对于后向差分方程，如

$$y[n] + ay[n-1] + by[n-2] = f[n]$$

当 $f[n]$ 在 $n=0$ 时刻作用于系统时，即 $n=-1, -2$ 时激励为 0，故有系统的初始状态为 $y[-1] = y_{zi}[-1], y[-2] = y_{zi}[-2]$，而此时 $n=0$ 激励已加入系统，即有初始值 $y[0] \neq y_{zi}[0]$。

当 $f[n]$ 在 $n=-1$ 时刻作用于系统时，即 $n=-2, -3$ 时激励为 0，故有系统的初始状态为 $y[-2] = y_{zi}[-2], y[-3] = y_{zi}[-3]$，而此时 $n=-1$ 时激励已加入系统，即有初始值 $y[-1] \neq y_{zi}[-1]$。

对于前向差分方程，如

$$y[n+2] + ay[n+1] + by[n] = f[n]$$

当 $f[n]$ 在 $n=0$ 时刻作用于系统时,令 $k=-1,0$,则分别有

$$y[1]+ay[0]+by[-1]=0 \quad y[2]+ay[1]+by[0]=f[0]$$

这说明 $y[1],y[0],y[-1]$ 与激励无关,故系统的初始状态为 $y[1]=y_{zi}[1],y[0]=y_{zi}[0]$,此时 $y[2] \neq y_{zi}[2]$。

当 $f[n]$ 在 $n=-1$ 时刻作用于系统时,令 $k=-2,-1$,则分别有

$$y[0]+ay[-1]+by[-2]=0 \quad y[1]+ay[0]+by[-1]=f[-1]$$

这说明 $y[0],y[-1],y[-2]$ 与激励无关,故系统的初始状态为 $y[0]=y_{zi}[0],y[-1]=y_{zi}[-1]$,此时 $y[1] \neq y_{zi}[1]$。

值得注意的是:在求零输入响应时,应采用零输入初始值 $y_{zi}[0]$。若系统给出的初始值是 $y[0]$,要判断并找出 $y_{zi}[0]$;在求零状态响应时,所谓零状态是指系统的初始储能为零,即 $y_{zs}[0]=0$,而不是 $y[0]=0$;在求全响应时,用初始条件确定常数,采用 $y[0]$,若系统给出的初始值是 $y_{zi}[0]$,要先求出 $y_{zs}[0]$,再根据 $y[0]=y_{zi}[0]+y_{zs}[0]$ 计算。

5.2.4 用卷积和求零状态响应

1. 卷积和定义

在连续时间系统中,利用卷积的方法求系统的零状态响应时,首先把激励信号分解为一系列的冲激函数,令每一冲激函数单独作用于系统求其冲激响应,然后把这些响应叠加即可得到系统对此激励信号的零状态响应,这个叠加的过程表现为求卷积积分。

在离散系统中,可以采用类似的方法进行分析,由于离散信号本身就是一个不连续的序列,因此,激励信号分解为一单位序列的工作很容易完成。如果系统的单位响应为已知,那么也不难求得每个单位序列单独作用于系统的响应。每一响应也是一个离散序列,把这些序列叠加即得零状态响应。因为离散量的叠加不需进行积分,因此,叠加过程表现为求"卷积和"。

1) 序列的时域分解

任意离散信号 $f[n]$ 可以表示为单位序列 $\delta[n]$ 的线性组合,对于任意序列 $f[n]$,可写为

$$f[n]=\cdots+f[-1]\delta[n+1]+f[0]\delta[n]+f[1]\delta[n-1]+f[2]\delta[n-2]+\cdots$$

即
$$f[n]=\sum_{i=-\infty}^{\infty}f[i]\delta[n-i] \tag{5.3}$$

2) 任意序列作用下的零状态响应

如果系统在单位序列 $\delta[n]$ 作用下的零状态响应即单位响应为 $h[n]$,那么根据线性时不变离散系统的性质可知,系统对 $f[i]\delta[n-i]$ 的响应为 $f[i]h[n-i]$。因此,由线性叠加性有 $\sum_{i=-\infty}^{\infty}f[i]\delta[n-i]$ 的响应为 $\sum_{i=-\infty}^{\infty}f[i]h[n-i]$,即系统对序列 $f[n]$ 作用所引起的零状态响应 $y_{zs}[n]$ 为

$$y_{zs}[n]=\cdots+f[-1]h[n+1]+f[0]h[n]+f[1]h[n-1]+f[2]h[n-2]+\cdots$$

即
$$y_{zs}[n]=\sum_{i=-\infty}^{\infty}f[i]h[n-i] \tag{5.4}$$

式(5.4)称为序列 $f[n]$ 与 $h[n]$ 的卷积和,也简称卷积。该式表明,线性非时变系统对于任意激励 $f[n]$ 的零状态响应是激励与系统单位响应 $h[n]$ 的卷积和。

3)卷积和的一般定义

一般地,对于两个离散信号 $f_1[n]$,$f_2[n]$,其卷积和定义为

$$f_1[n] * f_2[n] = \sum_{i=-\infty}^{\infty} f_1[i] f_2[n-i] \tag{5.5}$$

根据此定义,式(5.3)可以表示为

$$f[n] = \sum_{i=-\infty}^{\infty} f[i] \delta[n-i] = f[n] * \delta[n]$$

即序列 $f[n]$ 与单位序列 $\delta[n]$ 的卷积和就是序列 $f[n]$ 本身。

根据此定义,式(5.4)也可以表示为

$$y_{zs}[n] = \sum_{i=-\infty}^{\infty} f[i] h[n-i] = f[n] * h[n]$$

离散序列的卷积和服从交换律、分配律和结合律等代数性质:

交换律 $\quad f_1[n] * f_2[n] = f_2[n] * f_1[n]$

分配律 $\quad f_1[n] * [f_2[n] + f_3[n]] = f_1[n] * f_2[n] + f_1[n] * f_3[n]$

结合律 $\quad f_1[n] * [f_2[n] * f_3[n]] = [f_1[n] * f_2[n]] * f_3[n]$

2. 单位序列响应

由式(5.4)可知,线性非时变系统对于任意激励 $f[n]$ 的零状态响应是激励与系统单位响应 $h[n]$ 的卷积和。故只要求得单位序列响应,就可以通过卷积和求得其零状态响应。

当线性时不变离散系统的输入信号为单位序列 $\delta[n]$ 时,系统的零状态响应称为单位序列响应,用 $h[n]$ 表示。它的作用与连续系统中的冲激响应 $h(t)$ 相类似,即求解系统的单位序列响应可用求解差分方程法。由于单位序列 $\delta[n]$ 仅在 $n=0$ 处等于1,而在 $n>0$ 时,系统的单位序列响应与该系统的零输入响应的形式相同,这样就可将求解单位序列响应的问题转换为求解差分方程齐次解的问题,但又是零状态响应,故 $n=0$ 处的值 $h[0]$ 可按零状态响应的条件由差分方程确定。求解 $h[n]$ 的方法通常有以下几种。

1)迭代法

其求解方法参见 5.2.1 节例 5-3。

2)等效初始条件法

对于式(5.1),设方程右边仅为 $\delta[n]$ 时其单位序列响应为 $h_0[n]$,k 阶前向差分方程的初始值为

$$h_0[1] = h_0[2] = \cdots = h_0[k-1] = 0, \quad h_0[k] = \frac{1}{a_k}$$

由前面可知,设 $p_i(i=1,2,\cdots,k)$ 为差分方程的齐次方程的特征根,若为单根情况,则单位序列响应为

$$h_0[n] = \left(\sum_{i=1}^{k} C_i p_i^n\right) \varepsilon[n-1]$$

其中,k 个常数 C_i 可由以上 k 个初始值确定。

同理,对于式(5.2)k 阶后向差分方程的初始值为

$$h_0[-1] = h_0[-2] = \cdots = h_0[-k+1] = 0, \quad h_0[0] = \frac{1}{a_k}$$

由前面可知,若 $p_i(i=1,2,\cdots,k)$ 为单根情况,则单位序列响应为

$$h_0[n] = \left(\sum_{i=1}^{k} C_i p_i^n\right)\varepsilon[n]$$

其中,k 个常数 C_i 可由以上 k 个初始值确定。

若特征根为重根或复根时,其单位序列响应可以参考前面 5.2.2 节形式得到。再根据线性系统的时不变特性,即可求得系统单位序列响应 $h[n]$。

3) 转移算子法

对于 k 阶系统(无重根情况),当式(5.1)中 $k>m$ 时,

$$H[q] = \frac{N[q]}{D[q]} = q\frac{N[q]}{q^k + a_{k-1}q^{k-1} + \cdots + a_1 q + a_0} = q\frac{N[q]}{(q-p_1)(q-p_2)\cdots(q-p_k)}$$

$$= \frac{qC_1}{q-p_1} + \frac{qC_2}{q-p_2} + \cdots + \frac{qC_k}{q-p_k}$$

即单位序列响应为

$$h[n] = \left(\sum_{i=1}^{k} C_i p_i^n\right)\varepsilon[n]$$

当 $k \leqslant m$ 时,将 $H[q]$ 化为有理式,$H[q] = \frac{N[q]}{D[q]} = H_1[q] + \frac{N_1[q]}{D[q]}$,然后再将 $\frac{N_1[q]}{D[q]}$ 按照上述方法进行部分分式展开。

除此之外,单位函数响应还可以用 Z 变换的方法求取(详见第 6 章)。

【例 5-6】 已知离散时间系统的差分方程为

$$y[n] - y[n-1] - 2y[n-2] = f[n] - f[n-2]$$

试求系统的单位函数响应 $h[n]$。

解 1) 等效初始条件法

由离散时间系统的差分方程可得其特征根方程为 $p^2 - p - 2 = 0$,即特征根为 $p_1 = -1$,$p_2 = 2$,设方程右边仅有 $\delta[n]$ 时其单位序列响应为 $h_0[n]$,即有

$$h_0[n] - h_0[n-1] - 2h_0[n-2] = \delta[n]$$

其初始值为 $h_0[-1] = 0$,$h_0[0] = 1$,即可得 $h_0[1] = h_0[0] + 2h_0[-1] + \delta[1] = 1$,对于 $n>0$ 时,$h_0[n]$ 满足齐次方程,即

$$h_0[n] = C_1[-1]^n + C_2[2]^n \quad n>0$$

其初始值为 $h_0[0] = 1$,$h_0[1] = 1$ 代入上式即得 $C_1 = \frac{1}{3}$,$C_2 = \frac{2}{3}$,即得

$$h_0[n] = \left\{\frac{1}{3}[-1]^n + \frac{2}{3}[2]^n\right\}\varepsilon[n]$$

根据线性时不变性,得

$$h[n] = h_0[n] - h_0[n-2] = \left\{\frac{1}{3}[-1]^n + \frac{2}{3}[2]^n\right\}\varepsilon[n] - \left\{\frac{1}{3}[-1]^{n-2} + \frac{2}{3}[2]^{n-2}\right\}\varepsilon[n-2]$$

2) 转移算子法

由差分方程可得转移算子为

$$H[q] = \frac{1-q^{-2}}{1-q^{-1}-2q^{-2}} = \frac{q^2-1}{q^2-q-2} = 1 + \frac{1}{q-2}$$

即得系统的单位序列响应为 $h[n] = \delta[n] + [2]^n \varepsilon[n-1]$

上述两种方法求得的结果从表面上看不一样，但是利用第1章所介绍的单位序列与阶跃序列之间的关系 $\varepsilon[n] = \sum_{k=-\infty}^{n} \delta[k] = \sum_{j=0}^{\infty} \delta[k-j]$，$\delta[n] = \varepsilon[n] - \varepsilon[n-1]$，可以证明两者相同。

当线性时不变离散系统的激励为单位阶跃序列 $\varepsilon[n]$ 时，系统的零状态响应为阶跃响应，用 $g[n]$ 表示。若已知系统的单位序列响应 $h[n]$，则根据 LTI 系统的线性性质和移位不变性，系统的阶跃响应为

$$g[n] = \sum_{k=-\infty}^{n} h[k] = \sum_{j=0}^{\infty} h[k-j]$$

若已知系统的单位阶跃序列 $\varepsilon[n]$，则系统的单位序列响应为

$$h[n] = g[n] - g[n-1]$$

3. 卷积和的计算方法

卷积和的计算方法很多，下面主要介绍几种。

1) 图解计算法

卷积和的图解计算法是把取卷积的过程分解为反折、平移、相乘、求和4个步骤。具体求序列的卷积和 $f_1[n] * f_2[n]$ 按下述步骤进行：

(1) 将序列 $f_1[n]$、$f_2[n]$ 的自变量用 i 替换，然后将序列 $f_2[i]$ 以纵坐标为轴线反折，成为 $f_2[-i]$；

(2) 将序列 $f_2[-i]$ 沿正 n 轴平移 n 个单位，成为 $f_2[n-i]$；

(3) 求乘积 $f_1[i]f_2[n-i]$；

(4) 按式(5.5)求出各乘积之和。

【例 5-7】 有两个序列

$$f_1[n] = \begin{cases} n+1, & n=0,1,2 \\ 0, & 其他 \end{cases}$$

$$f_2[n] = \begin{cases} 1, & n=0,1,2,3 \\ 0, & 其他 \end{cases}$$

试求两个序列的卷积和 $f[n] = f_1[n] * f_2[n]$。

解 将序列 $f_1[n]$、$f_2[n]$ 的自变量用 i 替换，再将序列 $f_2[i]$ 以纵坐标为轴线反折，成为 $f_2[-i]$，如图 5.3(a)~(c)所示。按步骤(3)和步骤(4)，分别令 $n=0,1,2,3$，计算乘积再求各乘积之和。其计算过程如图 5.4 所示。

当 $n<0$ 时，$f[n] = f_1[n] * f_2[n] = 0$

当 $n=0$ 时，$f[0] = f_1[0]f_2[0] = 1$

当 $n=1$ 时，$f[1] = f_1[0]f_2[1] + f_1[1]f_2[0] = 3$

当 $n=2$ 时，$f[2] = f_1[0]f_2[2] + f_1[1]f_2[1] + f_1[2]f_2[0] = 6$

当 $n=3$ 时，$f[3] = f_1[0]f_2[3] + f_1[1]f_2[2] + f_1[2]f_2[1] + f_1[3]f_2[0] = 6$

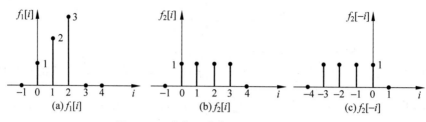

图 5.3 $f_1[i]$, $f_2[i]$ 和 $f_2[-i]$ 的图形

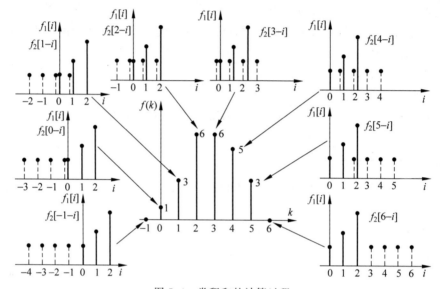

图 5.4 卷积和的计算过程

其卷积和计算结果如图 5.4 中间图形所示。

2) 阵列表法

对于有限长序列或无限长序列,都可以用阵列表法求卷积和,此方法较简单。举例说明如下。

【例 5-8】 设有两个无限长序列
$$f_1[n] = \{1,3,2,4,\cdots\} \quad (n \geqslant 0)$$
$$f_2[n] = \{2,1,3,0,\cdots\} \quad (n \geqslant 0)$$
求卷积和 $y[n] = f_1[n] * f_2[n]$。

解 首先画出序列阵表(见图 5.5),左部放 $f_1[n]$,上部放 $f_2[n]$,然后以 $f_1[n]$ 的每个数去乘 $f_2[n]$ 各数,并将结果放入相应的行,最后把虚斜线上的数分别相加即得卷积和结果序列。即
$$y[n] = f_1[n] * f_2[n] = \{2,7,10,19,10,12,\cdots\}$$

3) 解析法

利用阵列表法求卷积和比较简便,但无论是阵列表法或图解计算法都难以得到闭合形式的解,用解析法可以解决这个问题。表 5.2 中列出了计算卷积和时常用的几种数列求和公式。表 5.3 中列出了几种常用序列的卷积和。

		$f_2[0]$	$f_2[1]$	$f_2[2]$	$f_2[3]$	⋯
		2	1	3	0	⋯
$f_1[0]$	1	2	1	3	0	⋯
$f_1[1]$	3	6	3	9	0	⋯
$f_1[2]$	2	4	2	6	0	⋯
$f_1[3]$	4	8	4	12	0	⋯
⋮		⋮	⋮	⋮	⋮	

图 5.5　序列阵表

表 5.2　常用的几种数列求和公式表

公　式	说　明
$\sum_{j=0}^{k} a^j = \begin{cases} \dfrac{1-a^{k+1}}{1-a}, & a \neq 1 \\ k+1, & a = 1 \end{cases}$	$k \geqslant 0$
$\sum_{j=k_1}^{k_2} a^j = \begin{cases} \dfrac{a^{k_1} - a^{k_2+1}}{1-a}, & a \neq 1 \\ k_2 - k_1 + 1, & a = 1 \end{cases}$	k_1, k_2 可为正或负整数，但 $k_2 \geqslant k_1$
$\sum_{j=0}^{\infty} a^j = \dfrac{1}{1-a}, \quad \lvert a \rvert < 1$	
$\sum_{j=k_1}^{\infty} a^j = \dfrac{a^{k_1}}{1-a}, \quad \lvert a \rvert < 1$	k_1 可为正或负整数

表 5.3　几种常用序列的卷积和

$f_1(n)$	$f_2(n)$	$f_1(n) * f_2(n)$
$f(n)$	$\delta(n)$	$f(n)$
$f(n)$	$\varepsilon(n)$	$\sum_{i=-\infty}^{n} f(i)$
$\varepsilon(n)$	$\varepsilon(n)$	$(n+1)\varepsilon(n)$
$n\varepsilon(n)$	$\varepsilon(n)$	$\dfrac{1}{2} n(n+1)\varepsilon(n)$
$a^n \varepsilon(n)$	$\varepsilon(n)$	$\dfrac{1-a^{n+1}}{1-a}\varepsilon(n), \quad a \neq 1$
$a_1^n \varepsilon(n)$	$a_2^n \varepsilon(n)$	$\dfrac{a_1^{n+1} - a_2^{n+1}}{a_1 - a_2}\varepsilon(n), \quad a_1 \neq a_2$
$a^n \varepsilon(n)$	$a^n \varepsilon(n)$	$(n+1)a^n \varepsilon(n)$
$n\varepsilon(n)$	$a^n \varepsilon(n)$	$\dfrac{n}{1-a}\varepsilon(n) + \dfrac{a(a^n - 1)}{(1-a)^2}\varepsilon(n)$
$n\varepsilon(n)$	$n\varepsilon(n)$	$\dfrac{1}{6}(n+1)n(n-1)\varepsilon(n)$
$a_1^n \cos(\beta n + \theta)\varepsilon(n)$	$a_2^n \varepsilon(n)$	$\dfrac{a_1^{n+1}\cos[\beta(n+1)+\theta-\varphi] - a_2^{n+1}\cos(\theta-\varphi)}{\sqrt{a_1^2 + a_2^2 - 2a_1 a_2 \cos\beta}}\varepsilon(n)$ $\varphi = \arctan\left[\dfrac{a_1 \sin\beta}{a_1 \cos\beta - a_2}\right]$

【例 5-9】 设序列 $f_1[n]=\left(\dfrac{2}{3}\right)^n \varepsilon[n], f_2[n]=\varepsilon[n]$，试求 $f_1[n]*f_2[n]$。

解
$$f_1[n]*f_2[n]=\sum_{i=0}^{n}\left(\dfrac{2}{3}\right)^i \varepsilon[n-i]=\sum_{i=0}^{n}\left(\dfrac{2}{3}\right)^i$$

上式是公比为 2/3 的等比级数求和问题。由表 5.2 可知其求和公式为

$$\sum_{i=0}^{n} a^i = \begin{cases} \dfrac{1-a^{n+1}}{1-a}, & a \neq 1 \\ n+1, & a=1 \end{cases}$$

所以
$$f_1[n]*f_2[n]=\dfrac{1-\left(\dfrac{2}{3}\right)^{n+1}}{1-\dfrac{2}{3}}=3\left[1-\left(\dfrac{2}{3}\right)^{n+1}\right]\varepsilon[n]$$

【例 5-10】 已知离散系统的输入序列 $f[n]$ 和单位响应 $h[n]$ 分别为
$$f[n]=\varepsilon[n]-\varepsilon[n-2], \quad h[n]=\left(\dfrac{1}{2}\right)^n \varepsilon[n]$$

试求系统的零状态响应 $y_{zs}[n]$。

解 由式(5.4)可得
$$y_{zs}[n]=f[n]*h[n]=\{\varepsilon[n]-\varepsilon[n-3]\}*h[n]$$

由分配律可得
$$y_{zs}[n]=\varepsilon[n]*h[n]-\varepsilon[n-3]*h[n]$$

其中，
$$\varepsilon[n]*h[n]=\varepsilon[n]*\left(\dfrac{1}{2}\right)^n \varepsilon[n]=\left[2-\left(\dfrac{1}{2}\right)^n\right]\varepsilon[n]$$

由时不变特性可知，$\varepsilon[n-3]*h[n]$ 应比 $\varepsilon[n]*h[n]$ 的结果右移 3 位，即得

$$\varepsilon[n-3]*h[n]=\left[2-\left(\dfrac{1}{2}\right)^{n-3}\right]\varepsilon[n-3]$$

最后，由线性可得
$$y_{zs}[n]=\left[2-\left(\dfrac{1}{2}\right)^n\right]\varepsilon[n]-\left[2-\left(\dfrac{1}{2}\right)^{n-3}\right]\varepsilon[n-3]$$

5.3 离散时间信号与系统的频域响应

5.3.1 周期离散时间信号的离散傅里叶级数表示

一个周期的离散时间信号满足
$$x[n]=x[n+N] \tag{5.6}$$

式中，N 是某一正整数，是 $x[n]$ 的周期。

我们来研究复指数序列 $e^{j(2\pi/N)n}$，因为它是周期序列，其周期为 N，基波频率为
$$\omega_0=2\pi/N \tag{5.7}$$

成谐波关系的复指数序列集
$$\varphi_k[n]=e^{jk2\pi n/N}, \quad k=0,\pm 1,\pm 2,\cdots \tag{5.8}$$

也是周期序列，其中每个分量的频率是 ω_0 的整数倍。

值得注意的是，在一个周期为 N 的复指数序列中，只有 N 个复指数序列是独立的，即

只有 $\varphi_0[n], \varphi_1[n], \cdots, \varphi_{n-1}[n]$ 等 N 个是互不相同的。这是因为
$$\varphi_k[n] = \varphi_{k+N}[n] = \varphi_{k+rN}[n], \quad r \text{ 为整数} \tag{5.9}$$
即当 k 变化一个 N 的整倍数时,可以得到一个完全一样的序列,$\varphi_N[n] = \varphi_0[n], \varphi_{N+1}[n] = \varphi_1[n], \cdots$。这与连续时间复指数函数集 $\{e^{jk\omega_0 t}, k=0, \pm 1, \pm 2, \pm 3, \cdots\}$ 中有无限多个互不相同的复指函数是不同的。

利用这一重要特性,对于任一个基波周期为 N 的周期序列 $x[n]$ 可用 N 个成谐波关系的复指数序列的加权和表示。即
$$x[n] = \sum_{k \in \langle N \rangle} c_k \varphi_k[n] = \sum_{k \in \langle N \rangle} c_k e^{jk2\pi n/N} \tag{5.10}$$

这里求和限 $k \in \langle N \rangle$ 表示求和仅需包括 N 项,k 既可取 $k=0,1,2,\cdots,N-1$,也可以取 $k=3,4,\cdots,N+1,N+2$,等等,无论怎样取法,由于式(5.9)关系存在,式(5.10)右边求和结果都是相同的。

将周期序列表示成式(5.10)的形式,即一组成谐波关系的复指数序列的加权和,就称为离散傅里叶级数表达。而系数 c_k 则称为离散傅里叶系数。

下面介绍离散傅里叶系数的两种求解方法。

1. 解联立方程法

如果已知 $x[n]$ 在任一基波周期 N 内的 N 个值(样本),即 $x[0], x[1], x[2], \cdots, x[N-1]$,则由式(5.10)可得 N 个方程:
$$\begin{aligned}
x[0] &= \sum_{k \in \langle N \rangle} c_k = c_0 + c_1 + \cdots + c_{N-1} \\
x[1] &= \sum_{k \in \langle N \rangle} c_k e^{jk(2\pi/N)} = c_0 + c_1 e^{j2\pi/N} + \cdots + c_{N-1} e^{j2\pi(N-1)/N} \\
&\vdots \\
x[N-1] &= \sum_{k \in \langle N \rangle} c_k e^{j2\pi k(N-1)/N} = c_0 + c_1 e^{j2\pi(N-1)/N} + \cdots + c_{N-1} e^{j2\pi(N-1)^2/N}
\end{aligned} \tag{5.11}$$

联解这一组方程,就可得系数 c_k。

2. 正交函数系数法

与连续傅里叶系数求和类似,将式(5.10)两边乘 $e^{-jr(2\pi/N)n}$,并在周期 N 内求和,即
$$\begin{aligned}
\sum_{n \in \langle N \rangle} x[n] e^{-jr(2\pi/N)n} &= \sum_{n \in \langle N \rangle} \sum_{k \in \langle N \rangle} c_k \exp[j(k-r)(2\pi/N)n] \\
&= \sum_{k \in \langle N \rangle} c_k \sum_{n \in \langle N \rangle} \exp[j(k-r)(2\pi/N)n]
\end{aligned} \tag{5.12}$$

因为
$$\sum_{n \in \langle N \rangle} e^{j(k-r)(2\pi/N)n} = \begin{cases} N, & k-r = 0, \pm N, \pm 2N, \cdots \\ 0, & \text{其他} \end{cases} \tag{5.13}$$

所以式(5.12)右边内层对 n 求和仅当 $k-r=0$ 或 N 的整倍数时不为 0。如果把 r 值的变化范围选成与外层求和 k 值的变化范围一样,而在该范围内选择 r 值,则式(5.13)右边在 $k=r$ 时,就等于 Nc_k,在 $k \neq r$ 时就等于 0,即
$$\sum x[n] \exp[-jk(2\pi/N)n] = c_k N \tag{5.14}$$

所以
$$x[n] = \sum_{k \in \langle N \rangle} c_k e^{jk(2\pi/N)n} \tag{5.15}$$

故
$$c_k = \frac{1}{N} \sum_{n \in \langle N \rangle} x[n] e^{-jk(2\pi/N)n} \tag{5.16}$$

式(5.15)和式(5.16)确定了周期离散时间信号 $x[n]$ 和其傅里叶系数 c_k 之间的关系，可记为
$$x[n] \leftrightarrow c_k \tag{5.17}$$

因离散信号的频谱记为 $X(e^{j\omega})$，这里 $\omega = \Omega T$，它给出了模拟频率 Ω 和数字信号频率 ω 之间的关系。

傅里叶系数 c_k 也称为 $x[n]$ 的频谱系数。可以简单证明：
$$c_k = c_{k+N} \tag{5.18}$$

由于 $\omega = 2\pi k/N$，可以说 c_k 以 2π 为周期，或者说它是以 N 为周期的离散频率序列，这表明周期的离散时间函数对应于频域为周期的离散频率函数。且当 $x[n]$ 为实序列时，对所有的 k 值，存在关系 $c_{-k} = c_k^*$。

【例 5-11】 已知 $x[n] = 1 + \sin(2\pi/N)n + 3\cos(2\pi/N)n + \cos(4\pi n/N + \pi/2)$，式中 N 为整数，求其频谱。

解 这个信号是周期的，其周期为 N。将 $x[n]$ 直接展开成复指数形式，得
$$x[n] = 1 + [e^{j(2\pi/N)n} - e^{-j(2\pi/N)n}]/2j + 3[e^{j(2\pi/N)n} + e^{-j(2\pi/N)n}]/2$$
$$+ [e^{j(4\pi n/N + \frac{\pi}{2})} + e^{-j(4\pi n/N + \frac{\pi}{2})}]/2$$

将相应项归并后，得
$$x[n] = 1 + (3/2 + 1/2j)e^{j(2\pi/N)n} + (3/2 - 1/2j)e^{-j(2\pi/N)n}$$
$$+ (e^{j\pi/2}/2)e^{j2(2\pi/N)n} + (e^{-j\pi/2}/2)e^{-j2(2\pi/N)n}$$

与式(5.15)比较，可得
$$c_0 = 1, \quad c_1 = 3/2 + 1/2j = 3/2 - j1/2, \quad c_{-1} = 3/2 + j1/2 = c_1^*$$
$$c_2 = j1/2, \quad c_{-2} = -j1/2 = c_2^*$$

而在长度为 N 的周期内，其余系数均为 0。再次指出，这些系数是周期的，其周期为 N。例如，$c_N = c_{2N} = c_{-N} = c_0 = 1, c_{1+N} = c_{1+2N} = c_{1-2N} = c_1 = 3/2 - j1/2, c_{2+N} = c_{2+2N} = c_{2-N} = c_2 = j1/2$ 等。

【例 5-12】 已知一个周期矩形序列如图 5.6 所示，求其频谱。

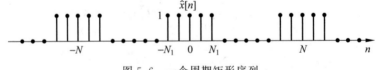

图 5.6 一个周期矩形序列

解 从图中可见，这个序列是对 $n = 0$ 轴对称的，因此，求和时选择一个对称区间比较方便。故
$$c_k = \frac{1}{N} \sum_{n \in \langle N \rangle} x[n] e^{-jk(2\pi/N)n} = \frac{1}{N} \sum_{n=-N_1}^{N_1} e^{-jk(2\pi/N)n} \tag{5.19}$$

令 $m = n + N_1$，则

$$c_k = \frac{1}{N}\sum_{m=0}^{2N_1} e^{-jk(2\pi/N)(m-N_1)} = \frac{1}{N}e^{jk(2\pi/N)N_1}\sum_{m=0}^{2N_1} e^{-jk(2\pi/N)m}$$

利用有限项几何级数求和公式

$$\sum_{m=0}^{M-1} a^m = \begin{cases} M, & a = 1 \\ \dfrac{1-a^M}{1-a}, & a \neq 1 \end{cases} \tag{5.20}$$

可进一步写成：当 $e^{jk(2\pi/N)m} \neq 1$，即 $k \neq 0, \pm N, \pm 2N, \cdots$ 时，可得

$$c_k = \frac{1}{N}e^{jk(2\pi/N)N_1}\left(\frac{1-e^{-jk(2\pi/N)(2N_1+1)}}{1-e^{-jk(2\pi/N)}}\right)$$

$$= \frac{1}{N}e^{j(2\pi N_1/N)}\frac{e^{j2\pi(N_1+1/2)}\left(e^{j2\pi k\left(N_1+\frac{1}{2}\right)/N} - e^{-j2\pi k\left(N_1+\frac{1}{2}\right)/N}\right)}{e^{-j2\pi k/2N}\left(e^{j2\pi k/2N} - e^{-j2\pi k/2N}\right)}$$

$$= \frac{1}{N}\frac{\sin\left[2\pi k\left(N_1+\frac{1}{2}\right)/N\right]}{\sin(\pi k/N)}$$

当 $e^{jk(2\pi/N)m} = 1$，即 $k = 0, \pm N, \pm 2N, \cdots$ 时，可得

$$c_k = \frac{2N_1+1}{2}$$

这里定义如下函数：

$$\text{Sad}(x,m) = \frac{\sin mx}{\sin x}, \quad \text{整数 } m > 1 \tag{5.21}$$

图 5.7(a)和(b)中画出了 m 为奇数和偶数时的函数图形。该函数有如下的性质：首先，它是一个周期函数，周期为 2π；且有

$$\lim_{x \to l\pi} \text{Sad}(x,m) = \lim_{x \to l\pi}\frac{\sin m\pi}{\sin x} = \begin{cases} m, & m = 2k+1 \\ (-1)^l m, & m = 2k \end{cases}, \quad m > 1 \tag{5.22}$$

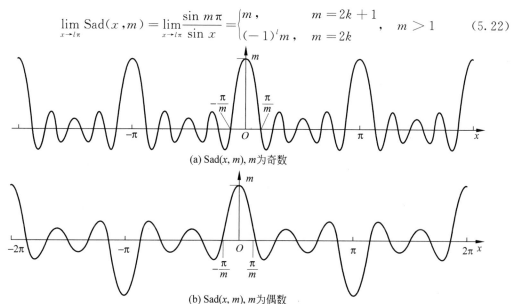

(a) Sad(x, m), m 为奇数

(b) Sad(x, m), m 为偶数

图 5.7 Sad(x, m) 函数图形

和

$$\text{Sad}\left(\frac{\pi}{m}l, m\right) = \frac{\sin(l\pi)}{\sin(l\pi/m)} = 0, \quad l \neq 0, \pm m, \pm 2m, \cdots, m > 1 \tag{5.23}$$

这个函数可看作抽样函数 $\text{Sa}(x)$ 在离散时间中的一个对偶。为了绘制频谱方便,令 $\omega = 2\pi k/N$,利用函数 $\text{Sad}(x,m)$,则上面求得的周期矩形序列的DFS系数统一写为

$$c_k = \frac{1}{N} \frac{\sin[(2N_1+1)\omega/2]}{\sin(\omega/2)} \tag{5.24}$$

由式(5.24)可以看出,c_k 的包络具有 $\text{Sad}(x,m)$ 的形状,将此包络以 $\frac{2\pi}{N}$ 为间隔取离散样本并乘以 $1/N$ 就可得到 c_k。因此在绘制频谱时,首先将 $0 \sim 2\pi$ 的频率范围按 $2N_1+1$ 等分,作出包络线,再将包络以 $\frac{2\pi}{N}$ 为间隔取样并乘以 $1/N$ 即可。设 $2N_1+1=5$,按式(5.24)分别令 $N=10,20$ 和 40 三种情况作图,得三种不同周期的周期方波序列的频谱如图 5.8 所示。从图中可见,周期性矩形脉冲序列的频谱是离散的,而且是以 N(或者对 ω 而言是以 2π)为周期的。当脉冲宽度,即 N_1 不变时,频谱包络的样子不变,只是幅度随 N 的增大而减小,谱线的间隔随着 N 的增大而减小。如果脉冲宽度 N_1 改变,则频谱包络的样子将会发生变化。例如图 5.6 的信号如果 $N=10, N_1=3$,则其频谱将如图 5.9 所示。由图中可知,N_1 越大,则频谱包络的主瓣宽度越窄。由以上分析可知,周期性矩形脉冲序列当周期与脉冲宽度改变时,对频谱带来的影响与连续时间周期矩形脉冲信号的情况是相似的。但离散时间周期矩形脉冲信号的频谱具有周期性,则与连续时间情况完全不同。

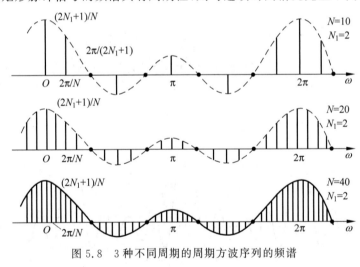

图 5.8 3种不同周期的周期方波序列的频谱

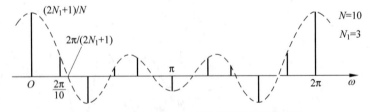

图 5.9 $N_1=3, N=10$ 时矩形脉冲序列的频谱

值得一提的是,周期的离散时间信号的离散傅里叶级数表达,不存在任何收敛问题,也不存在吉伯斯现象。这是一般情况,因为任何离散时间周期序列都是由有限个(N 个)参数来表征的,即一个周期内的 N 个序列值。相比之下,一个连续时间周期信号在一个周期内有一个连续取值问题,这就要求用无限多项级数来表示它。因此,自然就会产生收敛问题了。

5.3.2 非周期离散时间信号的离散时间傅里叶变换

从前面讨论周期性矩形脉冲序列的频谱时可看到,当周期 N 增大时,频谱的谱线间隔将随之而减小。随着 N 趋向于无穷大,在时域周期信号将演变成非周期信号;与此同时,在频域谱线将无限密集,从而过渡为连续频谱。这一过程与连续时间信号的情况是完全类似的。在此将采用与连续时间情况下完全相同的步骤,来建立非周期离散时间信号的傅里叶变换表示。即非周期序列的傅里叶变换表示法,也可以从周期序列的离散傅里叶级数表示法推广而来。为此,假设任意一个有限长的非周期序列 $x[n]$,该序列具有有限持续期 $2N_1$,N_1 是一个正整数,即在 $|n|>N_1$ 时,$x[n]=0$,如图 5.10(a)所示。可以用它构造出一个周期序列 $\tilde{x}[n]$

$$\tilde{x}[n] = \sum_{k=-\infty}^{\infty} x[n-kN] \tag{5.25}$$

其中选择周期为 N,如图 5.10(b)所示。因此,$x[n]$ 也可看成是从 $\tilde{x}[n]$ 中截取的一个周期或看成是当 $N \to \infty$ 时 $\tilde{x}[n]$ 的极限,即

$$x[n] = \begin{cases} \tilde{x}[n], & |n| \leqslant N_1 \\ 0, & |n| > N_1 \end{cases} \tag{5.26}$$

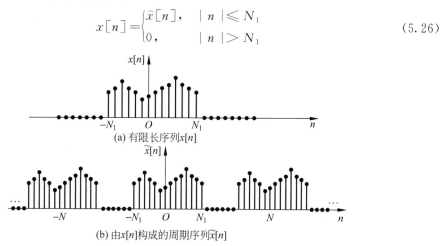

图 5.10 序列图

因周期序列 $\tilde{x}[n]$ 的离散傅里叶级数对为

$$\tilde{x}[n] = \sum_{n \in \langle N \rangle} c_k e^{jk(2\pi/N)n} \tag{5.27}$$

$$c_k = \frac{1}{N} \sum_{n=-N/2}^{N/2} \tilde{x}[n] e^{-jk(2\pi/N)n} \tag{5.28}$$

因为 $\tilde{x}[n]=x[n]$,$n \in \langle N_1 \rangle$,而 $x[n]=0$,$n \notin \langle N_1 \rangle$,所以将式(5.28)的求和区间 $\langle N \rangle$ 取在该周期内,则可将式(5.24)写为

$$Nc_k = \sum_{n=-N_1}^{N_1} \tilde{x}[n]e^{-j(2\pi/N)kn} = \sum_{n=-N_1}^{N_1} x[n]e^{-j(2\pi/N)kn}x[n] \qquad (5.29)$$

如果将 $N\to\infty$ 时，Nc_k 的极限表示为 $X(e^{j\omega})$，则在 $N\to\infty$ 时，由于 $(2\pi/N)k\to\omega$，再考虑到 $|n|\geqslant N_1$ 时，$x[n]=0$，因此式(5.29)变为

$$X(e^{j\omega}) = \sum_{n=-\infty}^{\infty} x[n]e^{-j\omega n} \qquad (5.30)$$

$X(e^{j\omega})$ 就定义为信号 $x[n]$ 的离散时间傅里叶变换。与连续时间情况一样，也称 $X(e^{j\omega})$ 为非周期序列 $x[n]$ 的频谱。上述 c_k 可由 $X(e^{j\omega})$ 样本值给出

$$c_k = \frac{1}{N}X(e^{jk\omega_0})\Big|_{\omega_0=2\pi/N}$$

或

$$Nc_k = X(e^{jk\omega_0}) \qquad (5.31)$$

式中，$\omega_0=2\pi/N$。这表明：周期性离散时间信号的傅里叶级数就是与其对应的非周期信号的离散时间傅里叶变换的样本；非周期序列的离散时间傅里叶变换就是与其相对应的周期信号傅里叶级数系统的包络。

根据式(5.31)，可将式(5.27)改写为

$$\tilde{x}[n] = \frac{1}{N}\sum_{k\in\langle N\rangle} X(e^{jk\omega_0})e^{jk\omega_0 n} \qquad (5.32)$$

由于 $\omega_0=2\pi/N$，所以 $1/N=\omega_0/2\pi$，于是式(5.27)可写为

$$\tilde{x}[n] = \frac{1}{2\pi}\sum_{k\in\langle N\rangle} X(e^{jk\omega_0})e^{jk\omega_0 n}\omega_0 \qquad (5.33)$$

在极限的情况下，$\omega_0=\dfrac{2\pi}{N}\to d\omega$，$k\omega_0\to\omega$，$\tilde{x}[n]\to x[n]$，上式中的求和将转换为求积分。另外，从式(5.30)可以看出，$X(e^{j\omega})$ 对 ω 是以 2π 为周期的。当式(5.33)中的求和在长度为 N 的区间上进行时，就相应于 ω 在 2π 长度的区间上变化，故式(5.33)在 $N\to\infty$ 的极限情况下为

$$x[n] = \frac{1}{2\pi}\int_{2\pi} X(e^{j\omega})e^{j\omega n}d\omega \qquad (5.34)$$

正由于 $X(e^{j\omega})$ 和 $e^{j\omega n}$ 都是以 2π 为周期的，因此式(5.34)的积分区间可以是任何一个长度为 2π 的区间。此式表明：离散时间非周期信号可以分解成无数多个频率从 $0\sim 2\pi$ 连续分布的复指数序列的线性组合，每个复指数分量的幅度为 $\dfrac{1}{2\pi}X(e^{j\omega})d\omega$。至此，得到了一对关系式：

$$x[n] = \frac{1}{2\pi}\int_{2\pi} X(e^{j\omega})e^{j\omega n}d\omega \qquad (5.35)$$

$$X(e^{j\omega}) = \sum_{n=-\infty}^{\infty} x[n]e^{-j\omega n} \qquad (5.36)$$

就是非周期序列 $x[n]$ 的傅里叶变换对，它是连续傅里叶变换的离散时间对偶。式(5.35)称为傅里叶正变换，式(5.36)称为傅里叶反变换。

正如上面所说的，非周期序列 $x[n]$ 可以看作周期为无限的周期序列，如果序列的长度

有限,则因为有限持续期内序列绝对可和,因此也不存在任何收敛问题。但若序列长度为无限长,那么就必须考虑式(5.30)无限项求和的收敛问题了,显然,如果 $x[n]$ 绝对可和,即 $\sum_{n=-\infty}^{\infty}|x[n]|<\infty$,则式(5.30)一定收敛。即离散时间傅里叶变换的收敛条件为序列绝对可和。

注意,对于非周期序列的离散傅里叶变换,是把周期序列 $x[n]$ 在周期 $N \to \infty$ 的极限情况下导出的,所以开拓周期序列的离散傅里叶级数和非周期序列的离散时间傅里叶变换之间是有密切联系的。

5.3.3 周期序列的离散时间傅里叶变换

如同在连续时间情况下一样,前面讨论了周期性序列的离散时间傅里叶级数和非周期序列的离散时间傅里叶变换。当周期序列的周期趋于无穷大时,周期序列就变为非周期序列,傅里叶级数变成了傅里叶变换,而频谱由周期离散谱变成了周期连续谱。在此,先讨论一个周期序列的傅里叶级数表示式中的系数如何可以从该序列一个周期的傅里叶变换来得到,然后将周期序列的离散时间傅里叶变换表示成频域中的冲激序列,并确定它与傅里叶级数的关系。

1. 傅里叶级数系数作为一个周期内信号的傅里叶变换的抽样

若一个周期序列 $\tilde{x}[n]$,其周期为 N,而 $x[n]$ 表示 $\tilde{x}[n]$ 的一个周期,即

$$x[n]=\begin{cases}\tilde{x}[n], & M \leqslant n \leqslant M+N-1 \\ 0, & \text{其他}\end{cases} \quad (5.37)$$

其中,M 为任意值。由式(5.31)可知:在式(5.37)中,无论 M 取何值,上式都是成立的。虽然由于 M 的变化 $x[n]$ 和 $X(\mathrm{e}^{\mathrm{j}k\omega_0})$ 都会有明显的变化,但是 $X(\mathrm{e}^{\mathrm{j}k\omega_0})$ 在抽样频率点 $2\pi k/N$ 上的值与 M 无关。

2. 周期序列的傅里叶变换

下面来确定周期序列的傅里叶变换表示。为此先讨论如下信号:

$$x[n]=\mathrm{e}^{\mathrm{j}\omega_0 n} \quad (5.38)$$

在连续时间情况下,有

$$\mathrm{e}^{\mathrm{j}\omega_0 t} \leftrightarrow 2\pi\delta(\omega-\omega_0)$$

但在离散时间情况下,由于对任意整数 r,有

$$\mathrm{e}^{\mathrm{j}\omega_0 n}=\mathrm{e}^{\mathrm{j}(\omega_0+2\pi r)n} \quad (5.39)$$

使得离散时间傅里叶变换对 ω 来说总是周期的,且周期为 2π,由此可以想到,式(5.38)中 $x[n]$ 的傅里叶变换应该是在 $\omega=\omega_0,\omega_0\pm 2\pi,\omega_0\pm 4\pi,\cdots$ 处的冲激函数。实际上,$x[n]$ 的傅里叶变换正是如下的冲激序列:

$$X(\mathrm{e}^{\mathrm{j}\omega})=\sum_{l=-\infty}^{\infty}2\pi\delta(\omega-\omega_0-2\pi l) \quad (5.40)$$

如图 5.11 所示。为了验证式(5.40),求出式(5.40)的反变换是否为 $\mathrm{e}^{\mathrm{j}\omega_0 n}$。由式(5.36)有

$$x[n]=\frac{1}{2\pi}\int_{2\pi}X(\mathrm{e}^{\mathrm{j}\omega})\mathrm{e}^{\mathrm{j}\omega n}\mathrm{d}\omega=\frac{1}{2\pi}\int_{2\pi}\sum_{l=-\infty}^{\infty}2\pi\delta(\omega-\omega_0-2\pi l)\mathrm{e}^{\mathrm{j}\omega n}\mathrm{d}\omega$$

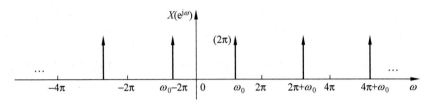

图 5.11　$x[n]=e^{j\omega_0 n}$ 的傅里叶变换

注意,在任意一个长度为 2π 的积分区间内只包括和式(5.40)中的一个冲激,因此,如果所选择的积分区间包含 $\omega_0+2\pi r$ 处的冲激,则

$$x[n]=\frac{1}{2\pi}\int_{2\pi} X(e^{j\omega})e^{j\omega n}d\omega = e^{j(\omega_0+2\pi r)n}=e^{j\omega_0 n} \tag{5.41}$$

即

$$e^{j\omega_0 n} \leftrightarrow 2\pi \sum_{l=-\infty}^{\infty}\delta(\omega-\omega_0-2\pi l)$$

因此,如果一个周期性序列表示为离散时间傅里叶级数

$$x[n]=\sum_{k\in\langle N\rangle}c_k e^{jk\omega_0 n},\quad \omega_0=2\pi/N \tag{5.42}$$

则根据式(5.40)及其变换对,可以得到

$$X(e^{j\omega})=\sum_{k\in\langle N\rangle}c_k\left[2\pi\sum_{l=-\infty}^{\infty}\delta(\omega-k\omega_0-2\pi l)\right],\quad \omega_0=2\pi/N \tag{5.43}$$

如果将 k 的取值范围选为 $k=0\sim N-1$,则式(5.43)可展开为

$$X(e^{j\omega})=2\pi c_0\sum_{l=-\infty}^{\infty}\delta(\omega-2\pi l)+2\pi c_1\sum_{l=-\infty}^{\infty}\delta(\omega-\omega_0-2\pi l)+\cdots$$

$$+2\pi c_{N-1}\sum_{l=-\infty}^{\infty}\delta[\omega-(N-1)\omega_0-2\pi l],\quad \omega_0=2\pi/N \tag{5.44}$$

在式(5.44)中,每一项中的和式只是为了保证这一项所表示的冲激是以 2π 为周期的。如果注意到 c_k 本身也是以 N 为周期(也就是对 ω 以 2π 为周期)的,当将 k 的取值范围扩大到所有整数时,式(5.44)就可以写成更简单的形式,即

$$X(e^{j\omega})=2\pi\sum_{k=-\infty}^{\infty}c_k\delta(\omega-k\omega_0),\quad \omega_0=2\pi/N \tag{5.45}$$

在式(5.45)中,k 取 $0\sim N-1$ 各项就对应了式(5.44)中 $l=0$ 的各项,k 取 $N\sim 2N-1$ 各项就对应了式(5.44)中 $l=1$ 的各项……,以此类推。

至此,得到了离散时间周期序列的离散时间傅里叶变换表示。即:如果一个以 N 为周期的离散时间信号,其离散时间傅里叶级数的系数为 c_k,则它的离散时间傅里叶变换为

$$X(e^{j\omega})=2\pi\sum_{k=-\infty}^{\infty}c_k\delta\left(\omega-\frac{2\pi}{N}k\right) \tag{5.46}$$

该式与连续时间周期信号的傅里叶变换表示式是完全对应的。

5.3.4　离散时间傅里叶变换的性质

离散时间傅里叶变换和连续时间傅里叶变换一样,也具有很多重要的性质。这些性质不仅深刻揭示了离散时间信号的时域特性与频域特性的关系,而且简化了一个信号正变换

和反变换的求取。通过本节的讨论,将会发现离散时间傅里叶变换的性质与连续时间傅里叶变换的性质有许多相似之处,但也有若干明显的差别。为了方便起见,采用如下的符号表示变换对:

$$x[n] \leftrightarrow X(e^{j\omega})$$

1. 周期性

离散时间傅里叶变换对于 ω 来说总是以 2π 为周期的。这一点与连续时间傅里叶变换有较大区别。

2. 线性

若
$$x_1[n] \leftrightarrow X_1(e^{j\omega}) \quad x_2[n] \leftrightarrow X_2(e^{j\omega})$$
则有
$$ax_1[n] + bx_2[n] \leftrightarrow aX_1(e^{j\omega}) + bX_2(e^{j\omega}) \tag{5.47}$$

3. 共轭对称性

如果 $x[n] \leftrightarrow X(e^{j\omega})$,则由式(5.36)可得
$$x^*[n] \leftrightarrow X^*(e^{j\omega}) \tag{5.48}$$

若 $x[n]$ 是一实数序列,那么 $x^*[n] = x[n]$,于是有
$$X(e^{j\omega}) = X^*(e^{-j\omega}) \tag{5.49}$$

由此可知:$X(e^{j\omega})$ 的实部是 ω 的偶函数,虚部是 ω 的奇函数;$X(e^{j\omega})$ 的模是 ω 的偶函数,相位是 ω 的奇函数。如果把 $X(e^{j\omega})$ 分解成偶部 $x_{\text{ev}}[n]$ 与奇部 $x_{\text{od}}[n]$,则可得

$$\begin{cases} x_{\text{ev}}[n] \leftrightarrow \text{Re}[X(e^{j\omega})] \\ x_{\text{od}}[n] \leftrightarrow j\text{Im}[X(e^{j\omega})] \end{cases} \tag{5.50}$$

因此,实偶信号的傅里叶变换是 ω 的实偶函数;实奇信号的傅里叶变换是 ω 的虚奇函数。这些结论及它们的推证方法都与连续时间傅里叶变换的情况相同。

4. 时移和频移特性

若
$$x[n] \leftrightarrow X(e^{j\omega})$$
那么
$$x[n-n_0] \leftrightarrow X(e^{j\omega})e^{-j\omega n_0} \tag{5.51}$$
而且
$$e^{j\omega_0 n}x[n] \leftrightarrow X(e^{j(\omega-\omega_0)}) \tag{5.52}$$

式(5.51)表明信号在时域的平移不会改变其幅频特性,只会给相频特性附加一个线性的相移。

5. 时域差分与求和

离散时间下求和就相应于连续时间情况下的积分。而一阶差分就相应于连续时间情况下的一阶微分。考虑一阶差分信号 $x[n] - x[n-1]$,根据线性和时移性质,若 $x[n] \leftrightarrow X(e^{j\omega})$,则其傅里叶变换为
$$x[n] - x[n-1] \leftrightarrow (1 - e^{-j\omega})X(e^{j\omega}) \tag{5.53}$$

离散时间的时域求和与连续时间的时域积分相对应,可得到

$$\sum_{k=-\infty}^{\infty} x[k] \leftrightarrow \frac{X(e^{j\omega})}{1-e^{-j\omega}} + \pi X(e^{j0}) \sum_{k=-\infty}^{\infty} \delta(\omega - 2\pi k) \tag{5.54}$$

由此式可见,离散时间傅里叶变换中的$(1-e^{-j\omega})$就相对于连续时间傅里叶变换中的$j\omega$。

6. 时域和频域的尺度变换

由于离散时间信号在时间上的离散性,因此时域和频域的尺度变换和连续时间情况下稍有不同。所谓离散时间信号的尺度变换只是对序列的长度变化而言的,其实质是对信号的抽取或内插。一般而言,由于对信号进行抽取的过程是不可逆的,因此抽取所得信号的傅里叶变换与原信号的傅里叶变换没有必然的联系,这里仅对信号在内插时的情况加以讨论。假设 k 为整数,定义一个信号

$$x_{(k)}[n] = \begin{cases} x[n/k], & n \text{ 是 } k \text{ 的整数倍} \\ 0, & \text{其他} \end{cases} \tag{5.55}$$

图 5.12 画出了 $k=3$ 时的 $x_{(3)}[n]$。显然,$x_{(k)}[n]$ 是在 $x[n]$ 的连续值之间插入 $k-1$ 个零点而得到的。当然在 k 为负整数时,$x_{(k)}[n]$ 除了有上述内插过程外,还要进行一次反转。根据式(5.55)的定义,显然有

$$x_{(k)}[kn] = x[n]$$

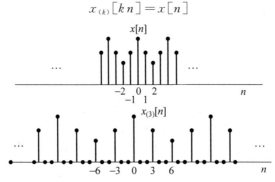

图 5.12 在序列 $x[n]$ 的每一个值之间插入两个零值而得到的序列 $x_{(3)}[n]$

也就是说式(5.55)定义的内插过程是可逆的。即有

$$X_{(k)}(e^{j\omega}) = \sum_{n=-\infty}^{\infty} x_{(k)}[n] e^{-j\omega n} = \sum_{r=-\infty}^{\infty} x_{(k)}[rk] e^{-j\omega rk}$$

$$= \sum_{r=-\infty}^{\infty} x[r] e^{-j\omega rk} = X(e^{jk\omega}) \tag{5.56}$$

即

$$x_{(k)}[n] \leftrightarrow X(e^{jk\omega}) \tag{5.57}$$

式(5.57)又一次表明了时域和频域之间的反比关系。若 $k>1$,则信号在时域中扩展了,随时间的变化减慢了,而它的傅里叶变换就压缩了。由于 $X(e^{j\omega})$ 是周期的,且周期为 2π,因而 $X(e^{jk\omega})$ 也是周期的,其周期为 $2\pi/|k|$。图 5.13 通过一个矩形脉冲序列的例子来说明这个性质。

作为特例,当 $k=-1$ 时,则有

$$x[-n] \leftrightarrow X(e^{-j\omega}) \tag{5.58}$$

此式表明:信号在时间域中的反折相应于在频域中其频谱的反折。

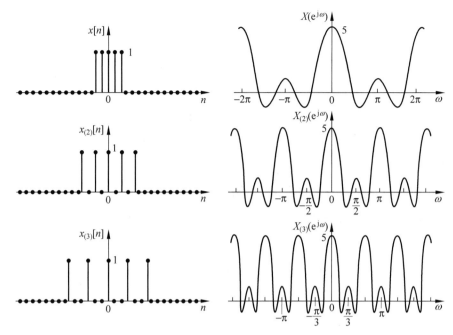

图 5.13 时域与频域的尺度变换特性

7. 频域微分特性

若 $x[n] \leftrightarrow X(e^{j\omega})$，根据式(5.36)，将其两边对 ω 求微分可得

$$\frac{dX(e^{j\omega})}{d\omega} = -\sum_{n=-\infty}^{\infty} jn x[n] e^{-j\omega n} \tag{5.59}$$

显然上式右边就是 $-jnx[n]$ 的傅里叶变换，两边都乘以 j 可得到

$$nx[n] \leftrightarrow j\frac{dX(e^{j\omega})}{d\omega} \tag{5.60}$$

8. 巴什瓦尔定理

若 $x[n] \leftrightarrow X(e^{j\omega})$，则有

$$\sum_{n=-\infty}^{\infty} |x[n]|^2 = \frac{1}{2\pi}\int_{2\pi} |X(e^{j\omega})|^2 d\omega \tag{5.61}$$

对于周期信号则有

$$\frac{1}{N}\sum_{n\in\langle N\rangle} |x[n]|^2 = \sum_{k\in\langle N\rangle} |c_k|^2 \tag{5.62}$$

式(5.61)和式(5.62)与连续时间情况的巴什瓦尔定理很类似，其推导过程也完全类似。$|X(e^{j\omega})|^2$ 称为 $x[n]$ 的能量谱密度，$|c_k|^2$ 称为周期信号的功率谱。

9. 卷积性质

1) 时域卷积

若 $x[n] \leftrightarrow X(e^{j\omega})$，$h[n] \leftrightarrow H(e^{j\omega})$，则有

$$x[n] * h[n] \leftrightarrow X(e^{j\omega})H(e^{j\omega}) \tag{5.63}$$

这一性质的证明过程与连续时间傅里叶变换卷积特性的证明完全相似。卷积特性提供了对离散时间 LTI 系统进行频域分析的理论基础。

2) 频域卷积(调制特性)

若 $x[n] \leftrightarrow X(e^{j\omega})$，$y[n] \leftrightarrow Y(e^{j\omega})$，则有

$$x[n]y[n] \leftrightarrow \frac{1}{2\pi}X(e^{j\omega}) * Y(e^{j\omega}) = \frac{1}{2\pi}\int_{2\pi} X(e^{j\theta})Y(e^{j(\omega-\theta)})d\theta \tag{5.64}$$

由于 $X(e^{j\omega})$ 与 $Y(e^{j\omega})$ 都是以 2π 为周期的，因此式(5.64)中的卷积是周期卷积，它与普通的非周期卷积的区别仅在于积分区间是在一个周期的区间上进行的。由于参与周期卷积的两个函数必须具有相同的周期，因而卷积的结果也一定是周期的，而且和参与卷积的函数具有相同的周期。

5.3.5 离散时间 LTI 系统的频域分析

1. 离散时间 LTI 系统的频域分析

如果一个离散时间 LTI 系统的单位脉冲响应为 $h[n]$，输入信号为 $x[n]$，则根据离散时间傅里叶变换的卷积性质和时域分析方法，即系统的输出响应 $y[n]$ 为

$$y[n] = x[n] * h[n] \tag{5.65}$$

则

$$Y(e^{j\omega}) = X(e^{j\omega})H(e^{j\omega}) \tag{5.66}$$

其中，$X(e^{j\omega})$，$H(e^{j\omega})$ 和 $Y(e^{j\omega})$ 分别是 $x[n]$，$h[n]$ 和 $y[n]$ 的傅里叶变换。$H(e^{j\omega})$ 也称为系统的频率响应。由于 $H(e^{j\omega})$ 与 $h[n]$ 是一一对应的，因此它可以完全表征离散时间 LTI 系统。从式(5.66)可知：只要知道 LTI 系统的频率响应 $H(e^{j\omega})$，就可以通过对 $x[n]$ 作离散时间傅里叶变换得到 $X(e^{j\omega})$，再根据此式求出 $Y(e^{j\omega})$ 并对其求傅里叶反变换即得系统的输出响应，这就是对离散时间 LTI 系统进行频域分析的基本方法。

1) LTI 离散时间系统对复指数序列的响应

与连续时间情况一样，用复指数序列作为基本信号是因为它是 LTI 离散时间系统的特征函数。若 LTI 系统的输入为 z^n，则输出为

$$y[n] = h[n] * x[n] = \sum_{k=-\infty}^{\infty} h[k]z^{n-k} = z^n \sum_{k=-\infty}^{\infty} h[k]z^{-k} = H(z)z^n \tag{5.67}$$

式中，

$$H(z) = \sum_{k=-\infty}^{\infty} h[k]z^{-k} \tag{5.68}$$

是一个常复数，是与特征函数 z^n 有关的特征值。可见，若 $x[n]$ 是一个复指数序列 z^n，则输出 $y[n]$ 就是同样的复指数序列 z^n 乘以常数 $H(z)$。

如果系统的单位抽样响应为 $h[n]$，而输入为 $x[n] = z^n = e^{j\omega n}$，式中 $z = e^{j\omega}$，ω 为数字频率，可得系统输出 $y[n]$ 为

$$y[n] = H(z)e^{j\omega n} = H(e^{j\omega})e^{j\omega n} \tag{5.69}$$

由此可见，LTI 系统对复指数序列的响应是一个同频率的复指数序列，在幅度上的变化 $|H(e^{j\omega})|$ 和在相位上的变化 $\angle H(e^{j\omega})$ 是不同的。

2) LTI 离散时间系统对周期序列的响应

下面，用频域分析方法求解系统对任意周期序列的响应。

根据系统的线性时不变的性质，如果已知系统对复指数序列 z^n 的响应为 $H[z]z^n$，就

可以求出该系统对所有不同频率复指数序列以及不同频率复指数序列线性组合的响应,即若 $z_k^n \to H(z_k)z_k^n$。根据 LTI 系统的齐次性,有 $c_k z_k^n \to c_k H(z_k)z_k^n$,式中,$k=0,1,2,\cdots,N-1$。而基波周期为 N 的周期序列 $x[n]$ 可用 N 个成谐波关系的复指数序列的加权和来表示,即

$$x[n] = \sum_{k \in \langle N \rangle} c_k \mathrm{e}^{\mathrm{j}(2\pi/N)kn} \tag{5.70}$$

根据 LTI 系统的叠加性质,且令 $z_k = \mathrm{e}^{\mathrm{j}2\pi k/N}$,有

$$\sum_{k \in \langle N \rangle} c_k \mathrm{e}^{\mathrm{j}k2\pi n/N} \leftrightarrow \sum_{k \in \langle N \rangle} c_k H(\mathrm{e}^{(\mathrm{j}2\pi k/N)n})\mathrm{e}^{\mathrm{j}k2\pi n/N} \tag{5.71}$$

则系统对周期序列 $x[n]$ 的响应 $y[n]$ 为

$$y[n] = \sum_{k \in \langle N \rangle} c_k H(\mathrm{e}^{\mathrm{j}(2\pi/N)k})\mathrm{e}^{\mathrm{j}(2\pi/N)kn} \tag{5.72}$$

可见,系统的输出也是以 N 为周期的,也是 N 个成谐波关系复指数序列的加权和,每一个复指数序列的系数是相应的输入序列的系数 c_k 乘以 $H(\mathrm{e}^{(\mathrm{j}2\pi k/N)n})$。即 $c_k H(\mathrm{e}^{\mathrm{j}(2\pi/N)k})$ 是 $y[n]$ 的傅里叶级数系数,$H(\mathrm{e}^{\mathrm{j}(2\pi/N)k})$ 是系统与各谐波分量相对应的特征值。

可见,当离散系统的输入是角频率为 ω,取样周期为 T 的复指数序列(或正弦序列)时,系统的稳态响应也是同频率、同取样周期的复指数序列(或正弦序列)。但它的模被乘上了在点 $z = \mathrm{e}^{\mathrm{j}\omega T}$ 上计算的 $H(\mathrm{e}^{\mathrm{j}\omega T})$ 的模,它的相位增加了同一点上计算的 $H(\mathrm{e}^{\mathrm{j}\omega T})$ 的附加相位。即当输入信号为

$$x[n] = A\sin(\omega T n) \cdot \varepsilon[n]$$

其中,$\omega = 2\pi f$,f 是输入信号频率,T 是取样信号周期。

系统的稳态输出为

$$y[n]_{\text{稳态}} = A \mid H(\mathrm{e}^{\mathrm{j}\omega T}) \mid \sin[\omega T n + \angle H(\mathrm{e}^{\mathrm{j}\omega T})] \cdot \varepsilon[n] \tag{5.73}$$

3) LTI 离散时间系统对非周期序列的响应

非周期序列 $x[n]$ 输入到单位冲激响应为 $h[n]$ 的离散时间系统,由式(5.35)可知,$x[n]$ 可看成 $\mathrm{e}^{\mathrm{j}\omega n}$ 的一个连续线性组合,即

$$x[n] = \int_{2\pi} \frac{X(\mathrm{e}^{\mathrm{j}\omega})\mathrm{d}\omega}{2\pi} \mathrm{e}^{\mathrm{j}\omega n} \tag{5.74}$$

如前面所述,离散时间 LTI 系统对 $\mathrm{e}^{\mathrm{j}\omega n}$ 的响应为 $H(\mathrm{e}^{\mathrm{j}\omega})\mathrm{e}^{\mathrm{j}\omega n}$,根据 LTI 系统的线性叠加性质,输出信号(即系统响应)$y[n]$ 为

$$y[n] = \int_{2\pi} \frac{X(\mathrm{e}^{\mathrm{j}\omega})\mathrm{d}\omega}{2\pi} H(\mathrm{e}^{\mathrm{j}\omega})\mathrm{e}^{\mathrm{j}\omega n} \tag{5.75}$$

可改写为

$$y[n] = \frac{1}{2\pi}\int_{2\pi} X(\mathrm{e}^{\mathrm{j}\omega})H(\mathrm{e}^{\mathrm{j}\omega})\mathrm{e}^{\mathrm{j}\omega n}\mathrm{d}\omega = \frac{1}{2\pi}\int_{2\pi} Y(\mathrm{e}^{\mathrm{j}\omega})\mathrm{e}^{\mathrm{j}\omega n}\mathrm{d}\omega \tag{5.76}$$

由此可得

$$Y(\mathrm{e}^{\mathrm{j}\omega}) = X(\mathrm{e}^{\mathrm{j}\omega})H(\mathrm{e}^{\mathrm{j}\omega})$$

这是频域分析中离散时间 LTI 系统的输入输出关系表达式。此式表明:系统对输入序列的作用,表现为以 $H(\mathrm{e}^{\mathrm{j}\omega})$ 与输入频谱 $X(\mathrm{e}^{\mathrm{j}\omega})$ 相乘,从而使输出的频谱的振幅和相位变化。因此,从频域角度,LTI 系统的作用是一个频谱振幅和相位的变换器,通过它可以实现频谱的振幅和相位,使输出的波形符合人们的要求。

2. 系统的频率响应

对于一个线性时不变系统,其输出 $y[n]$ 和输入 $x[n]$ 之间满足如下形式的线性常系数的差分方程:

$$\sum_{k=0}^{N} a_k y[n-k] = \sum_{r=0}^{M} b_r x[n-r] \tag{5.77}$$

式中,a_k 和 b_r 都是常数。对上式两边进行离散时间傅里叶变换,并应用傅里叶变换的线性和时移性质,即得

$$\sum_{k=0}^{N} a_k \mathrm{e}^{-\mathrm{j}\omega k} Y(\mathrm{e}^{\mathrm{j}\omega}) = \sum_{r=0}^{M} b_r \mathrm{e}^{-\mathrm{j}\omega r} X(\mathrm{e}^{\mathrm{j}\omega}) \tag{5.78}$$

由此可得系统的频率响应为

$$H(\mathrm{e}^{\mathrm{j}\omega}) = \frac{Y(\mathrm{e}^{\mathrm{j}\omega})}{X(\mathrm{e}^{\mathrm{j}\omega})} = \frac{\sum_{r=0}^{M} b_r \mathrm{e}^{-\mathrm{j}r\omega}}{\sum_{k=0}^{N} a_k \mathrm{e}^{-\mathrm{j}k\omega}} \tag{5.79}$$

式(5.79)表明:由线性常系数差分方程描述的离散时间 LTI 系统的频率响应是一个关于 $\mathrm{e}^{-\mathrm{j}\omega}$ 的有理函数。由式(5.75)与式(5.79)相比可见,$H(\mathrm{e}^{\mathrm{j}\omega})$ 分子多项式的系数就是差分方程右边各项的系数,分母多项式的系数就是差分方程左边各项的系数。因此,根据式(5.75)就可以直接确定系统的频率响应。

【**例 5-13**】 某离散系统的系统函数 $H(z) = \dfrac{1+z^{-1}}{1-0.5z^{-1}}$,试求其系统频率响应。

解 由 $H(z)$ 的表示式可知,其收敛域为 $|0.5z^{-1}| < 1$,系统的频率响应(频率特性)

$$H(\mathrm{e}^{\mathrm{j}\omega T}) = H(z)\big|_{z=\mathrm{e}^{\mathrm{j}\omega T}} = \frac{1+\mathrm{e}^{-\mathrm{j}\omega T}}{1-0.5\mathrm{e}^{-\mathrm{j}\omega T}}$$

$$= \frac{1+\cos \omega T - \mathrm{j}\sin \omega T}{1-0.5\cos \omega T + \mathrm{j}0.5\sin \omega T}$$

$$= \frac{\sqrt{(1+\cos \omega T)^2 + \sin^2 \omega T}\, \mathrm{e}^{\mathrm{j}\psi}}{\sqrt{(1-0.5\cos \omega T)^2 + (0.5\sin \omega T)^2}\, \mathrm{e}^{\mathrm{j}\theta}}$$

若令 $1+\mathrm{e}^{-\mathrm{j}\omega T} = B\mathrm{e}^{\mathrm{j}\psi}$,$1-0.5\mathrm{e}^{-\mathrm{j}\omega T} = A\mathrm{e}^{\mathrm{j}\theta}$,可得

$$B = \sqrt{(1+\cos \omega T)^2 + \sin^2 \omega T} = \sqrt{2(1+\cos \omega T)}$$

$$A = \sqrt{(1-0.5\cos \omega T)^2 + (0.5\sin \omega T)^2} = \sqrt{1.25 - \cos \omega T}$$

$$\psi = \arctan \frac{-\sin \omega T}{1+\cos \omega T}$$

$$\theta = \arctan \frac{0.5\sin \omega T}{1-0.5\cos \omega T}$$

若令系统的频率响应

$$H(\mathrm{e}^{\mathrm{j}\omega T}) = H_d(\omega) \mathrm{e}^{\mathrm{j}\varphi(\omega)_d}$$

则

$$H_d(\omega) = \frac{B}{A} = \sqrt{\frac{2(1+\cos \omega T)}{1.25 - \cos \omega T}}$$

$$\varphi_d(\omega) = \psi - \theta = \arctan\frac{-\sin\omega T}{1+\cos\omega T} - \arctan\frac{0.5\sin\omega T}{1-0.5\cos\omega T}$$
$$= -\arctan\frac{3\sin\omega T}{1+\cos\omega T}$$

由幅频和相频特性的表示式可见,它们都以 $\omega = \frac{2\pi}{T}$ 周期性地重复变化。

【例 5-14】 一个 LTI 系统,其 $h[n]=a^n \varepsilon[n], -1<a<1$,输入 $x[n]=\cos(2\pi n/N)$,求系统响应。

解 将 $x[n]$ 写成离散傅里叶级数的形式,即
$$x[n] = (e^{j(2\pi/N)n} + e^{-j(2\pi/N)n})/2$$

先求出
$$H[z] = \sum_{k=-\infty}^{\infty} h[k]z^{-k} = \sum_{k=0}^{\infty} a^k (e^{j2\pi/N})^{-k} = \sum_{k=0}^{\infty} (a e^{-j2\pi/N})^k$$

根据无穷项几何级数求和公式 $\sum_{m=0}^{\infty} r^m = \frac{1}{1-r}$ 得到
$$H(e^{j2\pi/N}) = \frac{1}{1-a e^{(-j2\pi/N)}}$$

求系统响应,由式(5.72)得
$$y[n] = \frac{1}{2}H(e^{j2\pi/N})e^{j(2\pi/N)n} + \frac{1}{2}H(e^{-j2\pi/N})e^{-j(2\pi/N)n}$$
$$= \frac{1}{2} \cdot \frac{1}{1-a e^{-j2\pi/N}}e^{j(2\pi/N)n} + \frac{1}{2} \cdot \frac{1}{1-a e^{j2\pi/N}}e^{-j(2\pi/N)n}$$

若令 $\frac{1}{1-a e^{-j2\pi/N}} = r e^{j\theta}$,则
$$y[n] = \frac{1}{2}r e^{j(2\pi n/N+\theta)} + \frac{1}{2}r e^{-j(2\pi n/N+\theta)} = r\cos(2\pi n/N + \theta)$$

设 $N=4$, $\frac{1}{1-a e^{-j2\pi/4}} = \frac{1}{1+ja}$,则 $r = \frac{1}{\sqrt{1+a^2}}$, $\theta = -\arctan a$,所以
$$y[n] = \frac{1}{\sqrt{1+a^2}}\cos(2\pi n/N - \arctan a)$$

【例 5-15】 一个 LTI 离散系统,系统函数 $H(z) = \frac{0.4(1+z^{-1})}{1-0.2z^{-1}}$,系统的输入为幅度等于 10V、频率为 100Hz 的正弦序列,设抽样频率为 1200Hz,求其稳态输出。

解 根据系统函数 $H(z) = \frac{0.4(1+z^{-1})}{1-0.2z^{-1}}$ 可得
$$H(e^{j\omega T}) = H(z)\big|_{z=e^{j\omega T}} = \frac{0.4(1+(e^{j\omega T})^{-1})}{1-0.2(e^{j\omega T})^{-1}}$$

又因输入信号幅度 $A=10V$,输入频率 $f=100Hz$,抽样频率 $1/T=1200Hz$,故 $\omega T = 2\pi fT = 2\pi/12$,所以输入信号表达为
$$x[n] = 10\sin(2\pi n/12) \cdot \varepsilon[n]$$

将 $\omega T = 2\pi fT = 2\pi/12$ 代入 $H(e^{j\omega T}) = \dfrac{0.4(1+(e^{j\omega T})^{-1})}{1-0.2(e^{j\omega T})^{-1}}$,求出

$$|H(e^{j\omega T})| = 0.924, \quad 和 \quad \angle H(e^{j\omega T}) = -21.9°$$

故系统的正弦稳态输出 $y[n]\big|_{稳态} = 9.24\sin\left[\dfrac{2\pi}{12}n - 21.9°\right] \cdot \varepsilon[n]$

5.4 用 MATLAB 进行离散时间系统的时域与频域分析

5.4.1 用 MATLAB 实现离散时间序列卷积

下面是利用 MATLAB 计算两离散序列卷积和 $f[k] = f_1[k] * f_2[k]$ 的实用函数 dconv(),该程序在计算出卷积和 $f[k]$ 的同时,还绘出序列 $f_1[k]$,$f_2[k]$ 和 $f[k]$ 的时域波形图,并返回 $f[k]$ 的非零样值点的对应向量。

```
function [f,k] = dconv(f1,f2,k1,k2)
%  The function of computer    f = f1 * f2
%  f:    卷积和序列 f(k)对应的非零样值向量
%  k:    序列 f(k)的对应序号向量
%  f1:   序列 f1(k)的非零样值向量
%  f2:   序列 f2(k)的非零样值向量
%  k1:   序列 f1(k)的对应序号向量
%  k2:   序列 f2(k)的对应序号向量
f = conv(f1,f2)                          % 计算序列 f1 与 f2 的卷积和 f
k0 = k1(1) + k2(1);                      % 计算序列 f 非零样值的起点位置
k3 = length(f1) + length(f2) - 2;        % 计算卷积和 f 的非零样值的宽度
k = k0:k0 + k3                           % 确定卷积和 f 非零样值的序号向量
subplot 221
stem(k1,f1)                              % 在子图 1 绘序列 f1(k)时域波形图
title('f1(k)')
xlabel('k')
ylabel('f1(k)')
subplot 222
stem(k2,f2)                              % 在图 2 绘序列 f2(k)时域波形图
title('f2(k)')
xlabel('k')
ylabel('f2(k)')
subplot 223
stem(k,f);                               % 在子图 3 绘序列 f(k)的波形图
title('f(k) = f1(k) * f2(k)')
xlabel('k')
ylabel('f(k)')
h = get(gca,'position');
h(3) = 2.3 * h(3);
set(gca,'position',h)                    % 将第三个子图的横坐标范围扩为原来的 2.3 倍
```

【例 5-16】 试用 MATLAB 计算如下两序列 $f_1[k]$,$f_2[k]$ 的卷积和 $f[k]$,绘出它们的时域波形,并说明序列 $f_1[k]$,$f_2[k]$ 的时域宽度与序列 $f[k]$ 的时域宽度的关系。

$$f_1[k] = \begin{cases} 1, & k = -1 \\ 2, & k = 0 \\ 1, & k = 1 \\ 0, & 其他 \end{cases}$$

$$f_2[k] = \begin{cases} 1, & -2 \leqslant k \leqslant 2 \\ 0, & 其他 \end{cases}$$

解 利用上述函数 dconv() 实现卷积和的 MATLAB 程序如下：

```
% 离散时间序列卷积实现程序
f1 = [1 2 1];
k1 = [-1 0 1];
f2 = ones(1,5);
k2 = -2:2;
[f,k] = dconv(f1,f2,k1,k2)
```

程序运行结果如下：

```
f =
     1    3    4    4    4    3    1
k =
    -3   -2   -1    0    1    2    3
```

程序绘制的序列时域波形图如图 5.14 所示。

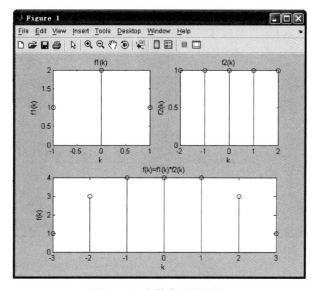

图 5.14 离散序列卷积和

由程序运行结果及绘制的波形可以看出,序列 $f[k]$ 的时域宽度等于序列 $f_1[k]$,$f_2[k]$ 的时域宽度之和减一。

【例 5-17】 试用 MATLAB 计算如下两序列 $f_1[k]$,$f_2[k]$ 的卷积和 $f[k]$ 图解法方法的实现过程。并绘出变换的时域波形。

$$f_1[k] = \begin{cases} 1, & 0 \leqslant k \leqslant 4 \\ 0, & 其他 \end{cases}$$

$$f_2[k] = \begin{cases} 1, & 0 \leqslant k \leqslant 5 \\ 0, & 其他 \end{cases}$$

解 实现上述过程的程序如下：

```
% 离散卷积图解法方法的实现程序
n = [-10:10];
x = zeros(1,length(n));
```

```
x([find((n>=0)&(n<=4))]) = 1;
h = zeros(1,length(n));
h([find((n>=0)&(n<=5))]) = 1;
subplot 321; stem(n,x,'*k');
subplot 322; stem(n,h,'k');
n1 = fliplr(-n); h1 = fliplr(h);
subplot 323; stem(n,x,'*k'); hold on; stem(n1,h1,'k');
h2 = [0,h1]; h2(length(h2)) = []; n2 = n1;
subplot 324; stem(n,x,'*k'); hold on; stem(n2,h2,'k');
h3 = [0,h2]; h3(length(h3)) = []; n3 = n2;
subplot 325; stem(n,x,'*k'); hold on; stem(n3,h3,'k');
n4 = -n; nmin = min(n1) - max(n4); nmax = max(n1) - min(n4); n = nmin:nmax;
y = conv(x,h);
subplot 326; stem(n,y,'.k');
```

程序运行结果如图 5.15 所示。

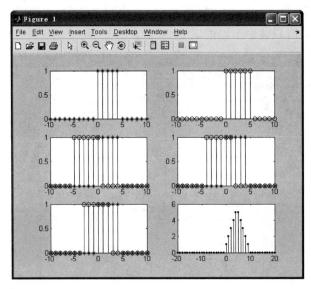

图 5.15　离散卷积图解法方法过程图

5.4.2　用 MATLAB 实现离散时间系统的单位响应

在 MATLAB 中,函数 impz()能够绘出由式(5.2)向量 a 和 b 定义的离散系统在指定时间范围内单位响应的时域波形,并能求出系统单位响应在指定时间范围内的数值解。函数 impz()调用格式有:

```
impz(b,a)
```

该调用格式以默认方式绘出由向量 a 和 b 定义的离散系统在指定时间范围内单位响应的时域波形。

```
impz(b,a,n)
```

该调用格式将绘出由向量 a 和 b 定义的离散系统在 0~n(n 必须为整数)离散时间范围内单位响应的时域波形。

```
impz(b,a,n1:n2)
```

该调用格式将绘出由向量 a 和 b 定义的离散系统在 n1～n2(n1,n2 必须为整数,且 n1<n2)离散时间范围内单位响应的时域波形。

    y = impz(b,a,n1:n2)

该调用格式并不绘出系统单位响应的时域波形,而是求出由向量 a 和 b 定义的离散系统在 n1～n2(n1,n2 必须为整数,且 n1<n2)离散时间范围内的系统单位响应的数值解。

【例 5-18】 已知描述某离散时间系统差分方程为 $y[k]-y[k-1]-2y[k-2]=f[k]$,试用 MATLAB 绘出该系统 0～50 时间范围内单位响应的波形。

解 实现上述过程的 MATLAB 程序如下:

```
% 离散系统的单位响应实现程序
a = [2 -2 1];
b = [1 3 2];
impz(b,a)
```

程序运行结果如图 5.16 所示。

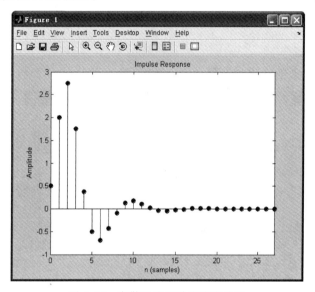

图 5.16　离散系统的单位响应曲线

5.4.3　用 MATLAB 求 LTI 离散系统的响应

MATLAB 提供了求 LTI 离散系统响应的函数 filter()。该函数能求出由差分方程描述的离散系统在指定时间范围内的输入序列所产生的响应序列的数值解。其调用格式为

    y = filter(b,a,x)

其中,a 和 b 是由描述系统的差分方程的系数决定的表示离散系统的两个行向量(与 5.5.1 节相同),x 是包含输入序列非零样值点的行向量。则该调用格式为求出系统在与 x 的取样时间点相同的输出序列样值,即输出向量 y 包含了与输入向量 x 所在样本同一区间上的样本。

【例 5-19】 已知描述某离散时间系统差分方程如下:

$$y[k]-\frac{1}{4}y[k-1]+\frac{1}{2}y[k-2]=f[k]+f[k-1]$$

且知该系统输入序列为 $f[k] = \left(\dfrac{1}{2}\right)^k \varepsilon[k]$，试用 MATLAB 绘出输入序列的时域波形，求出该系统 $[0,20]$ 区间的样值，画出系统的零状态响应波形。

解 用 MATLAB 实现上述过程的程序如下：

```
% LTI 离散系统的响应实现程序
a = [1  -0.25  0.5];
b = [1  1];
k = 0:20;
x = (1/2).^k;
y = filter(b,a,x)
subplot 211
stem(k,x)
title('输入序列')
xlabel('k')
ylabel('y(k)')
subplot 212
stem(k,y)
title('响应序列')
xlabel('k')
ylabel('y(k)')
```

绘制的系统输入及响应序列波形如图 5.17 所示。

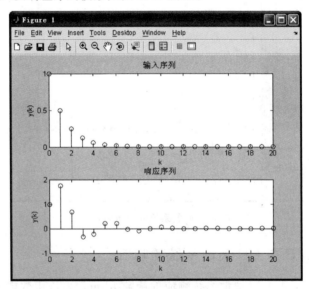

图 5.17 离散系统的输入及响应序列

程序运行结果为

```
y =
Columns 1 through 9
  1.0000  1.7500  0.6875  -0.3281  -0.2383  0.1982  0.2156  -0.0218  -0.1015
Columns 10 through 18
  -0.0086  0.0515  0.0187  -0.0204  -0.0141  0.0069  0.0088  -0.0012  -0.0047
Columns 19 through 21
  -0.0006  0.0022  0.0008
```

【例 5-20】 已知描述某离散时间系统差分方程为

$$y[k]+y[k-1]+\frac{1}{4}y[k-2]=f[k]$$

试用 MATLAB 绘出该系统单位阶跃响应 $g[k]$ 的时频波形。

解 用 MATLAB 实现上述过程的程序如下：

```
% LTI 离散系统的单位阶跃响应
a = [1 1 1/4];
b = [1];
k = 0:15;
x = ones(1,length(k));
y = filter(b,a,x);
stem(k,y);
title('离散系统单位阶跃响应')
xlabel('k');
ylabel('g(k)')
```

程序运行结果如图 5.18 所示。

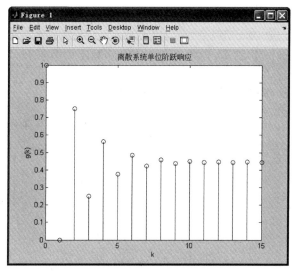

图 5.18 离散系统单位阶跃响应曲线

利用 dconv() 函数卷积和求解离散系统的零状态响应。

【例 5-21】 已知某 LTI 离散系统，其单位响应 $h[k]=\varepsilon[k]-\varepsilon[k-4]$，求该系统在激励为 $f[k]=\varepsilon[k]-\varepsilon[k-3]$ 时的零状态响应 $y[k]$，并绘出其时域波形图。

解 利用函数 dconv() 实现零状态响应的 MATLAB 程序如下：

```
% 利用 dconv() 求解零状态响应
f1 = ones(1,4);
k1 = 0:3;
f2 = ones(1,3);
k2 = 0:2;
[f,k] = dconv(f1,f2,k1,k2)
```

程序运行结果为

```
f =
    1    2    3    3    2    1
k =
    0    1    2    3    4    5
```

程序绘制的序列时域波形图如图 5.19 所示。

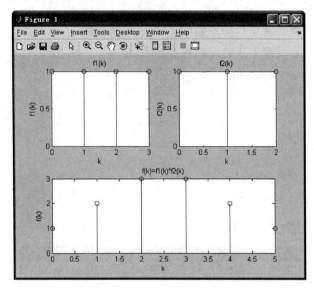

图 5.19　程序绘制的序列时域波形图

5.4.4　用 MATLAB 求离散信号的频谱分析

【例 5-22】　如图 5.20 所示，试用 MATLAB 计算周期矩形波序列的 DFS 系数。

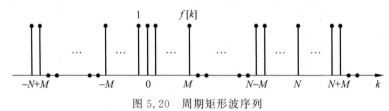

图 5.20　周期矩形波序列

解　实现上述过程的 MATLAB 程序如下：

```
% 周期矩形波序列的傅里叶级数实现程序
N = 32; M = 4;         % 定义周期矩形波序列的参数
f = [ones(1,M+1) zeros(1,N-2*M-1) ones(1,M)];   % 产生序列
F = fft(f);            % 计算 DFS 系数
m = 0:N-1;
subplot 311
stem(m,real(F));
title('F[m]的实部');
xlabel('m');
subplot 312;
stem(m,imag(F));
title('F(m)的虚部');
xlabel('m');
fr = ifft(F);          % 重建的 f[k]
subplot 313;
stem(m,real(fr));
xlabel('k');
title('重建的 f[k]');
```

程序运行结果如图 5.21 所示。

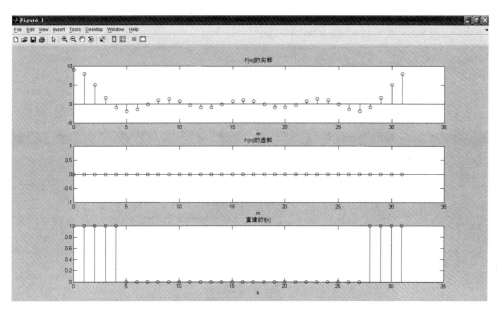

图 5.21　N=32、M=4 的周期脉冲序列的 DFS 系数

【例 5-23】 已知一个有限长脉冲序列 $x[n]=\begin{cases}1, & -M\leqslant n\leqslant M, M=4\\ 0, & 其他\end{cases}$，用 FFT 计算其频谱。

解 利用 FFT 计算其频谱的 MATLAB 程序如下：

```
% 有限长脉冲序列的频谱实现程序
N = 32;M = 4;       % 定义周期脉冲序列的参数
k = -N/2:(N/2-1);
x = [ones(1,M+1) zeros(1,N-2*M-1) ones(1,M)];   % 产生序列
X = fft(x,N);
subplot 211;
stem(k,fftshift(x));
ylabel('x[k]')
xlabel('k');
omega = 2*pi/N*k;
subplot 212;
stem(omega,real(fftshift(X)));
ylabel('X[\Omega]');
xlabel('\Omega/\pi');
```

程序运行结果如图 5.22 所示。

【例 5-24】 有一个信号为 $x[k]=\cos\left(\dfrac{7\pi}{16}k\right)+2\cos\left(\dfrac{9\pi}{16}k\right)$，试用 FFT 计算其频谱。

解 利用 FFT 计算其频谱的 MATLAB 实现程序(使用海宁窗函数)如下：

```
% 求信号 x(k) = cos(7*pi/16*k) + 2*cos(9*pi/16*k)的频谱
M = 80;k = 0:M-1;
w = 0.5*(1-cos(2*pi*k/M));   % 海宁窗函数
x = (cos(7*pi/16*k) + 2*cos(9*pi/16*k)).*w;
N = 256;
X = fft(x,N);
omega = 2*pi/N*[(0:N-1)-N/2];
```

```
subplot 211;
stem(k,x); xlabel('k'); ylabel('x(k)');
subplot 212;
plot(omega,abs(X));
axis([-pi,pi,0,M/2+3]);
xlabel('\Omega/\pi'); ylabel('X[\Omega]');
```

运行结果如图 5.23 所示。

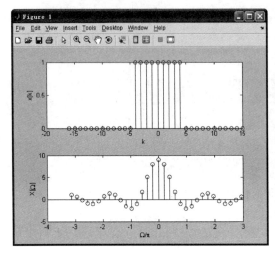

图 5.22 序列及其幅度频谱

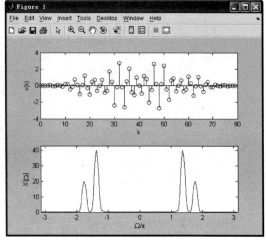

图 5.23 海宁窗,宽度 $M=80$ 点的 $x(k)$ 和 $X(\Omega)$

利用 FFT 计算其频谱的 MATLAB 实现程序(使用时窗函数)如下:

```
% 求信号 x(k) = cos(7 * pi/16 * k) + 2 * cos(9 * pi/16 * k)的频谱
M = 80; k = 0:M-1;
x = (cos(7 * pi/16 * k) + 2 * cos(9 * pi/16 * k));
N = 256;
X = fft(x,N);
omega = 2 * pi/N * [(0:N-1) - N/2];
subplot 211;
stem(k,x); xlabel('k'); ylabel('x(k)');
subplot 212;
plot(omega,abs(X));
axis([-pi,pi,0,M/2+3]);
xlabel('\Omega/\pi'); ylabel('X[\Omega]');
```

运行结果如图 5.24(a)所示。$M=20$ 时,其运行结果如图 5.24(b)所示。

【例 5-25】 有一个信号为 $x[k]=\cos\left(\dfrac{7\pi}{16}k\right)+\cos\left(\dfrac{9\pi}{16}k\right)$,试用 FFT 计算其频谱。

解 利用 FFT 计算其频谱的 MATLAB 实现程序(使用海宁窗函数)如下:

```
% 求信号 x(k) = cos(7 * pi/16 * k) + cos(9 * pi/16 * k)的频谱
M = 80; k = 0:M-1;
w = 0.5 * (1 - cos(2 * pi * k/M));
x = (cos(7 * pi/16 * k) + cos(9 * pi/16 * k)). * w;
N = 256;
X = fft(x,N);
omega = 2 * pi/N * [(0:N-1) - N/2];
subplot 211;
stem(k,x); xlabel('k'); ylabel('x(k)');
```

```
subplot 212;
plot(omega,abs(X));
axis([-pi,pi,0,M/2+3]);
xlabel('\Omega/\pi'); ylabel('X[\Omega]');
```

时窗长度分别为 $M=80, 20$ 的海宁窗,其运行结果分别如图 5.25(a) 和 (b) 所示。

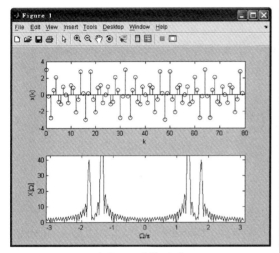
(a) 宽度 $M=80$ 点的 $x(k)$ 和 $X(\Omega)$

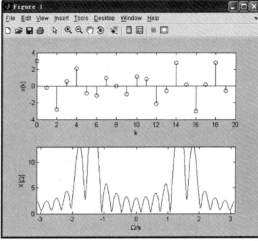
(b) 宽度 $M=20$ 点的 $x(k)$ 和 $X(\Omega)$

图 5.24　序列及其幅度频谱(时窗)

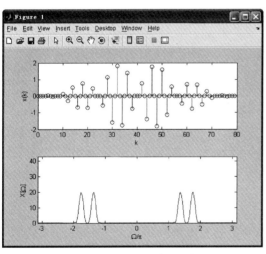
(a) 海宁窗,宽度 $M=80$ 点的 $x(k)$ 和 $X(\Omega)$

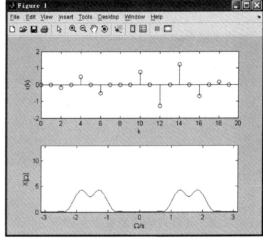
(b) 海宁窗,宽度 $M=20$ 点的 $x(k)$ 和 $X(\Omega)$

图 5.25　序列及其幅度频谱

习　　题

5.1　设信号 $f(t)$ 为包含 $0 \sim \omega_m$ 的频带有限信号,试确定 $f(3t)$ 的抽样频率。

5.2　若电视信号占有的频带为 $1 \sim 6\text{MHz}$,电视台每秒发送 25 幅图像,每幅图像又分为 625 条水平扫描线,问每条水平线至少要有多少个抽样点?

5.3 设有差分方程为 $y[n]+3y[n-1]+2y[n-2]=f[n]$，初始状态 $y[-1]=-\frac{1}{2}$，$y[-2]=\frac{5}{4}$，试求系统的零输入响应。

5.4 设有离散系统的差分方程为 $y[n]+4y[n-1]+3y[n-2]=4f[n]+f[n-1]$，试画出其时域模拟图。

5.5 设有一阶系统为
$$y[n]-0.8y[n-1]=f[n]$$
(1) 试求单位响应 $h[n]$；
(2) 试求阶跃响应 $g[n]$。

5.6 设离散系统的单位响应为 $h[n]=\left(\frac{1}{3}\right)^n \varepsilon[n]$，输入信号为 $f[n]=2^n$，试求 $f[n]*h[n]$。

5.7 已知系统的响应
$$h[n]=a^n \varepsilon[n], \quad 0<a<1$$
输入信号 $f[n]=\varepsilon[n]-\varepsilon[n-6]$，试求系统的零状态响应。

5.8 描述某线性非时变离散系统的差分方程为 $y[n]-2y[n-1]=f[n]$，若已知初始状态 $y[-1]=0$，激励为单位阶跃序列，即 $f[n]=\varepsilon[n]$，试求 $y[n]$。

5.9 如有齐次差分方程为 $y[n]+y[n-1]-6y[n-2]=0$，已知 $y[0]=3$，$y[1]=1$，试求其齐次解。

5.10 如有齐次差分方程为 $y[n]+4y[n-1]+4y[n-2]=0$，已知 $y[0]=y[1]=-2$，试求其齐次解。

5.11 解下列非齐次差分方程：
(1) $y[n]+2y[n-1]=f[n]$，$f[n]=(n-2)\varepsilon[n]$，$f[0]=1$
(2) $y[n]-2y[n-1]=f[n]$，$f[n]=2\varepsilon[n]$，$y[0]=0$
(3) $y[n]+2y[n-1]+y[n-2]=f[n]$，$f[n]=\frac{4}{3}(3)^n \varepsilon[n]$，$y[0]=y[-1]=0$

5.12 对如习题图 5.1 所示各系统，试求：
(1) 单位响应；
(2) 当 $f[n]=\varepsilon[n]$ 时，系统的零状态响应。

5.13 各序列的图形如习题图 5.2 所示，试求下列卷积和。
(1) $f_1[n]*f_2[n]$ (2) $f_2[n]*f_3[n]$ (3) $f_3[n]*f_4[n]$

5.14 已知系统的激励 $f[n]$ 和单位响应 $h[n]$ 如下，试求系统的零状态响应 $y_{zs}[n]$，并画出其图形。
(1) $f[n]=h[n]=\varepsilon[n]$
(2) $f[n]=\varepsilon[n]$，$h[n]=\delta[n]-\delta[n-3]$
(3) $f[n]=h[n]=\varepsilon[n]-\varepsilon[n-4]$

5.15 对于线性非时变系统：
(1) 已知系统的单位响应 $h[n]$，求阶跃响应 $g[n]$（阶跃响应是激励为单位阶跃序列时，系统的零状态响应）；

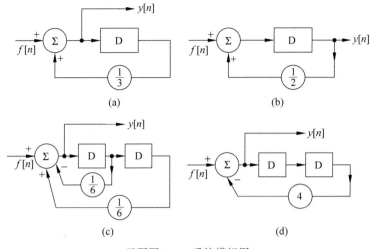

习题图 5.1 系统模拟图

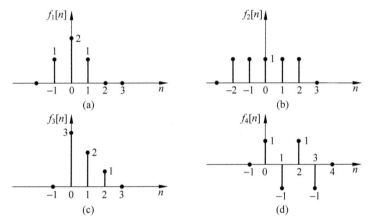

习题图 5.2

（2）已知系统的阶跃响应 $g[n]$，求系统的单位响应 $h[n]$。

5.16 对以习题图 5.3 为系统的模拟图，当输入 $f[n]$ 时，试分别求下列各式的零状态响应。

(1) $f(n)=\varepsilon[n]$ (2) $f[n]=n\varepsilon[n]$

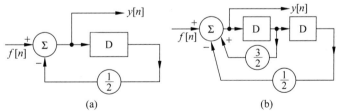

习题图 5.3

5.17 已知某线性非时变系统的输入为

$$f[n]=\begin{cases}1, & n=0 \\ 4, & n=1,2 \\ 0, & 其他\end{cases}$$

其零状态响应为

$$y_{zs}[n] = \begin{cases} 0, & n < 0 \\ 9, & n \geq 0 \end{cases}$$

试求此系统的单位响应。

5.18 已知离散时间系统的差分方程为 $y[n]-0.5y[n-1]=f[n]$，试用迭代法求其单位响应。

5.19 系统差分方程式为 $y[n]-3y[n-1]+3y[n-2]-y[n-3]=f[n]$，用经典法求系统的单位响应。

5.20 已知系统的差分方程模型为 $y[n]-5y[n-1]+6y[n-2]=f[n]-3f[n-2]$，试求系统的单位响应。

5.21 已知如下两个序列：

$$f[n]=\begin{cases}3, & n=0\\2, & n=1\\1, & n=2\\0, & \text{其他}\end{cases}$$

$$h[n]=\begin{cases}\left(\dfrac{1}{2}\right)^n, & n\geq 0\\0, & n<0\end{cases}$$

试用阵列表法求它们的卷积。

5.22 系统的单位响应为 $h[n]=a^n \varepsilon[n]$，其中 $0<a<1$。若激励信号为一矩形序列，即 $f[n]=\varepsilon[n]-\varepsilon[n-N]$，试求响应 $y[n]$。

5.23 已知 $x[n]=1+\sin(2\pi/N)n+3\cos(2\pi/N)n+\cos(4\pi n/N+\pi/2)$，式中 N 为整数，试求其频谱。

5.24 某离散系统的系统函数 $H(z)=\dfrac{1+z^{-1}}{1-0.5z^{-1}}$，试求其系统频率响应。

5.25 一个 LTI 系统，其 $h[n]=a^n\varepsilon[n]$，$-1<a<1$；输入 $x[n]=\cos(2\pi n/N)$，$N=8$，试求系统响应。

5.26 一个 LTI 离散系统，系统函数 $H(z)=\dfrac{0.4(1+z^{-1})}{1-0.2z^{-1}}$，系统的输入为幅度等于 10V、频率为 200Hz 的正弦序列，设抽样频率为 1000Hz，求其稳态输出。

5.27 用计算机对测量所得的数据 $f(k)$ 进行平均处理。当收到一个测量数据后，计算机就把这一次输入的数据与前三次输入的数据进行平均，求这一数据处理过程的频率响应。

5.28 求周期抽样序列串 $x[n]=\sum\limits_{k=-\infty}^{\infty}\delta[n-kN]$ 的傅里叶频谱。

5.29 一个 LTI 离散时间系统，已知 $h[n]=\delta[n-m]$，$x[n]\leftrightarrow X(e^{j\omega})$，用频域分析法求 $x[n]$ 通过系统后的波形变化。

5.30 有 LTI 系统，已知 $h[n]=\alpha^n\varepsilon[n]$，$x[n]=\beta^m\varepsilon[n]$，试求系统响应。

5.31 已知描述离散系统的差分方程为 $y[n]-ay[n-1]=x[n]$，$0<a<1$，试求该系统的频响特性。

5.32 已知离散系统激励 $x[n]=\left(\dfrac{1}{2}\right)^{n}\varepsilon[n]-\dfrac{1}{4}\left(\dfrac{1}{2}\right)^{n-1}\varepsilon[n-1]$,零状态响应 $y[n]=\left(\dfrac{1}{3}\right)^{n}\varepsilon[n]$,试求该系统的频响特性 $H(\mathrm{e}^{\mathrm{j}\omega})$。

MATLAB 实验

M5.1 设系统冲激响应为 $h[n]=\begin{cases}n, & 0\leqslant n\leqslant 5\\ 0, & 其他\end{cases}$,输入信号为 $f[n]=\begin{cases}1, & 0\leqslant n\leqslant 5\\ 0, & 其他\end{cases}$,求:
(1) 输出 $y_1[n]=f[n]*h[n]$;
(2) 输出 $y_2[n]=f[n]*h[n+5]$。

M5.2 设 $h[n]=(0.9)^{n}\varepsilon[n]$,输入 $f[n]=\varepsilon[n]-\varepsilon[n-10]$,求系统输出 $y[n]=f[n]*h[n]$。

M5.3 设离散系统可由下列差分方程表示:
$$y[n]-y[n-1]+0.9y[n-2]=f[n]$$
试计算 $n=[-20:100]$ 时的系统冲激响应和阶跃响应。

M5.4 求以下有限时宽序列 $f[n]$ 的傅里叶变换 $F(\mathrm{e}^{\mathrm{j}\omega})$。
(1) $f[n]=[0.9\mathrm{e}^{\mathrm{j}\frac{\pi}{3}}]^{n}$, $0\leqslant n\leqslant 10$
(2) $f[n]=2^{n}$, $-10\leqslant n\leqslant 10$

M5.5 对于实序列 $f[n]=\sin\left[\dfrac{\pi n}{2}\right]$,$-5\leqslant n\leqslant 10$,求出 $F(\mathrm{e}^{\mathrm{j}\omega})$ 的实部和虚部,同时分别求出 $f[n]$ 奇偶分解后的奇部和偶部对应的 $F_{\mathrm{o}}(\mathrm{e}^{\mathrm{j}\omega})$ 和 $F_{\mathrm{e}}(\mathrm{e}^{\mathrm{j}\omega})$。

M5.6 对于模拟信号 $f(t)=2\sin 4\pi t+5\cos 8\pi t$,以 $t=0.01n(n=[0:N-1])$ 进行抽样。求 N 点 DFT 的幅值谱(N 分别取 45,50,55,60)。

第 6 章

离散系统的 Z 域分析

内 容 提 要

本章首先介绍利用 Z 变换进行离散时间信号的 Z 域分析，讨论 Z 变换的定义及其性质，在此基础上介绍离散系统 Z 变换分析法，Z 域系统函数及其零、极点图，离散系统的 Z 域模拟图与信号流图，讨论系统函数与系统的单位脉冲响应、频率特性、系统稳定性等系统特性的关系，最后介绍用 MATLAB 实现离散时间系统的 Z 域分析。

线性离散时间系统也可以类似于分析线性连续时间系统所采用的变换域法进行分析。在分析连续时间系统时，经过拉普拉斯变换将微分方程变成代数方程，从而使分析简化。在离散时间系统分析中，Z 变换的地位和作用类似于连续系统中的拉普拉斯变换，利用 Z 变换把差分方程变换为代数方程，从而使离散系统的分析较为简便。

人们对 Z 变换的认识可以追溯到 18 世纪，但直到 19 世纪 60 年代，抽样数据控制系统和数字计算机的研究与实践，才为 Z 变换的应用开辟了广阔的天地。为此，在离散信号与系统的理论研究中，Z 变换成为一种重要的数学工具。

6.1 Z 变 换

6.1.1 Z 变换的定义及其收敛域

离散序列 $f[n] = \{\cdots, f[-1], f[0], f[1], \cdots\}$ 的 Z 变换 $F(z)$ 的定义为

$$F(z) = \cdots + f[-1]z^1 + f[0]z^0 + f[1]z^{-1} + \cdots + f[n]z^{-n} + \cdots = \sum_{n=-\infty}^{\infty} f[n]z^{-n} \tag{6.1}$$

即 $F(z)$ 是 z^{-1} 的一个幂级数，其中 z^{-n} 的系数就是 $f[n]$ 的值。式(6.1)称为离散序列 $f[n]$ 的 Z 变换定义式，可记为

$$F(z) = Z[f[n]] = \sum_{n=-\infty}^{\infty} f[n]z^{-n} \tag{6.2}$$

离散序列的 Z 变换，可以从抽样函数的拉普拉斯变换式导出。前面在讨论抽样定理时已经知道，一个连续函数 $f(t)$ 以均匀间隔 T 进行抽样后的函数 $f_s(t)$，可以表示为

$$f_s(t) = f(t) \sum_{n=-\infty}^{\infty} \delta(t-nT) = \sum_{n=-\infty}^{\infty} f(nT)\delta(t-nT)$$

也就是说,抽样函数 $f_s(t)$ 可以表示为一系列在 $t=nT(n=0,\pm 1,\pm 2,\cdots)$ 时刻出现的强度为 $f(nT)$ 的冲激函数之和,其中 $f(nT)$ 为连续函数 $f(t)$ 在 $t=nT$ 时刻的值,它是一个离散序列函数。

抽样后的离散序列 $f_s(t)$ 的拉普拉斯变换为

$$F_s(s)=L[f_s(t)]=L\left[\sum_{n=-\infty}^{\infty}f(nT)\delta(t-nT)\right]=\sum_{n=-\infty}^{\infty}f(nT)\mathrm{e}^{-nsT} \quad (6.3)$$

如令 $z=\mathrm{e}^{sT}$ 或 $s=\dfrac{1}{T}\ln z$,则

$$F_s(s)\bigg|_{s=\frac{1}{T}\ln z}=\sum_{n=-\infty}^{\infty}f(nT)z^{-n}=F(z) \quad (6.4)$$

即可得到一个以 z 为变量的代数式,它就是离散函数 $f(nT)$ 或 $f[n]$(若令 $T=1$)的变换式。由此可见,离散信号 $f[n]$ 的 Z 变换式 $F(z)$ 是抽样函数 $f_s(t)$ 的拉普拉斯变换式 $F_s(s)$ 将变量 s 代换为 $z=\mathrm{e}^{sT}$ 的结果。所以 $F(z)$ 在本质上仍然是离散信号 $f[n]$ 的拉普拉斯变换。

Z 变换定义式(6.1)称为双边 Z 变换。如果离散信号 $f[n]$ 为有始序列,即 $n<0$ 时,$f[n]=0$ 或者只考虑 $f[n]$ 的 $n\geqslant 0$ 的部分,则有

$$F(z)=\sum_{n=0}^{\infty}f[n]z^{-n} \quad (6.5)$$

式(6.5)称为单边 Z 变换。考虑到工程实际的应用,主要考虑单边的 Z 变换。一般地,$F(z)$ 称为序列 $f[n]$ 的象函数;$f[n]$ 称为 $F(z)$ 的原函数。

若 $F(z)$ 已知,根据复变函数的理论,原函数 $f[n]$ 可由下式确定:

$$f[n]=\frac{1}{2\pi\mathrm{j}}\oint_c F(z)z^{n-1}\mathrm{d}z \quad (6.6)$$

式(6.6)称为 $F(z)$ 的反变换,它与式(6.5)构成 Z 变换对。这种变换关系可表示为

$$F(z)=Z[f[n]]$$
$$f[n]=Z^{-1}[F(z)]$$

变换对又可简记为
$$f[n]\leftrightarrow F(z)$$

由式(6.4) $z=\mathrm{e}^{sT}$ 可以看到,由于 s 是拉普拉斯变换中的复频率,T 为抽样间隔,所以 z 为一复数,它必可表示在一个复平面内,这个复平面称为 Z 平面。

按式(6.5)所定义的 Z 变换是一个幂级数,显然,仅当该级数收敛时,Z 变换才有意义。根据数学理论,可知道在 Z 平面上,使 $F(z)$ 绝对收敛的区域,即满足

$$\sum_{n=0}^{\infty}f[n]z^{-n}<\infty$$

的区域,称为 $F(z)$ 的绝对收敛域,为了叙述简便,也常称为 $f[n]$ 的绝对收敛域。

关于 $F(z)$ 的绝对收敛域,大致有以下几种情形:

(1) $F(z)$ 在整个 Z 平面绝对收敛。

(2) $F(z)$ 在部分 Z 平面绝对收敛。

- $F(z)$ 在 Z 平面以原点为圆心、以 R 为半径的圆之外绝对收敛,如图 6.1(a)所示;
- $F(z)$ 在 Z 平面以原点为圆心、以 R 为半径的圆之内绝对收敛,如图 6.1(b)所示;
- $F(z)$ 在 Z 平面以原点为圆心的环状区域内绝对收敛,如图 6.1(c)所示;
- $F(z)$ 在整个 Z 平面不收敛。

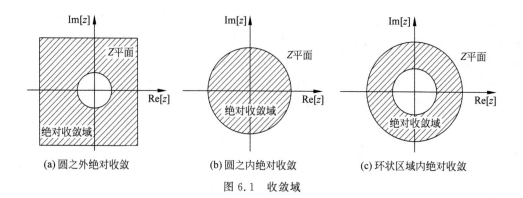

图 6.1 收敛域

6.1.2 典型序列的Z变换及其与收敛域的对应关系

1. 单位序列 $\delta[n]$

因为 $\delta[n]=\begin{cases}1, & n=0\\ 0, & n\neq 0\end{cases}$,将 $\delta[n]$ 代入式(6.5),得

$$F(z)=Z[\delta[n]]=\sum_{n=0}^{\infty}\delta[n]z^{-n}=1$$

即单位序列 $\delta[n]$ 的 Z 变换等于常数 1,它在全 Z 平面收敛。记为

$$\delta[n]\leftrightarrow 1$$

2. 阶跃序列 $\varepsilon[n]$

阶跃序列为 $\varepsilon[n]=\begin{cases}1, & n\geqslant 0\\ 0, & n<0\end{cases}$,故有

$$F(z)=Z[\varepsilon[n]]=\sum_{n=0}^{\infty}\varepsilon[n]z^{-n}=\sum_{n=0}^{\infty}z^{-n}$$

上式为一等比级数求和的问题,当 $z^{-1}<1$,即 $|z|>1$ 时,该式收敛,并等于

$$Z[\varepsilon[n]]=\frac{1}{1-z^{-1}}=\frac{z}{z-1}$$

记为

$$\varepsilon[n]\leftrightarrow \frac{z}{z-1}$$

3. 指数序列 $a^n\varepsilon[n]$、$a^n\varepsilon[-n]$

由定义得

$$F(z)=Z[a^n\varepsilon[n]]=\sum_{n=0}^{\infty}a^n\varepsilon[n]z^{-n}=\sum_{n=0}^{\infty}(az^{-1})^n=1+az^{-1}+a^2z^{-2}+a^3z^{-3}+\cdots$$

对于该级数,当 $|az^{-1}|<1$,即 $|z|>|a|$ 时,级数收敛,并有

$$F(z)=\frac{1}{1-(az^{-1})}=\frac{z}{z-a}$$

这就是说,对指数序列,当收敛域为 Z 平面上半径 $|z|=|R|=|a|$ 的圆外区域时,$F(z)$ 才存在。这里把 R 称为收敛半径。

由定义得

$$F(z) = Z[a^n \varepsilon[-n]] = \sum_{n=-\infty}^{0} a^n z^{-n} = \sum_{n=0}^{\infty} (a^{-1}z)^n$$

对于该级数,当 $|a^{-1}z| < 1$,即 $|z| < |a|$ 时,级数收敛,并有

$$F(z) = \frac{1}{1-a^{-1}z} = -\frac{a}{z-a}$$

4. 正弦序列 $\sin\omega_0 n \varepsilon[n]$

因为 $\sin\omega_0 n \varepsilon[n] = \frac{1}{2j}(e^{j\omega_0 n} - e^{-j\omega_0 n})\varepsilon[n]$,由定义得

$$F(z) = Z[\sin\omega_0 n \varepsilon[n]] = Z\left[\frac{e^{j\omega_0 n} - e^{-j\omega_0 n}}{2j}\varepsilon[n]\right] = \frac{1}{2j}\left[\frac{z}{z-e^{j\omega_0}} - \frac{z}{z-e^{-j\omega_0}}\right]$$

$$= \frac{1}{2j} \cdot \frac{z(z-e^{-j\omega_0}) - z(z-e^{j\omega_0})}{z^2 - z(e^{j\omega_0} + e^{-j\omega_0}) + 1} = \frac{z\sin\omega_0}{z^2 - 2z\cos\omega_0 + 1}$$

其收敛域为 $|z| > 1$。

5. 正弦序列 $\cos\omega_0 n \varepsilon[n]$

因为 $\cos\omega_0 n \varepsilon[n] = \frac{1}{2}(e^{j\omega_0 n} + e^{-j\omega_0 n})\varepsilon[n]$,由定义得

$$F(z) = Z[\cos\omega_0 n \varepsilon[n]] = Z\left[\frac{e^{j\omega_0 n} + e^{-j\omega_0 n}}{2}\varepsilon[n]\right] = \frac{1}{2}\left[\frac{z}{z-e^{j\omega_0}} + \frac{z}{z-e^{-j\omega_0}}\right]$$

$$= \frac{1}{2j} \cdot \frac{z(z-e^{-j\omega_0}) + z(z-e^{j\omega_0})}{z^2 - z(e^{j\omega_0} + e^{-j\omega_0}) + 1} = \frac{z(z-\cos\omega_0)}{z^2 - 2z\cos\omega_0 + 1}$$

其收敛域为 $|z| > 1$。

对于在有限区间内的有界序列,如单位序列和矩形序列等,其收敛域是整个 Z 平面。

阶跃序列、指数序列以及许多类似的单边序列(也称为右边序列),其 Z 变换收敛域总在半径为 R 的圆外区域。以后就不再一一说明。

而左边序列的收敛域在以半径为 R 的圆内部分。如是从负无穷延伸到正无穷的无限双边序列,它的收敛域通常是环形。

常用序列的 Z 变换见表 6.1。

表 6.1 常用序列的 Z 变换

序号	$f[n], n \geqslant 0$	$F(z)$	收敛域
1	$\delta[n]$	1	$|z| \geqslant 0$
2	$\varepsilon[n]$	$\frac{z}{z-1}$	$|z| > 1$
3	n	$\frac{z}{(z-1)^2}$	$|z| > 1$
4	n^2	$\frac{z(z+1)}{(z-1)^3}$	$|z| > 1$
5	a^n	$\frac{z}{z-a}$	$|z| > |a|$

续表

序号	$f[n], n \geqslant 0$	$F(z)$	收敛域
6	na^n	$\dfrac{az}{(z-a)^2}$	$|z|>|a|$
7	e^{an}	$\dfrac{z}{z-e^a}$	$|z|>|e^a|$
8	$e^{j\omega_0 n}$	$\dfrac{z}{z-e^{j\omega_0}}$	$|z|>1$
9	$\cos\omega_0 n$	$\dfrac{z(z-\cos\omega_0)}{z^2-2z\cos\omega_0+1}$	$|z|>1$
10	$\sin\omega_0 n$	$\dfrac{z\sin\omega_0}{z^2-2z\cos\omega_0+1}$	$|z|>1$
11	$e^{-an}\cos\omega_0 n$	$\dfrac{z(z-e^{-a}\cos\omega_0)}{z^2-2ze^{-a}\cos\omega_0+e^{-2a}}$	$|z|>e^{-a}$
12	$e^{-an}\sin\omega_0 n$	$\dfrac{ze^{-a}\sin\omega_0}{z^2-2ze^{-a}\cos\omega_0+e^{-2a}}$	$|z|>e^{-a}$
13	$Aa^{n-1}\varepsilon[n-1]$	$\dfrac{A}{z-a}$	$|z|>|a|$
14	$\binom{n}{m-1}a^{n-m+1}\varepsilon[n]$	$\dfrac{z}{(z-a)^m}$	$|z|>|a|$

注：$\binom{n}{m-1}=\dfrac{1}{(m-1)!}n(n-1)\cdots(n-m+2)$。

【例 6-1】 求序列 $f[n]=2^n\varepsilon[-n]+(-0.5)^n\varepsilon[n]$ 的 Z 变换及收敛域。

解 由前面可得

$$2^n\varepsilon[-n] \leftrightarrow \frac{-2}{z-2}, \qquad |z|<2$$

$$\left(-\frac{1}{2}\right)^n\varepsilon[n] \leftrightarrow \frac{z}{z+\dfrac{1}{2}}, \quad |z|>\frac{1}{2}$$

因其收敛域有公共部分，即得

$$F(z)=\frac{-2}{z-2}+\frac{z}{z+\dfrac{1}{2}}=\frac{z^2-4z-1}{(z-2)\left(z+\dfrac{1}{2}\right)}, \quad \frac{1}{2}<|z|<2$$

【例 6-2】 求序列 $f[n]=(0.5)^n\varepsilon[-n]+(-0.5)^n\varepsilon[n]$ 的 Z 变换及收敛域。

解 由前面可得

$$(0.5)^n\varepsilon[-n] \leftrightarrow \frac{-\dfrac{1}{2}}{z-\dfrac{1}{2}}, \quad |z|<\frac{1}{2}$$

$$\left(-\frac{1}{2}\right)^n\varepsilon[n] \leftrightarrow \frac{z}{z+\dfrac{1}{2}}, \quad |z|>\frac{1}{2}$$

因其没有公共收敛域,故该序列的 Z 变换不存在。

【例 6-3】 求序列 $f[n]=(0.5)^n\varepsilon[-n]+\delta[n]$ 的 Z 变换及收敛域。

解 由前面可得

$$(0.5)^n\varepsilon[n] \leftrightarrow \frac{z}{z-\frac{1}{2}}, \quad |z|>\frac{1}{2}$$

$$\delta[n] \leftrightarrow 1, \quad |z|>-\infty$$

因其收敛域有公共部分,即得

$$F(z)=\frac{z}{z-\frac{1}{2}}+1=\frac{4z-1}{2z-1}, \quad |z|>\frac{1}{2}$$

6.1.3 Z 变换与拉普拉斯变换的关系

前面已经讨论了 3 种变换域分析法,即傅里叶变换、拉普拉斯变换和 Z 变换。这些变换并不是孤立的,它们之间有着密切的联系,在一定条件下可以互相转换。下面主要介绍 Z 平面和 S 平面的映射关系。

从式(6.4)知道,s 和 z 的关系是

$$z=e^{sT}, \quad s=\frac{1}{T}\ln z \tag{6.7}$$

如果将 s 表示为直角坐标形式 $s=\sigma+j\omega$

将 z 表示为极坐标形式 $z=\rho e^{j\theta}$,代入式(6.7),得到

$$\rho=e^{\sigma T} \tag{6.8}$$

$$\theta=\omega T \tag{6.9}$$

为简单起见,令 $T=1$,则

$$\rho=e^{\sigma}$$

$$\theta=\omega$$

由上式可以表明 S 平面与 Z 平面有如下映射关系:

(1) S 平面的虚轴($\sigma=0,s=j\omega$)映射到 Z 平面是单位圆($R=1,\theta=\omega$);

(2) S 平面的左半平面($\sigma<0$)映射到 Z 平面是单位圆内($R<1$);

(3) S 平面的右半平面($\sigma>0$)映射到 Z 平面是单位圆外($R>1$);

(4) S 平面的实轴($\omega=0,s=\sigma$)映射到 Z 平面是正实轴,平行于实轴的直线(ω 为常数)映射到 Z 平面是始于原点的辐射线。

S 平面与 Z 平面的映射关系如表 6.2 所示。

表 6.2 S 平面与 Z 平面的映射关系

S 平面($s=\sigma+j\omega$)		Z 平面($z=re^{j\theta}$)	
虚轴 $\begin{pmatrix}\sigma=0\\s=j\omega\end{pmatrix}$	[jω-σ 坐标图]	[单位圆图]	单位圆 $\begin{pmatrix}r=1\\\theta\text{ 任意}\end{pmatrix}$

续表

S 平面$(s=\sigma+j\omega)$		Z 平面$(z=re^{j\theta})$	
左半平面 $(\sigma<0)$	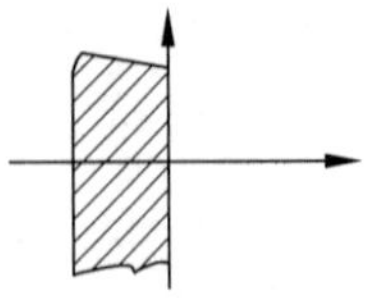	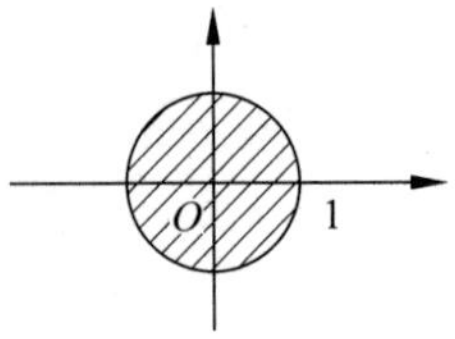	单位圆内 $\begin{pmatrix}r<1\\ \theta\text{ 任意}\end{pmatrix}$
右半平面 $(\sigma>0)$	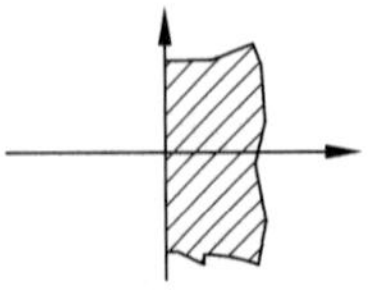	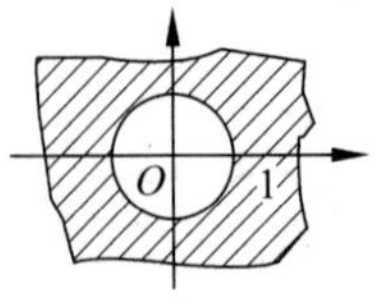	单位圆外 $\begin{pmatrix}r>1\\ \theta\text{ 任意}\end{pmatrix}$
平行于虚轴的直线 $(\sigma=\text{常数})$		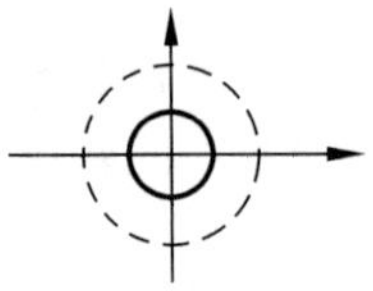	圆 $\begin{pmatrix}\sigma>0,r>1\\ \sigma<0,r<1\end{pmatrix}$
实轴 $\begin{pmatrix}\omega=0\\ s=\sigma\end{pmatrix}$	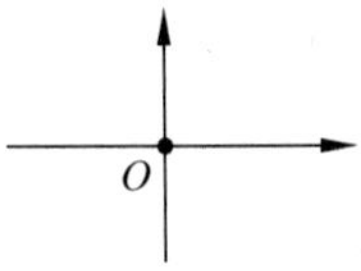	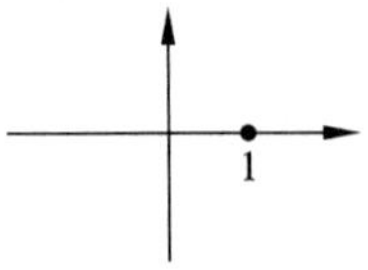	正实轴 $\begin{pmatrix}\theta=0\\ r\text{ 任意}\end{pmatrix}$
平行于实轴的直线 $(\omega=\text{常数})$	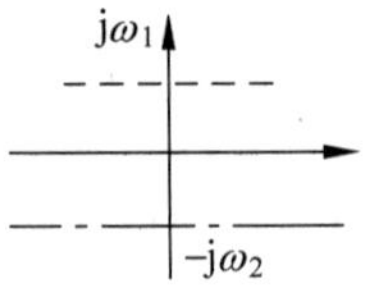	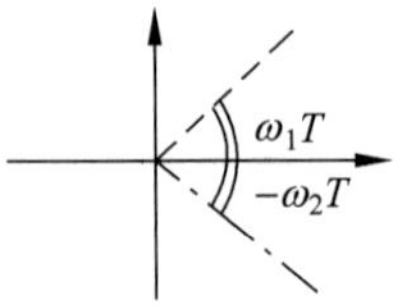	始于原点的辐射线 $\begin{pmatrix}\theta=\text{常数}\\ r\text{ 任意}\end{pmatrix}$

6.2 Z变换的性质

Z变换是研究离散时间信号和离散系统的有力工具,特别对离散系统进行分析计算时,经常要对序列作延时、相加、相乘、卷积等运算,为了简化运算便于分析,Z变换的某些性质起着相当大的作用。

6.2.1 线性性质

Z变换的线性性质表现为齐次性和可加性,即

若

$$f_1[n] \leftrightarrow F_1(z)$$
$$f_2[n] \leftrightarrow F_2(z)$$

则

$$af_1[n]+bf_2[n] \leftrightarrow aF_1(z)+bF_2(z) \qquad (6.10)$$

式中,a 和 b 为任意常数。上式的证明可以利用Z变换的定义给出(证明从略)。相加后序

列的 Z 变换收敛域一般为两个收敛域的重叠部分,如果在这些组合中某些零点与极点相抵消,则收敛域可能扩大。

【例 6-4】 求序列 $\cos n\omega_0$ 的 Z 变换。

解 根据欧拉公式,有

$$\cos n\omega_0 = \frac{1}{2}(e^{jn\omega_0} + e^{-jn\omega_0})$$

由线性性质,再查表 6.1 可得

$$\begin{aligned}
Z[\cos n\omega_0] &= Z\left[\frac{1}{2}(e^{jn\omega_0} + e^{-jn\omega_0})\right] \\
&= Z\left[\frac{1}{2}(e^{jn\omega_0})\right] + Z\left[\frac{1}{2}(e^{-jn\omega_0})\right] \\
&= \frac{1}{2}\left(\frac{z}{z-e^{j\omega_0}} + \frac{z}{z-e^{-j\omega_0}}\right) \\
&= \frac{z^2 - z\cos\omega_0}{z^2 - 2z\cos\omega_0 + 1}
\end{aligned}$$

可以记为

$$\cos n\omega_0 \leftrightarrow \frac{z^2 - z\cos\omega_0}{z^2 - 2z\cos\omega_0 + 1}$$

6.2.2 移位特性

移位特性也称为延迟特性,它是分析离散系统的重要性质之一。为了正确应用移位特性,先说明一下信号的移位。

对于双边序列 $f_1[n]$,右移 2 位后,序列 $f_1[n-2]$ 如图 6.2(a)和(b)所示。

对于单边序列 $f_2[n]\varepsilon[n]$,右移 2 位后,序列 $f_2[n-2]\varepsilon[n-2]$ 如图 6.2(c)和(d)所示。

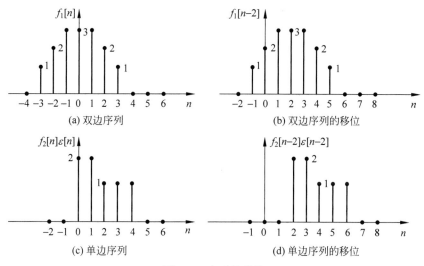

图 6.2 序列的移位

对于双边序列 $f[n]$,其右移 m 位后的单边 Z 变换为

$$f[n-m] \leftrightarrow z^{-m}\left[F(z)+\sum_{k=1}^{m}f[-k]z^{k}\right] \tag{6.11}$$

证明 由单边 Z 变换的定义

$$Z[f[n-m]]=\sum_{n=0}^{\infty}f[n-m]z^{-n}$$

$$=z^{-m}\sum_{n=0}^{\infty}f[n-m]z^{-(n-m)}$$

令 $k=n-m$,于是有

$$Z[f[n-m]]=z^{-m}\sum_{k=-m}^{\infty}f[k]z^{-k}$$

$$=z^{-m}\left[\sum_{k=0}^{\infty}f[k]z^{-k}+\sum_{k=-m}^{-1}f[k]z^{-k}\right]$$

$$=z^{-m}\left[F(z)+\sum_{k=1}^{m}f[-k]z^{k}\right]$$

举例来说,有

$$f[n-1] \leftrightarrow z^{-1}F(z)+f[-1]$$

$$f[n-2] \leftrightarrow z^{-2}F(z)+z^{-1}f[-1]+f[-2]$$

对于单边序列,因为 $f[-1]=0, f[-2]=0, \cdots$,故可得

$$f[n-m]\varepsilon[n-m] \leftrightarrow z^{-m}F(z) \tag{6.12}$$

因为 $\delta[n] \leftrightarrow 1, \varepsilon[n] \leftrightarrow \dfrac{z}{z-1}$,由移位特性,显然有

$$\delta[n-m] \leftrightarrow z^{-m}$$

$$\varepsilon[n-m] \leftrightarrow z^{-m}\dfrac{z}{z-1}$$

【例 6-5】 求 $f[n]=5(2)^{n-1}\varepsilon[n-1]$ 的 Z 变换。

解 因为

$$2^{n} \leftrightarrow \dfrac{z}{z-2}$$

根据式(6.12)得

$$F(z)=Z[5(2)^{n-1}\varepsilon[n-1]]$$

$$=5\left(z^{-1}\cdot\dfrac{z}{z-2}\right)=\dfrac{5}{z-2}$$

【例 6-6】 求图 6.3 所示矩形序列 $f[n]$ 的 Z 变换。

解 由图所示,该矩形序列可表示为

$$f[n]=\varepsilon[n]-\varepsilon[n-4]$$

由于 $\varepsilon[n] \leftrightarrow \dfrac{z}{z-1}$,根据移位特性,得

$$\varepsilon[n-4] \leftrightarrow z^{-4}\dfrac{z}{z-1}=\dfrac{1}{z^{3}(z-1)}$$

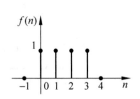

图 6.3 序列的移位

由线性性质可得
$$f[n] \leftrightarrow \frac{z}{z-1} - \frac{1}{z^3(z-1)} = \frac{z^3+z^2+z+1}{z^3}$$

图所示矩形序列也表示为
$$f[n] = \delta[n] + \delta[n-1] + \delta[n-2] + \delta[n-3]$$

故有
$$f[n] \leftrightarrow 1 + z^{-1} + z^{-2} + z^{-3} = \frac{z^3+z^2+z+1}{z^3}$$

【例 6-7】 求周期为 N 的单边周期性单位序列
$$\delta_N[n]\varepsilon[n] = \delta[n] + \delta[n-N] + \delta[n-2N] + \cdots + \delta[n-mN] + \cdots = \sum_{m=0}^{\infty}\delta[n-mN]$$
的 Z 变换。

解 根据线性特性和移位特性，单边周期性单位序列的 Z 变换为
$$Z[\delta_N[n]\varepsilon[n]] = 1 + z^{-N} + z^{-2N} + z^{-3N} + \cdots + z^{-mN} + \cdots = \frac{1}{1-z^{-N}}$$
$$= \frac{z^{-N}}{z^{-N}-1}$$

6.2.3 尺度变换

设 $f[n] \leftrightarrow F(z)$，则 $f[n]$ 乘以指数序列的 Z 变换为
$$a^n f[n] \leftrightarrow F\left(\frac{z}{a}\right) \tag{6.13}$$

上式表明，若求 $f[n]$ 乘以指数序列 a^n 的 Z 变换只要将 $f[n]$ 的 Z 变换 $F(z)$ 中的每个 z 除以 a 即可。

证明
$$Z[a^n f[n]] = \sum_{n=0}^{\infty} a^n f[n] z^{-n}$$
$$= \sum_{n=0}^{\infty} f[n]\left(\frac{z}{a}\right)^{-n} = F\left(\frac{z}{a}\right)$$

【例 6-8】 若已知 $\cos n\omega_0$ 的 Z 变换，求序列 $a^n \cos n\omega_0$ 的 Z 变换。

解 从例 6-4 可知
$$\cos n\omega_0 \leftrightarrow \frac{z^2 - z\cos\omega_0}{z^2 - 2z\cos\omega_0 + 1}$$

根据式(6.13)的尺度变换可以得到
$$a^n \cos n\omega_0 \leftrightarrow \frac{\left(\frac{z}{a}\right)^2 - \left(\frac{z}{a}\right)\cos\omega_0}{\left(\frac{z}{a}\right)^2 - 2\left(\frac{z}{a}\right)\cos\omega_0 + 1} = \frac{1 - az^{-1}\cos\omega_0}{1 - 2az^{-1}\cos\omega_0 + a^2 z^{-2}}$$
$$= \frac{z(z - a\cos\omega_0)}{z^2 - 2az\cos\omega_0 + a^2}$$

6.2.4 初值定理

若 $f[n] \leftrightarrow F(z)$,且 $\lim\limits_{z \to \infty} F(z)$ 存在,则 $f[n]$ 的初值为

$$f[0] = \lim_{z \to \infty} F(z) \tag{6.14}$$

证明 根据单边 Z 变换的定义式(6.5)有

$$F(z) = \sum_{n=0}^{\infty} f[n] z^{-n} = f[0] z^0 + f[1] z^{-1} + \cdots + f[n] z^{-n} + \cdots$$

当 $z \to \infty$ 时,上式右边除第一项外均趋于 0,于是式(6.14)成立。

这个性质表明,离散序列 $f[n]$ 的初值 $f[0]$ 可以通过 $F(z)$ 取 $z \to \infty$ 时的极限值得到。它建立了 $f[n]$ 在原点处 ($n=0$) 的值与 $F(z)$ 在无限远处的值之间的关系。

6.2.5 终值定理

若 $f[n] \leftrightarrow F(z)$,则 $f[n]$ 的终值为

$$f[\infty] = \lim_{n \to \infty} f[n] = \lim_{z \to 1} (z-1) F(z) \tag{6.15}$$

这个性质表明,离散序列 $f[n]$ 在 $n \to 0$ 时的终值 $f[\infty]$ 可以通过 $F(z)$ 乘以 $(z-1)$ 再取 $z \to 1$ 时的极限值而得到,它建立了 $f[n]$ 在无限远处的值与 $F(z)$ 在 $z \to 1$ 处的值之间的关系。

应用式(6.15)时必须注意,为了保证 $f[\infty]$ 存在,只有当 $n \to \infty$ 时,$f[n]$ 收敛才可应用,也就是说,其极点必须限制在单位圆内部,在单位圆上只能位于 $z=1$ 点且是一阶极点;否则,$f[n]$ 将随着 $n \to \infty$ 而无限地增长或者为不定值。

【例 6-9】 已知某序列的 Z 变换为 $F(z) = \dfrac{z}{z-a}$ $|z| > a$,试求 $f[0], f[\infty]$。

解 按式(6.14)求初值

$$f[0] = \lim_{z \to \infty} F(z) = \lim_{z \to \infty} \frac{z}{z-a} = 1$$

按式(6.15)求终值为

$$f[\infty] = \lim_{n \to \infty} f[n] = \lim_{z \to 1} (z-1) \cdot \frac{z}{z-a} = \lim_{z \to 1} \frac{z(z-1)}{z-a}$$

当 $a < 1$ 时,$f[\infty] = 0$;当 $a = 1$ 时,$f[\infty] = 1$。

由题意知,原序列为 $f[n] = a^n \varepsilon[n]$,可见以上结果是正确的。

6.2.6 卷积定理

设 $f_1[n] \leftrightarrow F_1(z), f_2[n] \leftrightarrow F_2(z)$

则 $f_1[n]$ 与 $f_2[n]$ 卷积和的 Z 变换为

$$f_1[n] * f_2[n] \leftrightarrow F_1(z) \cdot F_2(z) \tag{6.16}$$

上式表明,时域内两个序列的卷积和的 Z 变换等于两个序列 Z 变换的乘积,对该乘积进行 Z 反变换就可以求得这两个离散序列的卷积和。这和拉普拉斯变换中卷积定理的形式相同。

【例 6-10】 求下列两单边指数序列的卷积和 $y[n] = f_1[n] * f_2[n]$。

$$f_1[n]=a^n\varepsilon[n] \quad f_2[n]=b^n\varepsilon[n]$$

解 因为

$$F_1(z)=\frac{z}{z-a}, \quad |z|>|a|$$

$$F_2(z)=\frac{z}{z-b}, \quad |z|>|b|$$

由式(6.16)得

$$Y(z)=F_1(z)\cdot F_2(z)=\frac{z^2}{(z-a)(z-b)}$$

显然,$Y(z)$的收敛域为$|z|>|a|$与$|z|>|b|$的重叠部分,把$Y(z)$展开成部分分式,得

$$Y(z)=\frac{1}{a-b}\left(\frac{az}{z-a}-\frac{bz}{z-b}\right)$$

取其Z反变换,即为序列$f_1[n]$与$f_2[n]$的卷积和

$$y[n]=f_1[n]*f_2[n]=\frac{1}{a-b}(a^{n+1}-b^{n+1})\varepsilon[n]$$

卷积定理还经常用于求解离散系统的零状态响应。由于离散系统的零状态响应等于输入序列与单位响应的卷积和,即

$$y_{zs}[n]=\sum_{i=-\infty}^{\infty}f[i]h[n-i]=f[n]*h[n]$$

由卷积定理得

$$Y_{zs}(z)=F(z)\cdot H(z) \tag{6.17}$$

式(6.17)中$H(z)$称为系统函数,它是单位响应$h(n)$的Z变换。后面会详细介绍系统函数$H(z)$。

【例 6-11】 已知一离散系统的单位响应$h[n]$和输入序列$f[n]$,即

$$h[n]=\left(\frac{1}{2}\right)^n\varepsilon[n] \quad f[n]=\left(\frac{1}{3}\right)^n\varepsilon[n]$$

试在Z域求系统的零状态响应。

解 因为 $$H(z)=\frac{z}{z-\frac{1}{2}} \quad F(z)=\frac{z}{z-\frac{1}{3}}$$

由卷积定理$Y_{zs}(z)=F(z)H(z)$,得

$$Y_{zs}(z)=\frac{z^2}{\left(z-\frac{1}{2}\right)\left(z-\frac{1}{3}\right)}$$

将上式展开成部分分式可得

$$Y_{zs}(z)=\frac{3z}{z-\frac{1}{2}}-\frac{2z}{z-\frac{1}{3}}$$

取其反变换即得系统的零状态响应

$$y_{zs}[n]=\left[3\left(\frac{1}{2}\right)^n-2\left(\frac{1}{3}\right)^n\right]\varepsilon[n]$$

可见,用卷积定理求系统的零状态响应是很方便的。Z 变换还有一些运算性质,就不一一介绍,Z 变换的常用性质如表 6.3 所示。

表 6.3　Z 变换的常用性质

名　称	时　域	Z 域
线性性质	$af_1[n]+bf_2[n]$	$aF_1(z)+bF_2(z)$
时移特性($k>0$)	$f[n-k]\varepsilon[n]$	$z^{-k}F(z)+z^{-k}\sum\limits_{n=-k}^{k-1}f[n]z^{-n}$
	$f[n+k]\varepsilon[n]$	$z^{k}F(z)-z^{k}\sum\limits_{n=0}^{k-1}f[n]z^{-n}$
	$f[n-k]\varepsilon[n-k]$	$z^{-k}F(z)$
尺度变换	$a^n f[n]$	$F\left(\dfrac{z}{a}\right)$
时域卷积定理	$f_1[n]*f_2[n]$	$F_1(z)\cdot F_2(z)$
时域乘积	$f_1[n]\cdot f_2[n]$	$\dfrac{1}{2\pi j}\oint_c \dfrac{F_1(\eta)F_2\left(\dfrac{z}{\eta}\right)}{\eta}\mathrm{d}\eta$
序列求和	$\sum\limits_{n=0}^{k}f[n]$	$\dfrac{z}{z-1}F(z)$
Z 域微分	$n^m f[n]$	$\left(-z\dfrac{\mathrm{d}}{\mathrm{d}z}\right)^m F(z)$
Z 域积分	$\dfrac{f[n]}{n},\ n>0$	$\int_z^\infty \dfrac{F(\eta)}{\eta}\mathrm{d}\eta$
初值定理	\multicolumn{2}{c}{$f[0]=\lim\limits_{z\to\infty}F(z)$}
终值定理	\multicolumn{2}{c}{$f[\infty]=\lim\limits_{n\to\infty}f[n]=\lim\limits_{z\to 1}(z-1)F(z)$}

6.3　Z 反变换

在离散系统分析中,常常要从 Z 域的象函数 $F(z)$ 求出时域的原序列 $f[n]$。从原理上讲,只要给定象函数 $F(z)$,均可利用式(6.6)进行复变函数的围线积分求得其原函数。由于象函数 $F(z)$ 通常为 z 的有理函数,故可采用简单的幂级数展开法(长除法)或部分分式展开法求取原序列 $f[n]$。

6.3.1　幂级数展开法(长除法)

由 Z 变换的定义式

$$F(z)=\sum_{n=0}^{\infty}f[n]z^{-n}$$

可知,$F(z)$ 是 z^{-1} 的幂级数。当已知 $F(z)$ 时,则只要把 $F(z)$ 按 z^{-1} 的幂级数展开,那么级数的系数就是原序列 $f[n]$。

一般情况下,原序列 $f[n]$ 是因果序列(右边序列),只要将 $F(z)$ 的分子分母多项式按 z 的降幂排列,然后利用长除法,便可将 $F(z)$ 展开成幂级数,从而得到原序列 $f[n]$。

【例 6-12】 求 $F(z)=\dfrac{z}{(z-1)^2}$ 的反变换 $f[n]$,其收敛域为 $|z|>1$。

解 将 $F(z)$ 按 z 的降幂排列成下列形式：
$$F(z)=\dfrac{z}{z^2-2z+1}$$

做长除法如下：

$$
\begin{array}{r}
z^{-1}+2z^{-2}+3z^{-3}+\cdots \\
z^2-2z+1 \overline{\smash{)}\,z\phantom{-2+z^{-1}}} \\
\underline{z-2+z^{-1}} \\
2-z^{-1} \\
\underline{2-4z^{-1}+2z^{-2}} \\
3z^{-1}-2z^{-2}-2 \\
\underline{3z^{-1}-6z^{-2}+3z^{-3}} \\
4z^{-2}-3z^{-3} \\
\vdots
\end{array}
$$

从而有
$$F(z)=z^{-1}+2z^{-2}+3z^{-3}+\cdots=\sum_{n=0}^{\infty}nz^{-n}$$

即可得
$$f[n]=\{0,1,2,3,4,\cdots\}=n\varepsilon[n]$$

值得注意的是,对于因果序列的 Z 变换,做长除法时,一定要将 $F(z)$ 的分子分母多项式按 z 的降幂顺序排列,否则将会得到错误的结果。但是对于左边序列,则应将 $F(z)$ 的分子分母多项式按 z 的升幂顺序排列。这种方法的优点是简单,但缺点是不能全都求得 $f[n]$ 的闭合形式的表示式。

【例 6-13】 若 $F(z)=\mathrm{e}^{-\frac{a}{z}}$,试求其反变换。

解 由于指数函数 e^x 可展开成幂级数为
$$\mathrm{e}^x=1+x+\dfrac{x^2}{2!}+\dfrac{x^3}{3!}+\cdots=\sum_{n=0}^{\infty}\dfrac{x^n}{n!}$$

所以 $F(z)$ 可展开为
$$F(z)=\mathrm{e}^{-\frac{a}{z}}=\sum_{n=0}^{\infty}\dfrac{\left(-\dfrac{a}{z}\right)^n}{n!}=\sum_{n=0}^{\infty}\dfrac{(-a)^n}{n!}z^{-n}$$

上式 z^{-n} 的系数即为原序列：
$$f[n]=\dfrac{(-a)^n}{n!}$$

6.3.2 部分分式展开法

在离散系统分析中,一般而言,$F(z)$ 是 z 的有理分式,即
$$F(z)=\dfrac{N(z)}{D(z)}=\dfrac{b_m z^m+b_{m-1}z^{m-1}+\cdots+b_1 z+b_0}{z^n+a_{n-1}z^{n-1}+\cdots+a_1 z+a_0} \tag{6.18}$$

可以像拉普拉斯反变换一样,先将上式分解为部分分式之和,然后反变换求得原序列。通常情况下,式(6.18)中 $m \leqslant n$。为了便于计算,可以先将 $\dfrac{F(z)}{z}$ 展开成部分分式,然后再对每个分式乘以 z。这样做不但对 $m=n$ 的情况可以直接展开,而且展开的基本分式为 $\dfrac{Kz}{z-z_i}$ 的形式,它所对应的序列为 $K(z_i)^n \varepsilon[n]$。

式(6.18)中分母多项式 $D(z)=0$ 的根为 $F(z)$ 的极点。下面就 $F(z)$ 的不同极点情况介绍部分分式展开法。

1. $F(z)$ 中仅含有单极点

如 $F(z)$ 的极点 $z_1, z_2, z_3, \cdots, z_n$ 都互不相同,则 $\dfrac{F(z)}{z}$ 可展开为

$$\frac{F(z)}{z} = \frac{K_0}{z} + \frac{K_1}{z-z_1} + \cdots + \frac{K_n}{z-z_n} = \sum_{i=0}^{n} \frac{K_i}{z-z_i} \tag{6.19}$$

式中,$z_0=0$,各系数

$$K_i = (z-z_i) \left. \frac{F(z)}{z} \right|_{z=z_i}, \quad i=0,1,\cdots,n \tag{6.20}$$

将求得的系数 K_i 代入式(6.19)后,等式两端同乘以 z,得

$$F(z) = K_0 + \sum_{i=1}^{n} \frac{K_i z}{z-z_i}$$

即可得 $F(z)$ 的反变换为

$$f[n] = K_0 \delta[n] + \sum_{i=1}^{n} K_i (z_i)^n \varepsilon[n] \tag{6.21}$$

【例 6-14】 设 Z 变换 $F(z) = \dfrac{z^2+z+1}{z^2+3z+2}$,求其原序列 $f[n]$。

解 因为

$$F(z) = \frac{z^2+z+1}{z^2+3z+2} = \frac{z^2+z+1}{(z+1)(z+2)}$$

故

$$\frac{F(z)}{z} = \frac{z^2+z+1}{z(z+1)(z+2)} = \frac{K_0}{z} + \frac{K_1}{z+1} + \frac{K_2}{z+2}$$

由式(6.3)得

$$K_0 = F(z) \big|_{z=0} = \frac{1}{2}$$

$$K_1 = (z+1) \left. \frac{F(z)}{z} \right|_{z=-1} = -1$$

$$K_2 = (z+2) \left. \frac{F(z)}{z} \right|_{z=-2} = 1.5$$

故

$$F(z) = \frac{1}{2} - \frac{z}{z+1} + \frac{1.5z}{z+2}$$

对上式取反变换得

$$f[n] = \frac{1}{2}\delta[n] - (-1)^n \varepsilon[n] + 1.5(-2)^n \varepsilon[n]$$

【例 6-15】 求象函数 $F(z) = \dfrac{3z}{z^2 - z - 2}$，$|z| > 2$ 的 Z 反变换。

解 首先求出 $F(z)$ 的极点，它是方程 $z^2 - z - 2 = 0$ 的根，所以 $F(z)$ 有两个单极点

$$z_1 = 2, \quad z_2 = 1$$

故可得

$$\frac{F(z)}{z} = \frac{3}{(z-2)(z+1)} = \frac{k_1}{z-2} + \frac{k_2}{z+1}$$

由式(6.20)可求得 $K_1 = 1, K_2 = -1$。所以有

$$F(z) = \frac{z}{z-2} - \frac{z}{z+1}$$

取上式的反变换得

$$f[n] = (2^n - (-1)^n)\varepsilon[n]$$

2. F(z)含有重极点

设 $F(z)$ 在 $z = z_1$ 处有 m 阶极点，则 $F(z)$ 中一定含有如下一项：

$$F(z) = \frac{N(z)}{(z - z_1)^m}$$

仿照拉普拉斯反变换的方法，将 $\dfrac{F(z)}{z}$ 展开为

$$\frac{F(z)}{z} = \frac{K_{11}}{(z-z_1)^m} + \frac{K_{12}}{(z-z_1)^{m-1}} + \cdots + \frac{K_{1m}}{z-z_1} + \frac{K_0}{z}$$

式中，$\dfrac{K_0}{z}$ 项是由于 $F(z)$ 除以 z 后自动增加了 $z = 0$ 的极点所致。上式的系数如下确定：

$$K_{1n} = \frac{1}{(n-1)!} \frac{d^{n-1}}{dz^{n-1}} \left[(z-z_1)^m \frac{F(z)}{z} \right] \bigg|_{z=z_1} \tag{6.22}$$

式中，$n = 1, 2, 3, \cdots, m$。各系数确定以后，则有

$$F(z) = \frac{K_{11}z}{(z-z_1)^m} + \frac{K_{12}z}{(z-z_1)^{m-1}} + \cdots + \frac{K_{1m}z}{z-z_1} + K_0 \tag{6.23}$$

可利用查表的方式得到上式的反变换

$$Z^{-1}\left[\frac{z}{(z-z_1)^m}\right] = \frac{1}{(m-1)!} n(n-1)\cdots(n-m+2) z_1^{n-m+1} \varepsilon[n] \tag{6.24}$$

【例 6-16】 若 $F(z) = \dfrac{z(z+1)}{(z-3)(z-1)^2}$ ($|z| > 3$)，试求其反变换。

解 $F(z)$ 在 $z_1 = 1$ 是二重极点，在 $z_2 = 3$ 是单极点，因而 $F(z)$ 展开成部分方程式为

$$\frac{F(z)}{z} = \frac{K_{11}}{(z-1)^2} + \frac{K_{12}}{z-1} + \frac{K_2}{Z-3}$$

其中，

$$K_{11} = \frac{1}{(1-1)!} \left[\frac{z+1}{(z-3)(z-1)^2} (z-1)^2 \right]_{z=1} = -1$$

$$K_{12} = \frac{1}{(2-1)!} \frac{d}{dz} \left[\frac{z+1}{(z-3)(z-1)^2} (z-1)^2 \right]_{z=1} = -1$$

$$K_2 = \frac{z+1}{(z-3)(z-1)^2}(z-3)\bigg|_{z=3} = 1$$

所以

$$F(z) = \frac{z}{z-3} - \frac{z}{(z-1)^2} - \frac{z}{z-1}$$

它的反变换为

$$f[n] = (3^n - n - 1)\varepsilon[n]$$

3. $F(z)$含共轭单极点

如果 $F(z)$ 有一对共轭单极点 $z_{1,2} = c \pm jd$，则 $\frac{F(z)}{z}$ 含有共轭极点部分 $\frac{F_a(z)}{z}$ 展开为

$$\frac{F_a(z)}{z} = \frac{K_1}{z-z_1} + \frac{K_2}{z-z_2} = \frac{K_1}{z-c-jd} + \frac{K_2}{z-c+jd} \quad (6.25)$$

将 $F(z)$ 的共轭极点写为指数形式，即令

$$z_{1,2} = c \pm jd = \alpha e^{\pm j\beta}$$

式中，$\alpha = \sqrt{c^2+d^2}$，$\beta = \arctan\left(\frac{d}{c}\right)$，令 $K_1 = |K_1|e^{j\theta}$，则可以证明 $K_2 = |K_1|e^{-j\theta}$，将 z_1，z_2，K_1，K_2 代入式 (6.25)，得

$$\frac{F_a(z)}{z} = \frac{|K_1|e^{j\theta}}{z-\alpha e^{j\beta}} + \frac{|K_1|e^{-j\theta}}{z-\alpha e^{-j\beta}}$$

即得

$$F_a(z) = \frac{|K_1|e^{j\theta}z}{z-\alpha e^{j\beta}} + \frac{|K_1|e^{-j\theta}z}{z-\alpha e^{-j\beta}}$$

其原函数为

$$f_a(n) = |K_1|e^{j\theta}\alpha^n e^{j\beta n} + |K_1|e^{-j\theta}\alpha^n e^{-j\beta n} = 2|K_1|\alpha^n \cos(\beta n + \theta)\varepsilon(n) \quad (6.26)$$

【例 6-17】 若 $F(z) = \dfrac{z^3+6}{(z+1)(z^2+4)}$ ($|z|>2$)，试求其反变换。

解 将 $\dfrac{F(z)}{z}$ 展开为

$$\frac{F(z)}{z} = \frac{z^3+6}{z(z+1)(z^2+4)} = \frac{z^3+6}{z(z+1)(z-j2)(z+j2)}$$

其极点分别为 $z_1 = 0$，$z_2 = -1$，$z_{3,4} = \pm j2 = 2e^{\pm j\frac{\pi}{2}}$，即上式可展开为

$$\frac{F(z)}{z} = \frac{K_1}{z} + \frac{K_2}{z+1} + \frac{K_3}{z-2e^{j\frac{\pi}{2}}} + \frac{K_4}{z-2e^{-j\frac{\pi}{2}}}$$

上式中的各系数为

$$K_1 = F(z)\big|_{z=0} = \frac{3}{2}$$

$$K_2 = (z+1)\frac{F(z)}{z}\bigg|_{z=-1} = -1$$

$$K_3 = (z-j2)\frac{F(z)}{z}\bigg|_{z=j2} = \frac{\sqrt{5}}{4}e^{j63.4°}$$

$$K_3=(z+\mathrm{j}2)\frac{F(z)}{z}\bigg|_{z=-\mathrm{j}2}=\frac{\sqrt{5}}{4}\mathrm{e}^{-\mathrm{j}63.4°}$$

将各系数代入展开式，得

$$F(z)=\frac{3}{2}-\frac{z}{z+1}+\frac{\frac{\sqrt{5}}{4}\mathrm{e}^{\mathrm{j}63.4°}}{z-2\mathrm{e}^{\mathrm{j}\frac{\pi}{2}}}+\frac{\frac{\sqrt{5}}{4}\mathrm{e}^{-\mathrm{j}63.4°}}{z-2\mathrm{e}^{-\mathrm{j}\frac{\pi}{2}}}$$

其原函数为

$$f(n)=\frac{3}{2}\delta(n)+\left[-(-1)^n+\frac{\sqrt{5}}{2}(2)^n\cos\left(\frac{n\pi}{2}+63.4°\right)\right]\varepsilon(n)$$

6.3.3　围线积分法（留数法）

若 $F(z)$已知，则根据复变函数的理论，原函数 $f[n]$可由下式围线积分确定：

$$f[n]=\frac{1}{2\pi\mathrm{j}}\oint_C F(z)z^{n-1}\mathrm{d}z,\quad |z|>R$$

图 6.4 为 $F(z)$的收敛域，在收敛域内选取一个闭合路径 C，由于 $F(z)$在$|z|>R$ 内绝对收敛，因此 C 的内部包围了 $F(z)$全部极点，根据复变函数的留数定理有

$$\begin{aligned}f[n]&=\frac{1}{2\pi\mathrm{j}}\oint_C F(z)z^{n-1}\mathrm{d}z\\&=\sum_i \mathrm{Res}\left[F(z)z^{n-1}\right],\quad n\geqslant 0\end{aligned}\tag{6.27}$$

式中，Res 表示极点的留数。式(6.27)表明，原序列 $f[n]$等于 C 内 $F(z)z^{n-1}$ 的所有极点的留数之和。所以该方法也称为留数法。

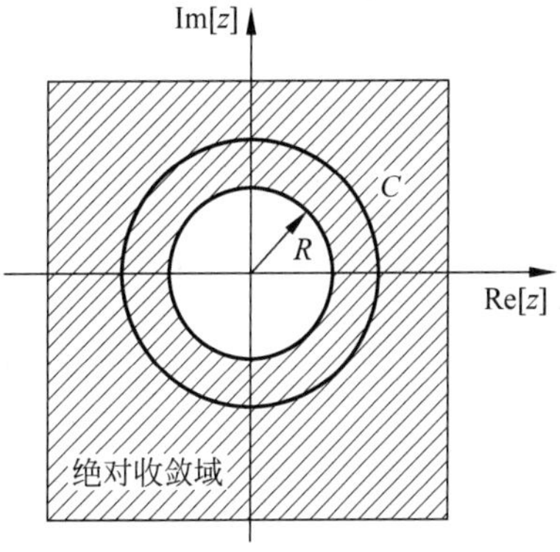

图 6.4　$F(z)$的收敛域

如果 $F(z)z^{n-1}$ 在 $z=z_i$ 时有单极点，则

$$\mathrm{Res}_i=F(z)z^{n-1}(z-z_i)\big|_{z=z_i}\tag{6.28}$$

如果 $F(z)z^{n-1}$ 在 $z=z_i$ 时有 m 重极点，则

$$\mathrm{Res}_i=\frac{1}{(m-1)!}\frac{\mathrm{d}^{m-1}}{\mathrm{d}z^{m-1}}\left[(z-z_i)^m F(z)z^{n-1}\right]\bigg|_{z=z_i}\tag{6.29}$$

【例 6-18】　用留数法求例 6-16 中 $F(z)$的反变换。

解

$$F(z)z^{n-1}=\frac{z^n(z+1)}{(z-3)(z-1)^2}$$

它在 $z_2=3$ 有单极点，在 $z_1=1$ 有二重极点，由式(6.28)可求得其在 z_2 留数为

$$\mathrm{Res}[z_2]=F(z)z^{n-1}(z-z_2)\big|_{z=z_2}=\frac{z^n(z+1)}{(z-1)^2}\bigg|_{z=3}=3^n,\quad n\geqslant 0$$

由式(6.29)可求得其在 z_i 的留数为($m=2$)

$$\mathrm{Res}[z_1]=\frac{1}{(2-1)!}\frac{\mathrm{d}}{\mathrm{d}z}\left[\frac{z^n(z+1)}{z-3}\right]\bigg|_{z=1}=-n-1,\quad n\geqslant 0$$

所以根据式(6.27)得
$$f[n] = (3^n - n - 1)\varepsilon[n]$$
其结果与例 6-13 完全相同。

6.4 离散时间系统的 Z 域分析

线性非时变离散系统是用常系数差分方程描述的，而 Z 变换是求解线性差分方程的最有力工具，它的主要优点是：求解步骤简明而有规律，其初始状态自然地包含在 Z 域方程中，可一次性求得方程的全解；Z 变换把差分方程变换为代数方程，求解非常方便。

6.4.1 利用 Z 变换求解差分方程

利用 Z 变换将时域中描述离散系统的差分方程变换为 Z 域中的代数方程，从而使求解系统响应的过程得到简化。

设 LTI 系统的激励为 $f[n]$，响应为 $y[n]$，描述 k 阶系统的后向差分方程的一般形式可写为

$$\sum_{i=0}^{k} a_{k-i} y[n-i] = \sum_{j=0}^{m} b_{m-j} f[n-j] \tag{6.30}$$

式中，$a_{k-i}(i=0,1,2,\cdots,k)$、$b_{m-j}(j=0,1,2,\cdots,m)$ 均为实数，设 $f[n]$ 是在 $n=0$ 时接入的，系统的初始状态为 $y[-1], y[-2], \cdots, y[-k]$。令 $y[n] \leftrightarrow Y(z)$，$f[n] \leftrightarrow F(z)$。根据单边 Z 变换的移位特性，$y[n]$ 右移 i 个单位的 Z 变换为

$$y[n-i] \leftrightarrow z^{-i} Y(z) + \sum_{n=0}^{i-1} y[n-i] z^{-n} \tag{6.31}$$

因 $f[n]$ 是在 $n=0$ 时接入的，所以在 $n<0$ 时 $f[n]=0$，即 $f[-1]=f[-2]=\cdots=f[-m]=0$，即 $f[n-j]$ 的 Z 变换为

$$f[n-j] \leftrightarrow z^{-j} F(z) \tag{6.32}$$

将式(6.30)两边取 Z 变换，并把式(6.31)和式(6.32)代入，得

$$\sum_{i=0}^{k} a_{k-i} \left[z^{-i} Y(z) + \sum_{n=0}^{i-1} y[n-i] z^{-n} \right] = \sum_{j=0}^{m} b_{m-j} [z^{-j} F(z)]$$

即可得

$$Y(z) = \frac{-\sum_{i=0}^{k} a_{k-i} \left[\sum_{n=0}^{i-1} y[n-i] z^{-n} \right]}{\sum_{i=0}^{k} a_{k-i} z^{-i}} + \frac{\sum_{j=0}^{m} b_{m-j} z^{-j}}{\sum_{i=0}^{k} a_{k-i} z^{-i}} F(z) \tag{6.33}$$

由式(6.33)可见，第一项仅与初始状态有关而与输入无关，因而是零输入响应 $y_{zi}(n)$ 的象函数，令其为 $Y_{zi}(z)$；其第二项仅与输入有关而与初始状态无关，因而是零状态响应 $y_{zs}(n)$ 的象函数，令其为 $Y_{zs}(z)$。由此取式(6.33)的反变换，得系统的全响应。

由上述分析可知，利用 Z 变换求解系统的差分方程的响应一般步骤为：

① 对给定的差分方程进行 Z 变换，将时域内的激励 $f[n]$ 和响应 $y[n]$ 分别变换成 Z 域内的激励 $F(z)$ 和响应 $Y(z)$。

② 对差分方程 Z 变换后得到的代数方程求解，求得 Z 域内的响应 $Y(z)$。

③ 对 $Y(z)$ 进行 Z 反变换,即可求得待求的时域响应 $y[n]$。

【例 6-19】 用 Z 变换分析法求解某离散系统的零输入响应 $y_{zi}[n]$。描述系统的差分方程为 $y[n]-5y[n-1]+6y[n-2]=0$,初始条件为 $y[0]=2$ 和 $y[1]=3$。

解 对差分方程 Z 变换,根据移位特性,可得

$$Y(z)-5[z^{-1}Y(z)+y[-1]]+6[z^{-2}Y(z)+z^{-1}y[-1]+y[-2]]=0$$

则

$$Y_{zi}(z)=Y(z)=\frac{5y[-1]-6y[-2]-6y[-1]z^{-1}}{1-5z^{-1}+6z^{-2}}$$

由给定的初始条件 $y[0]=2$ 和 $y[1]=3$ 确定所需的初始条件 $y[-1]$ 和 $y[-2]$,可以令差分方程中的 $n=1$ 和 $n=0$,则有

$$y[1]-5y[0]+6y[-1]=0$$
$$y[0]-5y[-1]+6y[-2]=0$$

从中解出 $y[-1]=\frac{7}{6}$,$y[-2]=\frac{23}{36}$。将初始条件 $y[-1]$ 和 $y[-2]$ 代入 $Y_{zi}(z)$ 的式中,整理后可得

$$Y_{zi}(z)=\frac{2z^2-7z}{z^2-5z+6}$$

将上式进行部分分式展开,得到

$$Y_{zi}(z)=\frac{2z^2-7z}{(z-2)(z-3)}=\frac{3z}{z-2}-\frac{z}{z-3}$$

对 $Y_{zi}(z)$ 进行 Z 反变换,可得零输入响应为

$$y_{zi}[n]=\lfloor 3(2)^n-(3)^n \rfloor \varepsilon[n]$$

【例 6-20】 描述某线性离散系统的差分方程为

$$y[n]-by[n-1]=f[n]$$

若输入激励序列为 $f[n]=a^n\varepsilon[n]$,初始条件 $y[-1]=0$。求系统的零状态响应。

解 对差分方程两边取 Z 变换,得到

$$Y(z)-bz^{-1}Y(z)-by[-1]=F(z)$$

因为初始条件 $y[-1]=0$,激励序列的 Z 变换为 $F(z)=\frac{z}{z-a}$,则上述方程变为

$$Y(z)-bz^{-1}Y(z)=\frac{z}{z-a}$$

解出 $Y(z)$,并整理得到

$$Y(z)=\frac{z^2}{(z-a)(z-b)}$$

将其进行部分分式展开,得到

$$Y(z)=\frac{1}{a-b}\left(\frac{az}{z-a}-\frac{bz}{z-b}\right)$$

对 $Y(z)$ 进行 Z 反变换,即得到其零状态响应

$$y_{zs}[n]=\frac{1}{a-b}(a^{n+1}-b^{n+1})\varepsilon[n]$$

【例 6-21】 对于上例的差分方程,若输入激励不变,但初始值不为 0,而是 $y[-1]=2$,求系统的响应。

解 该系统有输入激励,而且初始状态也不为 0,所以所求系统的响应为全响应。我们不必利用叠加定理将零输入响应和零状态响应分别求出再进行叠加,而完全可以合并进行,一次性求出系统的完全响应。这正是 Z 变换分析法的优点。因为差分方程 Z 变换为

$$Y(z) - bz^{-1}Y(z) - by[-1] = F(z)$$

所以

$$Y(z) = \frac{F(z) + by[-1]}{1 - bz^{-1}}$$

已知 $y[-1] = 2$,$F(z) = \dfrac{z}{z-a}$ 代入上式,整理后得

$$Y(z) = \frac{z^2}{(z-a)(z-b)} + \frac{2bz}{z-b}$$

展开成部分分式,得

$$Y(z) = \frac{a}{a-b} \cdot \frac{z}{z-a} - \frac{b}{a-b} \cdot \frac{z}{z-b} + \frac{2bz}{z-b}$$

对 $Y(z)$ 进行 Z 反变换,即得到系统的完全响应

$$y[n] = \frac{1}{a-b}(a^{n+1} - b^{n+1}) + 2b^{n+1}, \quad n \geqslant 0$$

6.4.2 离散系统函数

正如连续系统的系统函数一样,离散 LTI 系统的系统函数 $H(z)$ 也是反映系统特征的重要函数。为此,下面再做深入研究。

1. $H(z)$ 的概念

设线性时不变离散系统的输入激励序列为 $f[n]$,其零状态响应为 $y_{zs}[n]$,则 $y_{zs}[n]$ 的 Z 变换 $Y_{zs}(z)$ 与 $f[n]$ 的 Z 变换 $F(z)$ 之比定义为系统函数 $H(z)$,即

$$H(z) = \frac{Y_{zs}(z)}{F(z)} \tag{6.34}$$

由式(6.33)可得

$$H(z) = \frac{Y_{zs}(z)}{F(z)} = \frac{\sum_{j=0}^{m} b_{m-j} z^{-j}}{\sum_{i=0}^{k} a_{k-i} z^{-i}} \tag{6.35}$$

式(6.35)表明:系统函数 $H(z)$ 仅取决于系统的差分方程,而与激励和响应的形式无关,只要差分方程给定,系统函数 $H(z)$ 即可确定;反之,已知系统函数 $H(z)$,也可得到描述系统的差分方程。

引入系统函数的概念以后,零状态响应的象函数就可表示为

$$Y_{zs}(z) = F(z) \cdot H(z) \tag{6.36}$$

当系统函数 $H(z)$ 和激励的象函数 $F(z)$ 均已知时,则系统的零状态响应随之可定,即

$$y_{zs}[n] = Z^{-1}[F(z) \cdot H(z)] \tag{6.37}$$

由前面可知,系统的零状态响应 $y_{zs}[n]$ 是单位响应 $h[n]$ 与激励 $f[n]$ 的卷积和,即

$$y_{zs}[n] = f[n] * h[n] \tag{6.38}$$

这是离散系统在时域中的重要结论,这一结论在 Z 域中的对应关系是:零状态响应的象函数 $Y_{zs}(z)$ 等于系统函数 $H(z)$ 与激励象函数 $F(z)$ 的乘积,如式(6.36)所示。

当系统的激励为单位序列 $\delta[n]$ 时,其零状态响应称为单位响应 $h[n]$,那么此时有
$$F(z) = Z[\delta[n]] = 1$$
故式(6.35)变成为
$$Y_{zs}(z) = H(z)$$
则有
$$Z[h[n]] = H(z), \quad h(n) = Z^{-1}[H(z)] \tag{6.39}$$

可见,系统函数 $H(z)$ 与单位响应 $h[n]$ 构成 Z 变换对,即 $h[n]$ 的 Z 变换等于系统函数 $H(z)$;而 $H(z)$ 的 Z 反变换等于单位响应 $h[n]$。

2. Z 域系统函数 H(z)的求取方法

由前面系统函数 $H(z)$ 的概念可知,Z 域系统函数 $H(z)$ 一般有以下几种求取方法。

(1) 已知系统激励 $f[n]$ 及其零状态响应 $y_{zs}[n]$ 时,可通过将激励和零状态响应的 Z 变换,由 Z 域系统函数 $H(z)$ 的定义 $H(z) = \dfrac{Y_{zs}(z)}{F(z)}$ 求取;

(2) 已知系统的差分方程时,可通过对差分方程两边取单边 Z 变换,并考虑到 $n<0$ 时,$y[n]=0, f[n]=0$,由式(6.35) $H(z) = \dfrac{\sum\limits_{j=0}^{m} b_{m-j} z^{-j}}{\sum\limits_{i=0}^{k} a_{k-i} z^{-i}}$ 求得;

(3) 已知系统的单位序列响应 $h[n]$ 时,可直接对其进行 Z 变换,即求得 Z 域系统函数 $H(z) = z[h[n]]$;

(4) 已知转移算子为 $H[q]$,那么 Z 域系统函数 $H(z) = H[q]|_{q=z}$。

除此之外,Z 域系统函数 $H(z)$ 还可以通过系统时域模拟图、Z 域模拟图或者信号流图求得。

3. Z 域系统函数 H(z)的应用

Z 域系统函数 $H(z)$ 是离散时间系统的一种数学抽象,它反映了系统本身固有特性,在实际工程应用广泛,主要体现归纳在以下几个方面。

(1) 可用于求取任意给定激励下对应的零状态响应,即 $y_{zs}[n] = Z^{-1}[F(z) \cdot H(z)]$,如式(6.37)所示;

(2) 利用 Z 域系统函数 $H(z)$ 与单位序列响应 $h[n]$ 之间为 z 正反变换对,即 $h[n] \leftrightarrow H(z)$,可求得系统的单位序列响应 $h[n]$,如式(6.39)所示;

(3) 利用 Z 域系统函数 $H(z)$ 的极点,即可写出系统的零输入响应形式,若再给定系统的初始状态时可确定其特定系数进而求得系统的零输入响应 $y_{zi}[n]$;

(4) 由 Z 域系统函数 $H(z)$ 可以写出系统的差分方程,如例 6-19 所示;

(5) 由 Z 域系统函数 $H(z)$ 可进行系统稳定性判别,如本章 6.4.3 节所示;

(6) 由 Z 域系统函数 $H(z)$ 可以绘出系统模拟图,如本章 6.5 节所示。

除此之外,Z 域系统函数 $H(z)$ 可分析稳定系统的频率特性、研究系统的时域特性和频域特性。

【例 6-22】 已知一个线性时不变系统的系统函数为

$$H(z) = \frac{(1+z^{-1})^2}{\left(1-\frac{1}{2}z^{-1}\right)\left(1+\frac{3}{4}z^{-1}\right)}$$

试确定该系统的差分方程。

解 将 $H(z)$ 展开成如下形式：

$$H(z) = \frac{1+2z^{-1}+z^{-2}}{1+\frac{1}{4}z^{-1}-\frac{3}{8}z^{-2}} = \frac{Y(z)}{F(z)}$$

$$\left(1+\frac{1}{4}z^{-1}-\frac{3}{8}z^{-2}\right)Y(z) = (1+2z^{-1}+z^{-2})F(z)$$

因此差分方程为

$$y[n] + \frac{1}{4}y[n-1] - \frac{3}{8}y[n-2] = f[n] + 2f[n-1] + f[n-2]$$

【例 6-23】 设有一数据控制系统的差分方程为

$$y[n] + 0.6y[n-1] - 0.16y[n-2] = f[n] + 2f[n-1]$$

求系统函数 $H(z)$ 和单位响应 $h[n]$；若激励为 $f[n] = (0.4)^n \varepsilon[n]$，求其零状态响应。

解 (1) 求 $H(z)$。

在零状态下对系统差分方程两边取 Z 变换，得

$$(1+0.6z^{-1}-0.16z^{-2})Y(z) = (1+2z^{-1})F(z)$$

故

$$H(z) = \frac{Y(z)}{F(z)} = \frac{1+2z^{-1}}{1+0.6z^{-1}-0.16z^{-2}}$$

$$= \frac{z^2+2z}{z^2+0.6z-0.16}$$

(2) 求 $h[n]$。

由于已经求出系统函数 $H(z)$，取其 Z 反变换即求得 $h[n]$。将 $H(z)$ 进行部分分式展开得

$$\frac{H(z)}{z} = \frac{z+2}{(z-0.2)(z+0.8)} = \frac{K_1}{z-0.2} + \frac{K_2}{z+0.8}$$

求出系数 $K_1 = 2.2, K_2 = -1.2$。所以有

$$H(z) = \frac{2.2z}{z-0.2} - \frac{1.2z}{z+0.8}$$

取 Z 反变换即得单位响应为

$$h[n] = \left[2.2(0.2)^n - 1.2(-0.8)^n\right]\varepsilon[n]$$

(3) 当 $f[n] = (0.4)^n \varepsilon[n]$ 时，有 $F(z) = \dfrac{z}{z-0.4}$，由式(6.36)得系统的零状态响应的象函数为

$$Y_{zs}(z) = F(z) \cdot H(z) = \frac{z^2(z+2)}{(z-0.2)(z+0.8)(z-0.4)}$$

利用部分分式展开法,得到
$$Y_{zs}(z) = \frac{-2.2z}{z-0.2} - \frac{0.8z}{z+0.8} + \frac{4z}{z-0.4}$$
对其进行反变换即得系统在激励 $f[n]=(0.4)^n \varepsilon[n]$ 作用下的零状态响应
$$y_{zs}[n] = \left[-2.2(0.2)^n - 0.8(-0.8)^n + 4(0.4)^n \right] \varepsilon[n]$$

4. $H(z)$ 的零极点分布与单位响应 $h[n]$ 变化规律的关系

为了认识系统的特性,有必要讨论系统函数的极点所在位置与时域响应的变化规律之间的关系。一般地,系统函数 $H(z)$ 是 z 的有理函数,它的分子和分母多项式表示为 $N(z)$ 和 $D(z)$,即

$$H(z) = \frac{N(z)}{D(z)} = \frac{b_m z^m + b_{m-1} z^{m-1} + \cdots + b_1 z + b_0}{z^n + a_{n-1} z^{n-1} + \cdots + a_1 z + a_0}$$
$$= H_0 \frac{(z-r_1)(z-r_2)\cdots(z-r_m)}{(z-z_1)(z-z_2)\cdots(z-z_n)}$$

式中,$r_1,r_2,\cdots,r_m$ 为系统函数 $H(z)$ 的零点,即 $N(z)=0$ 的根;$z_1,z_2,\cdots,z_n$ 为 $H(z)$ 的极点,即 $D(z)=0$ 的根;H_0 为常系数。

为了简单起见,设 $H(z)$ 中只含有单极点,这样系统函数 $H(z)$ 可展开成如下形式的部分分式之和:

$$H(z) = \sum_{i=0}^{n} \frac{K_i z}{z - z_i}$$

其中,$z_0 = 0$,上式又可写成

$$H(z) = K_0 + \sum_{i=1}^{n} \frac{K_i z}{z - z_i}$$

取其反变换,即得到系统的单位响应

$$h[n] = K_0 \delta[n] + \sum_{i=1}^{n} K_i (z_i)^n \varepsilon[n] \tag{6.40}$$

由式(6.40)可见,$H(z)$ 的每个极点将取决于 $h[n]$ 的一项时间序列。$h[n]$ 的各分量的函数形式只取决于 $H(z)$ 的极点,而 $H(z)$ 的零点只影响 $h[n]$ 的幅值和相位。由此可见,系统的单位响应将完全取决于 $H(z)$ 的零、极点在 Z 平面上的分布规律。

按 $H(z)$ 的零、极点在 Z 平面上的位置可分为:在单位圆上、在单位圆内和在单位圆外。极点 z_i 可以是实数,也可以是成对的共轭复数。可以依据 $H(z)$ 的极点在 Z 平面上的分布情形,判断出相应的 $h[n]$ 的变化规律。表 6.4 给出了典型对应关系的示意图。图中"×"表示 $H(z)$ 的极点位置。

由表中对应关系可知:
(1) 若 $H(z)$ 在单位圆内有实极点,则 $h[n]$ 为指数衰减序列;
(2) 若 $H(z)$ 在单位圆内有共轭复极点,则 $h[n]$ 为衰减振荡序列;
(3) 若 $H(z)$ 在单位圆上有实极点,则 $h[n]$ 为阶跃序列;
(4) 若 $H(z)$ 在单位圆上有共轭复极点,则 $h[n]$ 为等幅振荡序列(即正弦序列);
(5) 若 $H(z)$ 的极点位于单位圆外,则 $h[n]$ 为单调增长序列或振荡增长序列。

表 6.4 $H(z)$ 的极点分布与 $h[n]$ 的变化规律

$H(z)$ 的极点位置	$h[n]$ $n\geqslant 0$
极点在单位圆内实轴上，$\|z_1\|<1$	$h[n]=K(z_1)^n$，衰减
一对共轭极点在单位圆内，$z_{1,2}=re^{\pm j\theta}$，$r<1$	$h[n]=Kr^n\cos(\theta n+\varphi)$，衰减振荡
极点在单位圆上实轴，$z_1=1$	$h[n]=K\varepsilon(n)$
一对共轭极点在单位圆上，$z_{1,2}=e^{\pm j\theta}$，$r=1$	$h[n]=K\cos(\theta n+\varphi)$
一对共轭极点在单位圆外，$z_{1,2}=re^{\pm j\theta}$，$r>1$	$h[n]=Kr^n\cos(\theta n+\varphi)$，增幅振荡
极点在单位圆外实轴，$z_1>1$	$h[n]=K(z_1)^n\,(\|z_1\|>1)$
一对共轭极点在虚轴单位圆上，$z_{1,2}=e^{\pm j\frac{\pi}{2}}$，$(r=1)$	$h[n]=K\cos\left(\dfrac{\pi}{2}n+\varphi\right)$

6.4.3 离散系统的稳定性

一个系统,如果对任意的有界输入,其零状态响应也是有界的,则称该系统为稳定系统。在实际工程中,离散系统的稳定性是至关重要的。若对任意有界的输入序列,其输出序列的值总是有界的,这样的离散系统就称为稳定系统。

即对于离散系统而言,如对所有的输入序列有 $|f[n]| \leqslant M_{zi}$,而系统的零状态响应满足 $|y_{zs}[n]| \leqslant M_{zs}$,则该系统是稳定的。式中,$M_{zi}$ 和 M_{zs} 为有阶正常数。

对于一个线性时不变的离散系统,因为任意有界的输入序列均可以表示为单位序列 $\delta(n)$ 的线性组合,因此只要单位响应 $h[n]$ 绝对可和,那么输出序列也必定有界。

可以证明,离散时间系统稳定的充分必要条件是

$$\sum_{n=-\infty}^{\infty} |h[n]| \leqslant M$$

式中,M 为有限正常数。即若单位响应 $h[n]$ 是绝对可和的,则系统是稳定的。对于因果系统,上述条件可改写为

$$\sum_{n=0}^{\infty} |h[n]| \leqslant M \tag{6.41}$$

由于 $h[n]$ 的变化规律完全取决于 $H(z)$ 的极点分布情况,所以根据前面的讨论,可以得出如下结论:

(1) 如果在激励作用足够长时间之后,$h[n]$ 完全消失,则系统是稳定的。可见若 $H(z)$ 全部的极点位于单位圆之内,系统一定是稳定的。

(2) 如果在激励作用足够长时间之后,$h[n]$ 趋于一个非零常数或有界的等幅振荡,则系统是临界稳定的。可见若 $H(z)$ 的一阶极点(实极点或共轭极点)均位于单位圆上,而单位圆外无极点,该系统是临界稳定的。

(3) 如果在激励作用足够长时间之后,$h[n]$ 无限制地增长,则系统是不稳定的。可见若 $H(z)$ 的极点只要有一个位于单位圆之外,或在单位圆上有重极点,该系统一定是不稳定的。

【例 6-24】 有一离散系统的差分方程为

$$y[n] + 0.1y[n-1] - 0.2y[n-2] = f[n] + f[n-1]$$

试求系统函数 $H(z)$,并讨论系统的稳定性。

解 对方程两边取 Z 变换,得

$$H(z) = \frac{Y(z)}{F(z)} = \frac{1+z^{-1}}{1+0.1z^{-1}-0.2z^{-2}}$$

整理后即得系统函数

$$H(z) = \frac{z(z+1)}{(z-0.4)(z+0.5)}$$

由于 $H(z)$ 的极点为 $z_1 = 0.4, z_2 = -0.5$,它们均位于单位圆内,故该系统是稳定的。

【例 6-25】 已知某一离散系统的系统函数为

$$H(z) = \frac{1-z^{-1}}{1+0.81z^{-2}}$$

试写出描述该系统的差分方程,并讨论系统的稳定性。

解 从给出的系统函数 $H(z)$ 可方便地得到差分方程
$$y[n] + 0.81y[n-2] = f[n] - f[n-1]$$
$H(z)$ 还可写成为
$$H(z) = \frac{z(z-1)}{(z+\mathrm{j}0.9)(z-\mathrm{j}0.9)}$$
可见 $H(z)$ 的两个极点 $z = \pm \mathrm{j}0.9$ 均位于单位圆内,所以该系统是稳定的。

本节是通过求解系统函数的极点来判别系统的稳定性,这对于一个复杂系统来说,求 $H(z)$ 分母多项式的根往往是费事的。判断一个系统是否稳定,目前已有许多稳定性判据可以利用。读者可参考有关书籍。

6.5 离散时间系统的 Z 域模拟图

6.5.1 离散时间系统的连接

一个复杂的离散时间系统可以由一些简单的子系统以特定方式连接而组成。若掌握系统的连接,并知道各子系统的性质,就可以通过这些子系统来分析复杂系统,使复杂系统的分析简单化。同连续时间系统一样,离散时间系统连接有 3 种基本方式:级联、并联和反馈,下面分别讨论。

1. 系统的级联

系统的级联如图 6.5 所示。若两个子系统的系统函数分别为
$$H_1(z) = \frac{X(z)}{F(z)}, \quad H_2(z) = \frac{Y(z)}{X(z)}$$

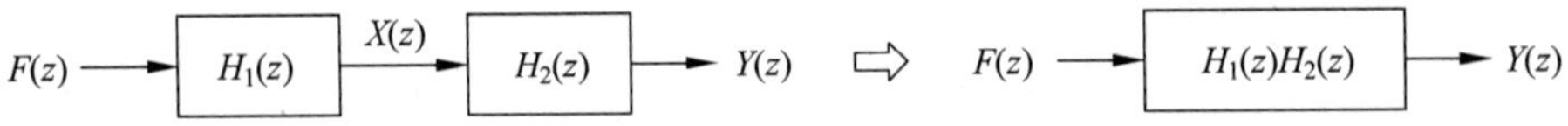

图 6.5 两个子系统级联

则信号通过级联系统的响应为
$$Y(z) = H_2(z)X(z) = H_2(z)H_1(z)F(z)$$
根据系统函数的定义,可得级联的系统函数为
$$H(z) = \frac{Y(z)}{F(z)} = H_1(z)H_2(z) \tag{6.42}$$
即级联系统的系统函数是各个子系统的系统函数的乘积。

2. 系统的并联

系统的并联如图 6.6 所示。图中 $\sum$ 表示加法器或称"和点",在 $X(s)$ 右侧的 A 点叫作"分点"。则有
$$Y(z) = F(z)H_1(z) + F(z)H_2(z) = F(z)[H_1(z) + H_2(z)]$$
故得并联系统的系统函数为
$$H(z) = \frac{Y(z)}{F(z)} = H_1(z) + H_2(z) \tag{6.43}$$
即,子系统并联时,总系统函数为各个子系统函数之和。

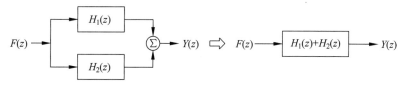

图 6.6 两个子系统并联

3. 反馈

当两个子系统反馈连接时,如图 6.7 所示,其中,$H_1(z)$ 称为正向通路的系统函数,$H_2(z)$ 称为反馈通路的系统函数。子系统 $H_1(z)$ 的输出通过子系统 $H_2(z)$ 反馈到输入端,$H_1(z)$ 的输出称为反馈信号。"+"代表正反馈,即输入信号与反馈信号相加;"−"代表负反馈,即输入信号与反馈信号相减。没有反馈通路的系统称为开环系统,具有反馈通路的系统称为闭环系统。对于反馈系统,则有

$$Y(z) = H_1(z)E(z) = H_1(z)[F(z) \pm H_2(z)Y(z)]$$

故有
$$Y(z) = \frac{H_1(z)}{1 \mp H_1(z)H_2(z)} F(z)$$

从而得整个系统的系统函数为

$$H(z) = \frac{Y(z)}{F(z)} = \frac{H_1(z)}{1 \mp H_1(z)H_2(z)} \quad (6.44)$$

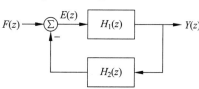

图 6.7 两个子系统反馈连接

对于负反馈的情况,上式分母中取正号;对于正反馈的情况,上式分母中取负号。

6.5.2 离散时间系统的 Z 域模拟图

为了研究实际系统的特性,有时需要进行实验模拟。所谓模拟是指用一些基本的运算单元相互连接构成一个系统,使之与所讨论的实际系统具有相同的数学模型。这样就可观察和分析系统各处参数变化对响应的影响程度,这种方法对系统的设计有重大意义。由第 1 章可知,离散时间系统的模拟是用延时器、加法器、乘法器等基本单元模拟系统。将这些模拟部件的输入和输出分别取 Z 变换,就得到 Z 域的基本模拟单元,如图 6.8 所示。

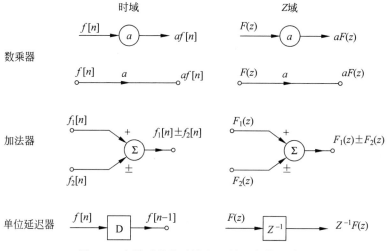

图 6.8 离散系统的时域和 Z 域基本模拟单元

利用加法器、乘法器和若干 z^{-1} 单元就可以构成系统的 Z 域模拟图。

【例 6-26】 某离散系统如图 6.9 所示,求该系统的单位序列响应 $h(n)$。

解 (1) 首先根据模拟框图求系统函数 $H(z)$。由图可知,加法器的输出为

$$Y(z) = F(z) + \frac{3}{2}z^{-1}Y(z) - \frac{1}{2}z^{-2}Y(z)$$

由上式解得

$$Y(z) = \frac{1}{1 - \frac{3}{2}z^{-1} + \frac{1}{2}z^{-2}} F(z)$$

所以得

$$H(z) = \frac{1}{1 - \frac{3}{2}z^{-1} + \frac{1}{2}z^{-2}} = \frac{z^2}{z^2 - \frac{3}{2}z + \frac{1}{2}}$$

将 $H(z)$ 展开为部分分式得

$$H(z) = \frac{2z}{z-1} - \frac{z}{z - \frac{1}{2}}$$

(2) 求单位序列响应 $h[n]$。

$$h[n] = z^{-1}[H(z)] = \left[2 - \left(\frac{1}{2}\right)^n\right]\varepsilon(n)$$

【例 6-27】 某离散系统如图 6.10 所示,求:
(1)单位序列响应 $h[n]$;(2)阶跃响应 $g[n]$。

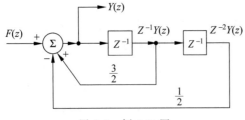

图 6.9 例 6-26 图

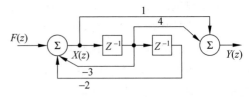

图 6.10 例 6-27 图

解 (1) 首先根据模拟框图求系统函数 $H(z)$。在框图中有两个求和号,不容易直接写出 $Y(z)$ 表达式,因此可在第一个求和号后面设置中间变量 $X(z)$,则有

$$X(z) = F(z) - 3z^{-1}X(z) - 2z^{-2}X(z)$$

即得

$$X(z) = \frac{1}{1 + 3z^{-1} + 2z^{-2}} F(z)$$

而

$$Y(z) = X(z) + 4z^{-1}X(z) = (1 + 4z^{-1})X(z)$$

由此可得

$$Y(z) = \frac{1 + 4z^{-1}}{1 + 3z^{-1} + 2z^{-2}} F(z)$$

所以得

$$H(z) = \frac{Y(z)}{F(z)} = \frac{1 + 4z^{-1}}{1 + 3z^{-1} + 2z^{-2}} = \frac{z^2 + 4z}{z^2 + 3z + 2}$$

将 $H(z)$ 展开为部分分式得

$$H(z) = \frac{3z}{z+1} - \frac{2z}{z+2}$$

所以得单位序列响应 $h[n]$

$$h[n] = z^{-1}[H(z)] = \left[3(-1)^n - 2(-2)^n\right]\varepsilon[n]$$

(2) 求阶跃响应：即求当输入 $f[n] = \varepsilon[n]$ 时的零状态响应 $g[n]$。

$$G(z) = H(z)F(z) = \frac{z^2 + 4z}{z^2 + 3z + 2} \cdot \frac{z}{z-1} = z\left[\frac{-\frac{4}{3}}{z+2} + \frac{\frac{3}{2}}{z+1} + \frac{\frac{5}{6}}{z-1}\right]$$

取 $G(z)$ 的反变换得

$$g[n] = \left[-\frac{4}{3}(-2)^n + \frac{3}{2}(-1)^n + \frac{5}{6}\right]\varepsilon[n]$$

6.6 用 MATLAB 进行离散系统的 Z 域分析

6.6.1 利用 MATLAB 绘制离散系统的零、极点图

对于离散系统其系统函数可由式(6.34)表示，则系统函数的零点和极点可以用 MATLAB 的多项式求根函数 roots()来实现，调用该函数的命令格式为：

```
p = roots(A)
```

其中，A 为待求根的多项式的系数构成的行向量，返回向量 p 则包含该多项式所有的根位置列向量。值得注意的是：求系统函数零极点时，离散系统的系统函数可能有两种形式，一种是分子和分母多项式按 z 的降幂次序排列，另一种是分子和分母多项式按 z^{-1} 的升幂次序排列。若 $H(z)$ 是以 z 的降幂次序排列，则系数向量一定要由多项式的最高幂次开始，一直到常数项，缺项要用 0 补齐；若 $H(z)$ 是以按 z^{-1} 的升幂次序排列，则分子和分母多项式系数向量的维数一定要相同，不足的要用 0 补齐，否则 $z=0$ 的零点或极点就可能被漏掉。

下面是求系统函数零、极点，并绘制其零极点图的 MATLAB 实用函数 ljdt()，该函数在绘制系统零、极点图的同时，还绘出了 Z 平面的单位圆。

```
function ljdt(A,B)
% The function to draw the pole-zero diagram for discrete system
p = roots(A);                          % 求系统极点
q = roots(B);                          % 求系统零点
p = p';                                % 将极点列向量转置为行向量
q = q';                                % 将零点列向量转置为行向量
x = max(abs([p q 1]));                 % 确定纵坐标范围
x = x + 0.1;
y = x;                                 % 确定横坐标范围
clf
hold on
axis([-x x -y y])                      % 确定坐标轴显示范围
w = 0:pi/300:2 * pi;
```

```
t = exp(i * w);
plot(t)                                      % 画单位圆
axis('square')
plot([-x x],[0 0])                           % 画横坐标轴
plot([0 0],[-y y])                           % 画纵坐标轴
text(0.1,x,'jIm[z]')
text(y,1/10,'Re[z]')
plot(real(p),imag(p),'x')                    % 画极点
plot(real(q),imag(q),'o')                    % 画零点
title('pole-zero diagram for discrete system')  % 标注标题
hold off
```

【例 6-28】 已知某离散系统的系统函数为

$$H(z) = \frac{z+1}{3z^5 - z^4 + 1}$$

试用 MATLAB 求出该系统的零、极点,并画出零、极点分布图,判断系统是否稳定。

解 利用 ljdt() 函数,MATLAB 程序如下:

```
% 绘制零、极点分布图的实现程序
a = [3 -1 0 0 0 1];
b = [1 1];
ljdt(a,b)
p = roots(a)
q = roots(b)
pa = abs(p)
```

程序运行结果如下所示。

```
p =
    0.7255 + 0.4633i
    0.7255 - 0.4633i
   -0.1861 + 0.7541i
   -0.1861 - 0.7541i
   -0.7455
q =
   -1
pa =
    0.8608
    0.8608
    0.7768
    0.7768
    0.7455
```

绘制的系统零、极点如图 6.11 所示。由图可知,该系统的所有极点均位于 Z 平面的单位圆内,故该系统为稳定系统。

【例 6-29】 已知某离散系统的系统函数为

$$H(z) = \frac{z^2 + 2z + 1}{z^3 - 0.5z^2 - 0.005z + 0.3}$$

试用 MATLAB 求出该系统的零、极点,并画出零、极点分布图,求系统的单位冲激响应和幅频响应,并判断系统是否稳定。

解 MATLAB 实现程序为

```
% 由系统函数求解系统脉冲响应、频率响应实现程序
b = [0 1 2 1]; a = [1 -0.5 -0.005 0.3];
```

```
subplot 311
zplane(b,a); xlabel('实部'); ylabel('虚部');
num = [0 1 2 1]; den = [1 -0.5 -0.005 0.3];
h = impz(num,den);
subplot 312
stem(h); xlabel('k'); title('单位脉冲响应');
[H,w] = freqz(num,den);
subplot 313
plot(w/pi,abs(H));
xlabel('频率\omega');
title('频率响应')
```

程序运行结果如图 6.12 所示。该系统是稳定的。

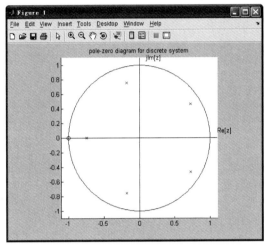

图 6.11 例 6-28 系统零、极点图

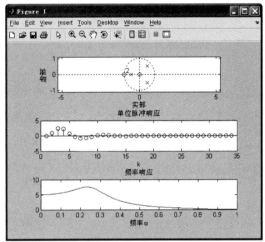

图 6.12 零、极点分布图,求系统的单位冲激响应和幅频响应

6.6.2 利用 MATLAB 分析离散系统的零、极点图分布与系统单位响应时域特性的关系

【**例 6-30**】 已知离散系统的零、极点分布分别如图 6.13 所示,其中虚线表示单位圆,试用 MATLAB 分析系统单位响应 $h[n]$ 的时域特性。

解 因系统的零、极点分布图已知,则系统的系统函数 $H(z)$ 就可知,故可以利用 MATLAB 函数 impz() 求出系统单位响应 $h[n]$。

对于图 6.13 所示的系统,其系统函数分别为

$$H(z) = \frac{1}{z-1}, \quad H(z) = \frac{1}{z-0.8}, \quad H(z) = \frac{1}{z-2},$$

$$H(z) = \frac{1}{z^2 - 2 \times 0.8 \times \cos\frac{\pi}{4} z + 0.8^2}, \quad H(z) = \frac{1}{z^2 - 2 \times 0.8 \times \cos\frac{\pi}{8} z + 1},$$

$$H(z) = \frac{1}{z^2 - 2 \times 1.2 \times \cos\frac{\pi}{4} z + 1.2^2}$$

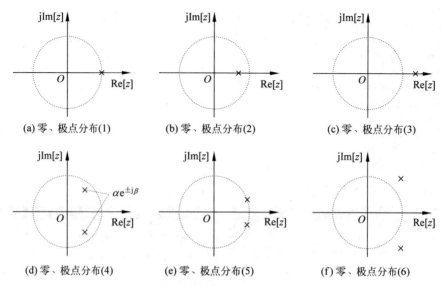

(a) 零、极点分布(1)　　(b) 零、极点分布(2)　　(c) 零、极点分布(3)

(d) 零、极点分布(4)　　(e) 零、极点分布(5)　　(f) 零、极点分布(6)

图 6.13　离散系统的零、极点分布图

则其单位响应的时域波形 MATLAB 程序如下：

```
% 零、极点分布与单位响应的关系实现程序
a = [1, -1];
b = [1];
subplot 321
impz(b,a);
a1 = [1, -0.8];
b1 = [1];
subplot 322
impz(b1,a1,10);
a2 = [1, -2];
b2 = [1];
subplot 323
impz(b2,a2,10);
a3 = [1, -2*0.8*cos(pi/4),0.8^2];
b3 = [1];
subplot 324
impz(b3,a3,20);
a4 = [1, -2*0.8*cos(pi/8),1];
b4 = [1];
subplot 325
impz(b4,a4,20);
a5 = [1, -2*1.2*cos(pi/4),1.2^2];
b5 = [1];
subplot 326
impz(b5,a5,20);
```

程序运行结果如图 6.14 所示。

由此可知：离散系统的单位响应 $h[n]$ 的时域特性完全由系统函数 $H(z)$ 的极点位置决定，$H(z)$ 位于 Z 平面单位圆内的极点决定了 $h[n]$ 随时间衰减的信号分量，位于 Z 平面单

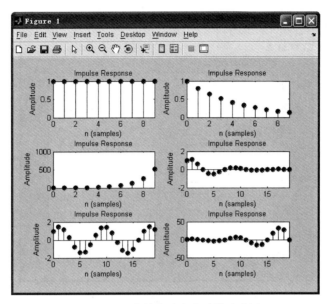

图 6.14 系统单位响应的时域波形图

位圆上的极点决定了单位响应的稳定信号分量,位于 Z 平面单位圆外的极点决定了单位响应随时间增长的信号分量。

6.6.3 利用系统函数求解离散系统差分方程的 MATLAB

【例 6-31】 求解差分方程 $y[n]-0.4y[n-1]-0.45y[n-2]=0.45x[n]+0.4x[n-1]-x[n-2]$,其中,$x[n]=0.8^n\varepsilon[n]$,初始状态 $y[-1]=0,y[-2]=1,x[-1]=1,x[-2]=2$。

解 将方程两边进行 Z 变换得

$$H(z)=\frac{0.45+0.4z^{-1}-z^{-2}}{1-0.4z^{-1}-0.45z^{-2}}$$

用 MATLAB 编程如下:

```
% 求差分方程的解的实现程序
num = [0.45 0.4 - 1];
den = [1 - 0.4 - 0.45];
x0 = [1 2]; y0 = [0 1];
N = 50;
n = [0:N-1]';
x = 0.8.^n;
Zi = filtic(num,den,y0,x0);
[y,Zf] = filter(num,den,x,Zi);
plot(n,x,'r-',n,y,'b--');
title('响应');
xlabel('n'); ylabel('x(n)-y(n)');
legend('输入 x','输出 y',1);
grid;
```

程序运行结果如图 6.15 所示。

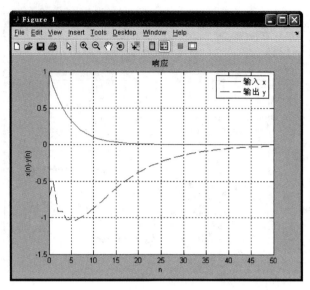

图 6.15　离散系统差分方程的解

6.6.4　利用 MATLAB 实现 Z 域的部分分式展开式

MATLAB 的信号处理工具箱提供了一个对 $F(z)$ 进行部分分式展开的函数 residuez()，其调用形式为

[r,p,k] = residuez(num,den)

式中，num 和 den 分别为 $F(z)$ 的分子多项式和分母多项式的系数向量，r 为部分分式的系数向量，p 为极点向量，k 为多项式的系数向量。

【例 6-32】　利用 MATLAB 计算 $F(z)=\dfrac{18}{18+3z^{-1}-4z^{-2}-z^{-3}}$ 的部分分式展开式。

解　利用 MATLAB 计算部分分式展开式程序为

```
% 部分分式展开式的实现程序
num = [18];
den = [18 3 -4 -1];
[r,p,k] = residuez(num,den)
```

程序运行结果如下所示。

```
r =
    0.3600
    0.2400
    0.4000
p =
    0.5000
   -0.3333
   -0.3333
k =
    []
```

6.6.5　利用 MATLAB 实现 Z 变换和 Z 反变换

MATLAB 的符号数学工具箱提供了计算 Z 变换的函数 ztrans() 和 Z 反变换的函数

iztrans(),其调用形式为

```
F = ztrans(f)
f = iztrans(F)
```

上面两式中,右端的 f 和 F 分别为时域表示式和 Z 域表示式的符号表示,可应用函数 sym() 来实现,其调用格式为

```
S = sym(A)
```

式中,A 为待分析的表示式的字符串,S 为符号化的数字或变量。

【例 6-33】 求:(1)$f[n]=\cos(ak)\varepsilon[k]$ 的 Z 变换;(2)$F(z)=\dfrac{az}{(z-a)^2}$ 的 Z 反变换。

解 (1) Z 变换的 MATLAB 程序如下:

```
% Z 变换的程序实现
f = sym('cos(a * k)');
F = ztrans(f)
```

运行结果为

```
F =
(z - cos(a)) * z/(z^2 - 2 * z * cos(a) + 1)
```

(2) Z 反变换的 MATLAB 程序如下:

```
% Z 反变换实现程序
F = sym('a * z/(z - a)^2');
f = iztrans(F)
```

运行结果为

```
f =
a^n * n
```

【例 6-34】 常用信号的 Z 变换。

解 (1) 指数序列 $a^n\varepsilon[n]$ 的 MATLAB 程序如下:

```
% 指数序列的 Z 变换的程序实现
f = sym('a^n');
F = ztrans(f)
```

运行结果为

```
F =
    z/a/(z/a - 1)
```

(2) 阶跃序列 $\varepsilon[n]$ 的 MATLAB 程序如下:

```
% 阶跃序列的 Z 变换的程序实现
f = sym('1');
F = ztrans(f)
```

运行结果为

```
F =
    z/(z - 1)
```

(3) 单位序列 $\delta[n]$ 的 MATLAB 程序如下:

```
% 单位序列的 Z 变换的程序实现
f = sym('charfcn[0](n)');
```

```
F = ztrans(f)
```
运行结果为
```
F =
    1
```

习 题

6.1 求下列序列的 Z 变换,并说明其收敛域。

(1) $\left(\dfrac{1}{3}\right)^n$, $n \geqslant 0$ (2) $\left(-\dfrac{1}{3}\right)^{-n}$, $n \geqslant 0$

(3) $\left(\dfrac{1}{2}\right)^n + \left(\dfrac{1}{3}\right)^{-n}$, $n \geqslant 0$ (4) $\cos\dfrac{n\pi}{4}$, $n \geqslant 0$

(5) $\sin\left(\dfrac{n\pi}{2} + \dfrac{\pi}{4}\right)$, $n \geqslant 0$

6.2 已知 $\delta[n] \leftrightarrow 1, a^n \varepsilon[n] \leftrightarrow \dfrac{z}{z-a}, n\varepsilon[n] \leftrightarrow \dfrac{z}{(z-1)^2}$,试利用 Z 变换的性质求下列序列的 Z 变换。

(1) $\delta[n-2]$ (2) $0.6\lfloor 1+(-1)^n \rfloor \varepsilon[n]$

(3) $\varepsilon[n] - 2\varepsilon[n-4] + \varepsilon[n-8]$ (4) $(-1)^n n \varepsilon[n]$

(5) $(n-1)\varepsilon[n-1]$ (6) $n(n-1)\varepsilon[n-1]$

(7) $(n-1)^2 \varepsilon[n-1]$ (8) $n[\varepsilon[n] - \varepsilon[n-1]]$

6.3 求下列象函数的 Z 反变换。

(1) $\dfrac{1}{1-0.5z^{-1}}$, $|z| > 0.5$ (2) $\dfrac{1-0.5z^{-1}}{1-0.25z^{-2}}$, $|z| > 0.5$

(3) $\dfrac{z-a}{1-az}$, $|z| > \dfrac{1}{|a|}$ (4) $\dfrac{z^2}{z^2+3z+2}$, $|z| > 2$

(5) $\dfrac{z^2+z+1}{z^2+z-2}$, $|z| > 2$ (6) $\dfrac{z^2}{(z-0.5)(z-0.25)}$, $|z| > 0.5$

(7) $\dfrac{1}{z^2+1}$, $|z| > 1$ (8) $\dfrac{z}{(z-1)(z^2-1)}$, $|z| > 1$

6.4 若序列的 Z 变换如下,求 $f[0]$。

(1) $F(z) = \dfrac{z^2}{(z-2)(z-1)}$, $|z| > 2$ (2) $F(z) = \dfrac{z^2+z+1}{(z-1)(z+0.5)}$, $|z| > 1$

(3) $F(z) = \dfrac{z^2-z}{(z-1)^3}$, $|z| > 1$

6.5 若序列的 Z 变换如下,能否应用终值定理? 如果能则求出 $f[\infty]$。

(1) $F(z) = \dfrac{z^2+1}{\left(z-\dfrac{1}{2}\right)\left(z+\dfrac{1}{3}\right)}$ (2) $F(z) = \dfrac{z^2+z+1}{(z-1)(z+0.5)}$

(3) $F(z) = \dfrac{z^2}{(z-1)(z-2)}$

6.6 利用本章性质求下列序列的 Z 变换。

(1) $\cos\dfrac{n\pi}{2}\varepsilon[n]$ 　　　　　　　　(2) $n\sin\dfrac{n\pi}{2}\varepsilon[n]$

(3) $\left(\dfrac{1}{2}\right)^n\cos\dfrac{n\pi}{2}\varepsilon[n]$ 　　　　　(4) $\sum\limits_{i=0}^{n}(-1)^i$

6.7 试用卷积定理证明以下关系。
(1) $f[n]*\delta[n-m]=f[n-m]$
(2) $\varepsilon[n]*\varepsilon[n]=(n+1)\varepsilon[n]$

6.8 已知上题的结论 $\varepsilon[n]*\varepsilon[n]=(n+1)\varepsilon[n]$，试求 $n\varepsilon[n]$ 的 Z 变换。

6.9 利用卷积定理，求下述序列的卷积 $y[n]=f[n]*h[n]$。
(1) $f(n)=a^n\varepsilon(n)$，　$h(n)=\delta(n-2)$
(2) $f[n]=a^n\varepsilon[n]$，　$h[n]=\varepsilon[n-1]$
(3) $f[n]=a^n\varepsilon[n]$，　$h[n]=b^n\varepsilon[n]$

6.10 用 Z 变换求下列齐次差分方程。
(1) $y[n]-0.9y[n-1]=0$，　$y[-1]=1$
(2) $y[n]-y[n-1]+2y[n-2]=0$，　$y[-1]=0,y[-2]=2$
(3) $y[n+2]-y[n+1]-2y[n]=0$，　$y[0]=0,y[1]=3$
(4) $y[n]-y[n-1]-2y[n-2]=0$，　$y[0]=0,y[1]=3$

6.11 画出习题图 6.1 所示系统的 Z 域模拟图，并求该系统的单位响应和阶跃响应。

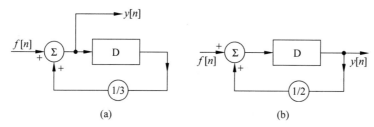

习题图 6.1

6.12 已知系统的差分方程、输入序列和初始状态如下，试用 Z 域分析法求系统的完全响应。

(1) $f[n]=(0.5)^n\varepsilon[n]$，　$y[-1]=1$
(2) $y[n]-0.5y[n-1]=f[n]-0.5f[n-1]$，　$f[n]=\varepsilon[n]$，　$y[-1]=0$

6.13 设系统的差分方程为 $y[n]-5y[n-1]+6y[n-2]=f[n]$，当 $f[n]=2\varepsilon[n]$，初始状态 $y[-1]=3,y[-2]=2$ 时，求系统的响应 $y[n]$。

6.14 若一系统的输入 $f[n]=\delta[n]-4\delta[n-1]+2\delta[n-2]$，系统函数为
$$H(z)=\dfrac{1}{(1-z^{-1})(1-0.5z^{-1})}$$

试求系统的零状态响应。

6.15 某数字系统的差分方程为 $y[n]-0.7y[n-1]+0.12y[n-2]=2f[n]-f[n-1]$
(1) 求系统函数 $H(z)$；
(2) 求单位响应 $h[n]$。

6.16 设一系统的差分方程为
$$y[n] - \frac{1}{3}y[n-1] = f[n]$$
(1) 试求单位响应 $h[n]$。

(2) 若系统的零状态响应为 $y[n] = 3\left[\left(\frac{1}{2}\right)^n - \left(\frac{1}{3}\right)^n\right] \cdot \varepsilon[n]$，试求输入信号 $f[n]$。

(3) 试判断该系统是否稳定？

6.17 设离散系统输入为 $f[n] = \varepsilon[n]$ 时，零状态响应为 $y[n] = 2(1-0.5^n)\varepsilon[n]$，若输入为 $f[n] = 0.5^n \varepsilon[n]$ 时，求系统的响应；该系统是否稳定？

6.18 某一离散系统的系统函数为 $H(z) = \dfrac{z^2+3z+2}{2z^2-(k-1)z+1}$，为使系统稳定，常数 K 应满足什么条件？

6.19 设有系统函数
$$H(z) = \frac{z^2 - 2z + 4}{z^2 - 0.5z + 0.25}$$
(1) 试画出系统 Z 域模拟图。

(2) 试判断该系统是否稳定？

(3) 试画出系统的幅频特性和相频特性。

6.20 已知连续系统的 $H(s)$ 为 $H(s) = \dfrac{2}{(s+1)(s+3)}$，试用冲激响应不变法，求对应于 $H(s)$ 的离散系统函数 $H(z)$。

MATLAB 实验

M6.1 用 MATLAB 的 residuez() 函数，求出下列各式的部分分式展开式和 $f[n]$。

(1) $F(z) = \dfrac{2z^4 + 16z^3 + 44z^2 + 56z + 32}{3z^4 + 3z^3 - 15z^2 + 18z - 12}$

(2) $F(z) = \dfrac{4z^4 - 8.68z^3 - 17.98z^2 + 26.74z - 8.04}{z^4 - 2z^3 + 10z^2 + 6z + 65}$

M6.2 已知离散时间系统的差分方程为
$$2y[n] - y[n-1] - 3y[n-2] = 2f[n] - f[n-1]$$
$$f[n] = 0.5^n \varepsilon[n], y[-1] = 1, y[-2] = 3$$
试用 filter() 函数求系统的零状态输入响应、零状态响应和全响应。

M6.3 已知离散系统的系统函数分别为

(1) $H(z) = \dfrac{z^2 - 2z - 1}{2z^3 - 1}$

(2) $H(z) = \dfrac{z+1}{z^3 - 1}$

(3) $H(z) = \dfrac{z^2 + 2}{z^3 + 2z^2 - 4z + 1}$

(4) $H(z) = \dfrac{z^3}{z^3 + 0.2z^2 + 0.3z + 0.4}$

试用 MATLAB 实现下列分析过程：

(1) 求出系统的零极点位置；

(2) 绘出系统的零极点图,根据零极点图判断系统的稳定性;

(3) 绘出系统单位响应的时域波形,并分析系统稳定性与系统单位响应时域特性的关系。

M6.4 已知描述离散系统的差分方程为
$$y[n] - y[n-1] - y[n-2] = 4f[n] - f[n-1] - f[n-2]$$
试用 MATLAB 绘出该系统的零极点分布图,并绘出系统的幅频和相频特性曲线,分析该系统的作用。

M6.5 已知因果(单边)离散序列的 Z 变换分别如下所示,试用 MATLAB 求出其 Z 反变换。

(1) $F(z) = \dfrac{z^2 + z + 1}{z^2 + z - 2}$

(2) $F(z) = \dfrac{2z^2 - z + 1}{z^3 + z^2 + \dfrac{1}{2}z}$

(3) $F(z) = \dfrac{z^2}{z^2 + \sqrt{2}z + 1}$

(4) $F(z) = \dfrac{z^3 + 2z^2 + z + 1}{3z^4 + 2z^3 + 3z^2 + 2z + 1}$

第 7 章

系统分析的状态变量法

内容提要

本章介绍状态和状态变量的基本概念,以及建立系统状态方程的方法,简述状态方程的时域和变换域求解、状态向量的线性变换,以及用 MATLAB 计算状态方程数值解的方法。

系统分析,简言之就是建立表征系统的数学方程式并求出它的解答。描述系统的方法有输入-输出法和状态变量法。

输入-输出法也称为端口法,它主要关心的是系统的输入与输出之间的关系。若线性时不变系统有 p 个输入而只有一个输出,则描述该系统是 n 阶常系数线性微分方程;若该系统的输出有 q 个,那么描述它的将是 q 个 n 阶常系数线性微分方程。前几章讨论的时域分析和频域、复频域分析,从数学观点而言,都是求解线性微分方程的方法。由于输入-输出法只将系统的输入变量与输出变量联系起来,它不便于研究与系统内部情况有关的各种问题。随着系统理论和计算机技术的迅速发展,自 20 世纪 60 年代开始,作为现代控制理论基础的状态变量法在系统分析中得到广泛应用。状态变量法是以系统内部变量为基础的分析方法,可称为内部法。状态变量分析用两组方程描述系统,即:

(1) 状态方程——它把状态变量与输入联系起来,它是有 n 个状态变量的 n 个联立的一阶微分方程组;

(2) 输出方程——它把输出与状态变量和输入联系起来,它是一组代数方程,若系统有 q 个输出,则有 q 个方程。

用状态方程描述系统主要具有以下特征:

(1) 这种一阶微分方程组已深入地研究过,有几种求解方法(如解析法、数值法)可以采用,而且这种表示形式适合于用计算机进行处理。

(2) 它不仅适用于分析线性时不变系统,而且可推广应用于线性时变系统或非线性系统。

(3) 它除了给出系统的响应外,还能提供系统内部的情况,便于同时观测并处理几个系统变量以满足一定的设计要求。

本章主要介绍状态变量法的基本概念和分析方法。

7.1 状态方程

7.1.1 状态变量和状态方程

为了说明状态变量和状态方程的概念,首先分析图 7.1 所示的二阶电网络。u_s 为电压源,由于电容电流和电感电压分别为

$$\begin{cases} i_C(t) = C \dfrac{\mathrm{d}u_C}{\mathrm{d}t} \\ u_L(t) = L \dfrac{\mathrm{d}i_L}{\mathrm{d}t} \end{cases} \tag{7.1}$$

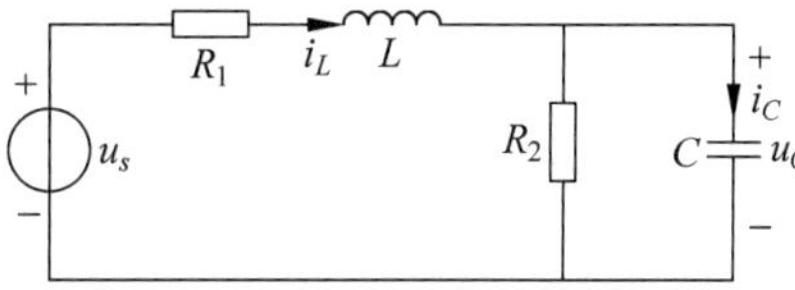

图 7.1 二阶电网络

则由 KCL 和 KVL 可列下列方程:

$$\begin{cases} C \dfrac{\mathrm{d}u_C}{\mathrm{d}t} = i_L - \dfrac{u_C}{R_2} \\ L \dfrac{\mathrm{d}i_L}{\mathrm{d}t} = u_S - R_1 i_L - u_C \end{cases} \tag{7.2}$$

整理可得

$$\begin{cases} \dfrac{\mathrm{d}u_C}{\mathrm{d}t} = -\dfrac{1}{CR_2} u_C + \dfrac{1}{C} i_L \\ \dfrac{\mathrm{d}i_L}{\mathrm{d}t} = -\dfrac{1}{L} u_C - \dfrac{R_1}{L} i_L + \dfrac{1}{L} u_S \end{cases} \tag{7.3}$$

若指定电感电压 u_L 为输出,则有方程

$$u_L = -u_C - R_1 i_L + u_S \tag{7.4}$$

式(7.3)形式的一阶微分方程称为状态方程,其中 $u_C(t)$ 和 $i_L(t)$ 称为状态变量;式(7.4)是以输入信号和状态变量表示的代数方程,它称为输出方程。

式(7.3)和式(7.4)表明:如果电路在 $t=t_0$ 时刻的状态 $u_C(t_0)$ 和 $i_L(t_0)$ 为已知,则根据 $t \geq t_0$ 时给定的输入 $u_S(t)$ 就可唯一地确定方程组式(7.3)的解 $u_C(t)$ 和 $i_L(t)$。再由所得的状态变量和 $t \geq t_0$ 时的输入就可确定 $t \geq t_0$ 时的输出。

对于一般情况而言,连续动态系统在某一时刻 t_0 的状态,是描述该系统所必需的最少的一组数 $x_1(t_0), x_2(t_0), \cdots, x_n(t_0)$,根据这组数和 $t \geq t_0$ 时给定的输入就可以唯一地确定在 $t > t_0$ 的任一时刻的状态。状态变量 $x_1(t), x_2(t), \cdots, x_n(t)$ 是描述状态随时间变化的一组变量,它们在 t_0 时的值就组成了系统在该时刻的状态。状态变量方程简称为状态方程,它是用状态变量和激励(有时为零)表示的一组独立的一阶微分方程;而输出方程是用状态变量和激励(有时还可能有激励的某些导数)表示的代数方程。通常将系统的状态方程和输出方程统称为动态方程。在电路系统中,一般电容上电压和电感上电流称为状态变量。

下面,以图 7.2 所示的电路为例来说明直观列写状态方程的方法。选择 $u_C(t)$ 和 $i_L(t)$ 为状态变量,对包含电感的回路,由 KVL 得

$$L \dfrac{\mathrm{d}i_L(t)}{\mathrm{d}t} + R_2 i_L(t) - u_C(t) = 0$$

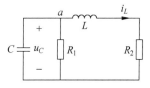

图 7.2 二阶电路的状态方程

对于结点 a,由 KCL 得

$$C\frac{\mathrm{d}u_C(t)}{\mathrm{d}t}+\frac{u_C(t)}{R_1}+i_L(t)=0$$

整理可得

$$\begin{cases}\dfrac{\mathrm{d}u_C(t)}{\mathrm{d}t}=-\dfrac{1}{R_1C}u_C(t)-\dfrac{1}{C}i_L(t)\\ \dfrac{\mathrm{d}i_L(t)}{\mathrm{d}t}=\dfrac{1}{L}u_C(t)-\dfrac{R_2}{L}i_L(t)\end{cases}$$

其矩阵形式为

$$\begin{bmatrix}\dfrac{\mathrm{d}u_C(t)}{\mathrm{d}t}\\ \dfrac{\mathrm{d}i_L(t)}{\mathrm{d}t}\end{bmatrix}=\begin{bmatrix}-\dfrac{1}{R_1C}&-\dfrac{1}{C}\\ \dfrac{1}{L}&-\dfrac{R_2}{L}\end{bmatrix}\begin{bmatrix}u_C(t)\\ i_L(t)\end{bmatrix}$$

令

$$\boldsymbol{x}(t)=\begin{bmatrix}x_1(t)\\ x_2(t)\end{bmatrix}=\begin{bmatrix}u_C(t)\\ i_L(t)\end{bmatrix},\quad \boldsymbol{A}=\begin{bmatrix}-\dfrac{1}{R_1C}&-\dfrac{1}{C}\\ \dfrac{1}{L}&-\dfrac{R_2}{L}\end{bmatrix}$$

则上式可写为

$$\dot{\boldsymbol{x}}(t)=\boldsymbol{A}\boldsymbol{x}(t) \tag{7.5}$$

式中,$\dot{\boldsymbol{x}}(t)$ 表示状态变量的一阶导数,$\boldsymbol{x}(t)$ 称为状态变量,$\boldsymbol{A}$ 称为状态变量的系数矩阵,对线性非时变系统,$\boldsymbol{A}$ 为常数矩阵。式(7.5)为无外加输入系统的状态方程的标准形式。由此可知,状态方程上一组一阶微分方程,只要知道起始状态,就可以求取 $u_C(t)$ 和 $i_L(t)$,随之该电路的其他量也可确定。因此,$u_C(t)$ 和 $i_L(t)$ 是该电路中最少的一组状态变量。

由此可知,对于一般电路系统,直观列写状态方程的步骤如下:

(1) 选择独立的电容上电压和电感中的电流为状态变量;

(2) 选择一正规树,即让电压源和尽可能多的电容支路选为树枝,电流源和尽可能多的电感支路选为连枝;

(3) 对每一个电容树枝所确定的基本割集列写 KCL 方程,对每一个电感连枝所确定的基本回路列写 KVL 方程;

(4) 消去非状态变量,整理成标准形式的状态方程。

$$\dot{\boldsymbol{x}}(t)=\boldsymbol{A}\boldsymbol{x}(t)+\boldsymbol{B}\boldsymbol{f}(t) \tag{7.6}$$

式中,$\boldsymbol{B}\boldsymbol{f}(t)$ 是与外加信号有关的项,$\boldsymbol{B}$ 为常数矩阵。

【例 7-1】 对于图 7.3(a)所示电路,试写出其状态方程,并以 u_R 为输出写出输出方程。

解 首先选择电容是电压和电感上电流为状态变量,即

$$\boldsymbol{x}(t)=[u_{C1},u_{C2},i_L]^{\mathrm{T}}$$

画出与电路相对应的图,并选一正规树(实线为树枝),如图 7.3(b)所示。对于 C_1 和 C_2 支路对应的基本割集分别列出 KCL 方程,即

$$\begin{cases}C_1\dfrac{\mathrm{d}u_{C1}}{\mathrm{d}t}+\dfrac{u_{C1}-u_S}{R}+i_L=0\\ C_2\dfrac{\mathrm{d}u_{C2}}{\mathrm{d}t}+i_L+i_S=0\end{cases}$$

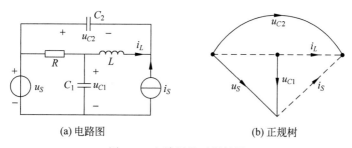

(a) 电路图　　　　(b) 正规树

图 7.3　电路图及正规树图

按电感所对应的基本回路列写 KVL 方程，即

$$L\frac{di_L}{dt} - u_{C2} - u_{C1} + u_S = 0$$

整理可得状态方程

$$\begin{cases} \dfrac{du_{C1}}{dt} = \dfrac{1}{C_1}\left[-\dfrac{u_{C1}}{R} - i_L + \dfrac{u_S}{R}\right] \\ \dfrac{du_{C2}}{dt} = \dfrac{1}{C_2}[-i_L - i_S] \\ \dfrac{di_L}{dt} = \dfrac{1}{L}[u_{C1} + u_{C2} - u_S] \end{cases}$$

其矩阵形式为

$$\begin{bmatrix}\dfrac{du_{C1}}{dt}\\[4pt]\dfrac{du_{C2}}{dt}\\[4pt]\dfrac{di_L}{dt}\end{bmatrix}=\begin{bmatrix}-\dfrac{1}{C_1R} & 0 & -\dfrac{1}{C}\\[4pt]0 & 0 & -\dfrac{1}{C_2}\\[4pt]\dfrac{1}{L} & \dfrac{1}{L} & 0\end{bmatrix}\begin{bmatrix}u_{C1}\\u_{C2}\\i_L\end{bmatrix}+\begin{bmatrix}\dfrac{1}{C_1R} & 0\\[4pt]0 & -\dfrac{1}{C_2}\\[4pt]-\dfrac{1}{L} & 0\end{bmatrix}\begin{bmatrix}u_S\\i_S\end{bmatrix}$$

即可写如下标准形式：

$$\dot{x}(t) = Ax(t) + Bf(t)$$

输出方程

$$u_R(t) = u_S(t) - u_{C1}(t)$$

对于一般系统，如果已知其模拟框图，也可以写出它们的状态方程。例如图 7.4 所示的三种简单例子，只要把每个积分器的输出变量设为状态变量，即可容易地写出状态方程和输出方程。对于图 7.4(a)所示的反馈积分放大环节，设积分器输出为状态变量 x，则有状态方程

$$\dot{x} = ax + bf(t)$$

对于图 7.4(b)所示的两级反馈环节级联情况，有状态方程

$$\begin{cases}\dot{x}_1 = -a_1 x_1 + x_2\\ \dot{x}_2 = -a_2 x_2 + f(t)\end{cases}$$

即

$$\begin{bmatrix}\dot{x}_1\\\dot{x}_2\end{bmatrix}=\begin{bmatrix}-a_1 & 1\\0 & -a_2\end{bmatrix}\begin{bmatrix}x_1\\x_2\end{bmatrix}+\begin{bmatrix}0\\1\end{bmatrix}f(t)$$

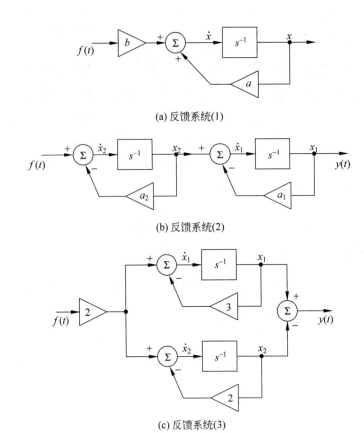

图 7.4 反馈系统框图

输出方程为

$$y(t) = x_1$$

对于图 7.4(c) 所示的两级反馈环节并联情况，有状态方程

$$\begin{cases} \dot{x}_1 = -3x_1 + 3f(t) \\ \dot{x}_2 = -2x_2 + 2f(t) \end{cases}$$

即

$$\begin{bmatrix} \dot{x}_1 \\ \dot{x}_2 \end{bmatrix} = \begin{bmatrix} -3 & 1 \\ 0 & -2 \end{bmatrix} \begin{bmatrix} x_1 \\ x_2 \end{bmatrix} + \begin{bmatrix} 2 \\ 2 \end{bmatrix} f(t)$$

输出方程为

$$y(t) = x_1 - x_2$$

7.1.2 状态方程的一般形式

下面，利用状态、状态变量、状态方程和输出方程的概念来讨论系统的一般情况。设线性系统的 n 个状态变量为 $x_1(t), x_2(t), \cdots, x_n(t)$，系统的 p 个输入为 $f_1(t), f_2(t), \cdots, f_p(t)$，则系统的状态方程可写为

$$\begin{cases} \dfrac{dx_1}{dt} = a_{11}x_1 + a_{12}x_2 + \cdots + a_{1n}x_n + b_{11}f_1 + b_{12}f_2 + \cdots + b_{1p}f_p \\ \dfrac{dx_2}{dt} = a_{21}x_1 + a_{22}x_2 + \cdots + a_{2n}x_n + b_{21}f_1 + b_{22}f_2 + \cdots + b_{2p}f_p \\ \quad\vdots \\ \dfrac{dx_n}{dt} = a_{n1}x_1 + a_{n2}x_2 + \cdots + a_{nn}x_n + b_{n1}f_1 + b_{n2}f_2 + \cdots + b_{np}f_p \end{cases}$$

式中,各系数 a_{ij},b_{ij} 由系统参数所决定。对于线性时不变系统,这些系数均为常数;对于线性时变系统,该系数均为时间函数。

上述方程的矩阵形式为

$$\begin{bmatrix} \dot{x}_1 \\ \dot{x}_2 \\ \vdots \\ \dot{x}_n \end{bmatrix} = \begin{bmatrix} a_{11} & a_{12} & \cdots & a_{1n} \\ a_{21} & a_{22} & \cdots & a_{2n} \\ \vdots & \vdots & & \vdots \\ a_{n1} & a_{n2} & \cdots & a_{nn} \end{bmatrix} \begin{bmatrix} x_1 \\ x_2 \\ \vdots \\ x_n \end{bmatrix} + \begin{bmatrix} b_{11} & b_{12} & \cdots & b_{1p} \\ b_{21} & b_{22} & \cdots & b_{2p} \\ \vdots & \vdots & & \vdots \\ b_{n1} & b_{n2} & \cdots & b_{np} \end{bmatrix} \begin{bmatrix} f_1 \\ f_2 \\ \vdots \\ f_p \end{bmatrix}$$

可简记为矩阵方程

$$\dot{\boldsymbol{x}}(t) = \boldsymbol{A}\boldsymbol{x}(t) + \boldsymbol{B}\boldsymbol{f}(t) \tag{7.7}$$

式中,$\dot{\boldsymbol{x}}(t) = [\dot{x}_1 \quad \dot{x}_2 \quad \cdots \quad \dot{x}_n]^T$,$\boldsymbol{x}(t) = [x_1 \quad x_2 \quad \cdots \quad x_n]^T$,$\boldsymbol{f}(t) = [f_1 \quad f_2 \quad \cdots \quad f_p]^T$ 分别是状态变量的导数,状态变量和激励组成的列矩阵。

$$\boldsymbol{A} = \begin{bmatrix} a_{11} & a_{12} & \cdots & a_{1n} \\ a_{21} & a_{22} & \cdots & a_{2n} \\ \vdots & \vdots & & \vdots \\ a_{n1} & a_{n2} & \cdots & a_{nn} \end{bmatrix}, \quad \boldsymbol{B} = \begin{bmatrix} b_{11} & b_{12} & \cdots & b_{1p} \\ b_{21} & b_{22} & \cdots & b_{2p} \\ \vdots & \vdots & & \vdots \\ b_{n1} & b_{n2} & \cdots & b_{np} \end{bmatrix}$$

分别是系数矩阵,其中 $\boldsymbol{A}$ 是 $n \times n$ 阶方阵。

如果网络有 q 个输出 $y_1(t), y_2(t), \cdots, y_q(t)$,则它们的每一个都是由状态变量和激励表示的代数方程。其矩阵形式为

$$\begin{bmatrix} y_1 \\ y_2 \\ \vdots \\ y_q \end{bmatrix} = \begin{bmatrix} c_{11} & c_{12} & \cdots & c_{1n} \\ c_{21} & c_{22} & \cdots & c_{2n} \\ \vdots & \vdots & & \vdots \\ c_{q1} & c_{q2} & \cdots & c_{qn} \end{bmatrix} \begin{bmatrix} x_1 \\ x_2 \\ \vdots \\ x_n \end{bmatrix} + \begin{bmatrix} d_{11} & d_{12} & \cdots & d_{1p} \\ d_{21} & d_{22} & \cdots & d_{2p} \\ \vdots & \vdots & & \vdots \\ d_{q1} & d_{q2} & \cdots & d_{qp} \end{bmatrix} \begin{bmatrix} f_1 \\ f_2 \\ \vdots \\ f_p \end{bmatrix}$$

可简记为矩阵方程

$$\boldsymbol{y}(t) = \boldsymbol{C}\boldsymbol{x}(t) + \boldsymbol{D}\boldsymbol{f}(t) \tag{7.8}$$

式中,系数矩阵为

$$\boldsymbol{C} = \begin{bmatrix} c_{11} & c_{12} & \cdots & c_{1n} \\ c_{21} & c_{22} & \cdots & c_{2n} \\ \vdots & \vdots & & \vdots \\ c_{q1} & c_{q2} & \cdots & c_{qn} \end{bmatrix}, \quad \boldsymbol{D} = \begin{bmatrix} d_{11} & d_{12} & \cdots & d_{1p} \\ d_{21} & d_{22} & \cdots & d_{2p} \\ \vdots & \vdots & & \vdots \\ d_{q1} & d_{q2} & \cdots & d_{qp} \end{bmatrix}$$

对于线性时不变系统,上述系数矩阵为常数矩阵。式(7.7)和式(7.8)分别是状态方程和输出方程的一般形式。应用状态方程和输出方程的概念,可以研究许多复杂的工程问题。

7.2 连续系统状态方程的解

7.1 节介绍了连续系统状态方程的一般形式。其求解方法有两种：一种是采用时域法求解；另一种是基于拉普拉斯变换的复频域求解。下面分别给予介绍。

7.2.1 状态方程的时域求解

连续系统状态方程的一般形式是

$$\dot{x}(t) = Ax(t) + Bf(t)$$

改写为

$$\dot{x}(t) - Ax(t) = Bf(t)$$

它与一阶电路的微分方程 $\dot{y}(t) - ay(t) = bf(t)$ 形式相似。将 a 换为 A，则状态方程的解可写为

$$x(t) = x(0)e^{At} + \int_0^t e^{A(t-\tau)} Bf(\tau) d\tau \tag{7.9}$$

或者表示为

$$x(t) = x(0)e^{At} + e^{At} * Bf(t) \tag{7.10}$$

式中，$x(0)$ 为起始状态，以后设状态为连续，不区分 0_-，0_+；e^{At} 为矩阵指数函数（称为状态转移矩阵函数），通常用 $\boldsymbol{\Phi}(t)$ 表示，即 $\boldsymbol{\Phi}(t) = e^{At}$ ($t \geqslant 0$)。

状态转移矩阵具有以下重要性质：

(1) $\boldsymbol{\Phi}(0) = I$
(2) $\boldsymbol{\Phi}(t - t_0) = \boldsymbol{\Phi}(t - t_1) \boldsymbol{\Phi}(t_1 - t_0)$
(3) $\boldsymbol{\Phi}^{-1}(t - t_0) = \boldsymbol{\Phi}(t_0 - t)$，$\boldsymbol{\Phi}^{-1}(t) = \boldsymbol{\Phi}(-t)$

由此，式(7.10)即可改写为

$$x(t) = \boldsymbol{\Phi}(t)x(0) + \boldsymbol{\Phi}(t) * Bf(t) = \boldsymbol{\Phi}(t)x(0) + \boldsymbol{\Phi}(t)B * f(t) \tag{7.11}$$

将此式代入 $y(t) = Cx(t) + Df(t)$，即可得到系统的输出向量为

$$\begin{aligned} y(t) &= C[\boldsymbol{\Phi}(t)x(0_-) + \boldsymbol{\Phi}(t)B * f(t)] + Df(t) \\ &= C\boldsymbol{\Phi}(t)x(0_-) + [C\boldsymbol{\Phi}(t)B * f(t) + Df(t)] \end{aligned} \tag{7.12}$$

可见，系统的输出向量由两部分组成，上式中的第一项是输入为零时的响应，即零输入响应；括号内的项是初始状态为零时的响应，即零状态响应。

对于系统的输出响应（$x(0) = 0$），则由上式可得零状态响应分量为

$$y_{zs}(t) = [C\boldsymbol{\Phi}(t)B + D\delta(t)] * f(t) = h(t) * f(t) \tag{7.13}$$

式中，

$$h(t) = [C\boldsymbol{\Phi}(t)B + D\delta(t)] \tag{7.14}$$

$h(t)$ 也称为冲激响应矩阵，其中第 ij 个元素为 h_{ij}，它表示建立了第 i 个输出 $y_i(t)$ 和第 j 个输入 $f_j(t)$ 之间的联系。

【例 7-2】 某 LTI 系统的状态方程和输出方程分别为

$$\begin{bmatrix} \dot{x}_1(t) \\ \dot{x}_2(t) \end{bmatrix} = \begin{bmatrix} 1 & 2 \\ 0 & -1 \end{bmatrix} \begin{bmatrix} x_1(t) \\ x_2(t) \end{bmatrix} + \begin{bmatrix} 0 & 1 \\ 1 & 0 \end{bmatrix} \begin{bmatrix} f_1(t) \\ f_2(t) \end{bmatrix}$$

$$\begin{bmatrix} y_1(t) \\ y_2(t) \end{bmatrix} = \begin{bmatrix} 1 & 1 \\ 0 & -1 \end{bmatrix} \begin{bmatrix} x_1(t) \\ x_2(t) \end{bmatrix} + \begin{bmatrix} 1 & 0 \\ 1 & 0 \end{bmatrix} \begin{bmatrix} f_1(t) \\ f_2(t) \end{bmatrix}$$

其初始状态和输入分别为

$$\begin{bmatrix} x_1(0) \\ x_2(0) \end{bmatrix} = \begin{bmatrix} 1 \\ -1 \end{bmatrix} \quad \begin{bmatrix} f_1(t) \\ f_2(t) \end{bmatrix} = \begin{bmatrix} \varepsilon(t) \\ \delta(t) \end{bmatrix}$$

试求系统的状态和输出。

解 （1）求状态转移矩阵 $\boldsymbol{\Phi}(t)$。

由给定方程知系统矩阵

$$\boldsymbol{A} = \begin{bmatrix} 1 & 2 \\ 0 & -1 \end{bmatrix}$$

系统的特征多项式

$$p(\lambda) = \det(\lambda \boldsymbol{I} - \boldsymbol{A}) = \det \begin{bmatrix} \lambda - 1 & -2 \\ 0 & \lambda + 1 \end{bmatrix} = (\lambda - 1)(\lambda + 1)$$

得其特征根为

$$\lambda_1 = 1, \quad \lambda_2 = -1$$

用成分矩阵法求 e^{At}。矩阵指数函数可写为

$$e^{At} = e^{\lambda_1 t} \boldsymbol{E}_1 + e^{\lambda_2 t} \boldsymbol{E}_2$$

求成分矩阵

$$\boldsymbol{E}_1 = \frac{\boldsymbol{A} - \lambda_2 \boldsymbol{I}}{\lambda_1 - \lambda_2} = \frac{\begin{bmatrix} 1 & 2 \\ 0 & -1 \end{bmatrix} - (-1) \begin{bmatrix} 1 & 0 \\ 0 & 1 \end{bmatrix}}{1 - (-1)} = \begin{bmatrix} 1 & 1 \\ 0 & 0 \end{bmatrix}$$

$$\boldsymbol{E}_2 = \frac{\boldsymbol{A} - \lambda_1 \boldsymbol{I}}{\lambda_2 - \lambda_1} = \frac{\begin{bmatrix} 1 & 2 \\ 0 & -1 \end{bmatrix} - \begin{bmatrix} 1 & 0 \\ 0 & 1 \end{bmatrix}}{(-1) - 1} = \begin{bmatrix} 0 & -1 \\ 0 & 1 \end{bmatrix}$$

将它们代入矩阵指数式，得状态转移矩阵为

$$\boldsymbol{\Phi}(t) = e^{At} = e^{t} \begin{bmatrix} 1 & 1 \\ 0 & 0 \end{bmatrix} + e^{-t} \begin{bmatrix} 0 & -1 \\ 0 & 1 \end{bmatrix} = \begin{bmatrix} e^t & e^t - e^{-t} \\ 0 & e^{-t} \end{bmatrix}$$

（2）求状态方程的解。

$$\boldsymbol{x}(t) = \boldsymbol{\Phi}(t) \boldsymbol{x}(0) + \boldsymbol{\Phi}(t) \boldsymbol{B} * \boldsymbol{f}(t)$$

将有关矩阵代入上式得

$$\begin{bmatrix} x_1(t) \\ x_2(t) \end{bmatrix} = \begin{bmatrix} e^t & e^t - e^{-t} \\ 0 & e^{-t} \end{bmatrix} \begin{bmatrix} 1 \\ -1 \end{bmatrix} + \begin{bmatrix} e^t & e^t - e^{-t} \\ 0 & e^{-t} \end{bmatrix} \begin{bmatrix} 0 & 1 \\ 1 & 0 \end{bmatrix} * \begin{bmatrix} \varepsilon(t) \\ \delta(t) \end{bmatrix}$$

$$= \begin{bmatrix} e^{-t} \\ -e^{-t} \end{bmatrix} + \begin{bmatrix} e^t - e^{-t} & e^t \\ e^{-t} & 0 \end{bmatrix} * \begin{bmatrix} \varepsilon(t) \\ \delta(t) \end{bmatrix}$$

$$= \begin{bmatrix} e^{-t} \\ -e^{-t} \end{bmatrix} + \begin{bmatrix} (e^t - e^{-t}) * \varepsilon(t) + e^t * \delta(t) \\ e^{-t} * \varepsilon(t) \end{bmatrix} = \begin{bmatrix} 2e^t + 2e^{-t} - 2 \\ 1 - 2e^{-t} \end{bmatrix}, \quad t \geqslant 0$$

（3）求输出。

将 $\boldsymbol{x}(t), \boldsymbol{f}(t)$ 代入输出方程得

$$\begin{bmatrix} y_1(t) \\ y_2(t) \end{bmatrix} = \begin{bmatrix} 1 & 1 \\ 0 & -1 \end{bmatrix} \begin{bmatrix} x_1(t) \\ x_2(t) \end{bmatrix} + \begin{bmatrix} 1 & 0 \\ 1 & 0 \end{bmatrix} \begin{bmatrix} \varepsilon(t) \\ \delta(t) \end{bmatrix} = \begin{bmatrix} 0 \\ e^{-t} \end{bmatrix} + \begin{bmatrix} 2e^t \\ e^{-t} \end{bmatrix} = \begin{bmatrix} 2e^t \\ 2e^{-t} \end{bmatrix}, \quad t \geqslant 0$$

7.2.2 状态方程的复频域求解

对于一个 n 阶线性时不变系统,它有 n 个状态变量,p 个输入,q 个输出,其状态方程具有下列一般的形式:

$$\dot{\boldsymbol{x}}(t) = \boldsymbol{A}\boldsymbol{x}(t) + \boldsymbol{B}\boldsymbol{f}(t)$$

输出方程为

$$\boldsymbol{y}(t) = \boldsymbol{C}\boldsymbol{x}(t) + \boldsymbol{D}\boldsymbol{f}(t)$$

显然,第 k 个状态变量的微分方程为

$$\dot{x}_k = a_{k1}x_1 + a_{k2}x_2 + \cdots + a_{kn}x_n + b_{k1}f_1 + b_{k2}f_2 + \cdots + k_{kp}f_p$$

利用拉普拉斯变换,可得

$$x_k(t) \leftrightarrow X_k(s), \quad \dot{x}_k(t) \leftrightarrow sX_k(s) - x_k(0_-), \quad f_k(t) \leftrightarrow F_k(s)$$

则上式变为

$$sX_k(s) - x_k(0_-) = a_{k1}X_1(s) + a_{k2}X_2(s) + \cdots + a_{kn}X_n(s) \\ + b_{k1}F_1(s) + b_{k2}F_2(s) + \cdots + b_{kp}F_p(s)$$

即拉普拉斯变换后状态方程的矩阵形式为

$$s\begin{bmatrix} X_1(s) \\ X_2(s) \\ \vdots \\ X_n(s) \end{bmatrix} - \begin{bmatrix} x_1(0_-) \\ x_2(0_-) \\ \vdots \\ x_n(0_-) \end{bmatrix} = \begin{bmatrix} a_{11} & a_{12} & \cdots & a_{1n} \\ a_{21} & a_{22} & \cdots & a_{2n} \\ \vdots & \vdots & & \vdots \\ a_{n1} & a_{n2} & \cdots & a_{nn} \end{bmatrix} \begin{bmatrix} X_1(s) \\ X_2(s) \\ \vdots \\ X_n(s) \end{bmatrix} + \begin{bmatrix} b_{11} & b_{12} & \cdots & b_{1p} \\ b_{21} & b_{22} & \cdots & b_{2p} \\ \vdots & \vdots & & \vdots \\ b_{n1} & b_{n2} & \cdots & b_{np} \end{bmatrix} \begin{bmatrix} F_1(s) \\ F_2(s) \\ \vdots \\ F_p(s) \end{bmatrix}$$

当用向量和矩阵形式表示,上式可简化表示为

$$s\boldsymbol{X}(s) - \boldsymbol{x}(0_-) = \boldsymbol{A}\boldsymbol{X}(s) + \boldsymbol{B}\boldsymbol{F}(s)$$

由此可得

$$(s\boldsymbol{I} - \boldsymbol{A})\boldsymbol{X}(s) = \boldsymbol{x}(0_-) + \boldsymbol{B}\boldsymbol{F}(s)$$

即有

$$\boldsymbol{X}(s) = (s\boldsymbol{I} - \boldsymbol{A})^{-1}[\boldsymbol{x}(0_-) + \boldsymbol{B}\boldsymbol{F}(s)] \tag{7.15}$$

式中,$\boldsymbol{I}$ 为 $n \times n$ 阶单位矩阵。对比式(7.11)与式(7.15)得 $\boldsymbol{\Phi}(s) = (s\boldsymbol{I} - \boldsymbol{A})^{-1}$,即为预解矩阵。因此有

$$\boldsymbol{X}(s) = \boldsymbol{\Phi}(s)\boldsymbol{x}(0_-) + \boldsymbol{\Phi}(s)\boldsymbol{B}\boldsymbol{F}(s) \tag{7.16}$$

则其拉普拉斯反变换为

$$\boldsymbol{x}(t) = L^{-1}[\boldsymbol{\Phi}(s)\boldsymbol{x}(0_-)] + L^{-1}[\boldsymbol{\Phi}(s)\boldsymbol{B}\boldsymbol{F}(s)] \tag{7.17}$$

式中给出了状态方程的一般解,可以看出它包含有两个分量:一个是当 $\boldsymbol{f}(t) = \boldsymbol{0}$ 时得到的零输入响应 $\boldsymbol{x}_{zi}(t) = L^{-1}[\boldsymbol{\Phi}(s)\boldsymbol{x}(0_-)]$;另一个是当 $\boldsymbol{x}(0_-) = \boldsymbol{0}$ 时得到的零状态响应 $\boldsymbol{x}_{zs}(t) = L^{-1}[\boldsymbol{\Phi}(s)\boldsymbol{B}\boldsymbol{F}(s)]$。

进一步,可以求得输出方程。因为

$$\boldsymbol{y}(t) = \boldsymbol{C}\boldsymbol{x}(t) + \boldsymbol{D}\boldsymbol{f}(t)$$

其拉普拉斯变换为

$$Y(s) = CX(s) + DF(s)$$

将式(7.16)代入上式,即得

$$Y(s) = C\boldsymbol{\Phi}(s)x(0_-) + [C\boldsymbol{\Phi}(s)B + D]F(s) \quad (7.18)$$

当 $x(0_-) = \mathbf{0}$ 时得零状态响应为

$$Y_{zs}(s) = [C\boldsymbol{\Phi}(s)B + D]F(s) \quad (7.19)$$

在零状态条件下,系统的输出的拉普拉斯变换与输入的拉普拉斯变换之比定义为系统函数,故矩阵 $C\boldsymbol{\Phi}(s)B + D$ 称为系统的传递函数矩阵 $H(s)$,因此,系统零状态响应为

$$Y_{zs}(s) = H(s)F(s) \quad (7.20)$$

【例 7-3】 已知系统的状态方程为 $\dot{x}(t) = Ax(t) + Bf(t)$,其中

$$A = \begin{bmatrix} -12 & \dfrac{2}{3} \\ -36 & -1 \end{bmatrix}, \quad B = \begin{bmatrix} \dfrac{1}{3} \\ 1 \end{bmatrix}, \quad f(t) = \varepsilon(t), \quad x(0_-) = \begin{bmatrix} x_1(0_-) \\ x_2(0_2) \end{bmatrix} = \begin{bmatrix} 2 \\ 1 \end{bmatrix}$$

试求系统的解。

解 从式(7.15)有

$$\boldsymbol{\Phi}(s) = (sI - A)^{-1} = \begin{bmatrix} s+12 & -\dfrac{2}{3} \\ 36 & s+1 \end{bmatrix}^{-1} = \begin{bmatrix} \dfrac{s+1}{(s+4)(s+9)} & \dfrac{\dfrac{2}{3}}{(s+4)(s+9)} \\ \dfrac{-36}{(s+4)(s+9)} & \dfrac{s+12}{(s+4)(s+9)} \end{bmatrix}$$

$$x(0_-) + BF(s) = \begin{bmatrix} 2 + \dfrac{1}{3s} \\ 1 + \dfrac{1}{s} \end{bmatrix} = \begin{bmatrix} \dfrac{6s+1}{3s} \\ \dfrac{s+1}{s} \end{bmatrix}$$

$$X(s) = \boldsymbol{\Phi}(s)[x(0_-) + BF(s)] = \dfrac{1}{(s+4)(s+9)} \begin{bmatrix} s+1 & \dfrac{2}{3} \\ -36 & s+12 \end{bmatrix} \begin{bmatrix} \dfrac{6s+1}{3s} \\ \dfrac{s+1}{s} \end{bmatrix}$$

$$= \begin{bmatrix} \dfrac{\dfrac{1}{36}}{s} - \dfrac{\dfrac{21}{20}}{s+4} + \dfrac{\dfrac{136}{45}}{s+9} \\ -\dfrac{\dfrac{63}{5}}{s+4} + \dfrac{\dfrac{68}{5}}{s+9} \end{bmatrix}$$

取拉普拉斯反变换得

$$\begin{bmatrix} x_1(t) \\ x_2(t) \end{bmatrix} = \begin{bmatrix} \left(\dfrac{1}{36} - \dfrac{21}{20}e^{-4t} + \dfrac{136}{45}e^{-9t}\right)\varepsilon(t) \\ \left(-\dfrac{63}{5}e^{-4t} + \dfrac{68}{5}e^{-9t}\right)\varepsilon(t) \end{bmatrix}$$

【例 7-4】 已知某系统的状态方程和输出方程为

$$\begin{bmatrix} \dot{x}_1 \\ \dot{x}_2 \end{bmatrix} = \begin{bmatrix} 0 & 1 \\ -2 & -3 \end{bmatrix} \begin{bmatrix} x_1 \\ x_2 \end{bmatrix} + \begin{bmatrix} 1 & 0 \\ 1 & 1 \end{bmatrix} \begin{bmatrix} f_1 \\ f_2 \end{bmatrix}$$

$$\begin{bmatrix} y_1 \\ y_2 \\ y_3 \end{bmatrix} = \begin{bmatrix} 1 & 0 \\ 1 & 1 \\ 0 & 2 \end{bmatrix} \begin{bmatrix} x_1 \\ x_2 \end{bmatrix} + \begin{bmatrix} 1 & 0 \\ 1 & 0 \\ 0 & 1 \end{bmatrix} \begin{bmatrix} f_1 \\ f_2 \end{bmatrix}$$

试求系统的传递函数矩阵 $H(s)$ 和 $H_{32}(s)$。

解 预解矩阵

$$\boldsymbol{\Phi}(s) = (s\boldsymbol{I} - \boldsymbol{A})^{-1} = \frac{1}{(s+1)(s+2)} \begin{bmatrix} s+3 & 1 \\ -2 & s \end{bmatrix}$$

传递函数矩阵为

$$\boldsymbol{H}(s) = \boldsymbol{C}\boldsymbol{\Phi}(s)\boldsymbol{B} + \boldsymbol{D} = \begin{bmatrix} 1 & 0 \\ 1 & 1 \\ 0 & 2 \end{bmatrix} \frac{1}{(s+1)(s+2)} \begin{bmatrix} s+3 & 1 \\ -2 & s \end{bmatrix} \begin{bmatrix} 1 & 0 \\ 1 & 1 \end{bmatrix} + \begin{bmatrix} 0 & 0 \\ 1 & 0 \\ 0 & 1 \end{bmatrix}$$

$$= \frac{1}{(s+1)(s+2)} \begin{bmatrix} s+4 & 1 \\ (s+4)(s+1) & s+1 \\ 2(s-2) & s^2+5s+2 \end{bmatrix}$$

$H_{32}(s)$ 表示输出 y_3 和输入 f_2 之间所建立的关系,即有

$$H_{32}(s) = \frac{s^2 + 5s + 2}{(s+1)(s+2)}$$

7.3 离散系统的状态变量分析

7.3.1 离散系统状态方程的建立

离散系统是用差分方程描述的,选择适当的状态变量把差分方程化为关于状态变量的一阶差分方程组,这个差分方程组就是该系统的状态方程。

如有 p 个输入,q 个输出的 n 阶离散系统,其状态方程的一般形式是

$$\begin{bmatrix} x_1(n+1) \\ x_2(n+1) \\ \vdots \\ x_n(n+1) \end{bmatrix} = \begin{bmatrix} a_{11} & a_{12} & \cdots & a_{1n} \\ a_{21} & a_{22} & \cdots & a_{2n} \\ \vdots & \vdots & & \vdots \\ a_{n1} & a_{n2} & \cdots & a_{nn} \end{bmatrix} \begin{bmatrix} x_1(n) \\ x_2(n) \\ \vdots \\ x_n(n) \end{bmatrix} + \begin{bmatrix} b_{11} & b_{12} & \cdots & b_{1p} \\ b_{21} & b_{22} & \cdots & b_{2p} \\ \vdots & \vdots & & \vdots \\ b_{n1} & b_{n2} & \cdots & b_{np} \end{bmatrix} \begin{bmatrix} f_1(n) \\ f_2(n) \\ \vdots \\ f_p(n) \end{bmatrix}$$

输出方程为

$$\begin{bmatrix} y_1(n) \\ y_2(n) \\ \vdots \\ y_q(n) \end{bmatrix} = \begin{bmatrix} c_{11} & c_{12} & \cdots & c_{1n} \\ c_{21} & c_{22} & \cdots & c_{2n} \\ \vdots & \vdots & & \vdots \\ c_{q1} & c_{q2} & \cdots & c_{qn} \end{bmatrix} \begin{bmatrix} x_1(n) \\ x_2(n) \\ \vdots \\ x_n(n) \end{bmatrix} + \begin{bmatrix} d_{11} & d_{12} & \cdots & d_{1p} \\ d_{21} & d_{22} & \cdots & d_{2p} \\ \vdots & \vdots & & \vdots \\ d_{q1} & d_{q2} & \cdots & d_{qp} \end{bmatrix} \begin{bmatrix} f_1(n) \\ f_2(n) \\ \vdots \\ f_p(n) \end{bmatrix}$$

以上两式可简记为

$$\boldsymbol{x}(n+1) = \boldsymbol{A}\boldsymbol{x}(n) + \boldsymbol{B}\boldsymbol{f}(n)$$
$$\boldsymbol{y}(n) = \boldsymbol{C}\boldsymbol{x}(n) + \boldsymbol{D}\boldsymbol{f}(n)$$

式中,

$$\boldsymbol{x}(n) = \begin{bmatrix} x_1(n) & x_2(n) & \cdots & x_n(n) \end{bmatrix}^{\mathrm{T}}$$

$$\boldsymbol{f}(n) = \begin{bmatrix} f_1(n) & f_2(n) & \cdots & f_p(n) \end{bmatrix}^{\mathrm{T}}$$
$$\boldsymbol{y}(n) = \begin{bmatrix} y_1(n) & y_2(n) & \cdots & y_q(n) \end{bmatrix}^{\mathrm{T}}$$

分别是状态向量、输入向量和输出向量,其各分量都是离散序列。各系统矩阵为

$$\boldsymbol{A} = \begin{bmatrix} a_{11} & a_{12} & \cdots & a_{1n} \\ a_{21} & a_{22} & \cdots & a_{2n} \\ \vdots & \vdots & & \vdots \\ a_{n1} & a_{n2} & \cdots & a_{nn} \end{bmatrix}, \quad \boldsymbol{B} = \begin{bmatrix} b_{11} & b_{12} & \cdots & b_{1p} \\ b_{21} & b_{22} & \cdots & b_{2p} \\ \vdots & \vdots & & \vdots \\ b_{n1} & b_{n2} & \cdots & b_{np} \end{bmatrix}$$

$$\boldsymbol{C} = \begin{bmatrix} c_{11} & c_{12} & \cdots & c_{1n} \\ c_{21} & c_{22} & \cdots & c_{2n} \\ \vdots & \vdots & & \vdots \\ c_{q1} & c_{q2} & \cdots & c_{qn} \end{bmatrix}, \quad \boldsymbol{D} = \begin{bmatrix} d_{11} & d_{12} & \cdots & d_{1p} \\ d_{21} & d_{22} & \cdots & d_{2p} \\ \vdots & \vdots & & \vdots \\ d_{q1} & d_{q2} & \cdots & d_{qp} \end{bmatrix}$$

7.3.2 状态方程的时域解

求解状态方程的简单方法之一是迭代法或递推法。下面列举简单例子介绍此过程。

【例 7-5】 某离散系统的状态方程为

$$\begin{bmatrix} x_1(n+1) \\ x_2(n+1) \end{bmatrix} = \begin{bmatrix} \frac{1}{2} & 0 \\ \frac{1}{4} & \frac{1}{4} \end{bmatrix} \begin{bmatrix} x_1(n) \\ x_2(n) \end{bmatrix} + \begin{bmatrix} 1 \\ 0 \end{bmatrix} f(n)$$

设初始状态和输入为

$$\begin{bmatrix} x_1(0) \\ x_2(0) \end{bmatrix} = \begin{bmatrix} 0 \\ 0 \end{bmatrix}, \quad f(n) = \delta(n)$$

求方程的解。

解 将输入 $f(n)$ 和初始状态逐次代入状态方程。

令 $n=0$,得

$$\begin{bmatrix} x_1(1) \\ x_2(1) \end{bmatrix} = \begin{bmatrix} \frac{1}{2} & 0 \\ \frac{1}{4} & \frac{1}{4} \end{bmatrix} \begin{bmatrix} 0 \\ 0 \end{bmatrix} + \begin{bmatrix} 1 \\ 0 \end{bmatrix} [1] = \begin{bmatrix} 1 \\ 0 \end{bmatrix}$$

令 $n=1$,得

$$\begin{bmatrix} x_1(2) \\ x_2(2) \end{bmatrix} = \begin{bmatrix} \frac{1}{2} & 0 \\ \frac{1}{4} & \frac{1}{4} \end{bmatrix} \begin{bmatrix} 1 \\ 0 \end{bmatrix} + \begin{bmatrix} 1 \\ 0 \end{bmatrix} [0] = \begin{bmatrix} \frac{1}{2} \\ \frac{1}{4} \end{bmatrix}$$

令 $n=2$,得

$$\begin{bmatrix} x_1(3) \\ x_2(3) \end{bmatrix} = \begin{bmatrix} \frac{1}{2} & 0 \\ \frac{1}{4} & \frac{1}{4} \end{bmatrix} \begin{bmatrix} \frac{1}{2} \\ \frac{1}{4} \end{bmatrix} + \begin{bmatrix} 1 \\ 0 \end{bmatrix} [0] = \begin{bmatrix} \frac{1}{4} \\ \frac{3}{16} \end{bmatrix}$$

以此类推,如此不断进行,就可以求得状态变量的解 $x_1(1),x_1(2),x_1(3),\cdots;x_2(1),$

$x_2(2), x_2(3), \cdots$。但这种方法一般难以得到闭合形式解。

对于一般状态方程,可用迭代法解状态方程式(请读者自行证明):

$$x(n) = A^n x(0) + \sum_{k=0}^{n-1} A^{n-1-k} \cdot Bf(k) \tag{7.21}$$

或者表示为

$$x(n) = A^n x(0) + A^{n-1} B * f(n) \tag{7.22}$$

式中,$x(0)$为起始状态;A^n为矩阵指数函数(称为状态转移矩阵函数),通常用$\Phi(n)$表示,即$\Phi(n) = A^n \ (n \geqslant 0)$。

状态转移矩阵具有以下重要性质:

(1) $\Phi(0) = I$

(2) $\Phi(n - n_0) = \Phi(n - n_1) \Phi(n_1 - n_0)$

(3) $\Phi^{-1}(n - n_0) = \Phi(n_0 - n)$

由此,式(7.22)即可改写为

$$x(n) = \Phi(n) x(0) + \Phi(n-1) B * f(n) \tag{7.23}$$

将此式代入$y(n) = Cx(n) + Df(n)$,即可得到系统的输出为

$$y(n) = C[\Phi(n) x(0_-) + \Phi(n-1) B * f(n)] + Df(n)$$
$$= C\Phi(n) x(0_-) + [C\Phi(n-1) B * f(n) + Df(n)]$$

可见,系统的输出向量由两部分组成,上式中的第一项是输入为零时的响应,即零输入响应;括号内的项是初始状态为零时的响应,即零状态响应。

对于系统的输出响应($x(0) = 0$),则由上式可得零状态响应分量为

$$y_{zs}(n) = [C\Phi(n-1) B + D\delta(n)] * f(n) = h(n) * f(n) \tag{7.24}$$

式中,

$$h(n) = [C\Phi(n-1) B + D\delta(n)] \tag{7.25}$$

$h(n)$也称为冲激响应矩阵,其中第ij个元素为h_{ij},它表示建立了第i个输出$y_i(n)$和第j个输入$f_j(n)$之间的联系。

【例 7-6】 某离散系统的状态方程和输出方程分别为

$$\begin{bmatrix} x_1(n+1) \\ x_2(n+1) \end{bmatrix} = \begin{bmatrix} \frac{1}{2} & 0 \\ \frac{1}{4} & \frac{1}{4} \end{bmatrix} \begin{bmatrix} x_1(n) \\ x_2(n) \end{bmatrix} + \begin{bmatrix} 1 \\ 0 \end{bmatrix} [f(n)]$$

$$\begin{bmatrix} y_1(n) \\ y_2(n) \end{bmatrix} = \begin{bmatrix} 1 & 1 \\ 0 & -1 \end{bmatrix} \begin{bmatrix} x_1(n) \\ x_2(n) \end{bmatrix} + \begin{bmatrix} 0 \\ 0 \end{bmatrix} [f(n)]$$

其初始状态和输入分别为

$$\begin{bmatrix} x_1(0) \\ x_2(0) \end{bmatrix} = \begin{bmatrix} 1 \\ 2 \end{bmatrix}, \quad f(n) = \varepsilon(n)$$

试求系统的状态和输出。

解 (1) 求状态转移矩阵$\Phi(n)$。

由给定方程知系统矩阵

$$A = \begin{bmatrix} \dfrac{1}{2} & 0 \\ \dfrac{1}{4} & \dfrac{1}{4} \end{bmatrix}$$

系统的特征多项式

$$p(\lambda) = \det(\lambda I - A) = \det \begin{bmatrix} \lambda - \dfrac{1}{2} & 0 \\ -\dfrac{1}{4} & \lambda - \dfrac{1}{4} \end{bmatrix} = \left(\lambda - \dfrac{1}{2}\right)\left(\lambda - \dfrac{1}{4}\right)$$

得其特征根为 $\lambda_1 = \dfrac{1}{2}, \lambda_2 = \dfrac{1}{4}$。

用成分矩阵法求 A^n。矩阵指数函数可写为

$$A^n = \lambda_1^n E_1 + \lambda_2^n E_2$$

求成分矩阵：

$$E_1 = \dfrac{A - \lambda_2 I}{\lambda_1 - \lambda_2} = \dfrac{\begin{bmatrix} \dfrac{1}{2} & 0 \\ \dfrac{1}{4} & \dfrac{1}{4} \end{bmatrix} - \dfrac{1}{4}\begin{bmatrix} 1 & 0 \\ 0 & 1 \end{bmatrix}}{\dfrac{1}{2} - \dfrac{1}{4}} = \begin{bmatrix} 1 & 0 \\ 1 & 0 \end{bmatrix}$$

$$E_2 = \dfrac{A - \lambda_1 I}{\lambda_2 - \lambda_1} = \dfrac{\begin{bmatrix} \dfrac{1}{2} & 0 \\ \dfrac{1}{4} & \dfrac{1}{4} \end{bmatrix} - \dfrac{1}{2}\begin{bmatrix} 1 & 0 \\ 0 & 1 \end{bmatrix}}{\dfrac{1}{4} - \dfrac{1}{2}} = \begin{bmatrix} 0 & 0 \\ -1 & 1 \end{bmatrix}$$

将它们代入矩阵指数式，得状态转移矩阵为

$$\boldsymbol{\Phi}(n) = A^n = \left(\dfrac{1}{2}\right)^n \begin{bmatrix} 1 & 0 \\ 1 & 0 \end{bmatrix} + \left(\dfrac{1}{4}\right)^n \begin{bmatrix} 0 & 0 \\ -1 & 1 \end{bmatrix} = \begin{bmatrix} \left(\dfrac{1}{2}\right)^n & 0 \\ \left(\dfrac{1}{2}\right)^n - \left(\dfrac{1}{4}\right)^n & \left(\dfrac{1}{4}\right)^n \end{bmatrix}$$

（2）求状态方程的解。

$$\boldsymbol{x}(n) = \boldsymbol{\Phi}(n)\boldsymbol{x}(0) + \boldsymbol{\Phi}(n-1)\boldsymbol{B} * \boldsymbol{f}(n)$$

将有关矩阵代入上式，得零输入解

$$\boldsymbol{x}_{zi}(n) = \boldsymbol{\Phi}(n)\boldsymbol{x}(0) = \begin{bmatrix} \left(\dfrac{1}{2}\right)^n & 0 \\ \left(\dfrac{1}{2}\right)^n - \left(\dfrac{1}{4}\right)^n & \left(\dfrac{1}{4}\right)^n \end{bmatrix} \begin{bmatrix} 1 \\ 2 \end{bmatrix} = \begin{bmatrix} \left(\dfrac{1}{2}\right)^n \\ \left(\dfrac{1}{2}\right)^n + \left(\dfrac{1}{4}\right)^n \end{bmatrix}, \quad n \geqslant 0$$

零状态解

$$\boldsymbol{x}_{zs}(n) = \boldsymbol{\Phi}(n-1)\boldsymbol{B} * \boldsymbol{f}(n) = \begin{bmatrix} \left(\dfrac{1}{2}\right)^{n-1} & 0 \\ \left(\dfrac{1}{2}\right)^n - \left(\dfrac{1}{4}\right)^{n-1} & \left(\dfrac{1}{4}\right)^{n-1} \end{bmatrix} \begin{bmatrix} 1 \\ 0 \end{bmatrix} * \varepsilon(n)$$

$$= \begin{bmatrix} \left(\frac{1}{2}\right)^{n-1} \\ \left(\frac{1}{2}\right)^n - \left(\frac{1}{4}\right)^{n-1} \end{bmatrix} * \varepsilon(n) = \begin{bmatrix} 2 - 2\left(\frac{1}{2}\right)^n \\ \frac{2}{3} - 2\left(\frac{1}{2}\right)^n + \frac{4}{3}\left(\frac{1}{4}\right)^n \end{bmatrix}, \quad n \geqslant 0$$

其全解为零输入解加零状态解。

(3) 求系统输出。

$$y(n) = C\boldsymbol{\Phi}(n)x(0_-) + [C\boldsymbol{\Phi}(n-1)Bf(n) + Df(n)]$$

将 $x(0), \boldsymbol{\Phi}(n), f(n)$ 代入上式得零输入响应

$$y_{zi}(n) = C\boldsymbol{\Phi}(n)x(0_-) = \begin{bmatrix} 1 & 0 \\ 1 & -1 \end{bmatrix} \begin{bmatrix} \left(\frac{1}{2}\right)^n \\ \left(\frac{1}{2}\right)^n + \left(\frac{1}{4}\right)^n \end{bmatrix} = \begin{bmatrix} \left(\frac{1}{2}\right)^n \\ -\left(\frac{1}{4}\right)^n \end{bmatrix}, \quad n \geqslant 0$$

零状态响应($D = 0$)

$$y_{zs}(n) = [C\boldsymbol{\Phi}(n-1)B * f(n) + Df(n)] = \begin{bmatrix} 1 & 0 \\ 1 & -1 \end{bmatrix} \begin{bmatrix} 2 - 2\left(\frac{1}{2}\right)^n \\ \frac{2}{3} - 2\left(\frac{1}{2}\right)^n + \frac{4}{3}\left(\frac{1}{4}\right)^n \end{bmatrix}$$

$$= \begin{bmatrix} 2 - 2\left(\frac{1}{2}\right)^n \\ \frac{4}{3} - \frac{4}{3}\left(\frac{1}{4}\right)^n \end{bmatrix}, \quad n \geqslant 0$$

其全响应为零输入响应与零状态响应之和。

7.3.3 状态方程的 Z 变换解

对于 LTI 离散系统的状态方程

$$x(n+1) = Ax(n) + Bf(n)$$

设状态变量矩阵 $x(n)$ 和输入序列矩阵 $f(n)$ 的 Z 变换分别为 $x(n) \leftrightarrow X(z), f(n) \leftrightarrow F(z)$,则对上式进行 Z 变换得

$$zX(z) - zx(0) = AX(z) + BF(z)$$

即有

$$(zI - A)X(z) = zx(0) + BF(z)$$

将上式两端前乘以 $(zI - A)^{-1}$ 得

$$X(z) = (zI - A)^{-1}zx(0) + (zI - A)^{-1}BF(z)$$

上式第一项是状态向量 $x(n)$ 零输入解的象函数,第二项是状态向量 $x(n)$ 零状态解的象函数。对上式取 Z 反变换,并与式(7.22)相比较,可得状态转移矩阵

$$\boldsymbol{\Phi}(n) = A^n = Z^{-1}\lfloor (sI - A)^{-1}z \rfloor$$

即 $\boldsymbol{\Phi}(z) = (sI - A)^{-1}z$,称为预解矩阵。于是有

$$X(z) = \boldsymbol{\Phi}(z)x(0) + z^{-1}\boldsymbol{\Phi}(z)BF(z)$$

对于输出方程

$$y(n) = Cx(n) + Df(n)$$

取其 Z 变换，得
$$Y(z) = CX(z) + DF(z)$$
将 $X(z)$ 代入上式，则有
$$Y(z) = C[\boldsymbol{\Phi}(z)x(0) + z^{-1}\boldsymbol{\Phi}(z)BF(z)] + DF(z)$$
$$= C\boldsymbol{\Phi}(z)x(0) + [Cz^{-1}\boldsymbol{\Phi}(z)BF(z) + DF(z)]$$
$$= \boldsymbol{\Phi}(z)x(0) + H(z)F(z)$$

由此可知，上式中第一项为零输入响应的象函数矩阵；第二项为零状态响应的象函数矩阵。其中，
$$H(z) = Cz^{-1}\boldsymbol{\Phi}(z)B + D$$
称为系统函数矩阵或转移函数矩阵，它是单位序列响应矩阵 $h(n)$ 的 Z 变换。其第 i 行第 j 列元素 $H_{ij}(z)$ 是第 i 个输出分量对于 j 个输入分量的转移函数。

【例 7-7】 某离散系统的状态方程和输出方程分别为

$$\begin{bmatrix} x_1(n+1) \\ x_2(n+1) \end{bmatrix} = \begin{bmatrix} 0 & \frac{1}{2} \\ -\frac{1}{2} & 1 \end{bmatrix} \begin{bmatrix} x_1(n) \\ x_2(n) \end{bmatrix} + \begin{bmatrix} 0 \\ 1 \end{bmatrix} f(n)$$

$$y(n) = \begin{bmatrix} 1 & 1 \end{bmatrix} \begin{bmatrix} x_1(n) \\ x_2(n) \end{bmatrix}$$

求状态转移矩阵 $\boldsymbol{\Phi}(n)$ 和描述该系统输入、输出关系的差分方程。

解 由给定的状态方程，可得特征矩阵

$$[z\boldsymbol{I} - \boldsymbol{A}] = \begin{bmatrix} z & -\frac{1}{2} \\ \frac{1}{2} & z-1 \end{bmatrix}$$

其逆矩阵为

$$[z\boldsymbol{I} - \boldsymbol{A}]^{-1} = \frac{\operatorname{adj}[z\boldsymbol{I} - \boldsymbol{A}]}{\det[z\boldsymbol{I} - \boldsymbol{A}]} = \frac{1}{z^2 - z + \frac{1}{4}} \begin{bmatrix} z-1 & \frac{1}{2} \\ -\frac{1}{2} & z \end{bmatrix} = \begin{bmatrix} \dfrac{z-1}{\left(z-\frac{1}{2}\right)^2} & \dfrac{\frac{1}{2}}{\left(z-\frac{1}{2}\right)^2} \\ \dfrac{-\frac{1}{2}}{\left(z-\frac{1}{2}\right)^2} & \dfrac{z}{\left(z-\frac{1}{2}\right)^2} \end{bmatrix}$$

(1) 求状态转移矩阵 $\boldsymbol{\Phi}(n)$。

预解矩阵为

$$\boldsymbol{\Phi}(z) = [z\boldsymbol{I} - \boldsymbol{A}]^{-1} z = \begin{bmatrix} \dfrac{-\frac{1}{2}z}{\left(z-\frac{1}{2}\right)^2} + \dfrac{z}{z-\frac{1}{2}} & \dfrac{\frac{1}{2}z}{\left(z-\frac{1}{2}\right)^2} \\ \dfrac{-\frac{1}{2}z}{\left(z-\frac{1}{2}\right)^2} & \dfrac{\frac{1}{2}z}{\left(z-\frac{1}{2}\right)^2} + \dfrac{z}{z-\frac{1}{2}} \end{bmatrix}$$

取其反变换得状态转移矩阵

$$\boldsymbol{\Phi}(n) = \begin{bmatrix} (1-n)\left(\dfrac{1}{2}\right)^n & n\left(\dfrac{1}{2}\right)^n \\ -n\left(\dfrac{1}{2}\right)^n & (1+n)\left(\dfrac{1}{2}\right)^n \end{bmatrix}, \quad n \geqslant 0$$

（2）求差分方程。

系统函数为

$$\boldsymbol{H}(z) = \boldsymbol{C}z^{-1}\boldsymbol{\Phi}(z)\boldsymbol{B} + \boldsymbol{D} = \begin{bmatrix} 1 & 1 \end{bmatrix} \dfrac{1}{z^2 - z + \dfrac{1}{4}} \begin{bmatrix} z-1 & \dfrac{1}{2} \\ -\dfrac{1}{2} & z \end{bmatrix} \begin{bmatrix} 0 \\ 1 \end{bmatrix} = \dfrac{z + \dfrac{1}{2}}{z^2 - z + \dfrac{1}{4}}$$

由此可知描述系统的差分方程为

$$y(n) - y(n-1) + \dfrac{1}{4}y(n-2) = f(n) + \dfrac{1}{2}f(n-1)$$

7.4 MATLAB在系统状态变量分析中的应用

7.4.1 MATLAB实现系统微分方程到状态方程的转换

MATLAB中提供了一个tf2ss()函数，用来把描述系统的微分方程转换为等价的状态方程，调用格式为

[A,B,C,D] = tf2ss(num,den)

其中，num,den分别表示系统函数$H(s)$分子和分母多项式，A,B,C,D分别为状态方程的矩阵。

【例7-8】 一系统的微分方程为$y''(t) + 5y'(t) + 10y(t) = f(t)$，试利用MATLAB求其系统的状态方程。

解 由微分可得该系统的系统函数$H(s)$为

$$H(s) = \dfrac{1}{s^2 + 5s + 10}$$

实现系统微分方程至状态方程的转换MATLAB程序如下：

```
% 利用MATLAB实现系统的微分方程到状态方程的转换
[A,B,C,D] = tf2ss([1],[1 5 10])
```

程序运行结果如下所示。

```
A =  -5   -10
      1    0
B =   1
      0
C =   0    1
D =   0
```

所以系统的状态方程为

$$\begin{bmatrix} \dot{x}_1(t) \\ \dot{x}_2(t) \end{bmatrix} = \begin{bmatrix} -5 & -10 \\ 1 & 0 \end{bmatrix} \begin{bmatrix} x_1(t) \\ x_2(t) \end{bmatrix} + \begin{bmatrix} 1 \\ 0 \end{bmatrix} \begin{bmatrix} f_1(t) \\ f_2(t) \end{bmatrix}$$

$$[y(t)] = \begin{bmatrix} 0 & 1 \end{bmatrix} \begin{bmatrix} x_1(t) \\ x_2(t) \end{bmatrix}$$

7.4.2 MATLAB 实现由系统状态方程计算系统函数矩阵

MATLAB 中提供了一个 ss2tf() 函数,用来计算由状态方程得出系统函数矩阵 $H(s)$,调用格式为

[num,den] = ss2tf(A,B,C,D,k)

其中,A,B,C,D 分别为状态方程的矩阵,k 表示由 ss2tf() 函数计算的与第 k 个输入相关的系统函数,即 $H(s)$ 的第 k 列,num 表示 $H(s)$ 第 k 列的 m 个元素的分子多项式,den 表示 $H(s)$ 公共的分母多项式。

【例 7-9】 已知某连续时间系统的状态方程和输出方程为

$$\begin{bmatrix} \dot{x}_1(t) \\ \dot{x}_2(t) \end{bmatrix} = \begin{bmatrix} 2 & 3 \\ 0 & -1 \end{bmatrix} \begin{bmatrix} x_1(t) \\ x_2(t) \end{bmatrix} + \begin{bmatrix} 0 & 1 \\ 1 & 0 \end{bmatrix} \begin{bmatrix} f_1(t) \\ f_2(t) \end{bmatrix}$$

$$\begin{bmatrix} y_1(t) \\ y_2(t) \end{bmatrix} = \begin{bmatrix} 1 & 1 \\ 0 & -1 \end{bmatrix} \begin{bmatrix} x_1(t) \\ x_2(t) \end{bmatrix} + \begin{bmatrix} 1 & 0 \\ 1 & 0 \end{bmatrix} \begin{bmatrix} f_1(t) \\ f_2(t) \end{bmatrix}$$

试用 MATLAB 计算其系统函数矩阵 $H(s)$。

解 MATLAB 计算其系统函数矩阵 $H(s)$ 程序如下:

```
% MATLAB 计算其系统函数矩阵程序为
A = [2 3; 0 -1];
B = [0 1; 1 0];
C = [1 1; 0 -1];
D = [1 0; 1 0];
[num1,den1] = ss2tf(A,B,C,D,1)
[num2,den2] = ss2tf(A,B,C,D,2)
```

程序运行结果如下所示。

```
num1 =
     1     0    -1
     1    -2     0
den1 =
     1    -1    -2
num2 =
     0     1     1
     0     0     0
den2 =
     1    -1    -2
```

所以系统函数矩阵 $H(s)$ 为

$$H(s) = \frac{1}{s^2 - s - 2} \begin{bmatrix} s^2 - 1 & s + 1 \\ s^2 - 2s & 0 \end{bmatrix} = \begin{bmatrix} \dfrac{s+1}{s-1} & \dfrac{1}{s-2} \\ \dfrac{s}{s+1} & 0 \end{bmatrix}$$

7.4.3 用 MATLAB 求解连续时间系统的状态方程

连续时间系统的状态方程的一般形式为式(7.7)和式(7.8),首选由 sys=ss(A,B,C,D)获得状态方程的计算机表示模型,然后再由 lsim() 函数获得其状态方程的数值解。lsim()

函数的调用格式为

[y,to,x] = lsim(sys,f,t,x0)

其中,sys 是由 ss( )函数构造的状态方程的模型;t 是需计算的输出样本点,t＝0:dt:Tfinal;f(:,k)是系统第 k 个在 t 上的抽样值;x0 是系统的初始状态(可默认);y(:,k)是系统的第 k 个输出;to 是实际计算时所用的样本点;x 是系统的状态。

【例 7-10】 已知某连续时间系统的状态方程和输出方程为

$$\begin{bmatrix} \dot{x}_1(t) \\ \dot{x}_2(t) \end{bmatrix} = \begin{bmatrix} 2 & 3 \\ 0 & -1 \end{bmatrix} \begin{bmatrix} x_1(t) \\ x_2(t) \end{bmatrix} + \begin{bmatrix} 0 & 1 \\ 1 & 0 \end{bmatrix} \begin{bmatrix} f_1(t) \\ f_2(t) \end{bmatrix}$$

$$\begin{bmatrix} y_1(t) \\ y_2(t) \end{bmatrix} = \begin{bmatrix} 1 & 1 \\ 0 & -1 \end{bmatrix} \begin{bmatrix} x_1(t) \\ x_2(t) \end{bmatrix} + \begin{bmatrix} 1 & 0 \\ 1 & 0 \end{bmatrix} \begin{bmatrix} f_1(t) \\ f_2(t) \end{bmatrix}$$

试用 MATLAB 计算数值解。

解 MATLAB 计算数值解程序如下:

```
% 连续时间系统的状态方程求解法
A = [2 3;0 -1]; B = [0 1;1 0];
C = [1 1;0 -1]; D = [1 0;1 0];
x0 = [2 -1];
dt = 0.01;
t = 0:dt:2;
f(:,1) = ones(length(t),1);
f(:,2) = exp(-3*t)';
sys = ss(A,B,C,D);
y = lsim(sys,f,t,x0);
subplot 211;
plot(t,y(:,1),'r');
ylabel('y1(t)');
xlabel('t');
subplot 212;
plot(t,y(:,2));
ylabel('y2(t)');
xlabel('t');
```

运行结果如图 7.5 所示。

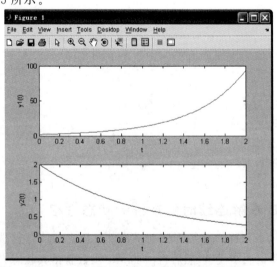

图 7.5 连续时间系统的状态方程的数值解

7.4.4 用 MATLAB 求解离散时间系统的状态方程

离散时间系统的状态方程的一般形式为
$$x(n+1) = Ax(n) + Bf(n)$$
$$y(n) = Cx(n) + Df(n)$$

首先由 sys=ss(A,B,C,D,[])获得离散时间系统的状态方程的计算机表示模型,然后再由 lsim()函数获得其状态方程的数值解。lsim()函数的调用格式为

$$[y,n,x] = \text{lsim}(\text{sys},f,[],x0)$$

其中,sys 是由 ss()函数构造的状态方程的模型;f(:,k)是系统第 k 个输入序列;x0 是系统的初始状态(可缺省);y(:,k)是系统的第 k 个输出;n 是序列的下标;x 是系统的状态。

【例 7-11】 某离散系统的状态方程和输出方程分别为

$$\begin{bmatrix} x_1(n+1) \\ x_2(n+1) \end{bmatrix} = \begin{bmatrix} 0 & 1 \\ -2 & 3 \end{bmatrix} \begin{bmatrix} x_1(n) \\ x_2(n) \end{bmatrix} + \begin{bmatrix} 1 \\ 0 \end{bmatrix} [f(n)]$$

$$\begin{bmatrix} y_1(n) \\ y_2(n) \end{bmatrix} = \begin{bmatrix} 1 & 1 \\ 2 & -1 \end{bmatrix} \begin{bmatrix} x_1(n) \\ x_2(n) \end{bmatrix}$$

其初始状态和输入分别为

$$\begin{bmatrix} x_1(0) \\ x_2(0) \end{bmatrix} = \begin{bmatrix} 1 \\ -1 \end{bmatrix}, \quad f(n) = \varepsilon(n)$$

试用 MATLAB 求系统的输出响应。

解 用 MATLAB 求系统的输出响应程序为

```
% 离散时间系统的状态方程实现程序
A = [0 1; -2 3]; B = [0;1];
C = [1 1; 2 -1]; D = zeros(2,1);
x0 = [1; -1];
N = 10;
f = ones(1,N);
sys = ss(A,B,C,D,[]);
y = lsim(sys,f,[],x0);
subplot 211;
y1 = y(:,1)';
stem((0:N-1),y1)
xlabel('k');
ylabel('y1');
subplot 212;
y2 = y(:,2)';
stem((0:N-1),y2)
xlabel('k');
ylabel('y2');
```

运行结果如图 7.6 所示。

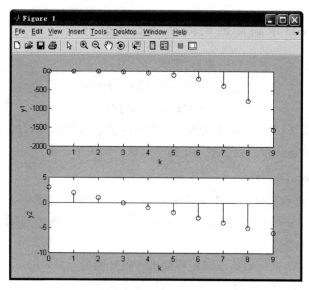

图 7.6 离散时间系统的状态方程的数值解

习　　题

7.1　如习题图 7.1 所示电路,试列出其状态方程。

7.2　如习题图 7.2 所示电路,试列出其状态方程；若以 R_1 上的电压为输出,试列出其输出方程。

习题图 7.1　　　　　　　　　　　习题图 7.2

7.3　已知网络如习题图 7.3 所示,取图中电压 u_2 和电流 i_2 作为输出,试建立该网络的状态方程和输出方程。

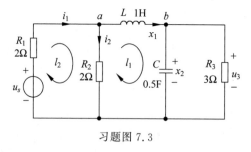

习题图 7.3

7.4　已知描述系统的微分方程为 $y^{(3)}(t)+3y^{(2)}(t)+5y^{(1)}(t)+6y(t)=4f(t)$,试建立该系统的状态方程。

7.5　给定系统的系统函数为 $H(s)=\dfrac{b_1 s+b_0}{s^3+a_2 s^2+a_1 s+a_0}$,试建立系统的状态方程和输

出方程。

7.6 描述线性时不变连续时间系统的状态方程为

$$\begin{bmatrix} \dot{x}_1 \\ \dot{x}_2 \end{bmatrix} = \begin{bmatrix} 0 & 1 \\ -2 & -3 \end{bmatrix} \begin{bmatrix} x_1 \\ x_2 \end{bmatrix} + \begin{bmatrix} 0 \\ 1 \end{bmatrix} f$$

$$\begin{bmatrix} y_1 \\ y_2 \end{bmatrix} = \begin{bmatrix} 1 & 0 \\ 1 & 1 \end{bmatrix} \begin{bmatrix} x_1 \\ x_2 \end{bmatrix} - \begin{bmatrix} \dfrac{1}{2} \\ \dfrac{1}{2} \end{bmatrix} f$$

若初始状态 $x_1(0^-)=x_2(0^-)=1$,试求：
(1)状态转移矩阵 $\varphi(t)$；(2)冲激响应矩阵 $\boldsymbol{h}(t)$；(3)状态向量解 $\boldsymbol{x}(t)$；(4)输出向量解 $\boldsymbol{y}(t)$。

7.7 已知描述系统的状态空间方程为

$$\begin{bmatrix} \dot{x}_1 \\ \dot{x}_2 \end{bmatrix} = \begin{bmatrix} -1 & 2 \\ -2 & -4 \end{bmatrix} \begin{bmatrix} x_1 \\ x_2 \end{bmatrix} + \begin{bmatrix} 1 \\ 1 \end{bmatrix} f$$

$$y = \begin{bmatrix} 1 & -1 \end{bmatrix} \begin{bmatrix} x_1 \\ x_2 \end{bmatrix} - \begin{bmatrix} 1 \end{bmatrix} f$$

系统在 $f(t)=\varepsilon(t)$ 作用下,输出响应为 $y(t)=2-3\mathrm{e}^{-2t}+4\mathrm{e}^{-3t}$ $(t\geqslant 0)$,试求系统的初始状态 $\boldsymbol{x}(0^-)$。

7.8 设描述离散时间系统的差分方程为

$$y(n+3)+3y(n+2)+4y(n+1)+2y(n)=f(n+1)+2f(n)$$

试写出系统状态空间描述方程。

7.9 已知离散时间系统的状态空间方程式为

$$x(n+1) = \begin{bmatrix} \dfrac{1}{2} & 0 \\ \dfrac{1}{4} & \dfrac{1}{4} \end{bmatrix} x(n) + \begin{bmatrix} 1 \\ 0 \end{bmatrix} f(n)$$

$$y(n) = \begin{bmatrix} 2 & 1 \end{bmatrix} x(n) + \begin{bmatrix} 1 \end{bmatrix} f(n)$$

若系统的初始状态 $\boldsymbol{x}(0)=\begin{bmatrix} 0 & 1 \end{bmatrix}^{\mathrm{T}}$,输入 $f(n)=\varepsilon(n)$,求该系统的输出 $y(n)$。

7.10 已知离散系统的状态方程与输出方程分别为

$$\begin{bmatrix} x_1(n+1) \\ x_2(n+1) \end{bmatrix} = \begin{bmatrix} \dfrac{1}{2} & \dfrac{1}{4} \\ 1 & \dfrac{1}{2} \end{bmatrix} \begin{bmatrix} x_1(n) \\ x_2(n) \end{bmatrix} + \begin{bmatrix} 1 \\ 0 \end{bmatrix} f(n)$$

$$\begin{bmatrix} y_1(n) \\ y_2(n) \end{bmatrix} = \begin{bmatrix} 1 & 0 \\ 0 & 1 \end{bmatrix} \begin{bmatrix} x_1(n) \\ x_2(n) \end{bmatrix} + \begin{bmatrix} 1 \\ 1 \end{bmatrix} f(n)$$

初始状态为 $\begin{bmatrix} x_1(0) \\ x_2(0) \end{bmatrix} = \begin{bmatrix} 1 \\ 1 \end{bmatrix}$,激励 $f(n)=\varepsilon(n)$。用 Z 变换法求：

(1) 状态转移矩阵 $\boldsymbol{A}^n$；
(2) 冲激响应矩阵 $\boldsymbol{h}(n)$；

(3) 状态向量解 $x(n)$;
(4) 输出向量解 $y(n)$。

MATLAB 实验

M7.1 已知一 LTI 系统的微分方程为
$$y''(t) + 8y'(t) + 12y(t) = 30f(t)$$
试用 MATLAB 建立该系统的状态方程,并由此求其系统函数。

M7.2 已知某连续时间系统的状态方程和输出方程分别为
$$\begin{bmatrix} \dot{x}_1(t) \\ \dot{x}_2(t) \end{bmatrix} = \begin{bmatrix} 2 & 1 \\ 0 & -1 \end{bmatrix} \begin{bmatrix} x_1(t) \\ x_2(t) \end{bmatrix} + \begin{bmatrix} 0 & 1 \\ 1 & 0 \end{bmatrix} \begin{bmatrix} f_1(t) \\ f_2(t) \end{bmatrix}$$

$$\begin{bmatrix} y_1(t) \\ y_2(t) \end{bmatrix} = \begin{bmatrix} 1 & 0 \\ 0 & -1 \end{bmatrix} \begin{bmatrix} x_1(t) \\ x_2(t) \end{bmatrix} + \begin{bmatrix} 1 & 0 \\ 1 & 0 \end{bmatrix} \begin{bmatrix} f_1(t) \\ f_2(t) \end{bmatrix}$$

试用 MATLAB 计算其系统函数矩阵 $\boldsymbol{H}(s)$。

M7.3 已知某连续时间系统的状态方程和输出方程分别为
$$\begin{bmatrix} \dot{x}_1(t) \\ \dot{x}_2(t) \end{bmatrix} = \begin{bmatrix} 2 & 2 \\ 0 & -1 \end{bmatrix} \begin{bmatrix} x_1(t) \\ x_2(t) \end{bmatrix} + \begin{bmatrix} 0 & 1 \\ 1 & 0 \end{bmatrix} \begin{bmatrix} f_1(t) \\ f_2(t) \end{bmatrix}$$

$$\begin{bmatrix} y_1(t) \\ y_2(t) \end{bmatrix} = \begin{bmatrix} 1 & 1 \\ 0 & -1 \end{bmatrix} \begin{bmatrix} x_1(t) \\ x_2(t) \end{bmatrix} + \begin{bmatrix} 1 & 0 \\ 1 & 0 \end{bmatrix} \begin{bmatrix} f_1(t) \\ f_2(t) \end{bmatrix}$$

试用 MATLAB 计算数值解。

M7.4 某离散系统的状态方程和输出方程分别为
$$\begin{bmatrix} x_1(n+1) \\ x_2(n+1) \end{bmatrix} = \begin{bmatrix} 0 & 1 \\ -2 & 2 \end{bmatrix} \begin{bmatrix} x_1(n) \\ x_2(n) \end{bmatrix} + \begin{bmatrix} 1 \\ 0 \end{bmatrix} [f(n)]$$

$$\begin{bmatrix} y_1(n) \\ y_2(n) \end{bmatrix} = \begin{bmatrix} 1 & 1 \\ 1 & 0 \end{bmatrix} \begin{bmatrix} x_1(n) \\ x_2(n) \end{bmatrix}$$

其初始状态和输入分别为
$$\begin{bmatrix} x_1(0) \\ x_2(0) \end{bmatrix} = \begin{bmatrix} 1 \\ -1 \end{bmatrix}, \quad f(n) = \varepsilon(n)$$

试用 MATLAB 求系统的输出响应。

参 考 文 献

[1] 余成波,张兢.信号分析基础[M].重庆:重庆大学出版社,2000.
[2] 曾黄麟,余成波.信号与系统分析基础[M].重庆:重庆大学出版社,2001.
[3] 燕庆明.信号与系统教程[M].北京:高等教育出版社,2004.
[4] 郑君里,应启珩,杨为理.信号与系统[M].2版.北京:高等教育出版社,2000.
[5] Haykin S,Veen B V. Signals and Systems[M]. 2nd ed. John Wiley & Sons,2002.
[6] 张昱,周绮敏,等.信号与线性实验教程[M].北京:人民邮电出版社,2005.
[7] 吴湘棋,肖熙,郝晓莉.信号、线性与信号处理的软硬件实现[M].北京:电子工业出版社,2002.
[8] 张永瑞.电路、信号与系统辅导[M].西安:西安电子科技大学出版社,2002.
[9] 范世贵,李辉.信号与线性系统[M].2版.西安:西北工业大学出版社,2006.
[10] 胡光锐,徐昌庆,谭政华,等.信号与系统解题指南[M].北京:科学出版社,2000.
[11] 张永瑞.电路、信号与系统辅导[M].西安:西安电子科技大学出版社,2001.
[12] 陈后金,胡健,薛健.信号与系统[M].北京:清华大学出版社,2003.
[13] Kamen E W, Heck B S. Fundamentals of Signals and Systems Using the Web and MATLAB[M]. 2nd ed. 北京:电子工业出版社,2002.
[14] 张明照,刘政波,刘斌,等.应用MATLAB实现信号分析和处理[M].北京:科学出版社,2006.